U0241240

国家出版基金项目
NATIONAL PUBLICATION FOUNDATION

"十三五"国家重点图书出版规划项目

中国河口海湾水生生物资源与环境出版工程

庄 平 主编

大亚湾生态系统及其演变

李纯厚　杜飞雁　黄洪辉　贾晓平　徐姗楠 等 著

中国农业出版社

北 京

图书在版编目（CIP）数据

大亚湾生态系统及其演变 / 李纯厚等著. — 北京：
中国农业出版社，2018.12
中国河口海湾水生生物资源与环境出版工程 / 庄平
主编
ISBN 978-7-109-24696-6

Ⅰ.①大… Ⅱ.①李… Ⅲ.①南海－海湾－生态系－
研究 Ⅳ.①X321.265

中国版本图书馆 CIP 数据核字（2018）第 232392 号

中国农业出版社出版
（北京市朝阳区麦子店街 18 号楼）
（邮政编码 100125）
策划编辑 郑 珂 黄向阳
责任编辑 王金环 陈晓红

北京通州皇家印刷厂印刷 新华书店北京发行所发行
2018 年 12 月第 1 版 2018 年 12 月北京第 1 次印刷

开本：787mm×1092mm 1/16 印张：24.75 插页：6
字数：510 千字
定价：180.00 元
（凡本版图书出现印刷、装订错误，请向出版社发行部调换）

内容简介

　　本书以大亚湾生态环境和生物资源的同步、系统调查数据为基础，对比历年调查研究成果，分析和阐述了大亚湾生态环境和生物资源的现状、时空变化、历史演变趋势，以及人类活动对大亚湾主要生物类群结构及生物多样性的影响；通过构建大亚湾生态系统 Ecopath 模型，定量评估了大亚湾生态系统营养结构、能量流动效率、生态系统状况以及渔业生态系统结构与功能；将 GIS 技术融入"压力—状态—响应"的生态系统模型，构建了海湾生态系统健康状况评价指标体系和评估技术体系，并评价了大亚湾珍珠贝保护区、网箱养护区、污水排放区 3 种不同类型的生态系统的健康状态；从陆域和海域污染控制与管理、海洋自然保护区建设、海洋应急管理与监测防治体系等方面提出了大亚湾生态系统保护与管理的对策建议。本书的成果可为研究人类活动对海湾生态系统的影响及渔业资源可持续开发、利用和管理提供重要科学依据。本书可供从事渔业、海洋生物、海洋生态、海洋环境研究的工作者和海洋渔业生产、管理人员以及大专院校相关专业师生参阅。

丛书编委会

科学顾问　唐启升　中国水产科学研究院黄海水产研究所　中国工程院院士
　　　　　　曹文宣　中国科学院水生生物研究所　中国科学院院士
　　　　　　陈吉余　华东师范大学　中国工程院院士
　　　　　　管华诗　中国海洋大学　中国工程院院士
　　　　　　潘德炉　自然资源部第二海洋研究所　中国工程院院士
　　　　　　麦康森　中国海洋大学　中国工程院院士
　　　　　　桂建芳　中国科学院水生生物研究所　中国科学院院士
　　　　　　张　偲　中国科学院南海海洋研究所　中国工程院院士

主　　编　庄　平
副主编　李纯厚　赵立山　陈立侨　王　俊　乔秀亭
　　　　　　郭玉清　李桂峰
编　　委（按姓氏笔画排序）
　　　　　　王云龙　方　辉　冯广朋　任一平　刘鉴毅
　　　　　　李　军　李　磊　沈盎绿　张　涛　张士华
　　　　　　张继红　陈丕茂　周　进　赵　峰　赵　斌
　　　　　　姜作发　晁　敏　黄良敏　康　斌　章龙珍
　　　　　　章守宇　董　婧　赖子尼　霍堂斌

本书编写人员

第一章	李纯厚	杜飞雁	林　琳	王雪辉	于　杰
第二章	徐姗楠	刘　永	李纯厚		
第三章	刘　永	于　杰	李纯厚		
第四章	陈海刚	杜飞雁	贾晓平	郭伟龙	谷洋洋	李纯厚
	黄洪辉	廖秀丽	马胜伟	王增焕	
第五章	李纯厚	吴风霞	杜飞雁	于　杰	王晓伟	贾晓平
	戴　明	张汉华			
第六章	杜飞雁	王雪辉	李纯厚	方　良	古小莉	孙典荣
	王学锋	宁加佳			
第七章	徐姗楠	刘　永	陈作志		
第八章	林　琳	李纯厚			
第九章	李纯厚	贾晓平	林　钦	黄洪辉	张汉华	李占东
	杜飞雁	戴　明	古小莉	孙典荣	林昭进	廖秀丽
	甘居利	王增焕	王雪辉	吴进锋	徐姗楠	齐占会
	徐娇娇				
第十章	杜飞雁	李纯厚	王雪辉	刘　永	朱长波	陈海刚
	徐姗楠	王　腾	黄洪辉	蔡文贵	

丛书序

中国大陆海岸线长度居世界前列，约 18 000 km，其间分布着众多具全球代表性的河口和海湾。河口和海湾蕴藏丰富的资源，地理位置优越，自然环境独特，是联系陆地和海洋的纽带，是地球生态系统的重要组成部分，在维系全球生态平衡和调节气候变化中有不可替代的作用。河口海湾也是人们认识海洋、利用海洋、保护海洋和管理海洋的前沿，是当今关注和研究的热点。

以河口海湾为核心构成的海岸带是我国重要的生态屏障，广袤的滩涂湿地生态系统既承担了"地球之肾"的角色，分解和转化了由陆地转移来的巨量污染物质，也起到了"缓冲器"的作用，抵御和消减了台风等自然灾害对内陆的影响。河口海湾还是我们建设海洋强国的前哨和起点，古代海上丝绸之路的重要节点均位于河口海湾，这里同样也是当今建设"21世纪海上丝绸之路"的战略要地。加强对河口海湾区域的研究是落实党中央提出的生态文明建设、海洋强国战略和实现中华民族伟大复兴的重要行动。

最近20多年是我国社会经济空前高速发展的时期，河口海湾的生物资源和生态环境发生了巨大的变化，亟待深入研究河口海湾生物资源与生态环境的现状，摸清家底，制定可持续发展对策。庄平研究员任主编的"中国河口海湾水生生物资源与环境出版工程"经过多年酝酿和专家论证，被遴选列入国家新闻出版广电总局"十三五"国家重点图书出版规划，并且获得国家出版基金资助，是我国河口海湾生物资源和生态环境研究进展的最新展示。

该出版工程组织了全国20余家大专院校和科研机构的一批长期从事河口海湾生物资源和生态环境研究的专家学者，编撰专著28部，系统总结了我国最近20多年来在河口海湾生物资源和生态环境领域的最新研究成果。北起辽河口，南至珠江口，选取了代表性强、生态价值高、对社会经济发展意义重大的10余个典型河口和海湾，论述了这些水域水生生物资源和生态环境的现状和面临的问题，总结了资源养护和环境修复的技术进展，提出了今后的发展方向。这些著作填补了河口海湾研究基础数据资料的一些空白，丰富了科学知识，促进了文化传承，将为科技工作者提供参考资料，为政府部门提供决策依据，为广大读者提供科普知识，具有学术和实用双重价值。

中国工程院院士　唐启升

2018 年 12 月

前　言

　　海湾是陆、海相互作用以及人类干扰活动的强烈承受区域，是环境变化的敏感带和生态系统的脆弱带。全球约 41% 的海域尤其是河口、海湾已经受到人类活动的严重干扰。海湾生态环境的严重恶化已成为当前世界海岸带面临的重要灾害，给海岸地区的环境与生态亦带来严峻挑战。海湾生态系统结构特征、健康评价与恢复正受到国内外的广泛关注，并成为海洋生态学及海洋管理研究的热点领域之一。

　　大亚湾是南海北部沿岸较大的半封闭型海湾，位于珠江口东侧，东接稔平半岛，西连大鹏半岛，紧邻大鹏湾和香港海域，北依绵延的海岸山脉，湾口朝南，面临南海，面积约 600 km² 。大亚湾湾内岛屿众多，生境复杂、多样，海洋生物资源丰富，生物类型众多，属亚热带气候海湾，而红树林和珊瑚群落则使该亚热带海湾显示出热带生境的特色，是我国亚热带海域的重要海湾之一。湾内水产资源种类繁多，是南海的水产种质资源宝库，也是多种珍稀水生生物的集中分布区和广东省重要的水产增殖海域。大亚湾海域生物多样性优于国内其他同类的海湾，同时拥有我国唯一的真鲷类繁育场、广东省唯一的马氏珠母贝自然采苗场和多种鲷科鱼类、石斑鱼类、龙虾、鲍等名贵种类的幼体密集区，还有多种大亚湾特有的贝类和甲壳类资源。1983 年大亚湾被广东省政府划为水产资源省级自然保护区（粤府〔1983〕63 号）。过去大亚湾周边人口不多，以农业为主，基本无工业，有众多的湿地。20 世纪 80 年代，大亚湾海域水质良好、洁净，营养状况接近贫营养水平，却能维持较高的生产力。

20 世纪 80 年代后期，随着经济发展，大亚湾进入了快速开发期，尤其是近 30 年来，随着大亚湾沿岸社会经济的飞速发展，西部的深圳和北部的惠州，大型建设引起岸线变化，湿地减少，大量陆源物质输入，水产养殖业快速发展，这些因素引发水质富营养化，加之过度捕捞等人类活动的干扰，加速了大亚湾生态环境退化，造成了生态系统的稳定性减弱，使生态系统朝异养演替方向发展。

为了研究大亚湾生态系统对人类活动影响的响应及生态系统的演变过程，10 多年来，笔者及其团队先后开展了多方面的研究：南海石化项目施工对大亚湾海域生态环境影响监测（2003—2005）、人类活动对大亚湾海域生物资源的影响评价与预测（2005DIB3J020）、大亚湾生态系统对人类活动影响的响应及发展预测（2009B030600002）、大亚湾石化排污对水生生物资源及生态环境影响研究（2011—2012）、人类活动对大亚湾渔业生态系统影响与预测研究（2007ZD08）、大亚湾生态系统可持续发展的管理对策研究（2010YD10）、大亚湾生态系统健康评价与可持续发展对策（GD908-02-XZ01）、大亚湾水产资源省级自然保护区西北部核心区功能调整可行性论证、大亚湾生态系统演变过程与驱动机制（31100362）。2014 年启动了公益性行业（农业）科研专项"南海渔业资源增殖养护与渔场判别关键技术研究与示范（201403008）"，该项目在 2014—2015 年对大亚湾继续开展了 4 个季度的生态环境调查，本书是以上系列研究成果的集成。

本书的编写凝聚了大亚湾项目团队众多研究人员的心血。需要特别提及的是，中国水产科学研究院南海水产研究所诸多同志参加了野外调查、室内样品分析和资料整理工作，没有他们的密切配合，本书很难完成，在此向他们表示衷心感谢。

由于笔者水平有限，书中难免存在错漏和不完善之处，敬请专家、读者批评指正。

2018 年 8 月

目　录

第一章
调查与研究方法

第一节　站位布设

　　本书的基础数据除特别标明外，均来自 2003—2015 年现场调查资料，各航次调查站位布设情况如下。

一、2003—2005 年大亚湾石化施工监测

　　2003 年 12 月至 2005 年 9 月对大亚湾海域进行了 8 个航次的海域海洋生物环境现场调查。8 个航次海上现场监测时间分别为 2003 年 12 月 17—18 日，2004 年 3 月 17—18 日、5 月 27—28 日、9 月 21—22 日、12 月 21—22 日，2005 年 3 月 15—16 日、5 月 24—25 日、9 月 21—22 日。在大亚湾湾口以内约 500 km² 的海域共布设站位 10 个（S1～S10），10 个站位均调查叶绿素 a、浮游植物、浮游动物（微型浮游动物的摄食压力研究另外多设一个站位，即 S11）和鱼卵、仔稚鱼，其中 8 个站位（S1、S2、S3、S4、S5、S6、S7 和 S9）仅开展游泳生物、底栖生物和生物体质量调查。调查站位分布及地理位置见图 1-1 和表 1-1。

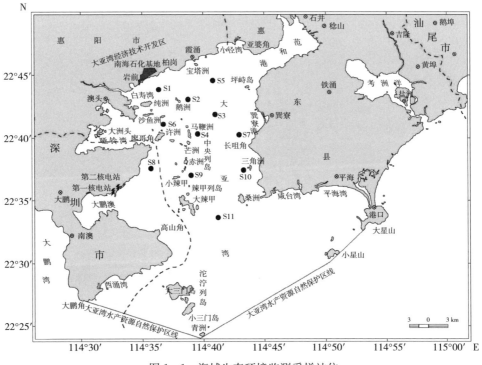

图 1-1　海域生态环境监测采样站位

表 1-1 海域生态环境监测站位地理位置

站位	经度（E）	纬度（N）	站位	经度（E）	纬度（N）
S1	114°36′0″	22°44′24″	S7	114°39′0″	22°37′48″
S2	114°40′48″	22°45′36″	S8	114°42′36″	22°39′36″
S3	114°38′24″	22°42′36″	S9	114°43′48″	22°36′36″
S4	114°34′12″	22°40′12″	S10	114°44′24″	22°34′12″
S5	114°36′0″	22°40′48″	S11	114°41′06″	22°33′48″
S6	114°39′36″	22°40′48″			

二、2007—2008 年大亚湾生态系统综合调查

2007 年 12 月、2008 年 3 月、2008 年 5 月和 2008 年 9 月对大亚湾海域生态系统现状进行了冬、春、夏、秋季 4 个航次的调查，共设 31 个调查站位。各站均开展海水环境、沉积环境、海洋生态和海洋生物体质量调查。调查站位和地理位置详见图 1-2 和表 1-2。

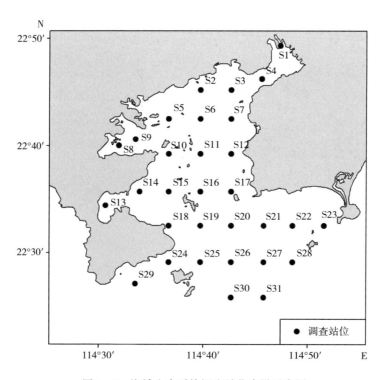

图 1-2 海域生态系统调查站位布设示意图

表1-2　调查站位地理坐标

站位	经度（E）	纬度（N）	站位	经度（E）	纬度（N）
S1	114°47′	22°49′	S17	114°43′	22°36′
S2	114°40′	22°45′	S18	114°37′	22°33′
S3	114°43′	22°45′	S19	114°40′	22°33′
S4	114°46′	22°46′	S20	114°43′	22°33′
S5	114°37′	22°43′	S21	114°46′	22°33′
S6	114°40′	22°43′	S22	114°49′	22°33′
S7	114°43′	22°43′	S23	114°52′	22°33′
S8	114°32′	22°40′	S24	114°37′	22°29′
S9	114°34′	22°41′	S25	114°40′	22°29′
S10	114°37′	22°39′	S26	114°43′	22°29′
S11	114°40′	22°39′	S27	114°46′	22°29′
S12	114°43′	22°39′	S28	114°49′	22°29′
S13	114°31′	22°34′	S29	114°34′	22°27′
S14	114°34′	22°36′	S30	114°43′	22°26′
S15	114°37′	22°36′	S31	114°46′	22°26′
S16	114°40′	22°36′			

三、2011—2012 年大亚湾生态系统综合调查

2011 年 8 月、2011 年 10 月、2012 年 1 月、2012 年 5 月开展了 4 个航次的大亚湾生态系统综合调查。在大亚湾海域共设 10 个调查站位，调查站位和地理位置见图 1-3 和表 1-3。

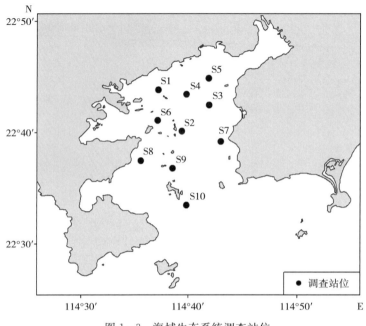

图 1-3 海域生态系统调查站位

表 1-3 调查站位地理位置

站位	经度（E）	纬度（N）	站位	经度（E）	纬度（N）
S1	114°37′	22°44′	S6	114°37′	22°41′
S2	114°40′	22°40′	S7	114°43′	22°39′
S3	114°42′	22°42′	S8	114°36′	22°37′
S4	114°40′	22°43′	S9	114°39′	22°37′
S5	114°42′	22°45′	S10	114°40′	22°33′

四、2014—2015 年大亚湾环境质量调查

2014 年 9 月、2014 年 12 月、2015 年 3 月、2015 年 8 月对大亚湾海域环境质量现状进行了秋、冬、春、夏季 4 个航次的调查，共设 12 个调查站位，各站位均开展海水环境、沉积环境、叶绿素 a 和初级生产力调查。调查站位和地理位置见图 1-4 和表 1-4。

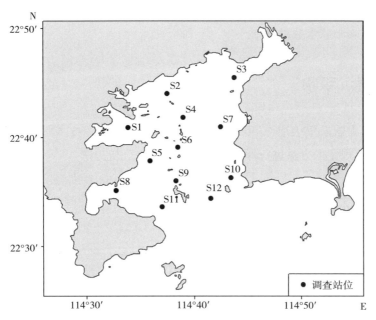

图 1-4　大亚湾生态环境质量调查站位

表 1-4　大亚湾生态环境质量调查站位地理位置

站位	经度（E）	纬度（N）	站位	经度（E）	纬度（N）
S1	114°34′	22°41′	S7	114°43′	22°41′
S2	114°38′	22°44′	S8	114°33′	22°35′
S3	114°44′	22°45′	S9	114°38′	22°36′
S4	114°39′	22°42′	S10	114°44′	22°36′
S5	114°36′	22°38′	S11	114°37′	22°34′
S6	114°39′	22°39′	S12	114°42′	22°34′

第二节　环境要素与生物资源调查方法

一、海水环境

现场监测采样按《海洋监测规范》（GB 17378.5—2007）进行，海水水温、盐度、pH 和溶解氧（DO）均用 Hydrolab 多功能水质仪现场测定。其他水环境因子均用容积为

5L 的有机玻璃采水器采样，按《海洋监测规范》（GB 17378.5—2007）规定的方法进行样品采集、保存和实验室分析测试。

二、表层沉积物

用抓斗式采集器采集表层沉积物，取表层 5 cm 的底质，按《海洋监测规范》（GB 17378.5—2007）规定的方法进行样品的保存和实验室分析测试。

三、生物环境和渔业资源

生物环境和渔业资源调查采样方法按《海洋监测规范》（GB 17378.5—2007）、《海洋调查规范　海洋生物调查》（GB 12763.6—2007）和《建设项目对海洋生物资源影响评价技术规程》（SC/T 9110—2007）进行。

叶绿素 a 取表层水样，初级生产力根据叶绿素 a 含量估算。浮游植物采用浅水Ⅲ型浮游生物网采样，每个调查站垂直拖曳 1 网。浮游动物采用浅水Ⅰ型浮游生物网采样，每个调查站垂直拖曳 1 网。底栖生物定量调查使用开口面积为 0.1 m² 的抓斗式采集器采集，每站采样 2 斗；定性调查使用阿氏拖网现场试捕法，每站拖 1 网，连续拖曳 15 min，拖速 2 kn。潮间带生物在每个生态岸相调查断面按高、中、低 3 个潮区随机设立取样站，每个取样站采集定量和定性标本。鱼卵、仔鱼用大型浮游生物网水平和垂直拖网采集，每个站采样 2 网，水平持续拖网 10 min，拖速 1.5 kn。游泳生物采用拖网生产渔船现场试捕法进行，单拖网每站拖 1 网，每站连续拖曳 60 min，拖速 3 kn。渔获样品分析时，先将较大和稀有种类单独挑出，然后随机采集 20 kg 渔获样品供进一步分析，渔获物不足 20 kg 时，则全部取样。每个站位的渔获样品均进行生物学测定。

浮游植物，浮游动物，大型底栖动物，潮间带生物，鱼卵、仔鱼和游泳生物样品采集后均用 5‰甲醛溶液固定或冷冻后，带回实验室分析。海洋生物质量分析从拖网和潮间带采集的生物样品中挑取具有代表性的种类作为样品，样品处理和分析按《海洋监测规范》（GB 17378.5—2007）进行。

四、计算公式

（1）优势度（Y）

$$Y = \frac{n_i}{N} \cdot f_i$$

式中　n_i——第 i 种的个体数量（个/m³）；

N——某站总生物数量（个/m^3）；

f_i——某种生物的出现频率（%）。

（2）Shannon-Wiener 多样性指数（H'）

$$H' = -\sum_{i=1}^{S} P_i \log_2 P_i$$

式中 P_i——n_i/N；

   S——出现生物总种数。

（3）Pielou 均匀度指数（J）

$$J = H'/H_{max}$$

式中 H_{max}——$\log_2 S$，最大多样性指数。

（4）渔业资源量

资源密度（kg/km^2）和现存资源量（t）根据扫海面积法估算，公式如下：

$$B = (S \cdot Y) \times 10^{-3}/A(1-E)$$

式中 B——现存资源量（t）；

   S——调查监测水域面积（km^2）；

   Y——平均渔获率（kg/h）；

   A——每小时扫海面积（km^2/h）；

   E——逃逸率（取 0.5）。

（5）初级生产力

初级生产力根据叶绿素 a 估算（Cadée，1975）：

$$P.P. = (C_a \times D \times Q)/2$$

式中 $P.P.$——初级生产力 [mg/（$m^2 \cdot d$）]；

   C_a——叶绿素 a 浓度（mg/m^2）；

   D——光照时间（h），春季、夏季、秋季和冬季分别取 11、13、10.5 和 9.5；

   Q——同化效率 [mg/（mg·h）]，根据中国水产科学研究院南海水产研究所以往调查结果，春季、夏季、秋季和冬季分别取 3.32、3.12、3.42 和 3.52。

第三节 海岸线变迁资料获取及数据处理

一、遥感资料获取

遥感数据采用美国陆地卫星 Landsat 的二级产品，数据来源于中国科学院对地观测与数字地球科学中心和美国地球资源观测与科学中心，空间分辨率为 30 m。选取研究区上空云量较少、质量较好的图像作为基础数据，各时相数据信息见表 1-5。在 ENVI 软件中对数据进行定标、几何精校正和图像配准处理，图像配准以时相最早的影像为基础，误差控制在 0.5 个像元内。

表 1-5　卫星成像时刻的潮汐情况

成像日期	成像时间	潮位站	成像时刻潮位 (cm)	可比潮位 (cm)	以 1997 年为准的差值（cm）
1987 年 1 月 31 日	02：06：18	香港	122	104	-47
1993 年 1 月 31 日	02：07：56	大亚湾	122	122	-29
1997 年 1 月 10 日	02：09：34	大亚湾	151	151	0
2001 年 1 月 5 日	02：25：48	大亚湾	90	90	-61
2005 年 1 月 16 日	02：32：14	大亚湾	95	95	-56
2011 年 1 月 1 日	02：36：02	大亚湾	132	132	-19
2015 年 8 月 8 日	02：45：34	大亚湾	79	79	-72

注：①1987 年 1 月 31 日无大亚湾潮位站资料，参照附近香港潮位站的观测值；②可比潮位是指各个潮位站所测潮高相对于大亚湾潮位站基准面的潮位数值，香港潮位站的潮位基准面为平均海平面以下 138 cm，大亚湾潮位站的潮位基准面为平均海平面以下 120 cm；③成像时间格式为 hh：mm：ss，为格林尼治时间。

二、数据处理

（一）辐射定标

从遥感机构获取的 TM 数据是以 0～255 数值表示的灰度值（DN）。在应用遥感数据之前，用户需要将灰度值换算成辐射亮度，这个过程称为辐射定标。目前，辐射定标的方法有两种：一种是利用权威遥感机构公布的截距和斜率数据建立线性方程；另一种是利用 TM 数据 fast 格式文件中提供的最大辐射值和最小辐射值，以最大辐射值代表灰度值 255，以最小辐射值代表灰度值 0，从而计算任一灰度值对应的辐射值。

（二）大气辐射校正

应用遥感数据提取海岸线信息时，多采用受大气影响较小的红外波段，一般不需要进行大气校正。考虑到在海岸线解译时，真彩色合成图起到辅助作用，对 TM 的三个可见光波段进行了大气辐射校正。由于缺少实测数据，因而采用黑暗像元法进行大气校正，大亚湾处于亚热带气候区，其周围陆地山区终年有浓密植被存在，推断遥感影像上应该存在反射率为 0 的黑暗像元点。又由于大亚湾沿岸山的海拔不高，卫星过境时（北京时间10：00 左右）太阳的天顶角较高，直接从遥感影像上寻找处于山体阴影处的浓密植被区是比较困难的。以直方图的下限值代表程辐射量，通过对照各直方图下限值在遥感影像上的坐标位置，发现均散落在山区，因而认为选择直方图下限值作为黑暗像元是合理的。应用 IDL 软件编程实现遥感图像的大气辐射校正，经校正后图像蓝化现象明显消除，且图像更加清晰，校正结果可以满足研究需要。

（三）几何精校正

几何精校正是海岸线提取研究中的必要步骤，在 Arcgis 软件中，以 1 : 50 000 地形图为底图，对 7 个时相的遥感图像进行几何精校正，所有影像的投影坐标系均采用高斯—克吕格投影和北京坐标系，影像的校正、配准采用二次多项式变换，利用双线性内插法进行重采样。几何精校正配准误差（RMS）均满足利用多时相遥感影像进行动态变化检测时几何校正误差小于 0.5 个像元的要求。

三、海岸线提取方法

（一）水边线提取

水边线是指卫星过境时海水和陆地的分界线，根据陆地与水体具有不同反射率的特性，其 2.08～2.35 μm 红外波段（第 7 波段）图像的直方图呈双峰，采用直方图鞍部最低点所对应的数值作为阈值，对图像进行二值化处理，实现海陆分界。使用 Roberts 和 Sobel 算子分别对图像进行边缘检测试验，发现 Roberts 算子对图像的提取效果优于 Sobel 算子，因而采用 Roberts 算子对 5 个时相的第 7 波段二值图像进行边缘检测处理，得到水边线图。

（二）海岸线提取

在 Arcgis 软件中以水边线图为底图，使用 Sketch 工具矢量化水边线，得到水边线矢量图。而要从水边线矢量图中确定海岸线的位置，还需要考虑潮汐、岸相等因素，因而需要对图像做潮汐校正和岸相解译分析。

1. 潮汐校正

各图像成像时的潮位不同，致使水边线的位置不同，在潮差变化较大时，就需要对海岸线进行潮汐校正。选取的图像潮位变化较小，从表 1 - 5 中列出的 7 个时相的潮汐变化情况看，潮位差变化并不明显，最大为 72 cm。大亚湾沿岸除人工海岸外，广泛分布着坡度较大的基岩海岸，淤泥质海岸较少，且基本已被开发用于养殖，在养殖区外均建有防波堤，因此潮汐的变化对上述三类海岸的影响较小，可以忽略不计。对于沙质海岸来说，潮汐的变化对其影响还是比较显著的，本书在划分沙质海岸和少量坡度不大的基岩海岸时，以陆地植物生长分布边缘为分界，因此无需做潮汐校正。

2. 岸相类型解译

岸相类型解译是根据地物的光谱特性、纹理和颜色特征不同，而在遥感图像上具有独特的影像特征为解译标志。大亚湾的岸相主要为人工海岸、基岩海岸、沙砾质海岸，少数为泥质和红树海岸。人工海岸一种是建设用地开发形成的，包括建设城镇居民区、企业和港口（码头）等；另一种是修建海堤形成，包括建设防波堤、海水养殖区（盐田）周边海堤。人工海岸主要图像解译标志有形状特征、颜色特征、纹理特征和邻接特征。①形状特征：防波堤和养殖区（盐田）岸线呈长条状，港口（码头）边缘会有条状由陆地向海延伸的突出。②颜色特征：人工海岸光谱反射率高，在真彩色遥感影像上一般呈白色（或灰色）。③纹理特征：养殖区（盐田）呈现明显的格子状，并连续大面积分布，城镇区内部也存在若干大小不一的斑块。④邻接特征：养殖区（盐田）一侧为海或滩涂，另一侧为陆地，城镇岸线通常紧邻企业或居民生活区。沙质海岸是沙粒在海浪作用下堆积形成的，在波浪无法作用的区域沙质也就会消失，因此可以把沙质海岸和陆地上非沙质地物的分界线作为海岸线。对于基岩海岸和人工海岸，水边线基本代表海岸线。基岩海岸可采用海崖角和直立陡崖的水陆直接交接地带作为解译标志。大亚湾的淤泥质海岸较少，岸滩面积不大，选择与其他地物（如植被、虾池、公路等）的分界线作为海岸线。

采用 TM3、TM2、TM1 波段的真彩色合成图像用于岸相的解译分析，在真彩色图像上，地物颜色基本与其自然色彩相同，如人工海岸和沙质海岸呈灰白色，有植被覆盖的基岩海岸呈现墨绿色，波浪从湾口向湾内传播过程中，在基岩海岸的迎浪面激起白色浪花。人工海岸上建有港口、码头或船坞等，多与居民区相连，海岸形状较规则；沙质海岸由于其独特的地理和气候条件多呈弧形；基岩海岸线曲折；入湾的河流淤泥质海岸广泛分布着格子状的养殖田。针对某些地物光谱特性相近、在真彩色图像上难以分辨的情况，结合其他信息量更为丰富的波段组合彩色合成图像辅助解译，彩色合成的组合波段应以能体现信息量最多为原则。通过各时相 7 个波段图像的亮度值统计结果发现，以 TM5 波段的信息量最为丰富，其次是 TM4 波段；在 3 个可见光波段中，TM3 波段的信息量优于 TM1、TM2 波段。因此，选用 TM4、TM5、TM3 三个波段，分别赋予红、绿、蓝制作彩色合成图，用于岸相类型辅助解译。为了减少潮汐对岸线提取的影响，在岸线提取时需要建立统一的岸线标准，沙质海岸和粉沙淤泥质海岸以靠陆地一侧的人工建筑物、道路、基岩和绿色植被区为准；生物海岸以靠陆地一侧的人工建筑物、道路和基岩为准。

通过分析 7 个时相图像的岸相分布，发现沙质海岸广泛分布在大亚湾的东岸，其次是北岸，在基岩岬角的海湾有零散分布，并形成弧形沙质海岸；泥质海岸仅在范和港和西岸有零星分布；基岩海岸主要分布在西南岸；人工海岸广泛在大亚湾西部和北部的养殖区域、城镇和港口等地。岸相类型确定以后，需要根据不同岸相的遥感成像特点来修正水边线，获取真实位置的海岸线。

第四节 大型藻类调查方法

一、材料与方法

(一) 研究材料

大亚湾马尾藻的生长范围从近岸向海延伸可达几百米远，针对这一空间尺度的目标探测，要求选择的数据源须具有较高的空间分辨率，本研究选择 Landsat 数据作为马尾藻信息提取的数据源，该数据可见光波段空间分辨率为 30 m。Landsat 5 的重复周期为 16 d，且可见光遥感数据容易受到云的干扰，因此，要获取高质量的过境图像是比较难的。通过中国遥感卫星地面站的数据查询系统，1987—2008 年共有 17 幅图像符合本研究的数据质量要求，选取了 19890309、19950310、19990305、20010105、20010513、20011020、20011223、20040419、20070412 和 20080516 共 10 个二级 Landsat 5 产品作为研究对象。

为了验证提取效果，利用 4 m 高空间分辨率 IKONOS 卫星数据进行算法检验，采用的 IKONOS 数据时相为 20030227。IKONOS 卫星数据第 3 波段包含对叶绿素最为敏感的 700 nm 波段，提取绿色植被具有明显优势，已有研究指出 IKONOS 对城市植被的分类精度达到 90.56%。马尾藻生长水域的地物组成较为简单，根据中国水产科学研究院南海水产研究所 2003 年 2 月的观测结果，鸡心岛海岸线至自然水体边界范围内均由马尾藻覆盖，在 IKONOS 真彩色图像上可以用肉眼清晰识别马尾藻，因此，截取覆盖鸡心岛 114°37′51″—114°38′53″E、22°41′0″—22°42′3″N 的子图像进行算法验证。

(二) 数据处理

1. 辐射定标

辐射定标是将遥感原始记录的灰度值（DN）转换为辐射亮度，通过一已知截距和斜率的线性公式，输入 DN 计算每个像素的辐射亮度。

根据辐射定标算法计算 $L(\lambda)$，公式如下：

$$L(\lambda)=Gain \times DN + Bias$$

式中 $L(\lambda)$——像素的辐射亮度；

DN——像元灰度值；

$Gain$ 和 $Bias$——增益和偏移量。

自卫星发射至今，$Gain$ 和 $Bias$ 值计算模型经历了 3 次更新，最初模型是从 1984 年 3 月 1 日卫星开始运行至 2003 年 3 月 4 日止，2003 年 3 月美国地质调查局（US Geological Survey，USGS）开发了指数衰减模型，利用这一模型经计算建立了 Landsat 数据定标参数表，将传感器记录的最小和最大辐射亮度与 0 和 255 相对应，使分发到用户手中的数据为分布在 0～255 固定区间内的 DN，相应的定标值也发生了变化，2007 年 4 月 2 日开始，对该表再次进行了更新（表 1-6）。

表 1-6　Landsat 数据定标参数

波段 （TM）	原始模型 处理时间：1984 年 3 月 1 日至 2003 年 3 月 4 日； 获取时间：1984 年 3 月 1 日至 2003 年 3 月 4 日		第一次更新模型 处理时间：2003 年 3 月 5 日至 2007 年 4 月 1 日； 获取时间：1984 年 3 月 1 日至 2007 年 4 月 1 日		第二次更新模型 处理时间：2007 年 4 月 2 日至今； 获取时间：1984 年 3 月 1 日至 1991 年 12 月 31 日		第三次更新模型 处理时间：2007 年 4 月 2 日至今； 获取时间：1992 年 1 月 1 日至今	
	Gain	Bias	Gain	Bias	Gain	Bias	Gain	Bias
1	0.602 431	−1.52	0.762 824	−1.52	0.668 706	−1.52	0.762 824	−1.52
2	1.175 100	−2.84	1.442 510	−2.84	1.317 020	−2.84	1.442 510	−2.84
3	0.805 765	−1.17	1.039 880	−1.17	1.039 880	−1.17	1.039 880	−1.17
4	0.814 549	−1.51	0.872 588	−1.51	0.872 588	−1.51	0.872 588	−1.51
5	0.108 078	−0.37	0.119 882	−0.37	0.119 882	−0.37	0.119 882	−0.37
6	0.055 158	1.237 8	0.551 58	1.237 8	0.055 158	1.237 8	0.055 158	1.237 8
7	0.056 980	−0.15	0.065 294	−0.15	0.065 294	−0.15	0.065 294	−0.15

这里需要说明的是：2001 年来自 Landsat-7 科学研究小组的 RIT（Rochester Institute of Technology）和 JPL（NASA Jet Propulsion Laboratory）分别通过研究 56 个和 22 个样本的辐射亮度，发现 TM6 段辐射强度有 (0.082 ± 0.070) W/（$m^2 \cdot sr \cdot \mu m$）和 (0.136 ± 0.092) W/（$m^2 \cdot sr \cdot \mu m$）的偏差，两者的权重平均值为 0.092 W/（$m^2 \cdot sr \cdot \mu m$）。EROS（Earth Resources Observation and Science）从 2007 年 4 月 2 日起对 TM6 的一级产品进行了 0.092 W/（$m^2 \cdot sr \cdot \mu m$）的校正（针对 1999 年 4 月 1 日后接收的数据），而对于 2007 年 4 月 2 日前获取的一级产品及非 EROS 处理的产品，用户均需加入 0.092 W/（$m^2 \cdot sr \cdot \mu m$）的辐射亮度误差。

2. 几何精校正

由于原数据仅是经过系统级几何粗校正的产品，校正精度不高，在应用之前需要对其进行几何精校正。几何精校正可以通过编程语言写程序和一些现成的软件来实现，本研究采用 ERDAS 软件实现。在 ERDAS 软件中以 1∶50 000 地形图（投影为 UTM，椭球体为 WGS84）为基础，对 TM 图像进行采样地面控制点（GCPs）校正。校正过程中，选取沿岸或岛屿上具有明显解译标志的地物作为控制点，投影选择 UTM 投影，椭球体选择 WGS84，采用二次多项式配准和最邻近像元法重采样，配准误差（RMS）控制在 0.5 个像元内。

3. 大气校正

遥感传感器接收到的信息是太阳辐射经地表反射后向上传播并被大气吸收、散射和反射后的剩余部分，要获得地表的真实情况就需要剔除大气的影响。大气校正算法是建立在辐射传输模型基础上的。目前，专业的大气校正软件主要有 6S、MORTRAN、FORTRAN 等，另外 PCI、ENVI 和 ERDAS 软件中也有大气校正模块，然而这些模块或软件需要输入臭氧含量、大气水汽含量、二氧化碳、气溶胶厚度等多个大气参数，而这些参数往往很难获取。为此，Chavez（1988）开发了基于图像本身的大气校正算法，称黑暗像元法。黑暗像元法能够通过图像自身的信息完成大气校正，在无实测数据的情况下，这无疑是最好的方法。黑暗像元法假设遥感图像上存在反射率接近于 0 的黑暗像元，如清洁水体、山体阴影和浓密植被等。由于黑暗像元的反射率很小，传感器记录的信息几乎全部由于大气散射（程辐射）影响产生，当研究区域范围不大时，可认为其上空大气成分均匀，大气散射产生的程辐射相等，整幅图像的大气校正可以从图像上减去黑暗像元处的程辐射值。大亚湾地处亚热带气候区，三面环山，山上终年均有植被覆盖，满足存在黑暗像元的条件。假设黑暗像元的反射率为 1%，则程辐射（$L_{u\lambda}$）用如下公式计算：

$$L_{u\lambda} = L_{DOS} - 0.01 \times (E_0 \times \cos\theta_z / \pi \times d)$$

式中　$L_{u\lambda}$——程辐射值；

　　　L_{DOS}——黑暗像元辐射值；

　　　E_0——大气层外相应波长的太阳光谱辐照度；

　　　θ_z——太阳天顶角；

　　　d——成像时刻的日地距离。

从校正结果看，图像质量得到了明显提高，在 TM3、TM2、TM1 真彩色图像上的蓝化现象基本消除。

4. 海陆分界

马尾藻生长在沿岸附近水域，在进行马尾藻探测时为避免陆地的干扰，需要将陆地与海水区分开。根据陆地与水体具有不同的反射率特性，其 2.08～2.35 μm 红外波段（TM7）图像的直方图呈双峰，采用直方图鞍部最低点所对应的数值作为阈值，对图像进行二值化处理，可实现海陆分界。首先使用 Roberts 和 Sobel 算子分别对图像进行边缘检测试验，结果发现 Roberts 算子对图像的提取效果优于 Sobel 算子，因而采用 Roberts 算子对 5 个时相的第 7 波段二值图像进行边缘检测处理。然而考虑到采用这一方法的后续处理较复杂，本研究最终在 Arcgis 软件中实现海陆分界。利用 Arcgis 软件的表面分析模块中绘制等值线的功能，以第 7 波段鞍部最低点的值为起始值，以 200 为间隔成功地得到了海陆界线，利用转换工具将边界线转换为栅格形式，为后续成图采用掩膜处理做准备。

（三）马尾藻探测方法

1. 马尾藻水域的光谱特性

太阳辐射到达水表面时一部分能量被水体吸收，其余部分被反射回空中，而含有不同成分的水体吸收系数和反射系数是有差异的，因而入射到具有不同物质组分水域表面的能量，在消除吸收后向上反射的能量是不同的，这些能量在大气中向上传播，传播方向上被大气散射后指向遥感传感器的那部分能量将被其接收。可见，各种地物吸收和反射特性的不同使传感器接收到的辐射信息有所差异，这一原理正是利用遥感手段探测马尾藻的理论基础。从收集的资料来看，至今未发现针对马尾藻水域的光谱试验研究工作。大亚湾水域的水质较清洁，悬浮泥沙含量较小，马尾藻生长水域由于其吸附特性使水质更为清澈，因而光谱特性受悬浮泥沙的影响较小。马尾藻的吸收和反射特性与色素成分和含量有关，马尾藻体内的色素有叶绿素、叶黄素、褐藻素和胡萝卜素，在不同生长阶段各色素的成分含量也会有所变化，叶绿素是影响马尾藻水域光谱特性最主要的因素。

马尾藻是生态系统中的初级生产者，与浮游植物一样，依靠体内的叶绿素吸收太阳光进行光合作用。已有研究表明，叶绿素在 440 nm、550 nm、685 nm 附近分别存在吸收峰、反射峰和荧光峰，马尾藻体内的其他色素使其光谱峰值同叶绿素相比发生偏移。有研究指出，藻类的光谱特征类似于陆地植物，在 420～500 nm 和 675 nm 处有吸收峰，这是由于叶绿素 a 在蓝紫光波段具有吸收峰及黄色物质在该范围具有强烈吸收作用，540～600 nm 处叶绿素和胡萝卜素的弱吸收使该范围内存在一反射峰，700 nm 附近的反射峰是含藻类水体最显著的光谱特征，无藻类水体在这一波段属于强烈吸收区。当藻类浓度很低时，这些光谱特性变得不明显，甚至消失。如果藻类物质浓度极高，出现漂浮在水面的情况时，由于藻类细胞在近红外波段的强反射，水面反射率急剧升高。

马尾藻主要分布于潮间带及潮下带浅水区的岩石上，短的有 1～2 m，长的有 4～5 m。生长于潮间带的马尾藻，在海水退潮时便露出海面，生长于潮下带的马尾藻，其尾端一般漂浮于水面，使岛屿周围的海面呈黄褐色。大亚湾马尾藻每年秋季 10 月前后开始生长，翌年 3—4 月达到生长旺季，4 月底、5 月初逐渐死亡，马尾藻死后固着器从岩礁上脱离，藻体漂浮在水面随潮流移动。因此，通过可见光波段探测马尾藻应选择 3—5 月的遥感图像，这段时期含马尾藻水体和周围水体的光谱差异最大，能提取马尾藻信息的可能性最大。

2. 马尾藻信息提取

马尾藻生长水域的水层较浅，为了吸收更多的阳光进行光合作用，在其生长期马尾藻向上生长直至接近水面，但能超出水面的较少，通常与水面间隔十几厘米至 1 m。遥感数据所能反映的是表层相对薄的信息，与可见光穿透深度有关。要从遥感图像上找出马尾藻，最好采用马尾藻生长旺季的数据，以 19990305 时相的图像为例，开展马尾藻信息提取工作。

（1）彩色合成增强处理　彩色合成法将三个不同的电磁波通道分别赋予红、绿、蓝三色，由于不同地物在各通道的辐射量大小有差异，在彩色合成图中会呈现不同颜色。人眼对彩色的分辨能力大于灰度图，采用彩色图更利于人们解译。彩色合成分为真彩色和假彩色两种。真彩色将可见光的红光波段、绿光波段和蓝光波段分别赋予红、绿、蓝三个颜色通道，在彩色合成图上地物以其自然光条件下的真实颜色表现。而本研究的马尾藻是生长在水面以下，受可见光穿透深度和传感器光谱分辨率的限制，向上反射光所携带的信息很弱，与周围水体在真彩色图上的颜色差异很小，难以分辨马尾藻，如彩图 1（a）和（b）所示。彩图 1（a）为未经陆地掩膜处理的图像，图中陆地呈墨绿色，海水为淡蓝或蓝色，无法从陆地或岛屿边缘找到马尾藻的信息；彩图 1（b）为在 ENVI 中利用掩膜法将陆地部分填充为 0，仅对海水部分着色，这样可以增强海水中不同信息的对比度，图中可明显观测到具有不同水色特征的三个水体区域，然而仍无法识别马尾藻。

假彩色合成可以采用信息量最为丰富的波段，把参与合成的光谱波段扩展到红外区间，起到增强解译的目的。通过分析不同波段的相关系数大小，选择两两相关性最小的三个波段分别赋予红、绿、蓝三色，获得信息量最为丰富的一组彩色合成图，尝试从颜色上识别马尾藻。从表 1 - 7 的 Landsat 七个波段的相关系数看，红外区最能表现藻类存在与否的红外波段 TM4 与 TM5、TM7 的相关性达到了 0.8 以上，因此选择 TM4 用于彩色合成；在 TM1、TM2、TM3 三个可见光波段中，红光波段 TM3 与 TM2 的相关性达到 0.93，而 TM3 对应藻类的吸收波段，TM2 对应反射波段，选择辐射值相对低的 TM3，可以增强 TM4 通道藻类信息同环境水体的对比；TM1 波段是吸收波段，相对周围水体低的辐射值同样可以增强 TM4 通道藻类信息同环境水体的对比，且 TM1 对水体的穿透力最强。综合以上分析，选择 TM4、TM3、TM1 三个波段的彩色合成最有可能达到识别马尾藻的目的。

彩图 1（c）为 TM4、TM3、TM1 三个波段彩色合成后的结果，在大鹏半岛、哑铃湾、小径湾、巽寮湾、平海湾的近岸水域都存在一明显的粉红色条带区域，在中央列岛如鸡心岛、锅盖洲和赤洲，辣甲列岛如马鞭洲及三门岛、小星山等岛屿周围存在颜色较淡的粉红色区域。根据藻类的光谱特性，TM4 波段是藻类的强反射区，而 TM1 和 TM3 为吸收区，因此，TM4 通道记录的辐射值应大于 TM1 和 TM3，在彩色合成图中藻类的颜色应与 TM4 所在的红色通道接近，颜色深浅反映了藻类浓度的大小，据此判断粉红色条带有可能是藻类信息。

表 1-7 Landsat 七个波段的相关系数

	波段 1	波段 2	波段 3	波段 4	波段 5	波段 6	波段 7
波段 1	1.000 000	0.750 826	0.593 712	−0.022 823	0.200 354	0.371 221	0.346 097
波段 2	0.750 826	1.000 000	0.932 742	0.534 524	0.706 106	0.603 979	0.784 436
波段 3	0.593 712	0.932 742	1.000 000	0.679 330	0.856 303	0.638 552	0.920 069
波段 4	−0.022 823	0.534 524	0.679 330	1.000 000	0.918 483	0.693 183	0.813 946
波段 5	0.200 354	0.706 106	0.856 303	0.918 483	1.000 000	0.703 762	0.967 136
波段 6	0.371 221	0.603 979	0.638 552	0.693 183	0.703 762	1.000 000	0.666 336
波段 7	0.346 097	0.784 436	0.920 692	0.813 946	0.967 136	0.666 336	1.000 000

由于不同地物间存在异物同谱的现象，解译结果还需要现场调查验证。本研究采用的是历史数据，且暂时无条件开展现场验证工作，所以只能通过一些辅助信息来剔除非马尾藻地物（主要是红藻）的干扰，通过 HSV 彩色空间变换从不同地物在色度、饱和度、纯度上的差异加以区分。

HSV 是一种比较直观的颜色模型，类似于人类感觉颜色的方式。HSV 彩色空间变换将一种颜色从 RGB 空间变换至 HSV 空间，HSV 空间的三个通道分别代表色度（H）、饱和度（S）、纯度（V），其中，色度表示不同的颜色，饱和度指某一颜色所占的比例，纯度表示颜色的明暗程度。一种颜色的 R、G、B 分量变换为 H、S、V 的原理如下：

$$X_{max} = \max(R、G、B)$$

$$X_{min} = \min(R、G、B)$$

$$V = X_{max}$$

$$S = (X_{max} - X_{min})/\max$$

$$H = \begin{cases} (G-B)/(X_{max}-X_{min}) \times 60 & R = X_{max} \\ [2+(B-R)/(X_{max}-X_{min})] \times 60 & G = X_{max} \\ [4+(R-G)/(X_{max}-X_{min})] \times 60 & B = X_{max} \end{cases}$$

式中　R、G、B——红、绿、蓝三个颜色通道；

H——色度；

V——纯度；

S——饱和度。

当 $H < 0$ 时，H 取值为 $H+360$。

在 ENVI 中对 TM4、TM3、TM1 的假彩色合成图进行了 HSV 空间变换。根据三原色组成原理，合成粉红色的 R、G、B 分量中以 R 值偏大，因此，HSV 空间的 H 值应采用第一个计算公式，变换后图像上的颜色代表了三个波段中的最大值，变换结果反映了每种地物在三个波段辐射量变化。从彩图 1（d）可以看出，与假彩色合成图相比，大鹏半岛、哑铃湾、小径湾、巽寮湾、平海湾附近海域的粉红色条带特征得到了增强，中央列岛除纯洲外几乎均有分布，桑洲、三角洲和坪峙岛也出现粉红色区域。

中国水产科学研究院南海水产研究所多年来（特别是 2000 年）开展的大亚湾潮间带调查证实，大亚湾中央列岛（除纯洲）及辣甲列岛的岛屿沿岸海域均有马尾藻生长，纯洲较少，与彩图 1（d）中岛屿周围存在的粉红色区域特征吻合，因此，岛屿周围的粉红色区域基本可以判断为马尾藻。另外，彩图 1（d）中，蒋福康等（1996）进行马尾藻资源量调查的 9 个站点（高崖咀、大坑、虎头咀、大三门岛、大辣甲、沙鱼洲、三角洲、巽寮凤咀、坪峙）也均位于粉红色区域内。以上结果说明，HSV 空间变换结果所反映的粉红色条带区域包含了马尾藻信息，但由于其他藻类（如绿藻、红藻）的光谱特性与马尾藻相似，因此这些信息是否存在其他藻类的干扰，特别是大鹏澳、哑铃湾、小径湾、平海湾及大陆和岛屿拥有沙滩的外海处，有待考证。

（2）差值法

① 不同时相的差值。根据马尾藻生长前后水域的光谱特征有所不同，将马尾藻生长前和生长后两个时相的图像相减，通过分析差值图像的特征来识别马尾藻。马尾藻生长前，光线可直达其固着的岩礁底质上，经岩礁反射后向上传播，在遥感图像上该水域具有比其他底质（如泥质、泥沙质）更高的灰度值。随着马尾藻的生长发育，岩礁逐渐被覆盖，藻体对光线的吸收和反射将改变光谱值，在 TM1、TM3 藻类吸收波段图像的灰度值减小，在 TM2 反射波段藻体向上反射的能量仍然小于岩礁反射，因此马尾藻生长后可见光波段的光谱值将减小。然而，如果藻类对光的吸收远小于水体的光吸收，那么藻类的生长对图像的光谱变化影响很小。而 TM4 波段是藻类的强反射波段，同时又是水体的强吸收区，理论上在马尾藻生长前后，TM4 波段最能检测出地物的变化。

选择 19981011 时相的 Landsat 数据作为马尾藻生长前的图像，彩图 2 为 TM4、TM3、TM1 波段的假彩色合成图，从彩图 2 上无法观测到藻类信息。在 ENVI 中用波段运算工具计算 19981011 和 19990305 两个时相的 TM4 波段差，结果显示水域的差值变化范围为 0～10。在差值图像上，用鼠标获取上一节彩色增强得到的藻类水域位置处的差值介于 3～5，为了直观地观察藻类信息，采用颜色分割法，用粉红色代表差值为 3～5 的区域，黄色代表差值为 6～10 的区域，蓝色代表差值为小于 1 的区域，黑色代表云区，颜色分割结果见彩图 3。

图 1-7 中粉红色区域分布较广，这是由于 3 月浮游植物生长旺盛，水体的叶绿素含量增加，叶绿素对两个时相图像光谱值的影响与马尾藻相似，差值法无法区分马尾藻和含高浓度叶绿素的水体。

② 不同波段的差值。根据藻类的光谱特性，其在红光波段存在一吸收峰，红外波段有强烈的反射峰，而非藻类水体在红外波段的反射很小或不存在。因此，可以利用水体的红外波段和红光波段的差值来区分藻类与非藻类水体。这种方法适合马尾藻生长旺季或脱落漂浮期，藻类水体该差值大于 0，周围水体该差值小于 0。彩图 4 为 TM4 与 TM3

波段的差值图像，粉红色代表差值大于 0，蓝色表示差值小于 0。彩图 3 中粉红色区域的位置与假彩色合成图相同，但范围明显减小，仅能表现出藻类浓度最高的区域。

（3）比值法

① 双波段比值。不同地物在各光谱波段上具有不同的反射值，两个波段光谱值的比值也会不同，可以根据比值的差异来区分不同的地物。比值法可以减小大气、湾流等在不同遥感波段产生的噪声，提高藻类信息的识别。根据藻类的光谱特性，采用红外波段与红光波段的比值可以扩大藻类与环境水体的比值差异。比值结果见图彩图 5。彩图 5 中粉红色代表比值大于 1，为藻类区；蓝色代表比值小于 1，为无藻类区。图像特征与不同波段的差值结果相同。

② 归一化植被指数法。归一化植被指数（NDVI）被广泛应用于陆地植被（或滩涂区海草）的研究，它根据绿色植被在近红外波段（IR）反射率较高，在红光波段（R）存在吸收峰，且这两个波段受大气影响相对小的特点，采用 IR 和 R 的差值同两者之和的比值来表示。NDVI 适用于下列公式：

$$NDVI = (IR - R)/(IR + R)$$

马尾藻体内含有叶绿素，具有同绿色植物相似的光谱特性，然而在其不同生长阶段，叶绿素含量有所变化。叶绿素在红光波段存在吸收峰，在红外波段具有反射峰。通常，当水体中叶绿素浓度不太高时，其光谱特性曲线在红外波段存在一吸收峰，而在红外波段的反射峰不明显，反射值红光波段大于近红外波段，计算得 NDVI 值小于 0，而 3 月是藻类的生长旺季，藻类水域的叶绿素含量增高，此时藻类叶绿素的光谱特征在近红外波段（700 nm 附近）出现反射峰，会出现近红外波段值高于 R 波段值的情况，根据这一原理在马尾藻含量较高的水域计算得 NDVI 值大于 0，结果见图 1-10。

将彩图 6 与彩图 4 和彩图 5 对比发现，经 NDVI 计算后的图像特征与不同波段的差值图和比值图的结果相同，陆地 NDVI 值的大小代表了植被生物量的多少，具有实际的物理意义，因此，本研究认为含藻水体的 NDVI 值反映的也是藻类的浓度，可用于分析马尾藻的资源量和分布。

二、算法比较与验证

（一）算法比较

彩色合成增强法是基于藻类水体在 TM4 波段具有强反射，而无藻水体在这一波段是吸收区这一特性，以 TM4、TM3、TM1 分别对应假彩色合成图中的红、绿、蓝三个颜色通道，由于藻类水体的 TM4 波段离水辐射大于无藻水体，因而两者在颜色上会有差异。TM3 和 TM1 对应藻类的吸收区，这两个通道的辐射值小于 TM4，因此，在假彩色合成图中，藻类水体呈偏向于红的颜色。从彩色增强结果图上，在大亚湾西岸、北岸的小径湾，东岸的巽寮湾、平海湾，及湾内岛屿附近海域均出现了大面积的粉红色类似藻类水体的区域，藻类是否为马尾藻还需要验证。

根据中国水产科学研究院南海水产研究所多年调查经验及中国科学院南海海洋研究所在1993年3月的调查结果，可以确定彩色增强图上的粉红色区域包含马尾藻信息，但由于历史工作都是在大亚湾的基岩海岸和岛屿的一个或几个采样站点进行，不能确定除调查站之外的区域是否包含其他噪声，如海流、红藻、高浓度的叶绿素水体。另外，沿岸和岛屿的一些沙滩海岸外围也出现了具有藻体水域光谱特性的区域，这些水体是否包含马尾藻信息还有待现场调查。此外，根据三原色合成原理，红色与蓝色的合成呈粉红色，因此，在TM4小于TM3时，如果TM4与TM1灰度值相近，也会在合成图上呈现粉红色，因而单从彩色增强图上的颜色辨别马尾藻信息是片面的。

归一化植被指数NDVI是陆地植被遥感中经常采用的一个指标，NDVI值的大小反映植被的密度（繁茂）大小，其基本原理是绿色植被在近红外波段和红光波段分别具有强反射和强吸收的特征，当植被密度增大时，反射和吸收的能量增强，传感器记录的两个波段的光谱差值越大，NDVI值也就随之增大。马尾藻的光谱特征同绿色植被相似，在其生长旺季，藻体离水面的高度变小，对光的反射和吸收特性明显，也存在热红外波段和红光波段的光谱差值，这一差值同样随着藻类浓度的增强而加大。因而，NDVI值可以用来反映藻类水体的存在和描述藻类浓度的大小。NDVI结果与彩色增强图相比最大的变化是澳头湾及北部的小径湾、巽寮湾、平海湾4个沙滩海岸外缘类似藻类水体的区域减幅较大甚至消失。澳头湾是大亚湾人类活动最为活跃的区域，湾内水体接纳了大量的人类工业和生活废水，营养盐含量较高，导致叶绿素浓度相对高。当叶绿素浓度达到一定值时，在TM4波段由于反射强使其光谱值大于TM3、TM1，因而在彩色增强图上偏红。但是，如果粉红色区域是由TM4与TM1的合成色造成的，那么，TM4值有可能小于TM3，得到的NDVI值小于0，可以判断是非藻类水体。小径湾、巽寮湾、平海湾均为沙质海岸，并不具备藻类水体的光谱特征，虽然其在彩色增强图上呈现粉红色，但通过验证这些区域的TM4值小于TM3，说明粉红色是TM4与TM1的合成色造成的。

对比NDVI结果与彩色增强图，哑铃湾和大鹏澳内类似藻类水体的区域减小，但仍保留相当面积类似藻类水体的区域，根据以往经验，这些水域并不存在马尾藻。这两个海湾是大亚湾非常重要的养殖区，养殖业废水中的氮、磷丰富，随潮流扩散至整个湾内，在湾口受大亚湾湾流的阻挡而停止扩散，湾内形成高营养盐区，导致浮游植物生长旺盛，水体叶绿素浓度高。高浓度叶绿素水体在红外波段和红光波段的光谱特性与藻类相似，因此，哑铃湾和大鹏澳内呈现的类似藻类的图像特征有可能是高浓度叶绿素水体所致。

通过以上分析，$NDVI$ 法对马尾藻的探测能力好于彩色增强法，水域的 $NDVI$ 值介于 $0\sim0.4$，但仍未能从遥感图像特征上将马尾藻同高浓度的叶绿素水体及红藻水体区分开。以下用特征水体这一概念表示在 $NDVI$ 图中值大于 0 的水域。

（二）算法验证

以 1998 年 10 月 12 日（马尾藻生长前）和 1999 年 3 月 15 日（马尾藻生长旺季）的 Landsat 数据为基础，得出用单波段法、比值法、差值法和 $NDVI$ 法的计算结果［彩图 7（a～e）］。在彩图 7（e）中可以清晰地看到马尾藻的分布情况。鸡心岛周围广泛分布着马尾藻，将马尾藻生长的聚集区域分为 A、B、C、D、E、F、G 共 7 个区域，马尾藻的生长面积以区域 C 和 B 最大，鸡心岛的东侧沿岸基本被马尾藻覆盖，西侧沿岸的中部有一段缺失。从彩图 7（a～e）的结果看，4 种方法所获得的马尾藻生长区位置基本与 IKONOS 真彩色合成图相当，但面积不同。由于 Landsat 数据的成像时间为 1999 年 3 月 15 日，而 IKONOS 数据的成像时间为 2003 年 2 月 27 日，受马尾藻开发和其他人类活动的影响，2003 年马尾藻的分布区域应小于 1999 年马尾藻的分布区域。表 1-8 中列出了 4 种提取方法结果图和 IKONOS 真彩色合成图上提取的马尾藻区的面积，可以看出采用 $NDVI$ 法获取的马尾藻区面积与 IKONOS 提取结果最为接近，误差精度为 -0.25%。$NDVI$ 值的大小代表了植被生物量的多少，具有实际的物理意义，因此，本研究认为含藻水体的 $NDVI$ 值也可以反映藻类的生长密度信息，在 4 种方法中，$NDVI$ 法更适合马尾藻资源量的研究。

表 1-8　4 种提取方法获取的马尾藻生长面积

提取方法	结果	面积（km^2）	误差精度（%）
TM4 单波段法	17～37	0.063 451	−2.18
TM4 与 TM3 比值法	0.62～1.19	0.062 954	−2.95
TM4 与 TM3 差值法	−10.05～6	0.054 06	−16.66
$NDVI$ 法	−0.244～0.09	0.064 706	−0.25

注：表中误差精度以 IKONOS 真彩色合成图像提取法获得的结果为基准计算得出，该方法得到的马尾藻生长面积为 0.064 868 km^2。

第五节　营养加富实验方法

一、实验设计

2006 年 4 月、7 月、9 月和 2007 年 1 月在大亚湾生物环境调查期间，选取 S4、S5 和

S9 站位进行了营养加富实验（图 1-5）。取表层海水作为加富实验用海水，先用 200 μm 的绢筛过滤，以除去大型浮游动物的干扰，装入 20 L 的 PE 塑料桶，桶口敞开保存实验用海水。然后将实验用水样分装到 150 mL 的 PE 瓶内进行天然浮游植物群落的营养加富实验培养。选取 N、P、Si 和 Fe 4 种加富元素，按表 1-9 中实验设计方案添加营养盐，设置了 N+P、N+Si、P+Si、N+P+Si、N+P+Si+Fe+EDTA 5 个实验组和对照组，每组设置 3 个平行。营养盐添加浓度在参照 2004 年调查数据的基础上增加 10 倍，各元素之间的比率近似等于 Redfield 值。实验持续 3 d，每天测定水体的营养盐和叶绿素 a 含量，旨在掌握 N、P 和 Si 浓度的增加对浮游植物成长的影响。

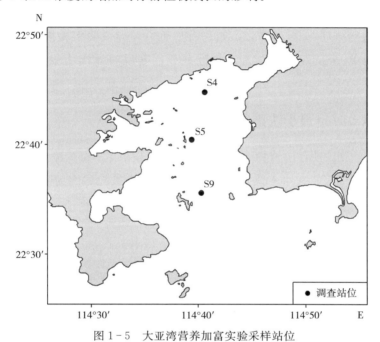

图 1-5　大亚湾营养加富实验采样站位

表 1-9　大亚湾浮游植物生长限制营养素加富实验设计

单位：μmol/L

实验组	添加元素	$H_2PO_4^-$	$NH_4^+ - N$	$SiO_2^{2-} - Si$	Fe^{3+}	EDTA
NP	N+P	4	60	—	—	—
NSi	N+Si	—	60	60	—	—
PSi	P+Si	4	—	60	—	—
AF	N+P+Si	4	60	60	—	—
All（全加富组）	N+P+Si+Fe+EDTA	4	60	60	0.8	0.8
对照组	—	—	—	—	—	—

注：表中数值为培养瓶中营养盐的最终浓度；"—"表示不添加。

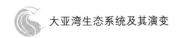

二、限制性元素的判定

(一) 根据浮游植物生长速率判定限制性元素

通过比较对照组和全加富组浮游植物的生长速率或叶绿素 a 含量,如果两者无显著差异就可判定浮游植物并没有受到营养元素限制。比较全加富组和其他实验组的浮游植物的生长速率或叶绿素 a 含量,如果两者有显著差异就可判定存在一种或几种营养元素限制。利用 SPSS 的 ANOVA 分析,采用 Duncan's 多重比较法将实验组与对照组之间的显著性差异进行排序 ($P<0.05$),如果有显著性差异说明实验组所添加的营养元素至少有一种为限制性元素;如果无显著性差异,则说明此组中缺失的元素为限制性元素。

(二) 根据 Liebig 最小法则判定限制性元素

Liebig 最小法则说明浮游植物的生长取决于处在最小量的必需物质,因此通过比较浮游植物对营养元素的吸收速率来确定哪种营养盐会首先被耗尽成为限制性元素。为排除某种元素的缺失对吸收速率的干扰,首先测定 AF 和 All 这两组 N、P、Si 都添加的实验组的吸收速率,以确定最先耗尽的营养元素。

第六节　微型浮游动物摄食压力测定

一、站位布设与实验

调查海域及站位设置见图 1-6,并于其中的 S1、S4、S7、S8、S11 共 5 个站位进行了一周年的季度性摄食实验,以研究微型浮游动物的摄食。

每个站位采集微型浮游动物样品,用采水器采水 10 L,先用孔径 202 μm 的筛绢过滤,以滤去较大型的浮游动物及藻类。然后用孔径 20 μm 的筛绢过滤水样,过滤完毕后,用过滤后的海水轻轻冲洗此筛绢至浮游动物采样瓶,用鲁哥氏液固定。回实验室后,加 40% 甲醛溶液 2 mL 固定,静置 24 h 后,过滤掉上清液,浓集并定容至 250 mL。然后在日本 Olympus 倒置显微镜下镜检,部分样品用德国 Leica 显微镜拍照。

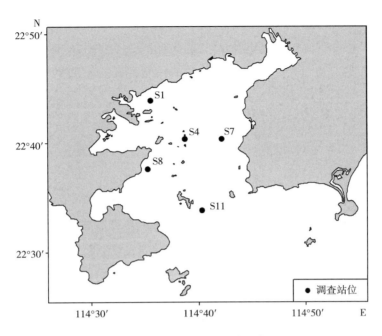

图 1-6 大亚湾海域站位示意图

微型浮游动物摄食率实验用水样，经 200 μm 筛绢过滤后，一部分水样用滤膜孔径 0.2 μm（直径 47 mm）的 Gelman 滤器过滤以获得无颗粒水（particle-free water，PFW），另一部分水样与 PFW 按 2：0、2：0.5、2：1、2：1.5 的比例混合，轻轻倒入并定容至 2 L 的磨口玻璃培养瓶中（培养瓶使用前经 10% 盐酸浸洗 10 h，用自来水冲洗干净，每个稀释比例设置两个平行样），放入培养箱中，在甲板上利用自然海水流动循环培养 24 h，使实验条件尽可能接近自然条件。培养期间多次晃动培养瓶，以使微型浮游动物和浮游植物混合均匀。

培养前，用孔径 0.2 μm 的滤膜过滤海水 1 L，滤膜迅速冷冻保存。在实验室内，滤膜放入具塞刻度试管中用 5 ml 90% 丙酮于 −20 ℃暗处萃取 24 h。上清液用 722 光栅分光光度计测定吸光值，依据 Jeffrey and Humphrey（1975）的改进公式计算叶绿素 a 的含量。培养 24 h 后过滤各培养瓶水样 1 L，得到培养后的叶绿素 a 值，方法同上。

二、摄食压力测定与计算

假设海水中浮游植物的内禀生长率为 μ，微型浮游动物的摄食率为 g，浮游植物处于指数增长期，培养前的浓度为 P_0，培养后的浓度为 P_t，则：

$$P_t = P_0 e^{(\mu - g)t} \cdots$$

式中 t——培养时间。方程可表示为：

$$\ln(P_t/P_0)/t = \mu - g$$

对每个培养瓶浮游植物表观生长率（apparent growth rate，AGR）进行计算，即 $\ln(P_t/P_0)/t$，然后计算实际稀释因子（actual dilution factor，ADF）：

$$ADF = P_0(X_i)/P_0(X_0)$$

式中 $P_0(X_i)$——初始培养处理中 X_i 组分的浮游植物现存量；

X_i——实验用自然海水占稀释后总培养水体的比例（培养水用无颗粒水稀释）；

$P_0(X_0)$——初始培养处理中未稀释组分的浮游植物现存量。

实际稀释因子也称稀释度或稀释因子，也可表示为自然海水与混合海水的体积比。微型浮游动物的摄食率（g）和浮游植物的内禀生长率（μ）可用 AGR 和 ADF 的线性回归方程获得，其中截距为浮游植物的内禀生长率（μ，单位为 d^{-1}），斜率为微型浮游动物的摄食率（g，单位为 d^{-1}）。

微型浮游动物的摄食影响可以用浮游植物净生长率（NGR，单位为 d^{-1}）、对浮游植物现存量的摄食压力（P_s，单位为 d^{-1}）、对浮游植物潜在初级生产力的摄食压力（P_p，单位为 d^{-1}）表示，计算分别公式如下：

$$NGR = \mu - g$$

$$P_s = \frac{(C_0 e^\mu - C_0) - (C_0 e^{\mu - g} - C_0)}{C_0} \times 100$$

$$P_p = \frac{(C_0 e^\mu - C_0) - (C_0 e^{\mu - g} - C_0)}{C_0 e^\mu - C_0} \times 100$$

式中 C_0——浮游植物现存量。

微型浮游动物有机氮排泄率依照 Landry 的公式进行计算：

$$E_N = [AE_N \times I_C \times (N:C_{PP})] - [I_C \times GGE_C \times (N:C_{MZ})]$$

式中 E_N——氨氮产生率 $[\mu g/(L \cdot d)]$；

AE_N——微型浮游动物氮同化系数；

I_C——微型浮游动物单位时间碳摄食量；

$N:C_{PP}$——浮游植物氮碳比；

GGE_C——微型浮游动物体碳增长率；

$N:C_{MZ}$——微型浮游动物氮碳比。

那么，微型浮游动物总有机氮排泄率为：

$$E_{TN} = [(1 - AE_N) \times I_C \times (N:C_{PP})] + E_N$$

I_C 为培养实验中微型浮游动物摄食率（g）与现场浮游植物浓度的乘积；计算 E_N 所需的部分系数本研究没有直接测定，而是根据文献获得；本书假定 $N:C_{PP}$ 平均为 16：106，

$N : C_{MZ}$ 为 $1 : 4$，GGE_C 为 0.30，AE_N 平均为 0.9。

微型浮游动物产生的氨氮对于初级生产力的贡献率（R）为：

$$R = \frac{E_N}{PP \times (N : C_{PP})}$$

式中　PP——初级生产力。

第二章
大亚湾自然环境及社会经济概述

大亚湾位于珠江口东侧，地理位置为 113°29′42″—114°49′42″E、23°31′12″—24°50′0″N，三面被深圳大鹏半岛、惠阳南部沿海及惠东稔平半岛环绕，西南邻香港，南接广阔的南海。大亚湾面积 600 km²，最大水深为 21 m，平均水深为 11 m，是南海北部一个较大的半封闭性、内湾式海湾。海岸线曲折，岸线长约 92 km，海湾的东、北、西三面被低矮丘陵环抱，东部海岸线较平直，西部则曲折多变，深入陆地的小内湾尤多。湾西南侧为大鹏澳，水深 10 m 左右；西北侧为哑铃湾与澳头港，水深 3～5 m；东北角的范和港水层较浅。湾内有大小岛屿 50 多个。湾口有沱泞列岛，自东而西主要有大星山岛、小星山岛和三门岛。湾中央有一系列南北向分布的岛屿，成为中央列岛，自北而南有纯洲、喜洲、马鞭洲、小辣甲、大辣甲、黄毛山等岛屿，断断续续将海湾分成东西两半。东侧入口水面宽约 9.6 km、水深约 20 m，西侧宽约 5.4 km、水深约 19 m。湾内生物资源丰富，生境多样，红树林和珊瑚群落使大亚湾显示出热带生境的特色，是我国亚热带海域的重要海湾之一。

第一节　气候特征

一、气温

大亚湾地处北回归线南缘，日照较强，又常受到南海暖水影响，终年温度较高，气候温暖。根据大亚湾核电站大坑地面气象观测站的气象资料，各月平均气温都在 13 ℃以上，年平均气温为 21.8～22.3 ℃。最高月平均气温出现在 7—8 月（28 ℃以上），最低出现在 1 月（14 ℃以下）。

由于气温受冬、夏季风影响明显，温度的月际变化不同。每年 2—8 月为升温期。9 月至翌年 1 月为降温期。在冷暖气流交替的春、秋季，表现为 3—5 月和 10—12 月气温月际变化大，升降温值平均为 4 ℃以上，而 7—8 月和 1—2 月气温月际变化较小，为 0.5 ℃左右。秋季平均气温高于春季。10 月平均气温高于 4 月，气温相差 5 ℃左右，9—11 月平均气温比 3—5 月高 4 ℃左右。大亚湾的气温平均日较差为 5.6 ℃，月最大日较差为 8 ℃。春季多阴雨，日较差很小，秋季次之，夏季和冬季日较差最大。11 月至翌年 5 月，气温日际变化平均约为 1.5 ℃，6—10 月平均约为 0.7 ℃，即气温的日际变化冬、春季大，夏、秋季小。

二、降水量

大亚湾属亚热带季风气候，年降水量丰富，年雨日较多，但变幅较大，不同强度雨日随量级的增加而减少。根据惠东气象观测站的记录，1967—2006 年大亚湾年平均降水量为 1 877.7 mm，最大降水量为 2 583.7 mm，最小降水量为 1 345.1 mm，变幅为 66.0%，平均年雨日为 142.5 d。降水月和季节分配也不均匀，雨季（汛期，4—9 月）和旱季（非汛期，10 月至翌年 3 月）差异明显。各地降水量和雨日的月和季变化趋势基本一致，但也有差异。4—6 月是降水集中期，为前汛期，主要以锋面低槽降水为主，降水范围广，强度大，平均占年降水量的 40.2%～51.3%。随着 6 月下旬副热带高压的季节性北移，大亚湾转受热带气旋等低纬度热带天气系统的影响，进入第二个多雨时期（7—9 月），为后汛期。后汛期除了台风雨之外还有一些局地性的雷阵雨，降水量占年降水量的 29.2%～43.3%。从季节变化来看，大亚湾降水量呈夏季最多、春季次之、冬季最少的特征，雨日呈夏季最多、春季次之、秋季与冬季相差不大的季节性变化特征。

三、风

据大亚湾核电站大坑地面气象观测站观测，大亚湾年平均风速 3.0 m/s，最大风速 23 m/s，全年大部分时间盛行 ENE—ESE 风向，其中 E 向尤为突出。不同季节的年平均各风向频率都非常相似，ENE—ESE 风向占所有风向的 40%～50%。大亚湾东侧的港口、稔山等站多年实测风资料，由于观测站附近的局部地形影响，与核电站大坑地面气象观测站数据有较大差别：夏季（6—8 月）盛行偏南风和偏东风，SW—SSE 风向的频率占 40% 左右，其他月份盛行偏东风和偏北风，其中 NE—E 风向的频率占 40% 左右，风速也强些，年平均风速为 3～4 m/s，最大风速大于 40 m/s。大亚湾地区的风向不仅有季节变化，而且有明显的日变化。这种日变化以昼夜为周期，是海陆间的温差造成的。各季节影响大亚湾地区的天气形势及天气状况不同，海、陆热效应对风向日变化所起的作用不同。冬季风向日变化不大，夏季风向日变化明显，春、秋季风向日变化介于冬、夏季之间，更接近冬季风向日变化。大亚湾四季都有海陆风环流出现，夏季出现频率最高，海风平均持续时间为 9.6 h，海风年均风速明显大于陆风，海风发展最强盛时刻在 15：00 前后，秋、冬两季陆风以顺时针方向向海风转变，春、夏季则相反。

四、湿度与蒸发

由于大亚湾水面宽阔，空气湿润，年平均相对湿度较大，约为 80%，春、夏季（3—8 月）平均相对湿度达 85%。相对湿度在一日中的变化趋势恰好与气温日变化相反，最大值出现在日出前，最小值出现在 14：00 前后。年平均蒸发量为 2 800 mm，月蒸发量高值出现在光照强、温度高的 8 月，月均值为 230 mm；低值出现在湿度大、雨水多的春季

（3—5月），月蒸发量为80～110 mm。蒸发量的日变化，最大值出现在正午前后，最小值出现在夜间。

第二节 水文特征

大亚湾是粤东地区的天然良港，湾内无大的径流流入，其水文特征除受天文潮制约外，还受浅海潮波的影响，与一般河口有所不同。

一、潮汐

大亚湾的潮汐是南海潮汐的一部分，潮汐类型属不正规半日潮，其特点是每天出现两次高潮和两次低潮，相邻两次高潮或低潮高度不等，涨潮历时和落潮历时亦不等。年平均潮差小于1.0 m，最大潮差为2.5 m，潮差湾顶大于湾口。受地形影响，高潮时刻总是落在该地月中天时刻之后，从月中天至发生高潮时刻的时间间隔即为高潮间隙，该区平均高潮间隙在8 h 27 min至10 h 27 min。

二、潮流

大亚湾的潮流性质属不正规半日潮流，潮流运动基本为往复流，流向以南北方向为主，涨潮流流向湾内，落潮流流向湾外，落潮流速比涨潮流速大，最大流速为25.3 cm/s。流速受地形的影响，在大辣甲和黄毛山两岛之间以及两岛与岸之间的区域流速较大，在湾的东北角狭长地形处潮流最急、流速最大，靠近岸边流速较小，水平速度的垂直变化不大。

三、余流

余流是指海流中除天文引潮力作用所引起的潮流以外的海流。由于余流不受天文引潮力影响，主要受制于水文气象、地形等因素，因而不同天气条件、不同时间的余流分布特征有所差异。大亚湾余流平面分布表现为湾口及西部的余流较强，最大值为12.7 cm/s，流向为38 °N；其他地方余流较弱，最小值为0.5 cm/s，流向为47 °N。大亚湾湾口余流流向湾外，其余基本上是沿岸线流动。余流垂直分布，大体分为三种类型：一是表层流速较快，随水深的增加而逐渐减慢，大亚湾大部分地方均属此类型；二是中层余流最快，表层次之，底层最慢，以港口列岛附近最为明显；三是底层最快，随水深减小而逐渐变慢。夏季湾内余流较弱，冬季相对较强。

四、波浪

大亚湾的波浪主要受台风、冷空气和地形的影响。波浪经湾口传至湾内时，受岛屿及岬角的阻挡，波能减弱，湾内波高通常在 3.0 m 以下，小于 0.5 m 的波高占 46.7％。海域最多波向和大风浪波向以 ESE 为主。

第三节　大亚湾周边地区人口状况

环大亚湾地区包括深圳市大鹏新区，惠州市大亚湾经济开发区，惠东县的稔山镇、铁涌镇、平海镇、港口镇和巽寮镇。截至 2015 年，环大亚湾地区常住人口总数为 53.46 万人（惠东县人口数据来源于全国第六次人口普查）。其中，大鹏新区常住人口 13.56 万人，比 2014 年年末增加 0.19 万人，增长 1.4％，户籍人口 3.87 万人，非户籍人口 9.69 万人；大亚湾经济开发区常住人口 20.85 万人；惠东县环大亚湾各镇常住人口 19.05 万人，其中稔山镇 7.52 万人、铁涌镇 3.81 万人、平海镇 3.92 万人、港口镇 2.88 万人、巽寮镇 0.92 万人。整个区域的人口密度仍处于相对较低的水平，远低于深圳市和惠州市城市建设用地人均指标控制标准，但近年来非户籍人口增加幅度较大，以劳动适龄人口为主。

第四节　海洋产业

2015 年大亚湾海洋生产总值超过 930 亿元，海洋经济已成为大亚湾经济增长的蓝色引擎。

1. 临海工业

大亚湾临海工业以石化产业为龙头，重点发展石油化工、能源、机械、电子、汽车零配件等产业，形成了从上游炼油、乙烯生产到下游合成材料、精细化工、橡胶加工的炼化一体化石化产业链，目前落户大亚湾石化区的规模以上石化企业有 148 家，大亚湾石化区已成为全国七大石化产业基地之一。2015 年以来，受石化产品价格下降、中海石油炼化有限公司（以下简称"中海炼油"）来料加工、中海壳牌石油化工有限公司（以下简称"中海壳牌")停产检修等因素影响,规模以上石化产业增加值同比下降 5.9%,降幅比去年同期增加 3.3%。海能发丙烯酸树脂(一期)、仁信聚苯乙烯等一批项目已建成投产,中国海洋石油集团有限公司(以下简称"中海油")惠州炼化二期项目已投资 182.79 亿元,已完成总投资的 36.5%。

2. 海洋交通运输业

通过进一步完善港口基础设施,提升港口综合服务水平,惠州港已逐步成为国际集装箱支线港和粤东地区现代化综合性港口。目前,已建成沿海泊位 55 个,其中万吨级以上各类码头泊位 19 个,年吞吐能力达到 1.01×10^8 t。"十二五"期间,荃湾港区 5×10^4 t 级石化码头、7×10^4 t 级煤码头等港口建设和高等级航道改造项目有序推进,以惠州港深水港区为中心的临海交通网络基本形成,对经济的支撑作用明显提升。

3. 海洋新兴产业

以清洁能源为主导的新兴产业逐步发展壮大,惠州 LNG 电厂二期、广州控股惠东黄埔东山海风电场、国电电力惠东斧头石风电场、中广核惠州核电等项目进展顺利,海洋新兴产业正逐步发展成为大亚湾经济新的增长点。惠州已建成重大能源项目 5 个,总投资约 260 亿元,总装机 6.47×10^6 kW;建成 500 kV 变电站 4 个,220 kV 变电站 23 个,110 kV 变电站 105 个,总变电容量超过 2.627×10^7 kVA。惠州核电、惠州 LNG 电厂二期等项目前期工作有序推进。

4. 海洋渔业

2015 年,深圳市所辖大亚湾水域海水养殖面积 7.5 hm²,比 2012 年减少 87.3%,但是海洋水产品总产量为 130 t,比 2012 年增加 1.89 倍。截至 2015 年,惠州形成了八大规模化养殖基地,即:1.6×10^4 口传统网箱养殖基地、252 口深水网箱养殖基地、366.7 hm² 高位池养虾基地、1 333.3 hm² 牡蛎养殖基地、3 333.3 hm² 贝类增殖护养基地、1.35×10^5 m³(水体)工厂化养殖基地、3 333.3 hm² 罗非鱼养殖基地、533.3 hm² 特种水产养殖基地。在册国内捕捞渔船 1 922 艘,功率 36 635.67 kW。其中海洋捕捞渔船 1 482 艘,功率 32 813.51 kW;内陆捕捞渔船 440 艘,功率 3 822.16 kW。2015 年,惠州水产品总产量达到 2.53×10^5 t,比 2010 年增加 32.5%;渔业经济总产值达到 35.9 亿元,比 2010 年增长 29.6%,年均递增 5.2%。

5. 滨海旅游业

大亚湾拥有丰富的旅游资源,发展旅游业具有得天独厚的条件。其拥有 51 km 海岸线和 89 个翡翠般的岛屿,被誉为"海上小桂林"。旅游景点主要包括霞涌熊猫金海岸、三门岛、大辣甲岛、穿洲岛、红树林公园和小桂林水上乐园等。2015 年,全年共接待游客 1.64×10^6 人次,实现旅游总收入 1.4 亿元,分别比 2014 年增长 38% 和 18%。休闲渔业旅游是大亚湾区滨海旅游产业的重要组成部分,大亚湾渔家风情游已有 10 多年的历史,是广东生态游七条热线之一。至 2015 年年底,已开发 5 条蓝色海洋旅游线路,开展"百岛风情""夜海捕鱼""情系大亚湾""渔村度假"等特色旅游项目,形成东升岛、大辣甲岛、大三门岛等主要渔家风情旅游区;已开通澳头至三门岛,霞涌至惠东巽寮,霞涌至巽寮湾三角洲岛、大甲岛等3条海上旅游观光航线,另有游船公司8家,游艇俱乐部2家,澳头、三门岛和霞涌3个渔港(共容纳大小渔船1 900艘)及渔船779艘(不包括本区入户流动渔船和外港船)。

第三章
大亚湾周边主要
人类活动状况

第一节　主要人类活动类型

大亚湾因其独特的地理位置和丰厚的自然资源，在 1983 年省级水产资源自然保护区建立之后，1984 年广东省又将大亚湾列为重点经济开发区。从此，大亚湾进入了社会经济飞速发展的时期。30 多年来，大亚湾海域及周边地区的工业、水产养殖业、捕捞业、旅游业、交通通信业等产业迅速蓬勃发展，使大亚湾海域生态系统成为受人类活动与自然影响的典型水域。

一、电站建设

1982 年 12 月经国务院批准，我国大陆第一座百万千瓦级大型商用核电站——装机容量为两台 984 MW 的大亚湾核电站，于 1987 年 8 月在大亚湾西部大鹏澳口北侧沿岸开工，1994 年 5 月投入商业运营。1997 年 5 月，继大亚湾核电站投产后，在国务院确定的"以核养核，滚动发展"方针指导下，在大亚湾核电站旁第二座大型商用核电站——岭澳核电站开工，岭澳核电站一期拥有两台装机容量 99 万 kW 的压水堆核电机组，2003 年 1 月建成投入商业运营。在我国核电发展战略由"适度发展"转为"积极发展"的背景下，2005 年 12 月继大亚湾核电站、岭澳核电站一期后，在广东地区大亚湾建设的国家核电自主化依托项目岭澳核电站二期开工。该项目规划建设两台百万千瓦级压水堆核电机组，已分别于 2010 年和 2011 年建成并投入商业运营。大亚湾是目前我国唯一有两座核电站同时运营的海湾。

广东粤电集团将在大亚湾东岸南部、稔平半岛平海镇的西南端、白沙湖附近的湖头角七仙山上，建设平海燃煤电厂。该电厂规划总装机容量 6×10^3 MW 机组，同时考虑电力需求增长的阶段性，分期建设，一期建设规模 4×10^3 MW 机组，起步工程先建 2×10^3 MW 机组。

二、经济技术开发区建设

位于大亚湾北部的惠州大亚湾（国家级）经济技术开发区于 1993 年 5 月经国务院批准成立，面积为 9.98 km²，2006 年 3 月经国务院批准扩大到 23.6 km²。包括经济技术开发区在内的大亚湾规划区于 1991 年 6 月由广东省政府批准设立，辖陆地面积 265 km²，海域面积 488 km²。大亚湾（国家级）经济技术开发区总体是以发展大工业为主，逐步发展远洋港口，协调发展旅游业的外向型、现代化的城市化地区，目前"一港四区"（惠州港、大亚湾石化工业区、西区工业区、行政中心区和旅游度假区）的发展格局已初步形成。

2000 年 12 月，广东省政府和惠州市政府批准在大亚湾北侧岸段建立 29.8 km² 的石化工业区。2002 年 11 月，亚洲最大的石化投资项目——中国海洋石油总公司与英荷壳牌公司合资投入 43.5 亿美元建设的南海石化项目，在大亚湾北部沿岸霞涌办事处东联村开工建设，年产 80 亿 t 乙烯，2006 年 4 月该项目正式投产。此外，石化工业区内还建有中国海油惠州炼油及其中下游项目，华德石化 160 万 m³ 储油罐项目，以及 LNG 惠州电厂项目。在南海石化项目建设过程中，除在大亚湾霞涌岸段开展大规模填海工程外，还在大亚湾海域内修建了东联码头，马鞭洲泊位，原料海底管线，污水管线，以及深 11 m、宽 100 m、长 10.8 km 的东联航道等相关设施。

惠州大亚湾石化工业区已被广东省政府列为五个重点发展的石油化工基地之一，并于 2005 年 4 月被中国石油和化工协会授予"中国石油化学工业（大亚湾）园区"牌匾；2011 年 6 月被广东省经济和信息化委员会认定为"广东省首批循环经济工业园"；2012 年被列为"国家首个石化区环境应急管理示范区试点单位"，同年 3 月启动全国首个安全生产应急管理创新试点；2014 年获"中国化工园 20 强"称号，综合实力排名全国第二位。石化工业区遵循油化结合、上中下游一体化的发展道路，以炼油和乙烯项目为龙头，重点发展高附加值、高技术含量的石化深加工产品以及新材料和精细化工产品，着力打造世界级生态型石化产业基地。龙头项目方面，中海壳牌 95 万 t/a 的乙烯项目于 2006 年建成投产，中海油惠州炼化一期 1 200 万 t/a 的炼油项目于 2009 年建成投产。中海油惠州炼化二期 2 200 万 t/a（含一期 1 200 万 t）的炼油项目改扩建及 100 万 t/a 的乙烯工程项目于 2013 年 7 月开工建设。在龙头项目带动下，截至 2015 年，石化工业区已落户项目共计 76 宗，总投资 1 604 亿元。

2013 年，石化工业区实现工业总产值约 1 373.8 亿元，比 2012 年增长 8.6%，占全区规模以上工业总产值的 79%；工业销售产值约 1 350.4 亿元，比 2012 年减少 0.2%，占全区规模以上工业销售产值的 78.9%；规模以上工业增加值约 300.7 亿元，比 2012 年增长 8.2%，占全区规模以上工业增加值的 76%。石化工业区税收总额 152.9 亿元，比 2012 年减少 2.7%，占全区税收总额的 76.6%（剔除海关代征税）；中海油炼油、中海壳牌税收合计 129.7 亿元，比 2012 年减少 10.1%。

三、港口码头建设

大亚湾是深入内陆的优良海湾，湾内岛屿众多、湾阔、水深、浪小、淤积轻微、陆域较开阔，拥有多处适宜建港的岸线；作渔港的岸线有 7.9 km；在 141.4 km 的岛岸线中，有纯洲、沙鱼洲、芝麻洲、马鞭洲、许洲、五洲等 12 个岛屿的岸线可形成港口，岸线长 16.4 km。湾内有良好的航道及锚地，是我国南方少有的天然深水海湾之一。据《惠州市海域开发利用总体规划（1998—2010 年）》2001 年统计，大亚湾沿岸较大的港口、码头主要有惠州港、马鞭洲港区、澳头港区、三角码头、水产码头、军用码头、华德油气库及油气码头、澳头油气库及油气码头等，已建成大小泊位 26 个，码头总长 2 772 m，年设计吞吐能力超过 1 000 万 t。与港口码头相配套，大亚湾海域内还建有多条航道和多个船只待泊、候潮、检疫的锚地等。

惠州港始建于 1990 年，现有荃湾、东马、澳头等 7 个港区。1993 年 4 月，惠州港经国务院批准对外国船舶开放，成为国家一类口岸，有深 11 m、长 27 km 的惠州东航道至马鞭洲码头。1992 年，因惠州港建设需要，对芝麻洲实施了爆破工程。惠州港现有各类码头泊位 51 个，生产性泊位 41 个，其中万吨级以上泊位 18 个。目前码头泊位设计靠泊能力最大为 30 万 t 级原油船舶。主要专用泊位及设备包括集装箱专用泊位 2 个，其中 5 万 t 级泊位 1 个；煤炭专用泊位 2 个，其中 5 万 t 级泊位 1 个、7 万 t 级泊位 1 个；石油化工专用泊位 21 个，其中万吨级以上泊位 11 个（其中 15 万 t 级和 30 万 t 级原油接卸泊位各 2 个）；通用散货泊位 16 个，其中 3 万 t 级泊位 2 个、1 万 t 级泊位 1 个，其余是 1 000～5 000 t 级泊位。

马鞭洲港区位于马鞭洲东部海域，已有中国石化股份有限公司广州石化厂的 10 万 t 级专用原油码头；中海壳牌南海石化项目 2006 年已在该码头北面平行建设 1 个 15 万 t 级的码头泊位。中海油惠州炼油厂已在马鞭洲北端建成 1 个 15 万 t 级的原油码头。港区有深 16.1 m、面积为 367.0 hm^2 的马鞭洲航道，经大辣甲岛东部海域，南接外海航线。1994 年 9 月和 11 月，因输油首站和原油码头的建设需要，对马鞭洲实施了两次爆破工程。

四、港口和航道疏浚

随着大亚湾周边经济发展，大亚湾的港口运输业蓬勃发展，港区和航道的疏浚既要为大亚湾港口运输业发展提供便利条件，又要有效保护大亚湾海域的生态系统和水产资源。

近年来，大亚湾港口航运建设持续发展，主管部门根据工程项目的要求，结合生态系统和资源环境调查数据在大亚湾水域对疏浚物临时性倾倒区进行科学选址。2004 年国家海洋局根据东联港、东联港进港航道和马鞭洲码头泊位的疏浚工程要求，批准在 114°42′E、114°44′E、22°22′30″N、22°24′30″N 区域设立倾倒量为 1 030 万 m^3 的疏浚物临时性倾倒区，面积约 12.7 km^2，疏浚物临时性倾倒区关闭前的实际倾倒量为 850.6 万 m^3；2006 年为配合荃湾港区扩建工程疏浚，设立疏浚物临时性倾倒区；2016 年中交广州航道局有限公司受惠州市大亚湾华德石化有限公司和中海石油炼化有限责任公司惠州炼油分公司委托，对大亚湾马鞭洲 25 万 t 级航道进行维护疏浚作业。由此可见，港口、航道疏浚以及疏浚物临时性倾倒也是大亚湾海域很重要的人类活动。

五、渔业生产

据统计，惠州市海水养殖面积由 2010 年的 3 675 hm^2 增加到 2014 年的 4 009 hm^2，2014 年全市水产品总产量达 23.3 万 t，同比增长 1.65%，总产值 32.2 亿元，同比增长 3.87%。其中海水养殖产量 7.61 万 t，产值 16.67 亿元，同比分别增长 1.5% 和 4.6%；海洋捕捞产量 2.57 万 t，产值 3.98 亿元，同比分别减少 1.1%、增加 2%。大亚湾的海水养殖主要有滩涂、浅海、池塘、鱼塭和网箱养殖等方式，养殖地较为集中，且海水养殖面积在 2010—2014 年逐年增加。

六、滨海旅游

大亚湾以其秀美的风光、绵长的海岸线、柔软细腻的沙滩、星罗棋布的海岛，享有"海上小桂林"的美誉，湾内分布着许多海滨旅游点。近年来，观光旅游业迅速成长为大亚湾周边地区的重要产业之一。

大亚湾沿岸已有多处被开发为旅游区，主要有大鹏半岛南的西涌湾西涌度假旅游区、东涌湾东涌度假旅游区、桔钓沙湾桔钓沙度假旅游区、大鹏镇南部大亚湾西岸海域大鹏金海湾度假旅游区、湾北部霞涌旅游度假区、东部巽寮湾巽寮黄金海岸旅游度假区、东南部玉帝殿旅游度假区、平海南门海湾旅游区等。海域内有大辣甲岛旅游区、三角洲旅游区（建有国家潜水训练基地）等。此外，近年来在大亚湾大洲头的东升渔村开辟了大亚湾海洋生态旅游，设有海上观光、捕鱼等海洋生态旅游项目。

大亚湾除上述主要产业外，在霞涌等沿海镇有海水制盐业、湾东南部碧甲有石英砂开采业、惠东沿海镇有花岗岩开采业等产业的发展。经过二十多年的建设和发展，大亚湾已经成为珠江三角洲最具生命力的经济增长区之一，也是生态环境保护与资源开发利用之间矛盾最为突出的区域之一。

第二节 海岸线变迁及围填海状况

岸线变化受到自然和人为因素的影响，不同时相的岸线长度见表 3-1。从表 3-1 中可以看出 1987—2015 年大亚湾岸线总长度变化范围为 372.06～382.44 km，大陆岸线长度变化范围为 245.31～249.85 km，岛屿岸线长度变化范围为 125.62～134.79 km。岸线总长度以 2005 年最长，大陆岸线长度以 1997 年最长，岛屿岸线长度以 1987 年最长。

表 3-1　岸线变迁信息

年份	岸线总长度（km）	大陆岸线长度（km）	岛屿岸线长度（km）
1987	381.80	247.01	134.79
1993	375.50	249.30	126.20
1997	375.64	249.85	125.79
2001	372.46	246.84	125.62
2005	382.44	247.81	134.63
2011	373.24	246.48	126.76
2015	372.06	245.31	126.75

图 3-1 和表 3-2 展示了大亚湾 1987—1993 年、1993—1997 年、1997—2001 年、2001—2005 年、2005—2011 年和 2011—2015 年的围填海状况。6 个阶段的围填海面积分别为 3.80 km²、5.02 km²、1.94 km²、2.43 km²、5.75 km² 和 1.08 km²，围填海幅度分别为 0.63 km²/a、1.26 km²/a、0.48 km²/a、0.61 km²/a、0.96 km²/a 和 0.27 km²/a，可见围填海以 1993—1997 年最为剧烈，其次是 2005—2011 年，2011 年以后围填海幅度减小。1987—1993 年围填海主要发生在霞涌镇、范和港北部、澳头镇和岭澳，霞涌镇主要用于工程建设，范和港北部主要用于养殖业开发，澳头镇用于城镇建设，岭澳用于大亚湾核电站建设；1993—1997 年围填海活动最多，主要集中在霞涌镇、澳头镇、白寿湾、哑铃湾、白沙湾、岭澳和马鞭洲，霞涌镇用于惠州 LNG 电厂项目建设，澳头镇、白沙湾、哑铃湾和白寿湾北岸用于城镇建设开发，白寿湾西南用于养殖业开发，岭澳用于大亚湾核电站建设，马鞭洲用于石化企业开发；1997—2001 年围填海主要集中在澳头镇、岭澳和大鹏澳西南，澳头镇依然是用于城镇建设，岭澳用于大亚湾核电站建设，大鹏澳西南用于养殖业开发；2001—2005 年围填海集中在霞涌镇、澳头镇、岭澳和杨梅坑，霞涌镇用于惠州 LNG 电厂项目扩建，澳头镇用于城镇建设，岭澳用于大亚湾核电站建设，杨梅坑用于东山码头建设；2005—2011 年围填海集中在霞涌镇、澳头镇、巽寮湾碧甲、马鞭洲、纯洲，霞涌镇依然是用于惠州 LNG 电厂项目扩建，澳头镇用于城镇建设，巽寮湾碧甲用于沙厂码头建设，马鞭洲和纯洲用于石化企业开发；2011—2015 年围填海集中在澳头镇、霞涌镇、马鞭洲、纯洲，澳头镇用于城镇建设，霞涌镇用于惠州 LNG 电厂项目建设以及上湾工程建设，马鞭洲和纯洲用于石化企业开发。

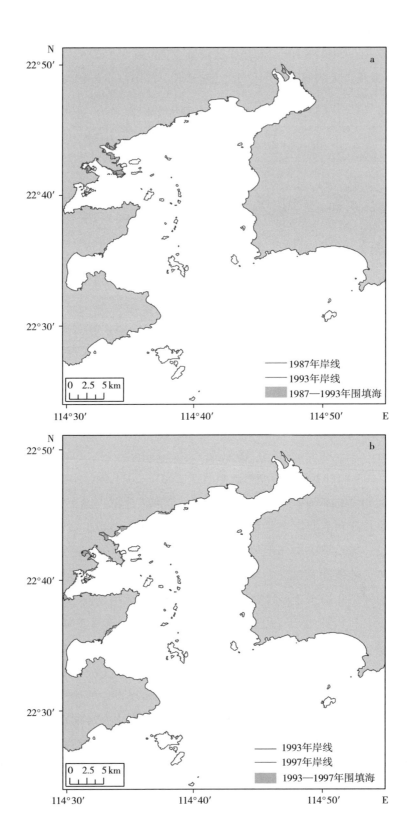

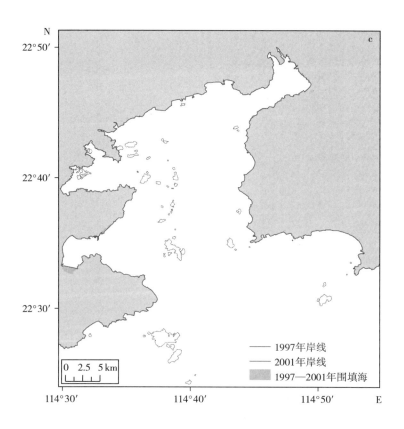

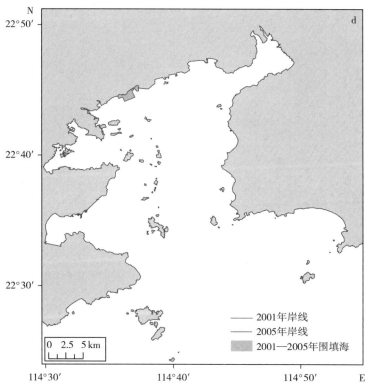

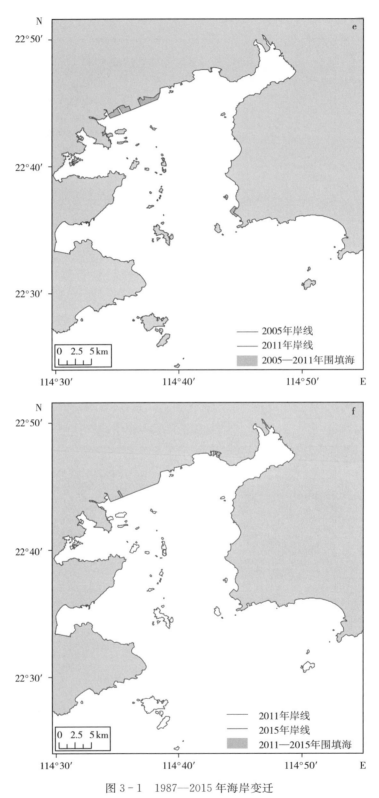

图 3 - 1 1987—2015 年海岸变迁

a. 1987—1993 年 b. 1993—1997 年 c. 1997—2001 年 d. 2001—2005 年 e. 2005—2011 年 f. 2011—2015 年

表 3-2 围填海信息

年份	围填海总面积（km²）	围填海幅度（km²/a）	主要围填海区域
1987—1993	3.80	0.63	霞涌镇、范和港、澳头镇、岭澳、
1993—1997	5.02	1.26	霞涌镇、澳头镇、白寿湾、哑铃湾、白沙湾、岭澳、马鞭洲
1997—2001	1.94	0.48	澳头镇、岭澳、大鹏澳
2001—2005	2.43	0.61	霞涌镇、澳头镇、岭澳、杨梅坑
2005—2011	5.75	0.96	霞涌镇、澳头镇、巽寮湾碧甲、马鞭洲、纯洲
2011—2015	1.08	0.27	澳头镇、霞涌镇、马鞭洲、纯洲

第三节 渔业资源利用现状

一、渔业资源分布特征及利用现状

近 20 年来，大亚湾海域鱼类的种数呈逐年减少的趋势，由 20 世纪 80 年代的 157 种减少至 2005 年的 107 种，减少了 50 种，但科数变化不大。从鱼类的栖息水层来看，大亚湾鱼类以中下层鱼类占优势，其次为中上层和底层鱼类，岩礁鱼类最少。从不同年代来看，中上层鱼类在 1985 年所占渔获种类的比例最高，稳定于 20 世纪 90 年代和 21 世纪初。中下层鱼类在 1980 年、1990 年和 2000 年逐步增加。近年来，随着大亚湾经济的发展，深水码头的兴建和航道的挖掘与疏浚，大亚湾海域的底质不断受到破坏，底层鱼类也由 20 世纪 90 年代占渔获种类的 23.6％减至 21 世纪初的 20.4％。由于海岛的开发（如马鞭洲、大辣甲和小辣甲等岛屿成为储油基地和码头），岛礁鱼类赖以生存的栖息地减少，从而使岩礁鱼类从 20 世纪 80 年代占渔获种类的 1.91％减少至 21 世纪初的 0.93％。

近 30 年来，大亚湾海域鱼类优势种的更替较为明显。20 世纪 80 年代至 90 年代，以带鱼和银鲳等经济价值较高的优质鱼占优势；而今，大亚湾鱼类小型化和低值化的趋势较为明显。2004—2005 年，除斑鰶仍为第一优势种外，其余优势种被小型和价值较低的小沙丁鱼、小公鱼和二长棘鲷幼鱼所替代。

二、鲷科鱼类种质资源分布特征及利用现状

大亚湾内小岛和小内湾众多，湾内海藻、珊瑚丛生，饵料生物比较丰富，是南海北部鲷科鱼类天然种苗的一个主要产区，最高年产真鲷苗 1 000 多万尾（1987 年）。大亚湾的鲷苗除部分自养外，还外销。因此，大亚湾鲷科鱼类种苗资源的盛衰存亡，不仅对大亚湾，也对周边的鱼类网箱养殖业和捕捞业产生影响。目前由于大亚湾东北部和马鞭洲的生态环境受到严重的破坏，分布在这一带的鲷科鱼苗已经明显减少，有的地方甚至多年没有捕获过鲷科鱼苗。

根据调查，大亚湾已记录的鲷科鱼苗有 7 种，分别为真鲷、黄鲷、四长棘鲷、二长棘鲷、平鲷、黄鳍鲷和黑鲷。

大亚湾真鲷的产卵期为 11 月至翌年 2 月，真鲷苗生产汛期为 1—4 月，真鲷的产卵场和幼鱼的育肥场主要分布于东北部的鹅洲、马鞭洲、坪峙洲、三角洲以及西侧的澳头湾、大鹏澳一带。

根据以往的调查，大亚湾内极少出现平鲷的亲鱼，但平鲷苗的资源甚为丰富，最高日产可达 10 000 尾。平鲷苗的汛期为 12 月至翌年 4 月，旺汛期为 1—3 月，主要分布于澳头、大鹏澳等水浅、流缓、多海藻的近岸水域。以往盛产平鲷苗的金门塘、纯洲水域，振测由于周围环境遭到破坏，平鲷幼鱼的育肥场逐渐消失。

黑鲷幼鱼的汛期为 1—3 月，其发育早期与平鲷相似，分布在海藻多的浅水区，分布范围与平鲷相似。

二长棘鲷的主要产卵期为 1—3 月，幼鱼发育早期多在近岸水域索饵，随着个体的成长逐渐移到浅近海。大亚湾是二长棘鲷幼鱼的主要育肥场之一，从 1 月至翌年 7 月均有二长棘鲷的幼鱼出现，幼鱼主要分布在大亚湾东北部和中部的坪峙洲、许洲、鹅洲、马鞭洲和三角洲水域。

三、马氏珠母贝分布特征及利用现状

大亚湾西北部是历史中马氏珠母贝的传统采苗和养殖海区，十几年前位于该海湾的澳头珍珠场曾经是广东省珍珠养殖基地，有丰富的亲贝资源，多年来一直开展珍珠的采苗和养殖，在海水珍珠养殖历史中有较大的影响力和知名度。

2006—2007 年中国水产科学研究院南海水产研究所对该海域开展了潮间带断面调查和潜水定量调查，发现哑铃湾有多处水域出现马氏珠母贝。出现马氏珠母贝资源的水域有内圆洲、刀石洲、廖哥角和小鹰咀等，栖息密度为 $0.5 \sim 5.0$ 个/m^2，壳高为 $32 \sim 67$ mm，体重为 $14.0 \sim 38.0$ g。本次调查马氏珠母贝 5 个采样点的分布区面积为

78 000 m²，其中核心区的调查面积为 69 000 m²。对马氏珠母贝分布区的现场勘测发现，其分布的岩礁区潮下带面积有 217 万 m²，岩礁区潮间带面积有 12 万 m²，合计面积为 229 万 m²。本次调查结果显示，大亚湾西北部马氏珠母贝仍有较丰富的资源，保守估算现存数量约为 413 万个，并能采到天然苗。与 1992 年资料对比，马氏珠母贝栖息密度和平均生物量均处于同一水平，表明该海域生态环境优良，适合马氏珠母贝的栖息、繁殖和生长，为良好的采苗区和资源分布区，马氏珠母贝种群资源相对稳定。

四、其他经济贝类资源及利用现状

大亚湾潮下带岩礁区丰富的生物资源是生态系统中的重要一环，根据调查的资料，大亚湾潮下带岩礁区生物以暖水性、高盐性种类为主，共有 62 科 156 种。中央列岛以北海区潮下带岩礁区经济种类以营附着和固定生活的滤食性种类——双壳类软体动物为主，主要包括马氏珠母贝、华贵栉孔扇贝、草莓海菊蛤和翡翠贻贝等。马氏珠母贝、华贵栉孔扇贝、草莓海菊蛤的密集分布区为马鞭洲、许洲、白沙洲、芒洲一带，其次为纯洲—沙鱼洲、大头洲—小桂湾一带水域。翡翠贻贝密集分布区为大洲头—纯洲、许洲—虎头咀一带水域。

中央列岛以南海区潮下带岩礁区经济种类以营匍匐生活的植食性种类——单壳类软体动物和棘皮动物为主，主要包括杂色鲍、蝾螺、塔形马蹄螺和紫海胆。其密集分布区为大辣甲及大亚湾西部海岸的虎头咀、烟卷仔、麻岭角和穿鼻岩等处。

第四节　生态保护状况

大亚湾海洋生物丰富，水产资源种类较多，是南海的水产种质资源库，也是多种珍稀水生种类的集中分布区和广东省重要的水产增养殖基地。大亚湾水产资源的优势不仅在于其生物多样性丰富，还在于其拥有我国唯一的真鲷鱼类繁育场，且广东省主要的马氏珠母贝自然采苗场均分布于此。同时，大亚湾也是多种鲷科鱼类、石斑鱼类、鲍等名贵种类的幼体分布密集区。目前，为保护大亚湾生态系统和生物多样性，建设有大亚湾水产资源省级自然保护区、惠东港口海龟国家级自然保护区和惠东红树林市级自然保护区。

一、大亚湾水产资源省级自然保护区

大亚湾海洋生物丰富，水产资源种类较多，且独具特色。为了保护大亚湾的天然水产资源，广东省政府于1983年4月批准建立大亚湾水产资源省级自然保护区，广东省水产厅下发了《关于建立大亚湾水产资源自然保护区等三个水产资源自然保护区的通知》（粤水产字［1983］第156号），并印发了《大亚湾水产资源自然保护区暂行规定》，对保护区的位置、范围、保护对象、管理机构的设置和主要管理措施等进行了具体规定。根据该规定，大亚湾水产资源省级自然保护区范围为西起深圳市大鹏角（114°30′25″E、22°26′40″N）经青洲岛至惠东县大星山角（114°53′E、22°32′N）连线内水域，面积约985 km² （图3-2，表3-3）。自然保护区的建立，有效保护了海区内的野生动植物及水产种质资源、生态环境以及生物多样性，对于保护南海北部水产种质资源、维护大亚湾及周边海域生态安全、保证水产资源的可持续利用、促进国民经济可持续发展具有重要意义。

表3-3 大亚湾水产资源省级自然保护区界址坐标

界址点	经度（E）	纬度（N）	界址点	经度（E）	纬度（N）
1	114°30′6″	22°26′58.43″	16	114°40′0″	22°33′30″
2	114°40′0″	22°24′10″	17	114°35′40″	22°40′60″
3	114°50′22″	22°30′0″	18	114°37′48″	22°40′60″
4	114°52′60″	22°32′40.38″	19	114°39′12″	22°38′12″
5	114°37′21″	22°30′46.09″	20	114°33′30″	22°39′7″
6	114°43′14″	22°34′48.72″	21	114°33′30″	22°41′16″
7	114°45′5″	22°35′10.68″	22	114°38′7″	22°41′16″
8	114°53′18″	22°35′10.68″	23-1	114°38′23″	22°39′57″
9	114°32′50″	22°34′12″	23-2	114°38′34″	22°39′35″
10	114°36′19″	22°32′40.86″	23-3	114°39′9″	22°39′6″
11	114°43′0″	22°35′30″	23-4	114°39′40″	22°39′6″
12	114°45′9″	22°35′30″	23-5	114°39′40″	22°40′1″
13	114°42′30″	22°37′30″	24	114°40′55″	22°40′1″
14	114°44′38″	22°37′23.23″	25	114°42′55″	22°34′60″
15	114°37′60″	22°33′30″	26	114°32′23″	22°41′16″

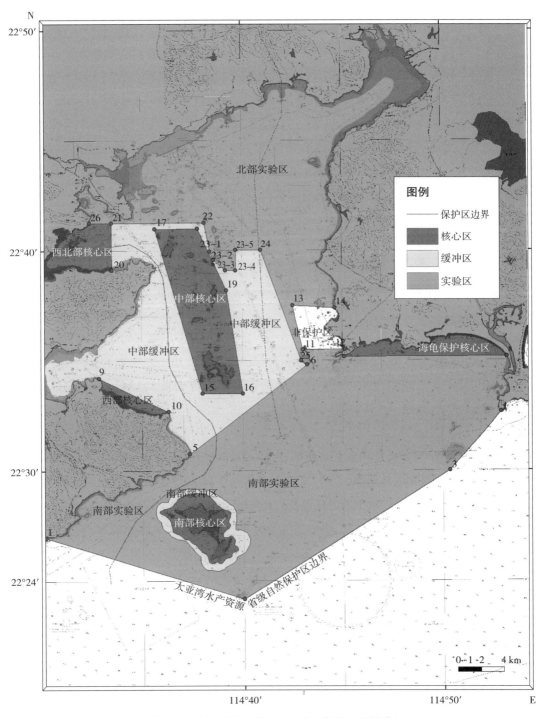

图 3-2　大亚湾水产资源省级自然保护区功能分区

二、惠东港口国家级海龟自然保护区

海龟是海洋龟类的总称，属爬行纲、龟鳖目，海洋洄游性爬行动物，国家二级保护动物。世界上现存海龟仅有2科5属8种，我国就有2科5属5种，分别为绿海龟（Chelonia agassizii）、棱皮龟（Dermochelys coriacea）、玳瑁（Eretmochelys imbrcata）、太平洋丽龟（Lepidochelys olivacea）和蠵龟（Caretta caretta）。海龟广泛分布于全球各大洋热带和亚热带海域，在我国的南海、东海、黄海和渤海均有分布，但主要集中在南海，产卵场地只分布在南海，南海拥有我国90%以上的海龟资源。在种类上，海龟又主要以绿海龟为主，占85%以上，其他种类极为稀少。目前，西沙、南沙群岛一些无人居住的岛屿尚存部分海龟产卵繁殖场地，大陆沿岸已知只有广东省惠东县港口镇稔平半岛南端大星山脚下的海龟湾还残存一个产卵场，其他地方除个别荒凉的海滩偶有海龟上岸产卵外，已无完整的海龟产卵繁殖场地。

惠东港口国家级海龟自然保护区位于广东省南部惠东县港口镇海龟湾，地处大亚湾与红海湾交界处的稔平半岛南端大星山脚下，三面环山，一面临海，历史上一直是海龟筑巢产卵的场所。地理坐标为22°33′15″—22°33′20″N、114°52′50″—114°54′33″E，总面积18 km²，其中陆地约2 km²，海域约16 km²。保护范围为大星山老虎坑至白鹤洲分水岭以南的丘地与低潮水位线的滩涂，包括沿海岸的丘岗、沙滩及滩涂水域，为亚热带典型的外海性海域，沙质海底，水质透明，风浪较大，近岸水深10～15 m，海底平坦（图3-3，表3-4）。

1986年12月15日经广东省政府批准建立省级海龟自然保护区，1992年10月经国务院批准升格为国家级海龟自然保护区，1993年7月被中国人与生物圈委员会接纳为生物圈保护区网络成员，主要保护对象为海龟及其产卵繁殖地。

保护区属南亚热带海洋气候，年平均气温为22.3 ℃，最高气温出现在6—9月，变化幅度为32～37 ℃，气温平均日较差为5.6 ℃，平均最高气温为34.5 ℃，平均最低气温为4.5 ℃。海水水温夏、秋季为20～28 ℃，因直接受大陆辐射影响，海水昼夜表层水温差别较大，平均可达5.6 ℃。受巴士海峡高坡度、高温水影响，水深20 m以外海区的水温、坡度均较沿岸海区高，终年盐度在30以上，海水透明度在2.5～3.5 m。海潮方向随地理环境不同而差异明显，流速易受风力支配，海流昼夜各涨落2次。

惠东港口国家级海龟自然保护区紧接大亚湾水产资源省级自然保护区和红海湾，有着独特的海洋生态环境。海水水质符合我国《海水水质标准》第一类水质，地形地貌独特，海洋生物多样性高，据统计，保护区内现有1 300多种生物。在保护区内海龟湾东西长约1 000 m、南北宽约70 m的海滨沙滩上，每年6—10月都有成批海龟洄游返回进行筑巢产卵繁殖。

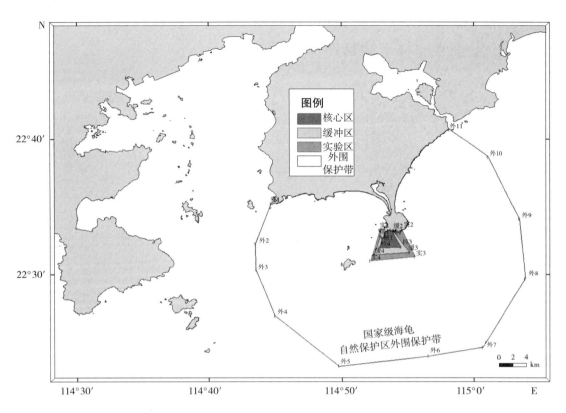

图 3-3 惠东港口海龟国家级自然保护区功能分区

表 3-4 惠东港口国家级海龟自然保护区界址坐标

界址点	经度（E）	纬度（N）	界址点	经度（E）	纬度（N）
核 1	114°53′2″	22°32′43″	外 1	114°44′40″	22°35′13″
核 2	114°53′43″	22°33′14″	外 2	114°43′30″	22°32′16″
核 3	114°54′29″	22°32′1″	外 3	114°43′33″	22°30′21″
核 4	114°52′51″	22°31′59″	外 4	114°44′56″	22°26′54″
缓 1	114°52′53″	22°32′49″	外 5	114°49′47″	22°23′12″
缓 2	114°53′53″	22°33′12″	外 6	114°56′35″	22°23′58″
缓 3	114°55′8″	22°31′36″	外 7	114°60′42″	22°24′34″
缓 4	114°52′26″	22°31′25″	外 8	114°63′59″	22°29′39″
实 1	114°52′50″	22°33′15″	外 9	114°63′33″	22°34′6″
实 2	114°54′33″	22°33′20″	外 10	114°61′7″	22°38′39″
实 3	114°55′33″	22°31′17″	外 11	114°58′12″	22°40′42″
实 4	114°52′10″	22°31′0″			

三、惠东红树林市级自然保护区

惠东红树林市级自然保护区位于惠东县南门海湾，由范和港和考洲洋直插内陆，总面积为 543.33 hm²，分布在稔山、铁涌、吉隆 3 镇（图 3 - 4）。1999 年 12 月，惠东县政府批准建立县级自然保护区，2000 年 12 月，经惠州市政府批准为市级自然保护区。保护区西起惠州市大亚湾澳头（主要在伸入内陆的淤泥质海湾范和湾滩涂湿地周围），东至盐洲岛（主要在伸入内陆的淤泥质海湾考洲洋滩涂湿地周围），地处 22°36′—22°49′55″N、114°31′30″—114°55′55″E；集中分布在惠东县、大亚湾区的 7 个沿海乡镇（吉隆、铁涌、平海、巽寮、稔山、霞涌、澳头），尤其是吉隆、铁涌和稔山 3 镇（其他 4 个乡镇红树林为零星分布，面积较小），是研究红树林湿地生态环境和生物资源的理想区域。

图 3 - 4　惠东红树林市级自然保护区

（引自《2015 年惠州市海洋环境状况公报》）

保护区属湿地类型的自然保护区，区内动植物资源丰富，现有红树林面积 80 hm²，主要分布在稔山镇的蟹洲湾，铁涌镇的好招楼村、沙桥村，考洲洋海堤，吉隆镇的白沙村。红树林植物有 9 科 11 种，主要有老鼠簕、海漆、桐花树、木榄、秋茄树、红海榄、白骨壤、卤蕨等；湿地候鸟有 38 种，主要有苍鹭、大白鹭、小白鹭、池鹭、夜鹭、白鹤翎、赤颈鸭、绿翅鸭、斑嘴鸭、斑背潜鸭、金斑行鸟、蒙古沙行鸟、弯嘴滨鹬等。属国家重点保护的野生动植物较多，国家二级保护的鸟类有 4 种；省级重点保护的野生动植物有 20 种，区内动植物具有很高的保护价值。

第四章
大亚湾环境质量状况及变化趋势

第一节　污染排放状况

一、污染源分布状况

大亚湾海域早期环境质量状况良好，随着工农业生产的发展、社会经济的增长，近年来环境状况有所恶化。目前影响大亚湾海域生态环境的因素主要有沿岸乡镇的工业废水，生活污水和农田灌溉水，渔港渔船产生的生活污水和含油污水，核电站、石油化工企业和油码头等各种污水的排放，以及海水养殖区引起的污染。

大亚湾沿岸的主要乡镇：澳头镇、霞涌镇、稔山镇、大鹏镇、巽寮镇、平海镇和港口镇等。

大亚湾沿岸的主要渔港：澳头渔港、港口渔港、范和渔港、霞涌渔港和三门渔港。

大亚湾海域的主要海水养殖区：范和港陆地海水养殖区、范和港滩涂养殖区、哑铃湾养殖区、大鹏澳浅海养殖区、东山陆地海水养殖区、大鹏半岛沿岸海胆贝类增殖区、沱泞列岛礁盘贝类护养区和小星山浅海养殖区。

工业污染源：核电站（广东核电站和岭澳核电站）、南海石化项目、中海壳牌石油化工有限公司的马鞭洲油码头和南海石油化工排污区等。

大亚湾沿岸的主要污水来源：淡澳分洪渠为注入大亚湾的最主要河流，它起始点位于惠阳淡水镇，沿淡水镇东部向南，在姚田桥汇入淡澳河，最后注入白寿湾，淡澳河"接纳"了深圳龙岗及淡水镇的生活污水和工业废水；另外大亚湾辖区还大量"接纳"了澳头生活污水、响水河工业园工业废水和生活污水以及大亚湾西区生活污水等。

二、陆源污染

（一）工业污染源

尽管近年来采取了工业污染源达标排放和总量控制等一系列措施，但大亚湾沿岸废水排放量仍呈增加的趋势。表4-1为惠州市1990—2014年工业废水排放量及人均排放量的数据统计，可以看出1990—2014年工业废水排放量及人均排放量变化出现"上升—下降—上升"的波动，但总趋势为缓慢上升；2002年开始出现较大幅度上升，至2007年达到前期峰值后缓慢下降，但随后呈继续上升趋势，2014年废水排放量达8 465万 t。2001—2014年，惠州市工业废水排放量从1 979万 t增加到8 465万 t，年均增长

11.83%，工业污染物从 12.20 万 t 增加到 94.13 万 t，年均增长 17.02%。据统计，惠州市工业废水中的主要污染物为化学需氧量（COD）、悬浮物（SS）、氨氮、石油类、总镍、镉和氢化物，生活污水中的污染物主要为 COD、生化需氧量（BOD）、氮和磷。这些废水大部分通过河道和排污管道进入大亚湾，使大亚湾的陆源入海污染负荷持续增长。

表 4-1 惠州市经济发展与环境质量统计数据

年份	人均 GDP （按常住人口计算）（元）	工业废水 （万 t）	人均废水 （t/人）	工业污染物 （万 t）	人均污染物 （kg/人）
1990	2 110	1 202	5.32	6.60	29.18
1991	2 569	1 534	6.59	1.09	4.68
1992	3 462	1 340	5.60	10.42	43.54
1993	5 190	2 487	10.12	10.72	43.63
1994	6 799	1 245	4.96	12.27	48.85
1995	8 557	1 505	5.88	8.99	35.13
1996	9 627	1 501	5.77	3.47	13.34
1997	10 947	1 114	4.18	24.10	90.42
1998	12 067	1 573	5.82	12.50	46.30
1999	12 668	1 791	6.59	22.60	83.14
2000	13 877	1 835	6.61	24.33	87.58
2001	14 590	1 979	7.06	12.20	43.50
2002	15 529	2 794	9.87	12.91	45.62
2003	16 860	3 432	11.98	15.77	55.07
2004	19 189	4 039	13.77	15.53	52.96
2005	21 896	4 359	14.65	17.13	57.56
2006	25 043	6 204	20.25	14.65	47.81
2007	28 945	7 757	24.79	23.72	75.81
2008	33 077	5 971	18.73	29.94	93.90
2009	35 819	5 782	14.56	27.27	68.65
2010	43 396	6 029	17.87	40.6	120.36
2011	45 371	7 462	16.10	76.4	164.87

（续）

年份	人均GDP （按常住人口计算）（元）	工业废水 （万 t）	人均废水 （t/人）	工业污染物 （万 t）	人均污染物 （kg/人）
2012	51 130	8 300	17.76	123.23	263.65
2013	57 716	8 320	17.70	119.62	254.51
2014	63 657	8 465	17.91	94.13	199.13

注：相关数据源自《惠州市统计年鉴》。

（二）城镇生活污染源

城镇生活污染源是指在排水系统相对完善的建制城镇建成区，由居民生活、服务行业以及行政办公等日常活动导致的污染物产生和排放。据统计，2014年惠州城镇生活污水年产生量为23 118 t，主要污染物COD、五日生化需氧量（BOD₅）、氨氮、总氮和总磷的年产生量分别为1 311 406 t、628 812 t、149 046 t、195 750 t和20 498 t；其中，直排环境的城镇生活污水量为22 849 t，直排环境的上述主要污染物总量分别为61 961 t、32 726 t、7 327.9 t、10 587 t和1 046.1 t。大亚湾沿岸各城镇生活污水源强大小主要由当地的人口密度决定，人口密度大小很大程度上受当地经济产业结构影响。一般而言，商业发达镇街生活污水源强最大，制造业发达镇街次之，重化工业镇街较小，经济欠发达镇街最小。随着大亚湾沿岸居民生活水平的提高，居民生活用水量日益加大，生活污水排放量不断增加，生活污染源在环境污染中所占的比重逐渐上升。这些污染物的主要排放去向是通过河道和排污管道进入大亚湾或者直排入海，对大亚湾的生态环境造成巨大的影响。

（三）农业污染源

农业既是污染的受害者，又是环境污染的制造者，是面源污染的主要生产者。全国第一次污染源普查结果显示，广东面源污染的主要来源为化肥、农药、秸秆、畜禽粪污、生活垃圾、生活污水等农业废弃物。由于广东省地域辽阔，珠江三角洲以及东、西两翼，粤北山区各具特色的自然环境和经济社会发展环境，使全省农业生产的地域差异悬殊，各区域农业面源污染特征各不相同。当前，大亚湾沿岸规模化畜禽养殖场废水及有机类污染物排放也占相当大的比例，随着经济发展和人口的迅速增加，与广东省农业污染的发展趋势一样，大亚湾沿岸农业面源的氮、磷排放量和污染程度等均呈逐年增加趋势。

1. 化肥和农药污染

近年来，随着农业的快速发展，化肥的使用量逐年增加（图4-1）。2015年《惠州市统计年鉴》数据显示，惠州市种植业化肥总施用量和单位面积施用量分别从1978年的74

800 t 和 217.80 kg/hm² 增加到 2014 年的 96 369 t 和 365.98 kg/hm²，化肥施用量年增加率达 4.0%。全国第一次污染源普查结果显示，广东省种植业施用氮、磷肥约占全国总施用量的 9%，全省化肥平均施用强度为 771 kg/hm²，远高于发达国家设置的 225 kg/hm² 的警戒线。同时，广东省平均每公顷施用农药 9.86 kg，高于发达国家每公顷施用农药 7 kg 的水平。除 30%～40% 的农药被作物吸收外，大部分以大气沉降和雨水冲刷的形式进入水体、土壤及农产品中，造成农残污染。

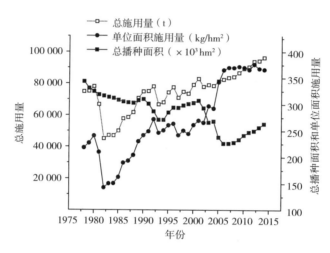

图 4-1　惠州市种植业化肥总施用量、总播种面积和单位面积施用量

2. 规模化畜禽养殖业污染

近年来，随着规模化、集约化畜牧业的迅速发展，畜禽粪便对环境造成的污染问题日益突出。据《惠州市统计年鉴》，2014 年惠州市生猪和家禽的存出栏量分别为 30.14 万头和 441.4 万羽，给畜禽养殖业污染物总量减排带来巨大的压力。以广东省畜禽养殖业污染平均污染水平为例，2014 年惠州市畜禽养殖业排入外部环境中的无机氮和 COD 总量分别为 1.15 万 t 和 57.19 万 t，而且大部分畜禽养殖场处理设施简陋、污水处理工艺落后，甚至没有废水处理设施，导致总氮、总磷、氨氮、COD 等直接排入外部环境中，对大亚湾的生态环境也造成了严重的污染。因此，广东省相关部门也加紧制定了适合本地实际的地方政策、标准等，如《关于广东省农村环境保护行动计划（2011—2013）》《关于加强规模化畜禽养殖污染防治促进生态健康发展的意见》《广东省畜禽养殖业污染治理实用技术指南》《广东省畜禽养殖业污染排放标准》《广东省规模化畜禽养殖场（小区）主要污染物减排技术指南》等。

3. 农村生活污水和垃圾污染

随着大亚湾经济的迅速发展，农村地区生活水平的不断提高，农村生活污水和垃圾引起的面源污染日益严重。据统计，除珠江三角洲部分发达地区农村生活污水已"纳入"城镇污水处理系统外，大亚湾农村地区主要以农业为主，大部分农村生活污水无任何处理直接排放，成为江河湖泊水质下降的主要原因之一。

三、海域污染源

海域污染源主要包括海水养殖污染、渔港排污、船舶排污、溢油和危险品泄漏等事故性排污，以及海上倾废等重点污染源。

(一) 水产养殖业自身污染

1. 养殖生产现状

据统计，惠州市海水养殖面积由 2010 年的 3 675 hm² 增加到 2014 年的 4 009 hm²（表 4－2）。

表 4－2　惠州市 2010—2014 年水产养殖面积

单位：hm²

年份	海水养殖	淡水养殖	合计
2010	3 675	17 029	20 704
2011	3 851	17 021	20 872
2012	3 882	17 058	20 940
2013	4 008	16 871	20 879
2014	4 009	16 916	20 925

注：数据来源于《惠州市渔业统计年鉴》。

大亚湾的海水养殖主要有滩涂、浅海、池塘、鱼塭和网箱养殖等方式。海上养殖方式包括网箱养殖、浅海养蚝、贝类护养增殖以及增殖型海洋牧场。浅海和滩涂养殖种类主要有马氏珠母贝、太平洋牡蛎、贻贝和波纹巴非蛤等。鱼塭和池塘养殖种类主要有锯缘青蟹、斑节对虾、墨吉对虾、日本对虾、长毛对虾和南美白对虾等，还有少量鱼类。网箱养殖种类主要有真鲷、黑鲷、黄鳍鲷、紫红笛鲷、大黄鱼、石斑鱼、鲕、军曹鱼和美国红鱼等。

海水养殖主要集中在惠东县沿海和深圳市沿海，产量占大亚湾海水养殖产量的87%，根据地理位置和生产条件自然形成大生产基地，年产值占大亚湾海水养殖总产值的90%以上。目前较大规模的有稔山对虾养殖、考洲洋对虾养殖、铁涌养蚝等九大基地。

稔山对虾养殖基地位于蟹洲至大埔屯一带，养殖面积 800 hm²。考洲洋对虾养殖基地位于考洲洋周边铁冲、吉隆、黄埠、盐洲沿海，养殖面积 1 000 hm²。铁涌养蚝基地分布于赤岸、沙松、油麻油，养殖面积 667 hm²。盐洲网箱养鱼基地位于考洲洋南部，现有网箱 6 000 多口。坪仕网箱养鱼基地位于坪峙岛和坪峙仔之间，有网箱 2 500 多口。

港口网箱养鱼基地位于港口大澳塘，有网箱 1 000 口。澳头网箱养鱼基地位于哑铃湾，是我国最早的网箱养殖区，现有网箱 3 000 多口。港口鲍养殖基地有工厂化养殖场 4 家，水体 5 000m³。平海碧甲鲍养殖基地有工厂化养殖场 4 家。

2. 养殖污染的危害

由于大亚湾渔业资源不断衰退，加上近年来政府实行限制性捕捞，大部分渔民转变生产方式，由从事捕捞改为从事养殖，大亚湾沿岸海水养殖业发展迅速。但是，目前在局部水域尤其是海水养殖业比较集中的地区，养殖自身污染已成为近岸海水污染的一个重要因素。随着水产养殖业的继续发展，养殖污染的影响将会进一步加大。海上养殖过程会给周围海水水质和底质带来一些不利的影响，但影响因子和影响程度因养殖区所处海域的自然环境条件（如水深、流速、水交换条件等）以及养殖方式、养殖规模等的不同而不同。网箱养殖所产生的废弃物包括鱼类未食用的饵料、排放的粪便及其他排泄物，而这些废弃物中最终将对环境产生影响的主要是其所包含的营养物质——氮、磷和有机物。影响海水水质的环境因子主要是无机磷、无机氮、溶解氧（DO）和氨氮，影响底质的环境因子主要是硫化物、无机磷、化学需氧量（COD）和有机质。由于水产养殖区局部养殖密度较大，养殖过程中饵料投喂不当或投喂过量、饵料投喂后被冲走或溶解，以及鱼类本身的摄食习惯等原因，使得一部分不能被摄食的残饵和消化后产生的排泄物等有机物富集在养殖场基底，加上大亚湾是半封闭式海湾，海水交换能力差，导致底质环境恶化，氮、磷的增加容易出现水体富营养化，水体富营养化将导致病害及赤潮的发生，养殖环境的底部沉积物可通过再悬浮—溶解—释放等过程，使相关物质回到水体环境中，引发水体二次污染。

（二）船舶排污污染

船舶污染主要是指船舶在航行、停泊港口、装卸货物的过程中对周围水环境和大气环境产生的污染，主要污染物有含油污水、生活污水、船舶垃圾等三类；另外，也产生粉尘、化学物品、废气等，但总的来说，后面这几类对环境影响较小。

1. 生活污水污染

船舶生活污水主要是指人的粪便水，包括从小便池、抽水马桶等排出的污水和废物；从病房、医务室的面盆、洗澡盆和这些处所排出孔排出的污水和废物；以及与上述污水废物相混合的日常生活用水（洗脸水、洗澡水、洗衣水、厨房洗涤水等）和其他用水。

2. 含油污水污染

油类系指船舶装载的货油和船舶在运行中使用的油品，包括原油、燃料油、润滑油、油泥、油渣和石油炼制品在内的任何形式的石油和油性混合物。船舶油类污染可以分成船舶油污水（压舱水、洗舱水、舱底水、舱底残油）和船舶溢油两类污染。

随着近年来环大亚湾区域港口经济建设的加快，海上运输业的发展和进口原油量持续增长。来往船舶数量增加使得船舶污油排量逐渐增多，也使得发生海上溢油、漏油事故的可能性增加，特别是游轮相撞、海洋油田泄漏等突发性石油污染，可能会造成难以估量的损失。环大亚湾规划全部实施后，惠州港将拥有码头泊位 76 个，年吞吐能力将超过 1 亿 t。港口发展、船舶骤增所产生的大量含油污水，对大亚湾海洋环境的影响更加突出。再加上大亚湾是一个半封闭海湾，湾内（尤其是马鞭洲以北海域）水较浅，流速较慢，水交换周期长，生态环境比较敏感，有许多珍稀物种，一旦湾内发生溢油事故，将发生大面积污染，若抢救、清理不及时，将对环境造成极大破坏，且该海区环境条件相对而言不利于油污的净化。

溢油对渔业资源的中、长期影响主要是造成渔业资源种类、数量及组成的改变，从而使渔业逐渐减产。溢油事故发生后的短时间内，油污可能严重杀伤浮游性的鱼卵、仔鱼以及活动范围小或者来不及逃跑的游泳生物，油污如果蔓延到沿岸或者岛屿，还将会严重危害潮间带和潮下带生物，这种影响在海洋环境中可持续数年至十几年。石油烃化合物，尤其是致癌、致畸和致突变的多环芳烃化合物在海洋生物中能明显积累，因而将会严重影响水产品的经济价值和卫生质量，给人类健康带来潜在危害。

3. 船舶垃圾污染

船舶垃圾系指在船舶正常营运期间产生的，并要不断或定期予以处理的各种食品、日常用品、工作用品的废弃物，以及船舶运行时产生的各种废物，主要有食品垃圾（米饭、菜肴、饮料、糖果等）、塑料制品垃圾（聚氯乙烯制品、合成纤维制品、玻璃钢制品）及其他垃圾（纸、木制品、布类制品、玻璃制品、金属制品、陶器制品等）。

（三）涉海工程污染

1. 涉海工程直接排放污染源

大亚湾是广东省最大的半封闭型海湾，海岸线长达几百千米，湾内有大小岛屿 100 多个，提供了大量的空间资源，为填海造地、海水养殖、兴建码头等开发项目提供了大量的土地资源。已有多项大型土建工程落户大亚湾，如大亚湾核电站、南海石化，马鞭洲原油码头及已建成的惠州东航道、惠州西航道和东联航道等，这些大型项目除了对海岸线进行改造导致水文和沉积过程的变化和湿地破坏等影响外，还加大了生活和工业废水的排放，提高了大亚湾生态系统的周转速率。惠州市海洋与渔业局监测结果表明，大亚湾区淡澳河入海口和惠东县黄埠入海口，其邻近海域海水水质均属《海水水质标准》第四类，海水质量未达到相应的海洋功能区要求。

2. 涉海工程产生的悬浮物危害风险

涉海工程的建造最重要的影响是将明显改变沿线的底栖生态环境，尤其是挖掘作业和高浓度悬浮物，会对挖掘区及紧邻区域的底内动物、底上动物、鱼卵及仔鱼和部分游泳生物产生直接或间接的影响。在工程挖掘疏浚过程中，悬浮沉积物将在一定范围内形成高浓度扩散场，粗大颗粒的悬浮沉积物在沉降过程中将直接对海洋生物（尤其是幼鱼虾）造成伤害，悬浮沉积物将堵塞海洋生物的鳃部造成其窒息死亡，大量的悬浮沉积物还将造成水体严重缺氧而导致海洋生物死亡。此外，悬浮沉积物沉降造成的填埋、水体光强剧变和有害物质二次污染等也将造成海洋生物的受损和死亡。除直接、急性致死影响外，水体中的悬浮沉积物还将对海洋生物产生间接、慢性影响，这些影响包括以下几个方面：①造成生物栖息环境的改变或破坏，引起食物链（网）和生态结构的逐步变化，导致生物多样性和生物丰度下降；②造成水体中溶解氧、透光率和可视性下降，使光合作用强度和初级生产力发生变化，影响某些种类的生长和发育；③混浊的水体使某些种类的游动、觅食、躲避敌害、抵抗疾病和繁殖的能力下降，降低生物群体的更新能力；④若挖掘过程引起大量营养物质释放，在一定条件下可能诱发赤潮，将对水生环境和生物造成危害。

大亚湾航道和海底管线工程造成的高浓度悬浮沉积物的影响主要表现在对挖掘区附近水域中海洋生物仔幼体的危害，其影响范围主要集中在航道和管线两侧 0.5～1.0 km 的范围内，影响面积为 10～20 km²。在这一范围内受影响的资源量为 60～120 t。大亚湾航道和海底管线工程是否会对其周围水域生态环境和海洋生物产生长期影响，或者长期影响的范围和程度如何，目前尚难以定量分析和估算，需在施工过程中和施工后进行连续调查、监测和研究才能逐步了解。

3. 涉海工程的噪声污染

水下爆破振动和压力波是爆破过程对海域浮游生物和鱼卵及仔鱼造成杀伤的最主要的因子。水下爆破振动对浮游生物和鱼卵及仔鱼造成致死性影响的声强级一般为 95 dB。水下爆破振动和超压还会引起怀卵亲鱼难产、受精卵发育不正常和孵出鱼苗发育畸形而先天夭折。爆破产生的超压、噪声、涌浪以及爆破后的推土填埋等都可能对渔业资源产生影响，但其中最重要的影响是噪声和填埋造成爆破点周围渔业资源的瞬间损失。填埋主要造成爆破点周围潮间带、潮下带和底栖贝类的损失。而噪声则对一定范围内的鱼类、头足类和虾类产生杀伤性影响。

马鞭洲原油码头和输油首站场地平整（爆破填土）工程是为建设原油码头而实施的一项基础工程。1994 年 9 月和 11 月，由于输油首站和原油码头的建设需要，对马鞭洲实施了两次爆破工程。由于马鞭洲周围水域是名贵水产种类密集区，是经济水生生物重要的产卵场、索饵场和育肥场，因此这一重要渔业水域遭到破坏不但直接影响马鞭洲周围的渔业资源，而且还可能对大亚湾的渔业资源产生长期的、潜在的影响。目前，对这种长期影响效应还难以做出详细和明确的评价，需要在破坏后进行长期的监测和研究才能逐步回答这一问题。马鞭洲爆破不但对周围渔业资源造成瞬间、直接影响，而且还可能造成长期、间接的影响，其主要影响有以下几方面：①爆破和填埋将改变马鞭洲周围优良的生态环境，多种名贵鱼类（如石斑鱼类、鲷科鱼类等）及多种经济鱼类的重要产卵场、索饵场和幼鱼成长发育场所将受到破坏或影响，多种经济贝类（如马氏珠母贝、扇贝、贻贝、草莓海菊蛤等）的密集栖息地和繁殖场所将被破坏，多种基础饵料生物的栖息场所将被破坏或影响，其结果是马鞭洲周围局部渔业生态系统失衡，部分丧失甚至严重丧失其渔业资源摇篮的功能；②爆破声振、超压和涌浪等产生的综合效应将严重杀伤马鞭洲附近水域的成龄鱼、虾、贝类，更严重的是将严重杀伤怀卵亲鱼、鱼卵、仔鱼和幼鱼，使渔业资源的补充群体无以为继，造成受损害的渔业资源在一段时期内得不到足够的补充和恢复；③爆破引起的长期影响与各种水生生物的生物学特点和生活习性有密切关系，例如，马鞭洲爆破对周围岩礁和珊瑚礁小生境将造成破坏，岩礁区和珊瑚礁鱼类将丧失栖息场所，其资源量在爆破后可能会逐渐衰退；营养层次较高、自然群体较小、生命周期较长的鱼类，其资源的脆弱性较大，一旦受到损害，其资源恢复较困难，而食物链低、自然群体较大、成熟期较短的鱼类，其资源抗伤害的能力较强，受损后恢复较快。

（四）核电站对生态环境的潜在影响

大亚湾核电站和岭澳核电站大量的冷却水直接排入大鹏澳，导致局部区域水体温度升高，产生热污染。热污染使区域内水生生态系统发生变化，生物的繁殖率下降。2004年调查发现，在热排污口附近的站点，浮游动植物的多样性指数和均匀度指数均相对较低，这一现象在冬、春季特别明显。2005—2006年调查也发现，浮游植物的种类数季节变化与其他区域相反，夏季出现的种类少于春季。本来生物群落应随季节变化种群有所变化，但在温排水的长期影响下，在此生活的生物并没有实行"换季"，或对季节变化不灵敏，生物种群替换率低，生物就会逐渐趋向单一，出现生物量下降。

核电站的另一个重要影响是放射性废气、废液的排放对海洋生态环境造成的放射性污染。核电站放射性废液经储存处理后通过冷却水排入西大鹏澳，放射性物质先在湾内扩散，然后在水动力的作用下往外扩散，对整个大亚湾的生态环境造成影响。放射性核素也可以被海洋生物富集，并通过食物链传递，从而对人类健康产生威胁。核电站放射性废液的排放和核电站运转产生的核辐射对环境所致的附加辐射剂量，给整个大亚湾生态系统带来的压力和影响具有长期性、潜伏性，甚至具有不可逆转性，必须密切关注。

第二节　水域环境质量

2007—2008年和2014—2015年，分别在春、夏、秋、冬四个季度月对大亚湾海水环

境的透明度、水温、溶解氧、盐度、pH、总溶解性悬浮颗粒、化学需氧量、生化需氧量、悬浮物、亚硝态氮、硝态氮、氨氮、无机氮、活性磷酸盐、石油类、重金属等因子进行了调查和分析。

一、水环境现状

（一）透明度

春季，调查水域透明度变化范围为 0.8～6.5 m，平均为 2.8 m。各调查站位透明度差异明显。

夏季，调查水域透明度变化范围为 0.8～7.8 m，平均为 3.3 m。各调查站位透明度差异显著。

秋季，调查水域透明度变化范围为 0.6～4.8 m，平均为 2.3 m。各调查站位透明度有一定差别。

冬季，调查水域透明度变化范围为 0.8～2.6 m，平均为 1.4 m。各调查站位透明度均没有明显差异。

整体上看，大亚湾海域透明度变化范围为 0.6～7.8 m，平均为 2.5 m，最大值与最小值相差 7.2 m。各航次调查海水透明度春季和冬季空间分布变化呈东部海域明显高于西部海域的变化规律，夏季和秋季变化规律呈现湾外＞湾中＞湾内的特征；从时间变化规律看，各航次调查水域透明度呈现夏季＞春季＞秋季＞冬季的变化特征。

（二）水温

春季，调查水域水温变化范围为 17.03～20.81 ℃，平均为 18.94 ℃，各调查站位水温差异很小。

夏季，调查水域水温变化范围为 23.84～30.80 ℃，平均为 25.98 ℃，各调查站位水温差异不大。

秋季，调查水域水温变化范围为 26.62～32.23 ℃，平均为 29.48 ℃，各调查站位水温没有明显差异。

冬季，调查水域水温变化范围为 17.86～28.90 ℃，平均为 19.81 ℃，各调查站位水温没有明显差异。

整体上看，大亚湾海水温度变化范围为 17.03～32.23 ℃，平均为 23.60 ℃，最大值与最小值相差 15.20 ℃。各调查站位水温空间分布变化差异不明显；从时间变化规律看，各航次调查水域水温呈现秋季＞夏季＞冬季＞春季的变化特征。

（三）溶解氧

春季，调查水域溶解氧浓度变化范围为 6.19～8.97 mg/L，平均为 7.73 mg/L，各调查站位溶解氧浓度差异不大。

夏季，调查水域溶解氧浓度变化范围为 4.91～7.99 mg/L，平均为 6.01 mg/L，各调查站位溶解氧浓度有一定差异。

秋季，调查水域溶解氧浓度变化范围为 2.92～8.27 mg/L，平均为 6.12 mg/L，各调查站位表层、底层溶解氧浓度有明显差异。

冬季，调查水域溶解氧浓度变化范围为 5.02～8.30 mg/L，平均为 6.63 mg/L，各调查站位溶解氧浓度差异明显。

大亚湾海水溶解氧浓度变化范围为 2.92～8.97 mg/L，平均为 6.61 mg/L，最大值与最小值相差 6.05 mg/L。各调查站位海水溶解氧浓度的空间分布变化差异不明显，海水溶解氧浓度变化为表层＞底层；从时间变化规律看，调查水域海水溶解氧浓度呈现春季＞冬季＞秋季＞夏季的变化特征。

（四）盐度

春季，调查水域盐度变化范围为 32.53～35.11，平均为 33.34，各调查站位盐度差异很小。

夏季，调查水域盐度变化范围为 32.63～34.86，平均为 34.24，各调查站位盐度有一定差异。

秋季，调查水域盐度变化范围为 30.39～33.93，平均为 32.14，各调查站位盐度没有明显差异。

冬季，调查水域盐度变化范围为 32.75～34.26，平均为 33.68，各调查站位盐度没有明显差异。

整体上看，大亚湾海水盐度变化范围为 30.39～35.11，平均为 33.35，最大值与最小值相差 4.72。调查水域海水盐度的空间分布变化差异不明显，表层、底层盐度变化不大；从时间变化规律看，各航次调查水域海水盐度呈现夏季＞冬季＞春季＞秋季的变化特征。

（五）pH

春季，调查水域 pH 变化范围为 8.19～8.38，平均为 8.31，各调查站位间差异很小。

夏季，调查水域 pH 变化范围为 7.94～8.60，平均为 8.17，各调查站位间差异一般。

秋季，调查水域 pH 变化范围为 7.86～8.28，平均为 8.16，各调查站位间差异小。

冬季，调查水域 pH 变化范围为 7.72～8.23，平均为 8.10，各调查站位间差异小。

整体上，大亚湾海域海水 pH 变化范围为 7.72～8.60，平均为 8.18，最大值与最小值相差 0.88。调查水域海水 pH 的空间分布变化差异不明显，表层、底层 pH 变化不大；从时间变化规律看，各航次调查水域海水 pH 呈现春季＞夏季＞秋季＞冬季的变化特征，但差别不明显。

（六）总溶解性悬浮颗粒（TDS）

春季，调查水域总溶解性悬浮颗粒浓度变化范围为 32.50～93.65 mg/L，平均为 35.07 mg/L，各调查站位间有一定差异。

夏季，调查水域总溶解性悬浮颗粒浓度变化范围为 26.17～34.62 mg/L，平均为 33.64 mg/L，各调查站位间差异一般。

秋季，调查水域总溶解性悬浮颗粒浓度变化范围为 30.55～33.13 mg/L，平均为 31.82 mg/L，各调查站位间差异小。

冬季，调查水域总溶解性悬浮颗粒浓度变化范围为 32.73～33.86 mg/L，平均为 33.42 mg/L，各调查站位间差异小。

整体上，大亚湾海域海水总溶解性悬浮颗粒浓度变化范围为 26.17～93.65 mg/L，平均为 37.60 mg/L，最大值与最小值相差 67.48 mg/L。各航次调查海水总溶解性悬浮颗粒浓度的空间分布变化差异不明显，表层、底层总溶解性悬浮颗粒浓度变化也不大；从时间变化规律看，各航次调查水域海水总溶解性悬浮颗粒浓度呈现春季＞夏季＞冬季＞秋季的变化特征，但差别不明显。

（七）化学需氧量（COD_{Mn}）

春季，调查水域海水化学需氧量变化范围为 0.09～1.41 mg/L，平均为 0.49 mg/L。
夏季，调查水域海水化学需氧量变化范围为 0.06～1.52 mg/L，平均为 0.54 mg/L。
秋季，调查水域海水化学需氧量变化范围为 0.02～1.72 mg/L，平均为 0.77 mg/L。
冬季，调查水域海水化学需氧量变化范围为 0.08～3.09 mg/L，平均为 0.90 mg/L。

整体上，大亚湾海域海水化学需氧量变化范围为 0.02～3.09 mg/L，平均为 0.74 mg/L，最大值与最小值相差 3.07 mg/L。各航次调查海水化学需氧量的空间分布变化呈现湾外＞湾中＞湾内的特征，表层、底层化学需氧量差异不明显；从时间变化规律看，各航次调查水域海水化学需氧量呈现冬季＞秋季＞夏季＞春季的变化特征。

（八）生化需氧量（BOD_5）

春季，调查水域海水生化需氧量变化范围为 0.15～1.62 mg/L，平均为 0.74 mg/L。
夏季，调查水域海水生化需氧量变化范围为 0.13～2.92 mg/L，平均为 0.75 mg/L。

秋季，调查水域海水生化需氧量变化范围为 0.02～1.93 mg/L，平均为 0.64 mg/L。

冬季，调查水域海水生化需氧量变化范围为 0.19～1.81 mg/L，平均为 0.72 mg/L。

整体上，大亚湾海域海水生化需氧量变化范围为 0.02～2.92 mg/L，平均为 0.71 mg/L，最大值与最小值相差 2.90 mg/L。各航次调查海水生化需氧量的空间分布变化呈现湾外＞湾中＞湾内的特征，大部分调查站位表层、底层生化需氧量差异不明显；从时间变化规律看，各航次调查水域海水生化需氧量呈现夏季＞春季＞冬季＞秋季的变化特征，但夏季、春季和冬季的差异较小。

（九）悬浮物（SS）

春季，调查水域海水悬浮物浓度变化范围为 0.75～24.3 mg/L，平均为 8.98 mg/L。

夏季，调查水域海水悬浮物浓度变化范围为 5.5～30.4 mg/L，平均为 19.4 mg/L。

秋季，调查水域海水悬浮物浓度变化范围为 4.3～99.3 mg/L，平均为 17.7 mg/L。

冬季，调查水域海水悬浮物浓度变化范围为 6.6～66.7 mg/L，平均为 27.4 mg/L。

整体上，大亚湾海域海水悬浮物浓度变化范围为 0.75～99.3 mg/L，平均为 18.4 mg/L，最大值与最小值相差 98.55 mg/L。各航次调查海水悬浮物浓度的空间分布夏季和冬季变化不明显，春季和秋季的变化呈现湾外＞湾中＞湾内的特征，大部分调查站位表层、底层悬浮物浓度无明显变化规律；从时间变化规律看，各航次调查水域海水悬浮物浓度呈现冬季＞夏季＞秋季＞春季的变化特征。

（十）亚硝态氮（$NO_2^- - N$）

春季，调查水域海水亚硝态氮浓度变化范围为 0.28～85.8 μg/L，平均为 6.31 μg/L。

夏季，调查水域海水亚硝态氮浓度变化范围为 0.35～78.4 μg/L，平均为 6.15 μg/L。

秋季，调查水域海水亚硝态氮浓度变化范围为 5.5～13.6 μg/L，平均为 8.78 μg/L。

冬季，调查水域海水亚硝态氮浓度变化范围为 1.08～13.6 μg/L，平均为 3.98 μg/L。

整体上，大亚湾海域海水亚硝态氮浓度变化范围为 0.28～85.80 μg/L，平均为 6.30 μg/L，最大值与最小值相差 85.52 μg/L。各航次调查海水亚硝态氮浓度的空间分布呈现湾内高于湾中和湾外的趋势，但变化规律不明显，海水表层、底层亚硝态氮浓度无明显变化规律；从时间变化规律看，各航次调查水域海水亚硝态氮浓度呈现秋季＞春季＞夏季＞冬季的变化特征。

（十一）硝态氮（$NO_3^- - N$）

春季，调查水域海水硝态氮浓度变化范围为 2.41～664 μg/L，平均为 134 μg/L。

夏季，调查水域海水硝态氮浓度变化范围为 2.31～598 μg/L，平均为 125 μg/L。

秋季，调查水域海水硝态氮浓度变化范围为 21～358 μg/L，平均为 157 μg/L。

冬季，调查水域海水硝态氮浓度变化范围为 3.12～39.7 $\mu g/L$，平均为 15.2 $\mu g/L$。

整体上，大亚湾海域海水硝态氮浓度变化范围为 2.31～664 $\mu g/L$，平均为 108 $\mu g/L$，最大值与最小值相差 661.69 $\mu g/L$。各航次调查海水硝态氮浓度的空间分布变化为夏季湾内区域较高、秋季湾中区域较高、冬季空间分布变化规律不明显；从时间变化规律看，各航次调查水域海水硝态氮浓度呈现秋季＞春季＞夏季＞冬季的变化特征。

(十二) 氨氮 ($NH_4^+ - N$)

春季，调查水域海水氨氮浓度变化范围为 4.61～326 $\mu g/L$，平均为 110 $\mu g/L$。

夏季，调查水域海水氨氮浓度变化范围为 3.74～326 $\mu g/L$，平均为 106 $\mu g/L$。

秋季，调查水域海水氨氮浓度变化范围为 52.7～511 $\mu g/L$，平均为 163 $\mu g/L$。

冬季，调查水域海水氨氮浓度变化范围为 27.0～95.5 $\mu g/L$，平均为 52.0 $\mu g/L$。

整体上，大亚湾海域海水氨氮浓度变化范围为 3.74～511 $\mu g/L$，平均为 108 $\mu g/L$，最大值与最小值相差 507.26 $\mu g/L$。各航次调查海水氨氮浓度的空间分布变化为夏季和秋季湾内及湾中区域较高、冬季湾外及湾中区域较高；从时间变化规律看，各航次调查水域海水氨氮浓度呈现秋季＞春季＞夏季＞冬季的变化特征。

(十三) 无机氮 (DIN)

春季，调查水域海水无机氮浓度变化范围为 55.2～959 $\mu g/L$，平均为 247 $\mu g/L$。

夏季，调查水域海水无机氮浓度变化范围为 60.0～959 $\mu g/L$，平均为 148 $\mu g/L$。

秋季，调查水域海水无机氮浓度变化范围为 41.0～443 $\mu g/L$，平均为 199 $\mu g/L$。

冬季，调查水域海水无机氮浓度变化范围为 46.4～26.2 $\mu g/L$，平均为 116 $\mu g/L$。

整体上，大亚湾海域海水无机氮浓度变化范围为 41.0～959 $\mu g/L$，平均为 178 $\mu g/L$，最大值与最小值相差 918 $\mu g/L$。各航次调查海水无机氮浓度的空间分布变化为夏季湾内区域最高、秋季和冬季湾中及湾外区域较高，但差别不明显；从时间变化规律看，各航次调查水域海水无机氮浓度呈现春季＞秋季＞夏季＞冬季的变化特征。

(十四) 活性磷酸盐

春季，调查水域海水活性磷酸盐浓度变化范围为 1.98～78.5 $\mu g/L$，平均为 10.8 $\mu g/L$。

夏季，调查水域海水活性磷酸盐浓度变化范围为 3.74～81.7 $\mu g/L$，平均为 12.4 $\mu g/L$。

秋季，调查水域海水活性磷酸盐浓度变化范围为 2.53～106 $\mu g/L$，平均为 9.0 $\mu g/L$。

冬季，调查水域海水活性磷酸盐浓度变化范围为 0.41～9.73 $\mu g/L$，平均为 3.76 $\mu g/L$。

整体上，大亚湾海域海水活性磷酸盐浓度变化范围为 0.41～106.00 $\mu g/L$，平均为 24.72 $\mu g/L$，最大值与最小值相差 105.59 $\mu g/L$。各航次调查海水活性磷酸盐浓度的空间分布变化为夏季湾内区域最高、秋季湾中区域较高、冬季各区域差别不大；从时间变化规律看，各航次调查水域海水活性磷酸盐浓度呈现夏季＞春季＞秋季＞冬季的变化特征。

（十五）石油类

春季，调查水域石油类浓度变化范围为 0.004 7～0.019 8 mg/L，平均为 0.010 2 mg/L。

夏季，调查水域石油类海域变化范围为 0.015 3～0.028 5 mg/L，平均为 0.021 6 mg/L。

冬季，调查水域石油类浓度变化范围为 0.009 4～0.016 2 mg/L，平均为 0.013 1 mg/L。

整体上，大亚湾海域海水石油类浓度变化范围为 0.004 7～0.028 5 mg/L，平均为 0.015 1 mg/L，最大值与最小值相差 0.023 8 mg/L。从时间变化规律看，各航次调查水域海水石油类浓度呈现夏季＞冬季＞春季的变化特征。

（十六）重金属

1. 锌

春季，调查水域锌浓度变化范围为 0.013～0.029 mg/L，平均为 0.019 mg/L。

夏季，调查水域锌浓度变化范围为 0.003～0.020 mg/L，平均为 0.010 mg/L。

秋季，调查水域锌浓度变化范围为 0.004～0.026 mg/L，平均为 0.013 mg/L。

冬季，调查水域锌浓度变化范围为 0.017～0.040 mg/L，平均为 0.025 mg/L。

整体上，大亚湾海域海水中锌浓度的变化范围为 0.003～0.040 mg/L，平均为 0.018 mg/L，空间分布上呈湾内高于湾外的特征。从时间变化规律看，各航次调查水域海水锌浓度呈现冬季＞春季＞秋季＞夏季的变化特征，但各季节浓度差别不大。

2. 砷 *

春季，调查水域各站位均未检出（ND）砷。

夏季，调查水域砷浓度变化范围为 0.000 7～0.001 8 mg/L，平均为 0.001 1 mg/L。

秋季，调查水域砷浓度变化范围为 0.001 5～0.002 0 mg/L，平均为 0.001 8 mg/L。

冬季，调查水域砷浓度变化范围为 0.001 6～0.002 4 mg/L，平均为 0.002 0 mg/L。

整体上，大亚湾海域表层海水中砷浓度的变化范围为 ND～0.002 4 mg/L，平均为 0.001 3 mg/L。从时间变化规律看，各航次调查水域海水砷浓度呈现冬季＞秋季＞夏季＞春季的变化特征，但各季节浓度差别不大。

3. 汞

春季，各站位均未检出汞。

夏季，各站位均未检出汞。

---

　* 砷（As）是一种类金属元素，具有金属元素的一些特性，在环境污染研究中通常被归为重金属，本书在相关研究中也将砷列为重金属予以分析。

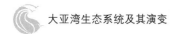

秋季，调查水域汞浓度在 ND～0.000 7 mg/L。

冬季，各站位均未检出汞。

整体上，大亚湾海域表层海水中汞浓度的变化范围为 ND～0.000 7 mg/L，大部分站位均未检出汞，且季节浓度差别不大。

4. 铜

春季，调查水域海水铜浓度变化范围为 0.000 3～0.003 0 mg/L，平均为 0.001 5 mg/L。

夏季，调查水域海水铜浓度变化范围为 0.000 3～0.009 1 mg/L，平均为 0.001 6 mg/L。

秋季，调查水域海水铜浓度变化范围为 0.001 7～0.003 4 mg/L，平均为 0.002 3 mg/L。

冬季，调查水域海水铜浓度变化范围为 0.000 8～0.003 9 mg/L，平均为 0.001 5 mg/L。

整体上，大亚湾海域海水中铜浓度的变化范围为 0.000 3～0.009 1 μg/L，平均为 0.001 7 mg/L。从时间变化规律看，各航次调查水域海水铜浓度呈现秋季＞夏季＞冬季＝春季的变化特征，但各季节浓度差别不大。

5. 铅

春季，调查水域铅浓度变化范围为 0.000 28～0.001 78 mg/L，平均为 0.001 03 mg/L。

夏季，调查水域铅浓度变化范围为 0.000 16～0.003 13 mg/L，平均为 0.000 73 mg/L。

秋季，调查水域铅浓度变化范围为 0.000 13～0.001 42 mg/L，平均为 0.000 56 mg/L。

冬季，调查水域铅浓度变化范围为 0.000 24～0.001 84 mg/L，平均为 0.000 69 mg/L。

整体上，大亚湾海域海水中铅浓度变化范围为 0.000 13～0.003 13 mg/L，平均为 0.000 75 mg/L。从时间变化规律看，各航次调查水域海水铅浓度呈现春季＞夏季＞冬季＞秋季的变化特征，但各季节浓度差别不大。

6. 镉

春季，调查水域镉浓度范围为 0.000 01～0.003 35 mg/L，平均为 0.000 31 mg/L。

夏季，调查水域镉浓度范围为 0.000 01～0.000 42 mg/L，平均为 0.000 11 mg/L。

秋季，调查水域镉浓度范围为 0.000 05～0.000 18 mg/L，平均为 0.000 09 mg/L。

冬季，调查水域镉浓度范围为 ND～0.000 24 mg/L，平均为 0.000 08 mg/L。

整体上，大亚湾海域海水镉浓度变化范围为 ND～0.000 42 mg/L，平均为 0.000 15 mg/L。从时间变化规律看，各航次调查水域海水镉浓度呈现春季＞夏季＞秋季＞冬季的变化特征，但各季节浓度差别不大。

二、水环境质量现状评价

参考《海水水质标准》（GB 3097—1997）对调查水域的海水水质现状进行评价（表 4 - 3）。

表 4-3　海水水质标准

项目	第一类	第二类	第三类	第四类
pH	7.8～8.5	7.5～8.5	6.8～8.8	6.8～8.8
溶解氧（mg/L）	＞6	＞5	＞4	＞3
化学需氧量（mg/L）	≤2	≤3	≤4	≤5
生化需氧量（mg/L）	≤1	≤3	≤4	≤5
悬浮物（mg/L）	人为增加量不得超过10		人为增加量不得超过100	人为增加量不得超过150
无机氮（以N计）（mg/L）	≤0.20	≤0.30	≤0.40	≤0.50
活性磷酸盐（mg/L）	≤0.015	≤0.030	≤0.030	≤0.045
铜（mg/L）	≤0.005	≤0.010	≤0.050	≤0.050
铅（mg/L）	≤0.001	≤0.005	≤0.010	≤0.050
砷（mg/L）	≤0.020	≤0.030	≤0.050	≤0.050
锌（mg/L）	≤0.020	≤0.050	≤0.10	≤0.50
镉（mg/L）	≤0.001	≤0.005	≤0.010	≤0.010
铬（mg/L）	≤0.05	≤0.10	≤0.20	≤0.50
汞（mg/L）	≤0.00005	≤0.0002	≤0.0002	≤0.0005

（一）无机氮

大亚湾春季航次海水中无机氮浓度符合海水水质第一类标准的占全海域面积的41.9%，符合第二类标准的占71.0%，符合第三类标准的占87.1%，有12.9%的海域超过了第三类标准；秋季，无机氮浓度符合第一类标准的占全海域面积的6.5%，符合第二类标准的占46.8%，符合第三类标准的占90.3%，有9.7%的海域超过了第三类标准。

（二）活性磷酸盐

春季大亚湾海水中活性磷酸盐浓度符合海水水质第一类标准的占全海域的72.6%，符合第二、三类标准占96.8%，有3.2%的海域超过了第四类标准；秋季，符合第一类标准的占全海域的93.5%，符合第二、三类标准为98.4%，有1.6%超过了第四类标准。大亚湾海水中活性磷酸盐浓度仅有少数海域超标较严重，大部分海域活性磷酸盐含量较低，符合第一类标准。

（三）悬浮物

大亚湾海水中悬浮物浓度全部符合海水水质第三类标准，春季有 6.5％的海域符合第一、二类标准，秋季有 17.7％的海域符合第一、二类标准。

（四）生化需氧量

大亚湾海水中生化需氧量浓度较低，春季海水中生化需氧量浓度符合第一类海水标准的占全海域面积的 71.0％，符合第二类标准的为 96.8％，全部符合第三类标准；秋季，符合第一类标准的占全海域面积的 90.3％，全部符合第二类标准。

（五）溶解氧

大亚湾海水中溶解氧含量春季符合海水水质第一类标准的占全海域面积的 66.1％，全部符合第二类标准；秋季符合第一类标准的占全海域面积的 53.2％，符合第二类标准的为 83.9％，有 8.1％超过了第三类标准。

（六）铅

大亚湾海水中铅浓度稍高，符合海水水质第一类标准的占全海域面积的 77.4％，符合第二类标准的为 98.3％，全部符合第三类标准。

（七）镉

大亚湾部分区域海水中镉浓度稍高，符合海水水质第一类标准的占全海域面积的 90.3％，全部符合第二类标准。

（八）锌

大亚湾部分区域海水中锌浓度稍高，符合海水水质第一类标准的占全海域面积的 88.7％，全部符合第二类标准。

（九）pH、化学需氧量、铜、砷和汞

大亚湾海水中 pH、化学需氧量、铜、砷和汞的浓度较低，全部符合海水水质第一类标准。

三、海水环境现状及趋势

大亚湾海水环境质量评价结果显示（表 4-4），海水中无机氮浓度较高，符合海水水

质第一类标准的区域仅占大亚湾面积的 6.5%，超过第三类标准的在 10% 左右；溶解氧和活性磷酸盐浓度稍高，大部分区域符合第一类标准，仅有 4% 左右的区域超第三类标准；悬浮物、生化需氧量、铅、锌和镉等都有部分区域超第一类标准，全部符合第三类标准；pH、化学需氧量、铜、砷和汞的含量较低，全部符合第一类标准。

表 4-4 大亚湾海水环境质量评价

项目		符合第一类标准（%）	符合第二类标准（%）	符合第三类标准（%）	符合第四类标准（%）
春季	pH	100	100	100	100
	DO	66.1	100	100	100
	COD	100	100	100	100
	BOD$_5$	71.0	96.8	100	100
	悬浮物	6.5	6.5	100	100
	无机氮	41.9	71.0	87.1	95.2
	活性磷酸盐	72.6	96.8	96.8	96.8
秋季	pH	100	100	100	100
	DO	53.2	83.9	91.9	98.4
	COD	100	100	100	100
	BOD$_5$	90.3	100	100	100
	悬浮物	17.7	17.7	100	100
	无机氮	6.5	46.8	90.3	95.2
	活性磷酸盐	93.5	98.4	98.4	98.4
铜		100	100	100	100
铅		77.4	98.3	100	100
砷		100	100	100	100
锌		88.7	100	100	100
镉		90.3	100	100	100
汞		100	100	100	100

20 世纪 80 年代大亚湾春、夏、秋和冬季海水平均温度分别为 22.71 ℃、27.95 ℃、26.69 ℃ 和 16.05 ℃，20 世纪 90 年代大亚湾春、夏、秋和冬季海水平均温度分别为 22.69 ℃、28.19 ℃、27.78 ℃ 和 18.60 ℃，21 世纪初大亚湾春、夏、秋和冬季海水平均

温度分别为 18.94 ℃、25.98 ℃、29.48 ℃和 19.81 ℃。可见近三四十年来大亚湾海域水温整体呈春季和夏季下降、秋季和冬季上升的趋势（图 4-2）。

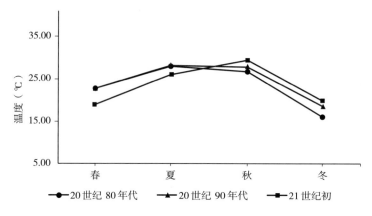

图 4-2 大亚湾海域海水温度变化趋势

20 世纪 80 年代和 20 世纪 90 年代数据来源于王友绍等的

《近 20 年来大亚湾生态环境的变化及其发展趋势》

20 世纪 80 年代大亚湾春、夏、秋和冬季海水溶解氧（DO）平均浓度分别为 7.68 mg/L、6.65 mg/L、6.80 mg/L 和 8.47 mg/L，20 世纪 90 年代大亚湾春、夏、秋和冬季海水溶解氧平均浓度分别为 7.64 mg/L、5.13 mg/L、6.49 mg/L 和 7.93 mg/L，21 世纪初大亚湾春、夏、秋和冬季海水溶解氧平均浓度分别为 7.73 mg/L、6.01 mg/L、6.12 mg/L 和 6.63 mg/L。可见 21 世纪初大亚湾春季海水溶解氧平均浓度与 20 世纪 80 年代和 20 世纪 90 年代接近，夏季溶解氧浓度介于 20 世纪 80 年代和 20 世纪 90 年代之间，秋季和冬季海水溶解氧浓度则明显低于后两者（图 4-3）。

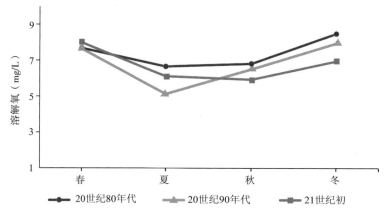

图 4-3 大亚湾海域海水溶解氧的变化趋势

20 世纪 80 年代和 20 世纪 90 年代数据来源于王友绍等的

《近 20 年来大亚湾生态环境的变化及其发展趋势》

20 世纪 80 年代大亚湾海水无机氮（DIN）平均浓度为 0.030 mg/L，20 世纪 90 年代大亚湾海水无机氮平均浓度为 0.059 mg/L，21 世纪初大亚湾海水无机氮平均浓度为 0.178 mg/L。可见从 20 世纪 80 年代至 20 世纪 90 年代，大亚湾海水无机氮浓度呈缓慢升高趋势，但随着大亚湾周围人口急剧增加、工农业开发活动的加强，20 世纪 90 年代以后大亚湾海水中无机氮浓度呈明显升高趋势（图 4 - 4）。

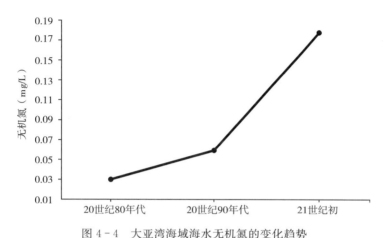

图 4 - 4 大亚湾海域海水无机氮的变化趋势

20 世纪 80 年代和 20 世纪 90 年代数据来源于王友绍等的

《近 20 年来大亚湾生态环境的变化及其发展趋势》

20 世纪 80 年代大亚湾海水活性磷酸盐平均浓度为 0.004 1 mg/L，20 世纪 90 年代大亚湾海水活性磷酸盐平均浓度为 0.014 8 mg/L，21 世纪初大亚湾海水活性磷酸盐平均浓度为 0.024 7 mg/L。从图 4 - 5 中可以看出大亚湾海水活性磷酸盐浓度呈显著的升高趋势（$y=0.010\ 3x-0.006\ 1$，$R^2=0.999\ 5$）。

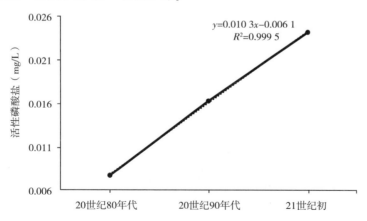

图 4 - 5 大亚湾海域海水活性磷酸盐的变化趋势

20 世纪 80 年代和 20 世纪 90 年代数据来源于王友绍等的

《近 20 年来大亚湾生态环境的变化及其发展趋势》

第三节　沉积环境质量

参考《海洋沉积物质量》（GB 18668—2002）标准对调查海域的沉积物质量现状进行评价（表 4-5）。

表 4-5　海洋沉积物质量

项目	第一类	第二类	第三类
有机碳（%）	≤2.0	≤3.0	≤4.0
石油类（mg/kg）	≤500	≤1 000	≤1 500
铜（mg/kg）	≤35.0	≤100.0	≤200.0
铅（mg/kg）	≤60.0	≤130.0	≤250.0
锌（mg/kg）	≤150.0	≤350.0	≤600.0
镉（mg/kg）	≤0.50	≤1.50	≤5.00
铬（mg/kg）	≤80.0	≤150.0	≤270.0
汞（mg/kg）	≤0.20	≤0.50	≤1.00
砷（mg/kg）	≤20.0	≤65.0	≤93.0

一、有机碳

大亚湾沉积物中有机碳含量范围为 0.5%～2.1%，平均值为 1.3%，依据《海洋沉积物质量》标准（表 4-5），除 S15 站位在 2008 年 4 月航次含量超出第一类标准、符合第二类标准外，其余各航次所有站点有机碳含量均符合第一类标准（图 4-6）。

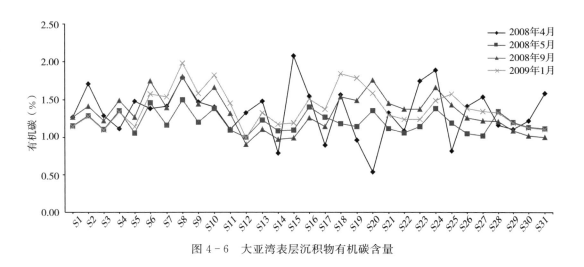

图4-6 大亚湾表层沉积物有机碳含量

二、石油类

表层沉积物石油类的含量变化范围为 3.5～228.0 mg/kg（干重），平均为 42.5 mg/kg（干重），最大值与最小值相差 224.5 mg/kg（干重）。依据《海洋沉积物质量》标准（表 4-5），调查海域表层沉积物石油类含量均低于第一类标准值。含量变化情况见图4-7。

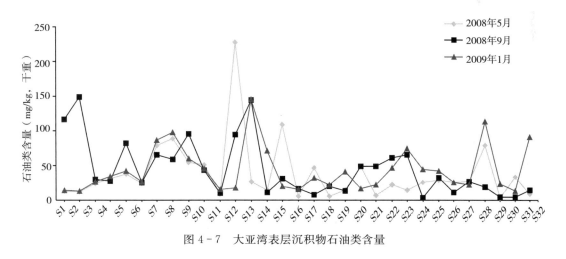

图4-7 大亚湾表层沉积物石油类含量

三、铜

表层沉积物铜的含量变化范围为 3.2～20.0 mg/kg（干重），平均为 7.0 mg/kg（干重），最大值与最小值相差 16.8 mg/kg（干重）。依据《海洋沉积物质量》标准（表

4-5），调查海域表层沉积物铜含量均低于第一类标准值。含量变化情况见图4-8。

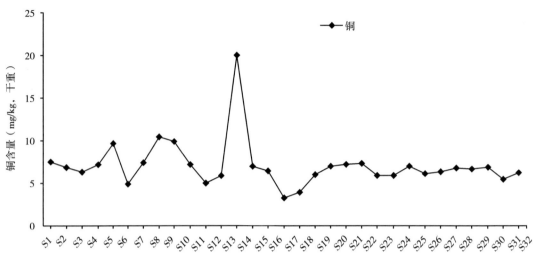

图4-8　大亚湾表层沉积物铜含量

四、铅

表层沉积物铅的含量变化范围为9.9～23.2 mg/kg（干重），平均为17.3 mg/kg（干重），最大值与最小值相差13.3 mg/kg（干重）。依据《海洋沉积物质量》标准（表4-5），调查海域表层沉积物铅含量均低于第一类标准值。含量变化情况见图4-9。

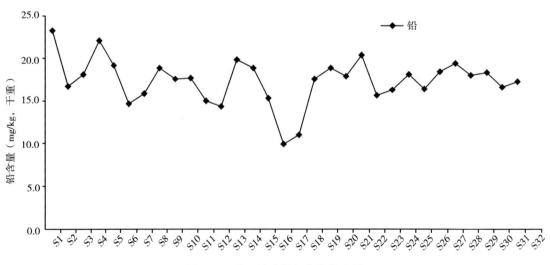

图4-9　大亚湾表层沉积物铅含量

五、锌

表层沉积物锌的含量变化范围为 22～96 mg/kg（干重），平均为 42 mg/kg（干重），最大值与最小值相差 74 mg/kg（干重）。依据《海洋沉积物质量》标准（表4-5），调查海域表层沉积物锌含量均低于第一类标准值。含量变化情况见图4-10。

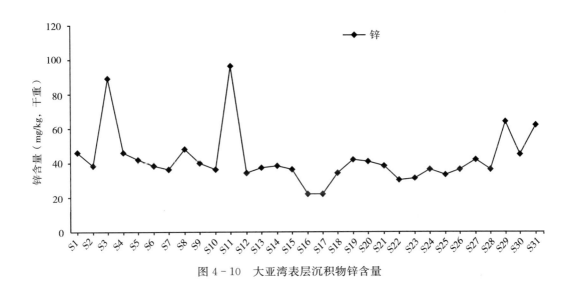

图4-10　大亚湾表层沉积物锌含量

六、镉

调查中大亚湾所设 31 个站位表层沉积物均未检出镉。

七、汞

表层沉积物汞的含量变化范围为 0.010～0.041 mg/kg（干重），平均为 0.022 mg/kg（干重），最大值与最小值相差 0.031 mg/kg（干重）。依据《海洋沉积物质量》标准（表4-5），调查海域表层沉积物汞含量均低于第一类标准值。含量变化情况见图4-11。

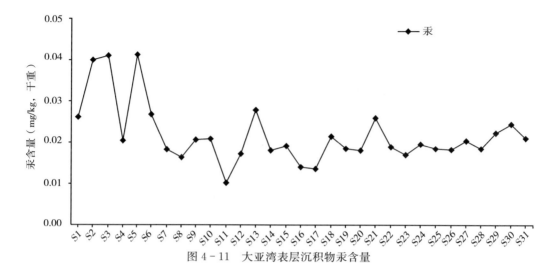

图 4-11　大亚湾表层沉积物汞含量

八、砷

表层沉积物砷的含量变化范围为 2.02～5.94 mg/kg（干重），平均为 3.02 mg/kg（干重），最大值与最小值相差 3.92 mg/kg（干重）。依据《海洋沉积物质量》标准（表 4-5），调查海域表层沉积物砷含量均低于第一类标准值。含量变化情况见图 4-12。

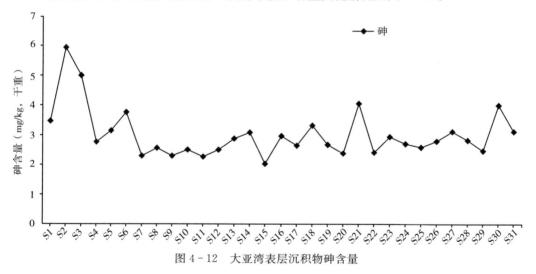

图 4-12　大亚湾表层沉积物砷含量

九、铬

表层沉积物铬的含量变化范围为 9.6～19.5 mg/kg（干重），平均为 12.1 mg/kg（干重），最大值与最小值相差 9.9 mg/kg（干重）。依据《海洋沉积物质量》标准（表 4-5），调查海域表层沉积物铬含量均低于第一类标准值。含量变化情况见图 4-13。

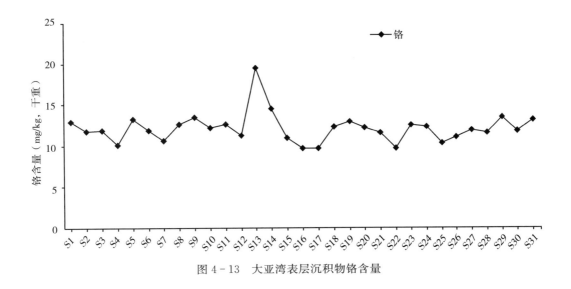

图 4-13 大亚湾表层沉积物铬含量

十、无机氮

表层沉积物无机氮的含量变化范围为 180.9～974.2 mg/kg（干重），平均为 401.5 mg/kg（干重），最大值与最小值相差 793.3 mg/kg（干重）。含量变化情况见图 4-14。

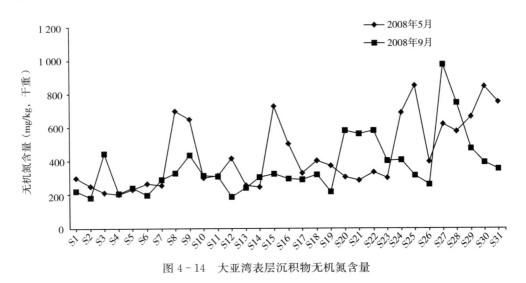

图 4-14 大亚湾表层沉积物无机氮含量

十一、活性磷酸盐

表层沉积物活性磷酸盐的含量变化范围为 148～606 mg/kg（干重），平均为 315 mg/kg（干重），最大值与最小值相差 458 mg/kg（干重）。含量变化情况见图 4-15。

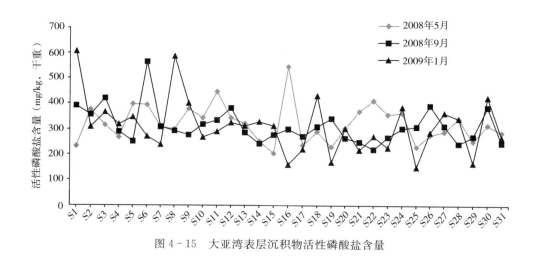

图 4-15 大亚湾表层沉积物活性磷酸盐含量

第四节 海洋生物体质量

海洋生物体中重金属，特别是汞、铅和镉等具有来源广、残留时间长、易积蓄、污染后不易被发现并且难以恢复等特征，对水生生物和人体健康有较大的负面影响，能在生物体内积累，干扰生物体内正常的生理代谢活动。海洋重金属污染给海洋生物带来极大的危险，对人类健康构成潜在的威胁。高浓度重金属阻碍鱼类生长和发育，致使鱼类、甲壳类体型减小，且重金属在海洋鱼类、贝类、甲壳类中蓄积，经食物链传递至人类后可能引发急慢性疾病。随着大亚湾沿海地区的经济发展，沿岸工业、交通及电力业日益迅速发展，势必给大亚湾环境质量和海洋生物带来一定影响。诸多学者对大亚湾海域环境中的重金属进行了研究，20 世纪 90 年代中期大亚湾海域海洋生物体中重金属含量较低，危害较轻微，但随着人口增加和经济发展，海洋污染日趋加剧。不同种类的生物体内同一种元素含量也存在一定差异，贝类、鱼类和甲壳类体内铅、镉、汞和砷平均含量的大小顺序分别为：

铅：贝类＞鱼类＞甲壳类；

镉：贝类＞甲壳类＞鱼类；

汞：甲壳类≥鱼类≥贝类；

砷：贝类＞甲壳类＞鱼类。

可以看出，汞在贝类、鱼类和甲壳类生物体内含量差异不大；铅、镉和砷 3 种元素以贝类的含量最高；镉和砷元素以贝类的含量最高，甲壳类次之，鱼类最低。

参照《海洋生物质量》标准，大亚湾海域所取牡蛎样品主要受到铜、铅、镉和锌的污染，其中，牡蛎样品中铜含量第一类标准的超标率为 100%，第二类标准的超标率为

91％，第三类标准的超标率为27.3％；牡蛎样品中铅含量第一类标准的超标率为100％，符合第二类标准；牡蛎样品中镉含量第一类标准的超标率为100％，符合第二类标准；牡蛎样品中锌含量第一类标准的超标率为100％，第二类标准的超标率为100％，第三类标准的超标率为27.3％；牡蛎样品中砷含量第一类标准的超标率为18.2％，符合第二类标准；汞、铬和砷等含量均低于第一类标准值。

一、大亚湾牡蛎生物体质量现状

1. 铜

在调查的监测站中，按照第一类海洋生物质量标准进行评价，则样品铜含量的超标率为100％。而参照第二类海洋生物质量标准进行评价，则样品铜含量的超标率为91％。仅有取自小桂的牡蛎体内铜含量未超标；参照第三类海洋生物质量标准进行评价，则样品铜含量的超标率为27.3％。取自宝塔洲、小三门和金门塘等3个地方的牡蛎体内铜含量超标（图4-16）。

2. 铅

在调查的监测站中，所有样品的铅含量均超过第一类海洋生物质量标准，超标率为100％。而参照第二类海洋生物质量标准进行评价，则所有样品的铅含量均低于标准值，没有出现超标现象（图4-17）。

3. 锌

在调查的监测站中，如果按照第一类海洋生物质量标准进行评价，则样品锌含量的超标率为100％；参照第二类海洋生物质量标准进行评价，样品锌含量的超标率为100％；参照第三类海洋生物质量标准进行评价，样品锌含量的超标率为27.3％，取自澳头港、小三门和金门塘的牡蛎体内锌含量超标（图4-18）。

4. 镉

在调查的监测站中，如果按照第一类海洋生物质量标准进行评价，则样品镉含量的超标率为100％。而参照第二类海洋生物质量标准进行评价，则所有样品的镉含量均低于标准值，没有出现超标现象（图4-19）。

5. 汞

在调查的监测站中，所有样品的汞含量均低于第一类海洋生物质量标准，没有出现超标现象（图4-20）。

6. 砷

在调查的监测站中，全部样品的砷含量均超过第一类海洋生物质量标准，超标率为18.2％，但参照第二类海洋生物质量标准进行评价，所有样品的砷含量均没有超标（图4-21）。

7. 铬

在调查的监测站中，所取牡蛎样品体内铬含量均低于海洋生物质量第一类标准值，未出现超标现象（图 4-22）。

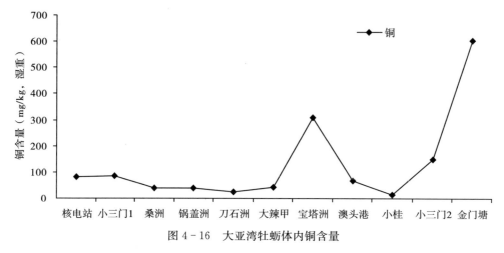

图 4-16　大亚湾牡蛎体内铜含量

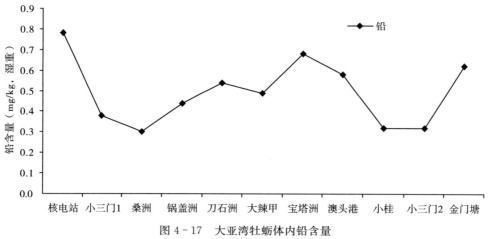

图 4-17　大亚湾牡蛎体内铅含量

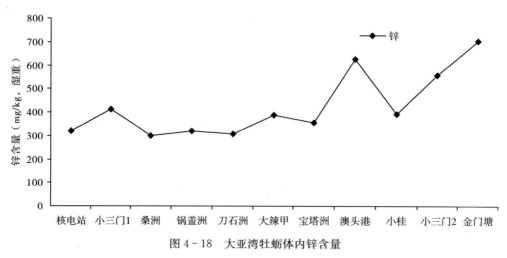

图 4-18　大亚湾牡蛎体内锌含量

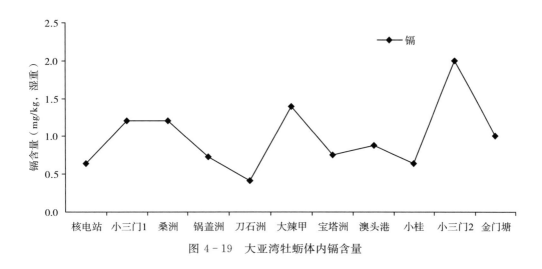

图 4 - 19 大亚湾牡蛎体内镉含量

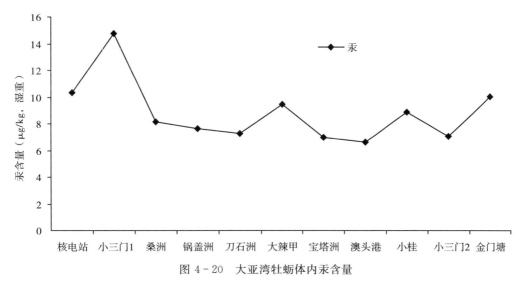

图 4 - 20 大亚湾牡蛎体内汞含量

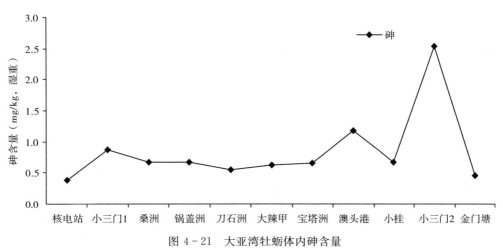

图 4 - 21 大亚湾牡蛎体内砷含量

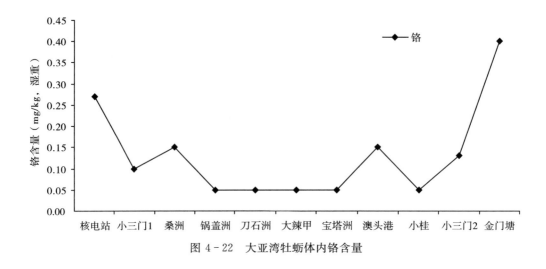

图 4 - 22　大亚湾牡蛎体内铬含量

二、大亚湾牡蛎生物质量变化趋势

1. 铜

1990—2012 年大亚湾牡蛎体内铜平均含量呈先升高再降低的变化趋势，其中 2001—2005 年牡蛎体内铜含量最高为 388.2 mg/kg（湿重），2006—2010 年牡蛎体内铜平均含量最低，为 49.4 mg/kg（湿重）。具体变化趋势见图 4 - 23。

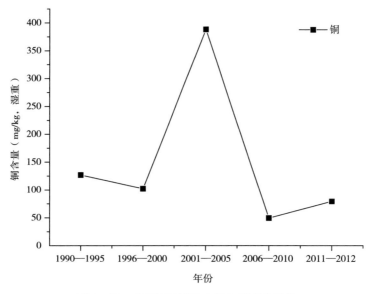

图 4 - 23　大亚湾牡蛎体内铜含量变化趋势

2. 铅

1990—2012 年大亚湾牡蛎体内铅平均含量呈先升高再降低的变化趋势，其中 2001—2005 年牡蛎体内铅含量最高为 1.13 mg/kg（湿重），之后牡蛎体内铅含量逐渐降低，2006—

2010 年牡蛎体内铅平均含量为 0.44 mg/kg（湿重），2011—2012 年最低为 0.22 mg/kg（湿重）。具体变化趋势见图 4 - 24。

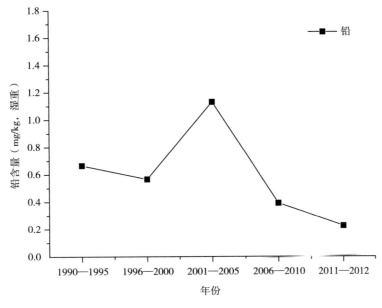

图 4 - 24 大亚湾牡蛎体内铅含量变化趋势

3. 锌

1990—2005 年大亚湾牡蛎体内锌平均含量变化不大，2006—2010 年呈明显升高趋势，含量为 358.5 mg/kg（湿重），之后牡蛎体内锌含量有所降低，2011—2012 年牡蛎体内锌平均含量为 217.7 mg/kg（湿重）。具体变化趋势见图 4 - 25。

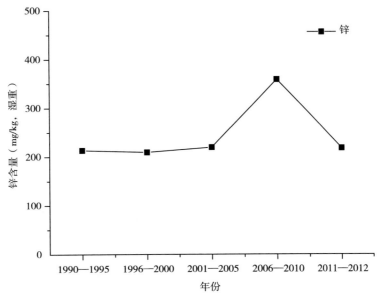

图 4 - 25 大亚湾牡蛎体内锌含量变化趋势

4. 镉

1990—2005 年大亚湾牡蛎体内镉平均含量呈明显下降趋势，从 1990—1995 年的 1.4 mg/kg（湿重）迅速降至 2001—2005 年的 0.41 mg/kg（湿重），之后牡蛎体内镉含量呈明显升高趋势，2011—2012 年牡蛎体内镉平均含量最高为 1.71 mg/kg（湿重）。具体变化趋势见图 4-26。

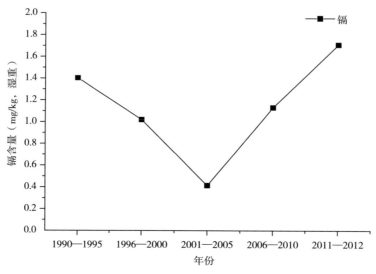

图 4-26　大亚湾牡蛎体内镉含量变化趋势

5. 铬

1996—2005 年大亚湾牡蛎体内铬平均含量呈升高趋势，其中 2001—2005 年牡蛎体内铬平均含量最高为 0.70 mg/kg（湿重）（1990—1995 年数据缺失），之后牡蛎体内铬含量呈明显降低趋势，2011—2012 年牡蛎体内铬平均含量最低为 0.24 mg/kg（湿重）。具体变化趋势见图 4-27。

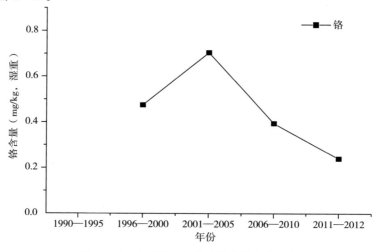

图 4-27　大亚湾牡蛎体内铬含量变化趋势

6. 汞

1990—2012 年大亚湾牡蛎体内汞平均含量呈明显下降趋势（1996—2000 年数据缺失），从 1990—1995 年的 0.027 mg/kg（湿重）迅速降至 2011—2012 年的 0.005 mg/kg（湿重）。具体变化趋势见图 4 - 28。

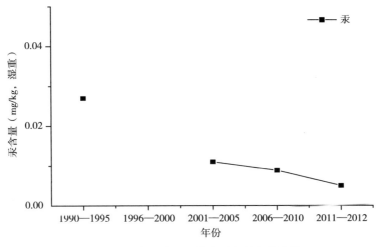

图 4 - 28 大亚湾牡蛎体内汞含量变化趋势

7. 砷

1990—2000 年大亚湾牡蛎体内砷平均含量呈明显升高趋势，从 1990—1995 年的 1.0 mg/kg（湿重）迅速增加至 1996—2000 年的 1.5 mg/kg（湿重），之后牡蛎体内砷含量呈明显下降趋势，2006—2010 年牡蛎体内含量迅速降至 0.27 mg/kg（湿重），2011—2012 年牡蛎体内砷平均含量为 0.33 mg/kg（湿重），呈轻微升高趋势。具体变化趋势见图 4 - 29。

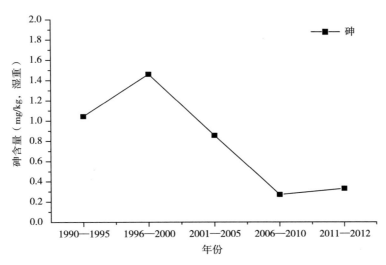

图 4 - 29 大亚湾牡蛎体内砷含量变化趋势

需要指出的是，在贝类和甲壳类生物体内铅总体显现出逐年减小的趋势，甲壳类生物体内镉含量2007—2010年4年间总体上显现出逐年增加趋势。海洋经济贝类是重要的海产资源，又是重要的海洋污染监测生物，也是海洋环境质量评价的非常重要的指示生物种。2007—2010年大亚湾海域贝类体内汞含量全部符合国家海洋生物质量第一类标准；镉和砷含量全部符合国家海洋生物质量第二类标准；2008—2010年所有检测贝类体内的铅含量全部符合国家海洋生物质量第二类标准，但2007年贝类体内铅的平均含量符合国家海洋生物质量第三类标准，两个样品中一个符合国家海洋生物质量第三类标准，另一个超过国家海洋生物质量第三类标准的0.45倍（超标率达50%）。与历史资料相比，大亚湾海洋生物质量基本处于较稳定状态，铅等个别指标较高可能与该海域重金属含量的背景值有关。大亚湾海域2007—2010年贝类、鱼类和甲壳类等海洋生物体内汞、铅、镉和砷的含量及质量变化趋势结果表明：2007—2010年贝类体内铅平均含量呈逐年递减趋势，汞呈稍微增加趋势；2008—2010年鱼类体内铅呈现递减趋势，甲壳类体内铅呈逐年递减趋势，而镉和砷呈现递增趋势。不同种类的生物体内同一种元素含量存在一定差异，贝类、鱼类和甲壳类体内铅、镉、汞和砷平均含量的高低顺序分别为：

铅：贝类＞鱼类＞甲壳类；

镉：贝类＞甲壳类＞鱼类；

汞：甲壳类≥鱼类≥贝类；

砷：贝类＞甲壳类＞鱼类。

这可能与各类生物的生活习性、生理特性以及生物蓄积金属的特定生理方式有关。经济价值较高的贝类体内铅、镉和砷含量相对于鱼类和甲壳类较高，应该引起关注。

第五章
大亚湾初级生产力特征及变化

第一节 初级生产力

一、叶绿素 a

1984—2015 年大亚湾海域水体叶绿素 a 含量的统计结果见表 5-1。历年来，大亚湾海域叶绿素 a 含量平均为 0.61~7.01 mg/m³，其中，以 2014 年 9 月最高，2008 年 9 月次之，2014 年 12 月最低，总体呈上升趋势，季节变幅增大。

大亚湾海域叶绿素 a 平均含量的季节变化总体呈秋季最高，冬季次之，春、夏季含量最低。

表 5-1 大亚湾海域叶绿素 a 和初级生产力（以 C 计）

调查时间	叶绿素 a 含量（mg/m³）		初级生产力 [mg/（m²·d）]		参考资料
	均值	范围	均值	范围	
1984—1985 年	1.76	0.18~6.95	—	40~1 450	国家海洋局第三海洋研究所，1990
1986—1987 年	1.70	0.22~5.29	—	—	徐恭昭等，1989
1992 年 3 月	2.67	1.54~4.09	420	99~500	中国水产科学研究院南海水产研究所内部资料
1992 年 8 月	4.30	1.69~16.9	537	288~1 310	中国水产科学研究院南海水产研究所内部资料
2001 年 11 月	1.53	0.61~3.11	306	191~435	中国水产科学研究院南海水产研究所内部资料
2003 年 12 月	3.36	1.17~5.12	401	190~704	中国水产科学研究院南海水产研究所内部资料
2004 年 3 月	1.68	0.57~3.47	224	65.9~334.4	中国水产科学研究院南海水产研究所内部资料
2004 年 5 月	1.67	0.65~2.98	264	132~458	中国水产科学研究院南海水产研究所内部资料
2004 年 9 月	2.36	0.36~4.78	328	77~369	中国水产科学研究院南海水产研究所内部资料
2004 年 12 月	1.73	0.74~3.29	248	104~374	中国水产科学研究院南海水产研究所内部资料
2005 年 3 月	3.49	0.70~6.57	525	124~839	中国水产科学研究院南海水产研究所内部资料
2005 年 5 月	2.45	1.21~5.24	426	209~797	中国水产科学研究院南海水产研究所内部资料
2008 年 3 月	0.92	0.32~2.61	120.18	31.6~256.5	中国水产科学研究院南海水产研究所内部资料

（续）

调查时间	叶绿素 a 含量（mg/m³）		初级生产力［mg/（m²·d）］		参考资料
	均值	范围	均值	范围	
2008 年 5 月	1.76	0.17～5.93	189.51	31.2～463.4	中国水产科学研究院南海水产研究所内部资料
2008 年 9 月	4.69	1.51～23.80	391.13	150.4～1 154	中国水产科学研究院南海水产研究所内部资料
2008 年 12 月	3.18	1.23～6.75	270.48	55.8～665.1	中国水产科学研究院南海水产研究所内部资料
2014 年 9 月	7.01	2.40～17.57	1 158.38	288.47～3 741.91	中国水产科学研究院南海水产研究所内部资料
2014 年 12 月	0.61	0.19～1.94	77.12	24.67～278.94	中国水产科学研究院南海水产研究所内部资料
2015 年 3 月	0.95	0.61～1.46	162.68	63.86～304.24	中国水产科学研究院南海水产研究所内部资料
2015 年 8 月	3.42	0.81～7.46	573.38	231.21～1 335.09	中国水产科学研究院南海水产研究所内部资料

二、初级生产力

由表 5-1 可知，1992—2015 年大亚湾海域初级生产力平均值变化范围为 77.12～1 158.38 mg/（m²·d），其中，以 2014 年 9 月最高，2015 年 8 月次之，2014 年 12 月最低，总体略有降低，但季节变幅明显增大。

初级生产力季节变化规律与叶绿素 a 含量略有不同，仍以秋季最高，其次为夏季和冬季，春季最低。

第二节　浮游植物

一、浮游植物种类组成

（一）种类组成现状

2006—2007 年，共鉴定浮游植物 207 种（含 10 个变种，5 个变型），包括硅藻门 43 属 161 种，甲藻门 8 属 35 种，蓝藻门 4 属 5 种，绿藻门 3 属 3 种，金藻门 2 属 2 种，裸藻门1属1种。

硅藻门和甲藻门占浮游植物种类组成的绝大多数，其中，硅藻占浮游植物总物种数的76.7%，甲藻占16.7%。硅藻门中角毛藻属种类最多，共36种；根管藻属次之，有19种；甲藻门中角藻属最多，有19种。四季硅藻门与甲藻门物种数的比值为2.86～6.58。在四季均出现的种类有28种，其中，硅藻20种，甲藻8种。

浮游植物物种组成季节变化明显（表5-2、图5-1）。秋季常见种类为硅藻门的柔弱菱形藻（*Nitzschia delicatissima*）、菱软几内亚藻（*Guinardia flaccida*）、拟弯角毛藻（*Chaetoceros pseudocurvisetus*）、菱形海线藻（*Thalassionema nitzschioides*）及蓝藻门的铁氏束毛藻（*Trichodesmium thiebautii*）。冬季旋链角毛藻（*Chaetoceros curvisetus*）、伏氏海毛藻（*Thalassiothrix frauenfeldii*）、菱软几内亚藻、笔尖形根管藻（*Rhizosolenia styliformis*）及角毛藻属（*Chaetoceros*）的其他一些种类占优势。春季随着温度的升高和降水量增加，某些近岸性浮游硅藻门种类大量繁殖，主要有细弱海链藻（*Thalassiosira subtilis*）、掌状冠盖藻（*Stephanopyxis palmeriana*）、拟弯角毛藻、菱软几内亚藻。夏季

表5-2 浮游植物种类组成

单位：种

季节	物种数	硅藻	甲藻	金藻	蓝藻	绿藻	裸藻
秋季	89	60	21	2	2	3	1
冬季	92	79	12	0	1	0	0
春季	106	91	15	0	0	0	0
夏季	108	87	18	1	2	0	0

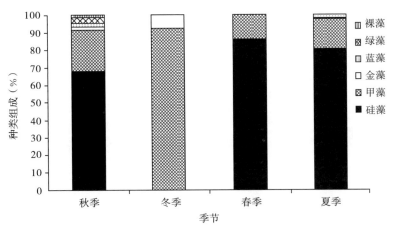

图5-1 2006—2007年浮游植物种类组成百分比

硅藻门种类及数量占绝对优势，主要有柔弱菱形藻、尖刺菱形藻（*Nitzschia pungens*）、变异辐杆藻（*Bacteriastrum varians*）、日本星杆藻（*Asterionella japonica*）等；同时甲藻门的叉角藻（*Ceratium furca*）和海洋多甲藻（*Peridinium oceanicum*）也很多。

总体而言，大亚湾浮游植物种类以沿岸暖水种为主，其次是广温种和外海种，沿岸暖水种尤其在春季和夏季居多，而外海种则主要出现在秋冬季节，呈现出典型的亚热带海域浮游植物群落结构的特征。

（二）种类演替

大亚湾浮游植物种类繁多，结合自 1991 年收集的历史资料及本研究的调查数据，共发现浮游植物 333 种，包括 26 个变种、6 个变型（图 5-2，表 5-3），分别隶属于 6 门 88 属，硅藻门 58 属 253 种，甲藻门 14 属 60 种，蓝藻门 8 属 11 种，金藻门 2 属 3 种，绿藻门 5 属 5 种，裸藻门 1 属 1 种。其中，硅藻门占 76.0%，甲藻占 18.0%。硅藻门中角毛藻属种类最多，有 53 种，圆筛藻属（*Coscinodiscus*）27 种，根管藻属（*Rhizosolenia*）25 种；甲藻门中角藻属（*Ceratium*）种类最多，有 29 种。

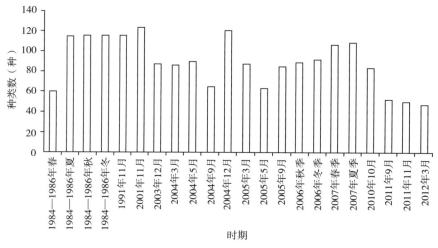

图 5-2　浮游植物种类数

表 5-3　大亚湾浮游植物种类名录

中文名	学名	1991 年	1992—1994 年	2001 年	2003—2005 年	2006—2007 年
硅藻门						
曲壳藻属一种	*Achnanthes* sp.		+		+	
爪哇曲壳藻	*A. javanica*			+		
短柄曲壳藻	*A. brevipes*		+	+	+	

（续）

中文名	学名	1991年	1992—1994年	2001年	2003—2005年	2006—2007年
华美辐裥藻	*Actinoptychus splendens*			+		
波状辐裥藻	*A. undulatus*				+	+
双眉藻属一种	*Amphora* sp.	+	+		+	+
狭窄双眉藻	*A. angusta*				+	
日本星杆藻	*Asterionella japonica*	+	+			
标志星杆藻	*A. notata*			+		
南方星纹藻	*Asterolampra marylandica*			+	+	+
奇异棍形藻	*Bacillaria paradoxa*				+	+
辐杆藻属种	*Bacteriastrum* sp.			+	+	
丛毛辐杆藻	*B. comosum*		+	+	+	
长辐杆藻	*B. elongatum*					+
透明辐杆藻	*B. hyalmum*	+	+	+	+	+
透明辐杆藻主型变种	*B. hyalinum* var. *princeps*		+		+	+
变异辐杆藻	*B. varians*	+	+	+	+	+
小辐藻	*B. minus*	+				
优美辐杆藻	*B. delicatulum*			+	+	+
锤状中鼓藻	*Bellerochea malleus*					+
活动盒形藻	*Biddulphia mobiliensis*	+	+	+	+	+
高盒形藻	*B. regia*	+	+			
菱状盒形藻	*B. rhombus*					+
中华盒形藻	*B. sinensis*	+	+	+	+	+
钝头盒形藻	*B. obtusa*			+	+	
长耳盒形藻	*B. aurita*			+		
紧密角管藻	*Cerataulina compacta*			+	+	
柏氏角管藻	*C. bergonii*	+	+	+	+	+
海洋角管藻	*C. pelagia*			+	+	+
角毛藻属一种	*Chaetoceros* sp.	+	+	+	+	+
异常角毛藻	*C. abnormis*	+	+		+	+

（续）

中文名	学名	1991 年	1992—1994 年	2001 年	2003—2005 年	2006—2007 年
窄隙角毛藻	C. affinis	+	+	+	+	+
窄隙角毛藻绕链变种	C. affinis var. circinalis	+	+			
窄隙角毛藻等角变种	C. affinis var. willei				+	+
大西洋角毛藻	C. atlanticus	+		+		+
大西洋角毛藻那不勒斯变种	C. atlanticus var. neapolitana			+		
大西洋角毛藻骨条变种	C. atlanticus var. skeleton				+	
北方角毛藻	C. borealis				+	+
短孢角毛藻	C. brevis		+		+	
卡氏角毛藻	C. castracanei				+	+
绕孢角毛藻	C. cinctus				+	+
密聚角毛藻	C. coarctatus	+	+	+	+	+
扁面角毛藻	C. compressus	+	+	+	+	+
缢缩角毛藻	C. constrictus	+	+			
扭角毛藻	C. convolutus				+	+
中肋角毛藻	C. costatus			+		+
发状角毛藻	C. crinitus	+	+		+	+
旋链角毛藻	C. curvisetus	+	+	+	+	+
丹麦角毛藻	C. danicus				+	+
柔弱角毛藻	C. debilis	+	+	+	+	+
并基角毛藻	C. decipiens	+	+	+	+	+
密连角毛藻	C. densus	+	+	+	+	+
齿角毛藻	C. denticulatus	+	+	+	+	+
齿角毛藻狭面变种	C. denticulatus var. angusta	+	+			
双叉角毛藻	C. dichaeta			+		
双突角毛藻	C. didymus	+	+	+	+	+
双突角毛藻隆起变型	C. didymus f. protubernas	+	+		+	
双突角毛藻英国变种	C. didymus var. anglica	+	+			
远距角毛藻	C. distans	+	+	+	+	+

（续）

中文名	学名	1991 年	1992—1994 年	2001 年	2003—2005 年	2006—2007 年
异角角毛藻	*C. diversus*	+	+	+	+	+
爱氏角毛藻	*C. eibenii*	+	+	+	+	+
印度角毛藻	*C. indicum*	+	+		+	+
垂缘角毛藻	*C. laciniosus*	+	+	+	+	
平滑角毛藻	*C. laevis*	+	+			
罗氏角毛藻	*C. lauderi*			+		+
洛氏角毛藻	*C. lorenzianus*	+	+	+		+
短刺角毛藻	*C. messanensis*			+		
日本角毛藻	*C. nipponica*					+
奇异角毛藻	*C. puradoxus*	+	+	+	+	+
海洋角毛藻	*C. pelagicus*	+	+	+	+	+
悬垂角毛藻	*C. pendulum*		+	+	+	
秘鲁角毛藻	*C. peruvianus*	+	+	+		+
拟弯角毛藻	*C. pseudocurvisetus*	+	+			+
根状角毛藻	*C. radicans*					+
嘴状角毛藻	*C. rostratus*	+	+			+
暹罗角毛藻	*C. siamense*	+	+		+	
相似角毛藻	*C. smilis*				+	
聚生角毛藻	*C. socialis*				+	
冕孢角毛藻	*C. subsecundus*	+	+	+	+	+
细弱角毛藻	*C. subtilis*		+		+	
圆柱角毛藻	*C. teres*	+	+			+
扭链角毛藻	*C. tortissiums*	+	+			+
范氏角毛藻	*C. vanheurcki*	+	+			
威氏角毛藻	*C. weissflogii*	+	+			
金色金盘藻	*Chrysanthemodiscus floriatus*		+			
佛朗梯形藻	*Climacodium frauenfeldianum*		+	+	+	+
双凹梯形藻	*C. biconcavum*			+	+	

（续）

中文名	学名	1991 年	1992—1994 年	2001 年	2003—2005 年	2006—2007 年
串珠梯楔藻	*Climacosphenia moniligera*		+	+	+	
卵形藻属一种	*Cocconeis* sp.	+		+	+	
小环毛藻	*Corethron hystrix*			+	+	
海洋环毛藻	*C. pelagicum*			+	+	+
圆筛藻属一种	*Coscinodiscus* sp.		+	+	+	+
非洲圆筛藻	*C. africanus*					+
善美圆筛藻	*C. agapetos*					+
狭线形圆筛藻	*C. anguste-lineatus*			+		
蛇目圆筛藻	*C. argus*	+	+	+	+	+
星脐圆筛藻	*C. asteromphalus*			+	+	+
有翼圆筛藻	*C. bipartitus*			+	+	+
中心圆筛藻	*C. centralls*	+	+	+	+	+
整齐圆筛藻	*C. concinnus*				+	+
细圆齿圆筛藻	*C. crenulatus*		+			
弓束圆筛藻	*C. curvatulus*			+		
多束圆筛藻	*C. divisus*		+			
离心列圆筛藻	*C. excentricus*				+	
巨圆筛藻	*C. gigas*	+	+	+	+	+
巨圆筛藻交织变种	*C. gigas* var. *praetexa*		+			
格氏圆筛藻	*C. granii*	+	+			
强氏圆筛藻	*C. jranischii*					+
琼氏圆筛藻	*C. jonesianus*		+		+	
琼氏圆筛藻变化变种	*C. jonesianus* var. *commutata*	+	+			
线形圆筛藻	*C. lineatus*			+		+
具边圆筛藻	*C. marginatus*				+	
小眼圆筛藻	*C. oculatus*			+		
虹彩圆筛藻	*C. oculus iridis*	+	+	+	+	+
孔圆筛藻	*C. perforatus*					+
辐射圆筛藻	*C. radiatus*	+		+	+	+
有棘圆筛藻	*C. spinosus*	+	+		+	+

（续）

中文名	学名	1991 年	1992—1994 年	2001 年	2003—2005 年	2006—2007 年
细弱圆筛藻	*C. subtilis*		+			
苏氏圆筛藻	*C. thorii*	+	+			
威氏圆筛藻	*C. wailesii*		+		+	
小环藻属一种	*Cyclotella* sp.	+		+	+	+
微小小环藻	*C. caspia*					+
桥弯藻属一种	*Cymbella* sp.			-	+	
新月细柱藻	*Cylindrotheca closterium*	+				
地中海指管藻	*Dactyliosolen mediterraneus*	+	+	+	+	+
短棘藻属一种	*Detonula* sp.		+	+	+	+
丝状短棘藻	*D. confervaceu*				+	
蜂腰双壁藻	*Diploneis bombus*				+	+
淡褐双壁藻	*D. fusca*				+	+
华丽双壁藻	*D. splendida*			+	+	+
布氏双尾藻	*Ditylum brightwellii*	+	+	+	+	+
太阳双尾藻	*D. sol*	+	+	+	+	+
短角弯角藻	*Eucampia zoodiacus*		+	+	+	+
浮动弯角藻	*E. zoodiacus*	+	+			
长角弯角藻	*E. cornuta*			+	+	+
脆杆藻属一种	*Fragilaria* sp.				+	
热带戈斯藻	*Gossleriella tropica*			+	+	
斑条藻属一种	*Grammatophora* sp.		+			
海生斑条藻	*G. marina*		+		+	
波状斑条藻	*G. undulata*					+
萎软几内亚藻	*Guinardia flaccida*	+	+	+	+	+
布纹藻属一种	*Gyrosigma* sp.	+	+	+	+	
波罗的海布纹藻	*G. balticum*	+		+	+	
波罗的海布纹藻中华变种	*G. balticum* var. *sinensis*	+				
柔弱布纹藻	*G. tenuissimum*		+			

（续）

中文名	学名	1991 年	1992—1994 年	2001 年	2003—2005 年	2006—2007 年
中国半管藻	Hemiaulus chinensis			+	+	
霍氏半管藻	H. hauckii	+	+	+	+	+
印度半管藻	H. indicus			+		+
薄壁半管藻	H. membranaceus			+	+	+
中华半管藻	H. sinensis			+	+	+
楔形半盘藻	Hemidiscus cuneiformis			+	+	+
哈德半盘藻	H. hardmanianus			+		+
北方老德藻	Lauderia borealis	+	+	+	+	+
丹麦细柱藻	Leplocylindrus danicus	+	+	+	+	+
楔形藻属一种	Licmophora sp.			+	+	
短纹楔形藻	L. abbreviata	+			+	
波状石丝藻	Lithodesmium undulatus					+
细尖胸隔藻	Mastogloia apiculata				+	
五肋胸隔藻	M. quinquecostata					+
直链藻属一种	Melosira sp.			+		
朱吉直链藻	M. juergensi			+		
念珠直链藻	M. moniiformis			+		+
拟货币直链藻	M. nummuloides			+	+	+
具槽直链藻	M. sulcata				+	+
舟形藻属一种	Navicula sp.		+	+	+	+
十字舟形藻	N. crucicula			+		
远距舟形藻	N. distans				+	
膜质舟形藻	N. membranacea			+		+
小舟形藻	N. subminuscula			+	+	
菱形藻属一种	Nitzschia sp.		+	+	+	
新月菱形藻	N. closterium			+	+	
小新月菱形藻	N. closterium f. minutssima			+		
缢缩菱形藻	N. constricta				+	

（续）

中文名	学名	1991 年	1992—1994 年	2001 年	2003—2005 年	2006—2007 年
柔弱菱形藻	*N. delicatissima*	+	+	+	+	+
簇生菱形藻	*N. fasciculata*				+	+
披针菱形藻	*N. lanceolata*					+
长菱形藻	*N. longissima*	+	+	+	+	+
长菱形藻中肋变种	*N. longissima* var. *costata*			+		
长菱形藻弯端变种	*N. longissima* var. *reversa*			+	+	+
洛伦菱形藻	*N. lorenziana*	+	+		+	+
舟形菱形藻	*N. navicularis*			+		
奇异菱形藻	*N. paradoxa*	+	+	+		
尖刺菱形藻	*N. pungens*	+	+	+	+	+
成列菱形藻	*N. seriata*	+	+	+	+	+
弯菱形藻	*N. sigma*			+		
三角褐指藻	*Phaeodactylum tricornutum*					+
羽纹藻属一种	*Pinnularia* sp.					+
近小头羽纹藻	*P. subcapitata*					+
美丽漂流藻	*Planktoniella formosa*					+
太阳漂流藻	*P. sol*			+	+	+
斜纹藻属一种	*Pleurosigma* sp.	+	+	+	+	
艾希斜纹藻	*P. aestuarii*			+	+	
宽角斜纹藻	*P. angulatum*		+			
宽角斜纹藻镰刀变种	*P. angulatum* var. *falcatum*		+			
柔弱斜纹藻	*P. delicatulum*					+
镰刀斜纹藻	*P. falx*		+		+	+
中型斜纹藻	*P. intermedium*			+		+
中型斜纹藻东山变种	*P. intermedium* var. *dongs-hanense*					+
大斜纹藻	*P. major*					+
舟形斜纹藻	*P. naviculaceum*		+	+		
诺马斜纹藻	*P. normanii*	+	+	+		+

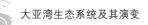

（续）

中文名	学名	1991年	1992—1994年	2001年	2003—2005年	2006—2007年
海洋斜纹藻	P. pelagicum			+	+	+
星形柄链藻	Podosira stelliger				+	
范氏圆箱藻	Pyxidicula weyprechtii			+		+
尖根管藻	Rhizosoleni acuminata			+	+	
翼根管藻	R. alata	+	+		+	+
翼根管藻弯喙变型	R. alata f. curvirostris				+	+
翼根管藻模式型	R. alata f. genuima	+	+			+
翼根管藻纤细变型	R. alata f. gracillina	+	+	+	+	+
翼根管藻印度变型	R. alata f. indica		+	+	+	+
伯氏根管藻	R. bergonii			+	+	+
距端根管藻	R. calcar-avis	+	+	+	+	+
卡氏根管藻	R. casttracanei			+	+	+
克氏根管藻	R. clevei	+				
厚刺根管藻	R. crassispina					+
圆柱根管藻	R. cylindrus			+	+	+
柔弱根管藻	R. delicatula				+	
脆根管藻	R. fragilissima	+	+	+	+	+
钝棘根管藻	R. hebetata				+	
钝棘根管藻半刺变型	R. hebetata f. semispina	+	+	+	+	+
透明根管藻	R. hyalina					+
覆瓦根管藻	R. imbricata	+		+		+
覆瓦根管藻细径变种	R. imbricata var. schrubsolei		+			
粗根管藻	R. robusta	+	+	+	+	+
刚毛根管藻	R. setigera	+	+	+	+	+
中华根管藻	R. sinensis			+		
斯氏根管藻	R. stolterfothii	+	+	+	+	+
笔尖形根管藻	R. styliformis	+	+	+	+	+
笔尖形根管藻粗径变种	R. styliformis var. latissima	+	+	+	+	+

（续）

中文名	学名	1991 年	1992—1994 年	2001 年	2003—2005 年	2006—2007 年
笔尖形根管藻长棘变种	*R. styliformis* var. *longispina*			+		
优美施罗藻	*Schroederella delicatula*				+	
中肋骨条藻	*Skeletonema costatum*	+	+	+	+	+
日本冠盖藻	*Stephanopyxis nipponica*			+		
掌状冠盖藻	*S. palmeriana*	+		+	+	+
塔形冠盖藻	*S. turris*			+	+	+
扭鞘藻	*Streptotheca tamesis*	+	+	+	+	+
双菱形藻属一种	*Surirella* sp.			+		
针杆藻属一种	*Synedra* sp.	+		+	+	+
华丽针杆藻	*S. formosa*				+	+
光辉针杆藻	*S. fulgens*					+
亨尼针杆藻	*S. hennedyana*	+				
菱形海线藻	*Thalassionema nitzschioides*	+	+	+		
密联海链藻	*Thalassiosira codensata*	+	+	+		
诺登海链藻	*T. nordenskioldii*				+	+
太平洋海链藻	*T. pacifica*			+	+	
圆海链藻	*T. rotula*				+	+
细弱海链藻	*T. subtilis*	+	+	+	+	+
柔弱海毛藻	*Thalassiothrix delicatula*			+		+
伏氏海毛藻	*T. frauenfeldii*	+	+	+	+	+
长海毛藻	*T. longissima*	+	+	+		
地中海海毛藻	*T. mediterranea*			+		
粗纹藻属一种	*Trachyneis* sp.	+				
三角藻属一种	*Triceratium* sp.					+
甲藻门						
链状亚历山大藻	*Alecandrium catenella*				+	
二齿双管藻	*Amphisolenia bidentala*				+	
尖角藻	*Ceratium belone*					+

（续）

中文名	学名	1991年	1992—1994年	2001年	2003—2005年	2006—2007年
短角角藻	C. breve		+	+	+	+
短角角藻弯曲变种	C. breve var. curvulum					+
短角角藻平行变种	C. breve var. parallelum	+		+		+
歧分角藻	C. carriense				+	
歧分角藻舞姿变种	C. carriense var. volans	+		+	+	
偏转角藻	C. deflexum	+		+	+	+
镰角藻	C. falcatum		+			
叉角藻	C. furca	+	+	+	+	+
叉角藻短角变种	C. furca var. eugrammum				+	+
纺锤角藻	C. fusus	+	+	+	+	+
纺锤角藻刚毛变种	C. fusus var. seta					+
纺锤角藻舒氏变种	C. fusus var. schuttii					+
瘤壁角藻	C. gibberum	+				+
低顶角藻	C. humile					+
膨角藻	C. inflatum			+	+	
科氏角藻	C. kofoidii				+	
长顶角藻	C. longirostrum	+	+			
长角角藻	C. longissimum				+	
大角角藻	C. macroceros	+	+	+	+	
大角角藻窄变种	C. macroceros var. gallicum	+				
马西里亚角藻	C. massiliense	+	+			+
柔软角藻	C. molle					+
五角角藻	C. pentagonum			+		
美丽角藻	C. pulchellum			+	+	
凹腹角藻	C. schmiti			+	+	
纤细角藻	C. tenue			+		+

（续）

中文名	学名	1991 年	1992—1994 年	2001 年	2003—2005 年	2006—2007 年
三叉角藻	*C. trichoceros*	+	+	+	+	+
三角角藻	*C. tripos*	+	+	+	+	+
兀鹰角藻	*C. vultur*				+	
具尾鳍藻	*Dinophysis caudata*	+	+	+	+	+
叉形鳍藻	*D. miles*			+		
圆形鳍藻	*D. rotundata*				+	
新月球甲藻	*Dissodinium lunula*			+	+	
多边五甲藻	*Goniodoma polyedricum*					+
裸甲藻属	*Gymnodinium* spp.				+	
夜光藻	*Noctiluca scintillans*	+	+	+	+	+
四叶鸟尾藻	*Ornithocercus steinii*				+	
多甲藻属一种	*Peridinium* sp.	+				
锥形多甲藻	*P. conicum*			+		
厚甲多甲藻	*P. crassipes*				+	+
扁平多甲藻	*P. depressum*	+	+	+		
叉分多甲藻	*P. divergens*			+		
大多甲藻	*P. grande*			+		
海洋多甲藻	*P. oceanicum*	+	+	+	+	+
平行多甲藻	*P. palletum*					+
光甲多甲藻	*P. pallidum*					+
五角多甲藻	*P. pentagonum*			+	+	+
斯氏多甲藻	*P. steinii*					+
单刺足甲藻	*Podolampas spinifera*			+		
反曲原甲藻	*Prorocentrum sigmoides*	+	+		+	+
闪光原甲藻	*P. micans*	+	+		+	+
犁甲藻属一种	*Pyrocystis* sp.			+		

（续）

中文名	学名	1991年	1992—1994年	2001年	2003—2005年	2006—2007年
纺锤犁甲藻	*P. fusiformis*			+		+
钩犁甲藻半圆变种	*P. hamulus* var. *semicircuralis*			+		
浅弧犁甲藻	*P. gerbautii*					+
拟夜光犁甲藻	*P. pseudonictiluca*			+		
钟扁甲藻	*Pyrophacus horolohicum*		+	+	+	+
金藻门						
小等刺硅鞭藻	*Dictyocha fibula*	+	+	+	+	+
六异刺硅鞭藻	*Distephanus speculum*			+	+	+
六异刺硅鞭藻八角变种	*D. speculum* var. *octonarium*				+	
绿藻门						
绿藻属一种	*Chlorophyta* sp.				+	
鼓藻属一种	*Cosmarium* sp.				+	+
直角十字藻	*Crucigenia rectangularis*				+	
四尾栅藻	*Scenedesmus quadricauda*				+	+
具刺双尾藻	*Schroederia setigera*				+	+
蓝藻门						
鱼腥藻属一种	*Anabaena* sp.				+	
针形蓝纤维藻	*Dactylococcopsis acicularis*				+	
博氏双须藻	*Dichothrix bornetiana*					+
颤藻属一种	*Oscillatoria* sp.			+	+	+
席藻属一种	*Phormidium* sp.					+
近膜质席藻	*P. submenbranaceum*	+	+	+		
螺旋藻属一种	*Spirulina* sp.	+	+	+		
集胞藻	*Synechocystis pevalekii*				+	
束毛藻属一种	*Trichodesmium* sp.	+	+			
红海束毛藻	*T. erythraeum*			+	+	+

（续）

中文名	学名	1991年	1992—1994年	2001年	2003—2005年	2006—2007年
铁氏束毛藻	*T. thiebautii*			+	+	+
裸藻门						
裸藻属	*Euglenales*					+

浮游植物种数本次调查结果与21世纪前5年的两次调查结果无明显差异，但与20世纪90年代初期调查结果相比，浮游植物种数、硅藻门种数、甲藻门种数均呈增加趋势，金藻门、蓝藻门、绿藻门种类数基本无变化（图5-3）。这主要表现在作为硅藻类主要类群的角毛藻属、根管藻属及圆筛藻属中的藻类种数无明显变化，但硅藻门中其他类群种类明显增多，并且甲藻门中角藻属种类及多甲藻属（*Peridinium*）较20世纪90年代也明显增加。

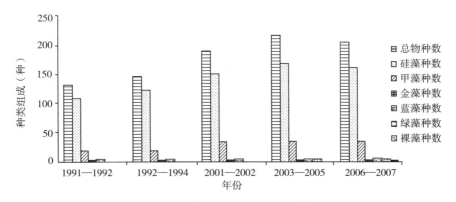

图5-3 不同年份浮游植物类群种数组成

根据20世纪80年代和21世纪初调查的历史资料，大亚湾浮游植物的种数为60～123种，年间存在较明显的波动，近十年来浮游植物种类数的波动幅度基本与历史资料相似（图5-2）。在20世纪90年代中常见的一些种类在最近的调查中很少出现，如硅藻门的双突角毛藻英国变种（*Chaetoceros didymus* var. *anglica*）、圆柱角毛藻（*Chaetoceros teres*）、威氏角毛藻（*Chaetoceros weissflogii*）、金色金盘藻（*Chrysanthemodiscus floriatus*）、细弱圆筛藻（*Coscinodiscus subtilis*）、新月细柱藻（*Cylindrotheca closterium*）、柔弱布纹藻（*Gyrosigma tenuissimum*）及亨尼针杆藻（*Synedra hennedyana*）；而有一些种类成为常见种，比如硅藻门的标志星杆藻（*Asterionella notata*）、南方星纹藻（*Asterolampra marylandica*）、紧密角管藻（*Cerataulina compacta*）、甲藻门的大角角藻（*Ceratium macroceros*）、三角角藻（*Ceratium tripos*）及原多甲藻属中的一些种类（*Proto-*

peridinium spp.）。然而季节间浮游植物种数的变动规律并不明确，只是冬季浮游植物种数相对较多。

此外，近年来随着沿岸经济发展，大亚湾水域污染有所加剧，水体富营养化日趋严重，赤潮的发生无论在种类上还是在数量上均较 20 世纪 90 年代有增加趋势。甲藻某些种类如夜光藻（*Notiluca scintillans*）、海洋多甲藻（*Peridinium oceanicum*）与蓝藻中的束毛藻（*Trichodesmium* sp.）在春夏之交或夏秋之交有时数量都相当丰富，甚至导致赤潮的发生。

二、优势种

（一）优势种现状

大亚湾浮游植物优势种具有明显的季节变化特征，主要以广温广盐种和广温近岸种为主，其中绝大多数为硅藻门种类，蓝藻门的铁氏束毛藻在某一阶段数量上占有优势，但并非全年的优势种（图 5-4，表 5-4）。

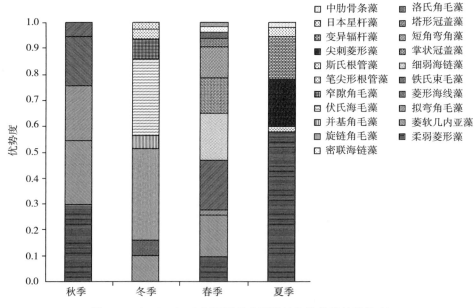

图 5-4　2006—2007 年不同季节浮游植物优势种的优势度

秋季柔弱菱形藻、菱软几内亚藻、拟弯角毛藻、菱形海线藻、铁氏束毛藻是优势种，但营养盐在夏季被浮游植物的大量繁殖而吸收，未能得到及时补充，浮游植物的数量减少。大亚湾秋季是东北季风和西南季风的更替期，并时有台风，南海外海水向近岸推进，并受粤东上升流的影响，一些外海种兼暖水种如铁氏束毛藻数量上升，成为优势种。这与孙翠慈的调查结果一致（孙翠慈 等，2006）。

冬季优势种以广温广布种如旋链角毛藻、伏氏海毛藻、斯氏根管藻（*Rhizosolenia stolterfothii*）及笔尖形根管藻、萎软几内亚藻为主。冬季大亚湾低温高盐，因此适应这种条件的浮游植物占优势。虽然旋链角毛藻、伏氏海毛藻数量占优势，但笔尖形根管藻、萎软几内亚藻体积大，生物量高，所以对整个浮游植物的碳库影响较大。

春季由于适宜的水温（20.5～26 ℃）和雨季里入湾营养盐含量的增加，使得近岸种如拟弯角毛藻、洛氏角毛藻（*Chaetoceros lorenzianus*）、萎软几内亚藻、细弱海链藻、掌状冠盖藻、短角弯角藻（*Eucampia zoodiacus*）和塔形冠盖藻（*Stephanopyxis turris*）大量繁殖，成为优势种。

夏季近岸种柔弱菱形藻、尖刺菱形藻、变异辐杆藻、日本星杆藻和中肋骨条藻等为优势种（表5-4）。夏季水温最高（26.5～31.5 ℃），盐度（27.5～30.5）低于其他季节，因此浮游植物以高温和低盐适应能力较强的种类占优势。

表5-4 1991—2007年大亚湾优势种

年份和季节	优势种	优势度	平均丰度（个/m³）	占细胞总丰度百分比（%）
1991年春季	发状角毛藻	0.124	9.57×10^5	37.06
	窄隙角毛藻	0.142	4.13×10^5	15.98
	并基角毛藻	0.075	2.89×10^5	11.18
	扁面角毛藻	0.064	2.11×10^5	8.17
	旋链角毛藻	0.018	7.00×10^4	2.71
	洛氏角毛藻	0.018	6.89×10^4	2.67
	成列菱形藻	0.016	5.36×10^4	2.08
1991年夏季	柔弱菱形藻	0.131	5.99×10^4	26.16
	中肋骨条藻	0.152	3.97×10^4	17.35
	成列菱形藻	0.109	2.51×10^4	10.95
	菱形海线藻	0.074	1.70×10^4	7.42
	窄隙角毛藻	0.048	1.47×10^4	6.42
	丹麦细柱藻	0.052	1.19×10^4	5.22
	洛氏角毛藻	0.2	0.89×10^4	3.91
	变异辐杆藻	0.032	0.83×10^4	3.61
	奇异角毛藻	0.023	0.60×10^4	2.61

（续）

年份和季节	优势种	优势度	平均丰度（个/m³）	占细胞总丰度百分比（%）
1991年秋季	窄隙角毛藻	0.448	6.39×10⁶	44.76
	扁面角毛藻	0.017	4.93×10⁵	3.45
	垂缘角毛藻	0.019	5.41×10⁵	3.79
	菱形海线藻	0.293	4.19×10⁶	29.35
1991年冬季	翼根管藻纤细变型	0.113	5.86×10⁴	25.36
	中肋骨条藻	0.081	4.22×10⁴	18.29
	窄隙角毛藻	0.045	2.32×10⁴	10.07
	圆柱角毛藻	0.042	2.19×10⁴	9.46
	旋链角毛藻	0.299	1.55×10⁴	6.73
	爱氏角毛藻	0.018	0.94×10⁴	4.07
1992年春季	并基角毛藻	0.187	8.32×10⁵	24.01
	窄隙角毛藻	0.212	8.27×10⁴	23.88
	翼根管藻纤细变型	0.226	7.83×10⁵	22.60
	洛氏角毛藻	0.058	2.26×10⁵	6.53
	柔弱菱形藻	0.028	1.72×10⁵	4.95
1992年夏季	变异辐杆藻	0.271	9.44×10⁴	27.09
	窄隙角毛藻	0.152	5.88×10⁴	16.89
	奇异角毛藻	0.076	3.29×10⁴	9.45
	双突角毛藻英国变种	0.016	1.89×10⁴	5.42
	菱形海线藻	0.034	1.32×10⁴	3.80
1992年秋季	菱形海线藻	0.288	1.06×10⁵	28.78
	短柄曲壳藻	0.037	6.76×10⁴	18.43
	异角角毛藻	0.026	2.35×10⁴	6.42
	中肋骨条藻	0.022	2.00×10⁴	5.47
	洛氏角毛藻	0.051	1.88×10⁴	5.13
	伏氏海毛藻	0.041	1.88×10⁴	5.12
	窄隙角毛藻	0.032	1.47×10⁴	4.02
	北方劳德藻	0.019	0.89×10⁴	2.49
	变异辐杆藻	0.015	0.70×10⁴	1.91

（续）

年份和季节	优势种	优势度	平均丰度（个/m³）	占细胞总丰度百分比（%）
1992年冬季	翼根管藻纤细变型	0.604	3.17×10^4	77.63
	掌状冠盖藻	0.038	1.76×10^4	4.31
	并基角毛藻	0.025	1.16×10^4	2.83
1993年春季	发状角毛藻	0.473	1.55×10^6	47.29
	变异辐杆藻	0.103	3.77×10^4	11.49
	距端根管藻	0.076	2.48×10^5	7.56
	窄隙角毛藻	0.022	1.82×10^4	5.56
	暹罗角毛藻	0.026	1.71×10^5	5.22
	尖刺菱形藻	0.025	1.19×10^4	3.62
	柔弱菱形藻	0.02	9.17×10^4	2.79
	爱氏角毛藻	0.019	8.16×10^4	2.48
	笔尖形根管藻	0.023	7.51×10^4	2.29
1993年夏季	窄隙角毛藻	0.209	7.64×10^6	29.10
	中肋骨条藻	0.197	1.64×10^4	28.16
	菱形海线藻	0.159	1.03×10^4	17.73
	洛氏角毛藻	0.15	0.88×10^4	15.02
	柔弱菱形藻	0.052	0.51×10^4	8.69
	成列菱形藻	0.03	0.35×10^4	5.95
	变异辐杆藻	0.024	0.24×10^4	4.08
	覆瓦根管藻	0.04	0.23×10^4	4.00
1993年秋季	奇异角毛藻	0.073	3.35×10^6	10.93
	冕孢角毛藻	0.023	2.6×10^6	6.96
	菱形海线藻	0.258	7.63×10^6	38.76
	扁面角毛藻	0.041	1.46×10^6	5.81
	远距角毛藻	0.035	1.61×10^6	3.92
1993年冬季	旋链角毛藻	0.086	2.22×10^5	1.23
	柔弱角毛藻	0.104	4.02×10^5	48.72
	密连角毛藻	0.03	7.79×10^4	4.54
	翼根管藻纤细变型	0.194	3.34×10^6	6.15
	浮动弯角藻	0.075	2.31×10^5	3.59

（续）

年份和季节	优势种	优势度	平均丰度（个/m³）	占细胞总丰度百分比（%）
1994年春季	窄隙角毛藻	0.132	7.90×10^5	19.83
	窄隙角毛藻绕链变种	0.116	1.04×10^6	26.09
	奇异角毛藻	0.022	3.90×10^5	9.79
	冕孢角毛藻	0.066	5.94×10^5	14.91
	翼根管藻纤细变型	0.199	7.93×10^5	19.89
2001年冬季	红海束毛藻	0.134	7.47×10^4	14.36
	铁氏束毛藻	0.101	5.28×10^4	10.15
	拟货币直链藻	0.093	5.17×10^4	9.92
	掌状冠盖藻	0.081	4.52×10^4	8.68
	小环毛藻	0.057	3.73×10^4	7.17
	海洋环毛藻	0.037	1.90×10^4	3.65
	中肋骨条藻	0.033	1.74×10^4	3.35
	丛毛辐杆藻	0.03	1.65×10^4	3.16
	透明辐杆藻	0.027	1.42×10^4	2.73
	变异辐杆藻	0.258	1.34×10^4	2.58
	密联海链藻	0.02	1.29×10^4	2.48
	太平洋海链藻	0.017	1.04×10^4	1.99
	细弱海链藻	0.016	0.82×10^4	1.58
2002年春季	中肋骨条藻	0.091	9.25×10^6	9.10
	细弱海链藻	0.611	6.21×10^7	61.09
	中肋角毛藻	0.023	2.56×10^6	2.52
	旋链角毛藻	0.048	4.92×10^6	4.84
	洛氏角毛藻	0.029	3.19×10^6	3.14
	伏氏海毛藻	0.018	1.80×10^6	1.78
	菱形海线藻	0.054	5.46×10^6	5.38
2003年冬季	透明辐杆藻	0.043	2.14×10^4	4.27
	细弱海链藻	0.015	1.55×10^4	3.08
	旋链角毛藻	0.015 1	7.57×10^4	15.06
	洛氏角毛藻	0.018	1.29×10^4	2.57
	伏氏海毛藻	0.026 9	1.35×10^5	26.92
	菱形海线藻	0.219	1.10×10^5	21.95
	尖刺菱形藻	0.039	2.18×10^4	4.33

（续）

年份和季节	优势种	优势度	平均丰度（个/m³）	占细胞总丰度百分比（%）
2004 年春季	洛氏角毛藻	0.018	0.78×10^4	5.61
	翼根管藻	0.643	2.25×10^5	7.65
	长菱形藻弯端变种	0.041	1.59×10^4	5.17
	奇异棍形藻	0.028	1.81×10^4	4.56
2004 年夏季	洛氏角毛藻	0.161	8.40×10^4	25.32
	菱形海线藻	0.099	6.05×10^4	18.23
	紧密角管藻	0.119	4.36×10^4	13.14
	远距角毛藻	0.032	2.88×10^4	8.69
	中华盒形藻	0.045	1.50×10^4	4.52
	中肋骨条藻	0.026	1.33×10^4	4.02
	笔尖形根管藻	0.025	0.83×10^4	2.51
2004 年秋季	中肋骨条藻	0.546	1.11×10^6	85.72
	反曲原甲藻	0.018	2.83×10^4	2.19
2004 年冬季	变异辐杆藻	0.071	1.38×10^6	7.11
	扁面角毛藻	0.066	1.29×10^6	6.64
	窄隙角毛藻	0.057	1.12×10^6	5.75
	洛氏角毛藻	0.056	1.12×10^6	5.75
	中肋骨条藻	0.02	6.45×10^5	3.32
	卡氏角毛藻	0.023	5.68×10^5	2.92
	双突角毛藻	0.02	5.67×10^5	2.92
	印度角毛藻	0.019	5.48×10^5	2.82
	笔尖形根管藻	0.027	5.33×10^5	2.74
	尖刺菱形藻	0.024	5.28×10^5	2.72
	柔弱菱形藻	0.018	4.89×10^5	2.52
	翼根管藻纤细变型	0.022	4.28×10^5	2.20
	菱软几内亚藻	0.017	3.60×10^5	1.85
2005 年春季	爱氏角毛藻	0.516	3.30×10^7	51.64
	柏氏角管藻	0.35	2.24×10^7	35.04
	北方角毛藻	0.051	3.24×10^6	5.07
	北方劳德藻	0.032	2.26×10^6	3.53

（续）

年份和季节	优势种	优势度	平均丰度（个/m³）	占细胞总丰度百分比（%）
2005 年夏季	翼根管藻纤细变型	0.545	$3.05×10^7$	54.52
	柔弱菱形藻	0.178	$9.94×10^6$	17.78
	尖刺菱形藻	0.142	$7.93×10^6$	14.18
	翼根管藻	0.109	$6.15×10^6$	10.99
2005 年秋季	菱形海线藻	0.309	$2.36×10^6$	30.90
	尖刺菱形藻	0.256	$1.95×10^6$	25.56
	柔弱菱形藻	0.071	$8.49×10^5$	11.11
	变异辐杆藻	0.102	$7.79×10^5$	10.20
	窄隙角毛藻	0.094	$7.15×10^5$	9.36
	叉角藻	0.016	$1.21×10^5$	2.00
	扁面角毛藻	0.016	$1.31×10^5$	1.71
2006 年秋季	柔弱菱形藻	0.217	$7.51×10^4$	27.13
	拟弯角毛藻	0.156	$6.16×10^4$	22.24
	萎软几内亚藻	0.182	$5.05×10^4$	18.24
	菱形海线藻	0.141	$3.90×10^4$	14.09
	铁氏束毛藻	0.039	$1.36×10^4$	4.92
2006 年冬季	旋链角毛藻	0.199	$2.86×10^5$	26.48
	伏氏海毛藻	0.166	$2.39×10^5$	22.15
	窄隙角毛藻	0.044	$7.14×10^4$	6.61
	洛氏角毛藻	0.034	$6.25×10^4$	6.00
	萎软几内亚藻	0.056	$6.10×10^4$	5.65
	并基角毛藻	0.03	$4.31×10^4$	4.00
	笔尖形根管藻	0.022	$2.57×10^4$	2.38
	斯氏根管藻	0.015	$2.16×10^4$	2.00
2007 年春季	细弱海链藻	0.155	$6.77×10^5$	15.51
	掌状冠盖藻	0.149	$6.49×10^5$	14.87
	拟弯角毛藻	0.133	$5.82×10^5$	13.34
	短角弯角藻	0.111	$5.45×10^5$	12.49
	塔形冠盖藻	0.098	$4.28×10^5$	9.82
	萎软几内亚藻	0.078	$3.81×10^5$	8.74
	洛氏角毛藻	0.03	$1.45×10^5$	3.33
	旋链角毛藻	0.016	$10.44×10^4$	2.39
	密联海链藻	0.018	$9.96×10^4$	2.28
	菱形海线藻	0.017	$9.28×10^4$	2.13
	并基角毛藻	0.015	$7.57×10^4$	1.73

（续）

年份和季节	优势种	优势度	平均丰度（个/m³）	占细胞总丰度百分比（%）
2007年夏季	柔弱菱形藻	0.514	3.64×10^7	51.44
	尖刺菱形藻	0.163	1.15×10^7	16.29
	变异辐杆藻	0.147	1.04×10^7	14.70
	日本星杆藻	0.031	3.26×10^6	4.61
	中肋骨条藻	0.018	1.55×10^6	2.19
	笔尖形根管藻	0.019	1.37×10^6	1.94

（二）优势种演替

大亚湾浮游植物优势种在不同年份、不同季节有交叉又有演替。尖刺菱形藻、菱形海线藻、中肋骨条藻、扁面角毛藻、旋链角毛藻、细弱海链藻、变异辐杆藻、柔弱菱形藻、窄隙角毛藻、洛氏角毛藻、拟弯角毛藻、伏氏海毛藻、翼根管藻纤细变型、笔尖形根管藻、翼根管藻、萎软几内亚藻、长菱形藻弯端变种、掌状冠盖藻和叉角藻是大亚湾常见的优势种，在近30年间反复成为大亚湾的优势种。其中尖刺菱形藻、菱形海线藻和中肋骨条藻是大亚湾最重要的优势种，在50%以上的调查中占据优势地位。其次是扁面角毛藻、旋链角毛藻、细弱海链藻、变异辐杆藻、柔弱菱形藻、窄隙角毛藻，则在约25%的调查中占据优势地位。此外，并基角毛藻、聚生角毛藻、密聚角毛藻、柔弱角毛藻、柏氏角管藻、紧密角管藻、海生斑条藻、霍氏半管藻、日本星杆藻、透明辐杆藻、中华盒形藻、纺锤角藻、三叉角藻、三角角藻、扁平多甲藻、海洋多甲藻、反曲原甲藻、具尾鳍藻和铁氏束毛藻等也都成为过大亚湾浮游植物的优势种。

在20世纪80—90年代的调查中，浮游植物优势种几乎全部为硅藻门优势种，以角毛藻属种类、翼根管藻纤细变型、尖刺菱形藻、菱形海线藻和中肋骨条藻等种类具有显著优势，这些种类仍然是目前大亚湾最重要的优势种。然而该时期出现的异角角毛藻、圆柱角毛藻、双突角毛藻英国变种、短柄曲壳藻、短角弯角藻等优势种在21世纪则较少占据优势地位。目前大亚湾浮游植物的硅藻门优势种更加多样，并且出现了一些甲藻门优势种，蓝藻门束毛藻属在个别调查航次中也占据较高比例。因此，大亚湾浮游植物优势种在近30年中没有发生根本的变化，但其优势种的组成更加复杂，尤其是近10年来个别调查航次出现的甲藻门和蓝藻门优势地位的上升，值得我们进一步关注大亚湾浮游植物群落的变动规律（表5-5）。

表 5-5　大亚湾浮游植物优势种

时间	优势种
1984—1986 年春	翼根管藻纤细变型
1984—1986 年夏	扁面角毛藻、窄细角毛藻、尖刺菱形藻、中肋骨条藻
1984—1986 年秋	异角角毛藻、尖刺菱形藻、中肋骨条藻、菱形海线藻、伏氏海毛藻
1984—1986 年冬	翼根管藻纤细变型、拟弯角毛藻、扁面角毛藻
1991 年 11 月	中肋骨条藻、菱形海线藻、掌状冠盖藻、细弱海链藻
2001 年 11 月	细弱海链藻、中肋骨条藻、菱形海线藻、旋链角毛藻
2003 年 12 月	伏氏海毛藻、菱形海线藻、旋链角毛藻、中肋骨条藻
2004 年 3 月	翼根管藻、旋链角毛藻、颤藻、密聚角毛藻、长菱形藻弯端变种
2004 年 5 月	紧密角管藻、洛氏角毛藻、海生斑条藻、菱形海线藻、中华盒形藻、细弱海链藻
2004 年 9 月	中肋骨条藻、长菱形藻弯端变种、三叉角藻、具尾鳍藻、扁平多甲藻、反曲原甲藻
2004 年 12 月	变异辐杆藻、扁面角毛藻、洛氏角毛藻、窄隙角毛藻、笔尖形根管藻、尖刺菱形藻
2005 年 3 月	柔弱角毛藻、旋链角毛藻、尖刺菱形藻、中肋骨条藻、扁面角毛藻、聚生角毛藻
2005 年 5 月	翼根管藻纤细变型、尖刺菱形藻、翼根管藻、柔弱菱形藻、细弱海链藻
2005 年 9 月	菱形海线藻、叉角藻、变异辐杆藻、窄隙角毛藻、尖刺菱形藻、柔弱菱形藻、扁面角毛藻
2006 年秋	柔弱菱形藻、萎软几内亚藻、拟弯角毛藻、菱形海线藻、铁氏束毛藻
2006 年冬	旋链角毛藻、伏氏海毛藻、萎软几内亚藻、笔尖形根管藻
2007 年春	细弱海链藻、掌状冠盖藻、拟弯角毛藻、萎软几内亚藻
2007 年夏	柔弱菱形藻、尖刺菱形藻、变异辐杆藻、日本星杆藻、叉角藻、海洋多甲藻
2010 年 10 月	窄隙角毛藻、并基角毛藻、尖刺菱形藻、中肋骨条藻、菱形海线藻、透明辐杆藻、柏氏角管藻、变异辐杆藻、笔尖形根管藻、洛氏角毛藻
2011 年 9 月	霍氏半管藻、尖刺菱形藻
2011 年 11 月	尖刺菱形藻、菱形海线藻
2012 年 3 月	尖刺菱形藻、菱形海线藻、纺锤角藻、三角角藻

三、浮游植物细胞丰度

(一) 浮游植物细胞丰度现状

2006—2007 年调查结果表明，大亚湾浮游植物细胞年平均丰度为 3.38×10^8 个/m³，

夏季最高达到 1.27×10^9 个/m³，春季最低，为 1.30×10^7 个/m³。从图 5-5 可以看出，硅藻全年丰度范围为 $5.48\times10^5\sim5.99\times10^8$ 个/m³，平均为 1.82×10^7 个/m³。硅藻在丰度上占绝对优势，但在春季硅藻丰度较低，平均为 1.9×10^6 个/m³，仅占总丰度的 83.6%，而其他季节在 90% 以上；夏季最高，平均为 5.98×10^7 个/m³，占总丰度的 96.7%。从图 5-6 可以得知，甲藻全年丰度范围为 $3.03\times10^3\sim9.53\times10^5$ 个/m³，平均 1.12×10^4 个/m³。甲藻在秋季丰度最高，冬季最低，分别为 2.00×10^6 个/m³ 和 1.24×10^5 个/m³。同时，在秋季蓝藻门中的铁氏束毛藻和红海束毛藻丰度增加，这可能与外海水的入侵有关。

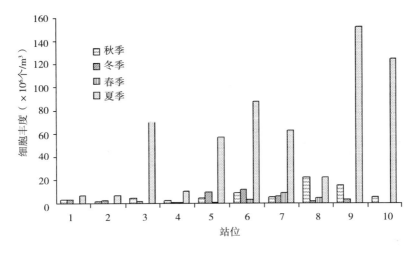

图 5-5　硅藻不同站位 4 个季节的细胞丰度

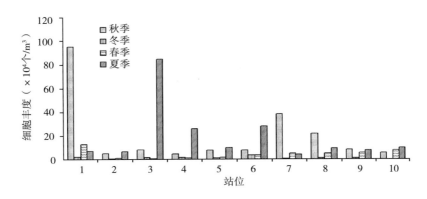

图 5-6　甲藻不同站位 4 个季节的细胞丰度

从图 5-7 可以看出，湾顶的核电站附近（1 号站）、湾中的中央列岛周围地区及东南部靠近湾口海区（10 号站）3 个地区的浮游植物细胞丰度较高，其中中央列岛西南部的哑铃湾口处的 8 号站浮游植物细胞丰度最大，冬季和夏季分别为 1.25×10^8 个/m³ 和 1.15×10^7 个/m³。

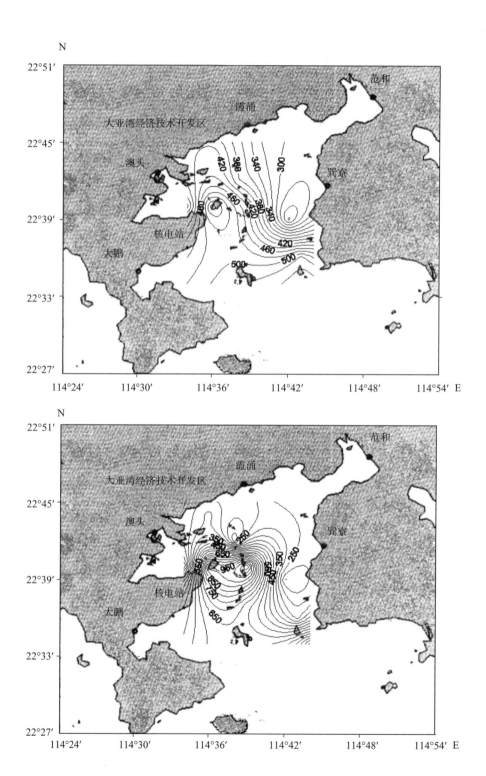

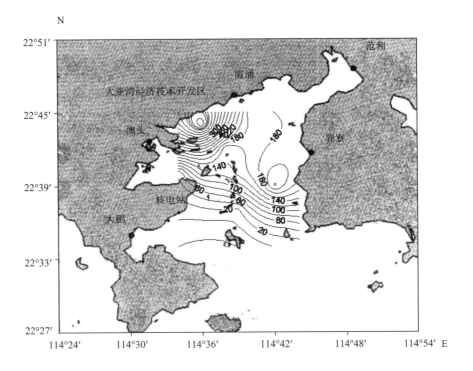

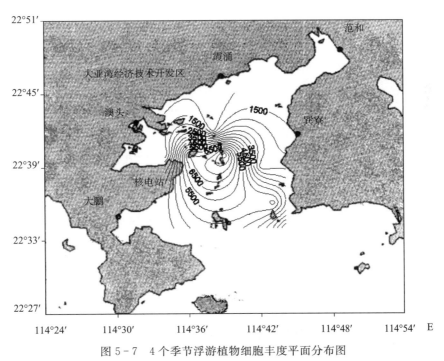

图 5-7 4个季节浮游植物细胞丰度平面分布图

从整体上来看，除秋季外，大亚湾浮游植物细胞丰度分布呈西高东低，同时自湾内向湾外递减，并且在整个大亚湾又呈现近岸高、离岸低的特点，尤其是在夏季这些特征表现特别明显。秋季雨量减少，径流输入对浮游植物细胞丰度影响减弱，因此浮游植物细胞丰度仅在养殖区附近的8号、10号站较高。冬季5号站细胞丰度最高，这可能是由于中央列岛对水流的缓冲作用使得其东北部的5号站的风浪变弱，有利于浮游植物在此密集。因春夏季降水量较大，湾西部沿岸工业比较发达，径流输入的营养盐通量较高，所以西部浮游植物细胞丰度高。

（二）细胞丰度年变化

1. 总细胞丰度变化

将2006—2007年调查网采浮游植物的细胞丰度与历史资料比较后发现，两者有较明显的差异，本次调查的数据较历史资料有缓慢上升的趋势（图5-8）。在20世纪90年代初，1991—1994年调查的浮游植物细胞数量比较少，浮游植物细胞丰度的波动范围仅$10^4 \sim 10^6$个/m³，2003—2005年调查的细胞丰度波动范围为$10^8 \sim 10^9$个/m³。本次调查浮游植物细胞丰度的波动范围为$10^6 \sim 10^{10}$个/m³，最高峰出现在夏季（图5-9），且相当高；秋冬季细胞数量较低，大体上呈现一年一峰的单周期变化，这与以往（杨清良，1990；孙翠慈 等，2006）的研究结果比较接近。

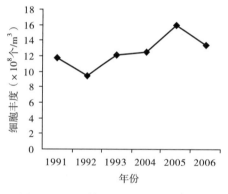

图5-8 不同年份浮游植物细胞丰度

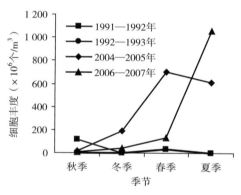

图5-9 不同年代、不同季节浮游植物细胞丰度

2. 硅藻、甲藻细胞丰度变化

对大亚湾浮游植物群落结构组成的两个主要成分——硅藻和甲藻的细胞丰度的历史变化进行比较后发现，两者也发生了变化（图5-10）。在近20年，硅藻丰度增长较缓慢，增加了近0.5倍；甲藻的丰度在20世纪90年代增加缓慢，但是进入21世纪后飞速增长，到2005年增长到原来的近50倍。

在不同季节硅藻和甲藻也呈现不同的变化。在春、秋季硅藻细胞丰度明显下降，到2004年降低到最低值，而甲藻细胞丰度从1994年明显上升，因此，硅藻与甲藻细胞丰度的比值呈现明显的下降趋势（图5-11）；在夏、冬两季硅藻和甲藻的细胞丰度都有显著增加，并且两者之间的比值在夏季也呈现明显的增加趋势，而冬季则上下浮动（图5-12至图5-14）。从硅藻数目下降而甲藻数目增加的研究结果可以看出，大亚湾浮游植物群落中甲藻的比重在增加，而硅藻的比重相对下降。

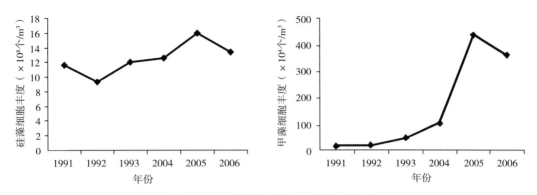

图 5-10　不同年份硅藻、甲藻细胞丰度

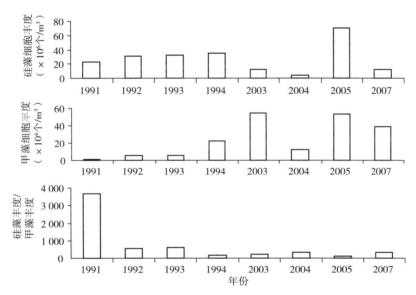

图 5-11　不同年份春季硅藻丰度、甲藻丰度及两者之比

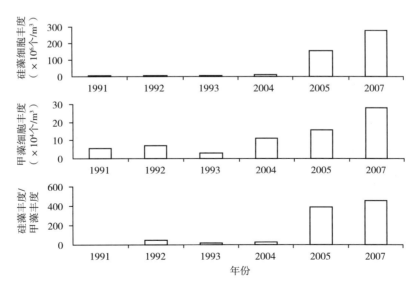

图 5-12　不同年份夏季硅藻丰度、甲藻丰度及两者之比

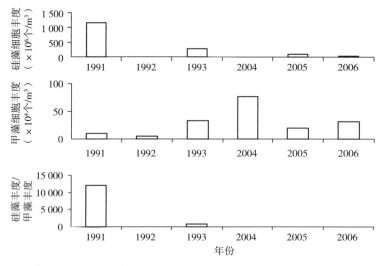

图 5 - 13　不同年份秋季硅藻丰度、甲藻丰度及两者之比

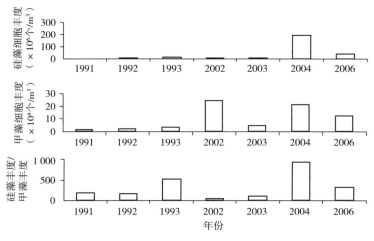

图 5 - 14　不同年份冬季硅藻丰度、甲藻丰度及两者之比

四、群落结构及多样性

(一) 群落结构特征

生物在各自适应的特定环境中生长繁殖，并形成相对稳定的群落特征，一旦环境发生变化，就会对它们产生直接或间接的影响。本节运用聚类分析对 2006—2007 年大亚湾海域浮游植物群落结构的变化情况进行分析。选取调查站位出现频率较高（即某一种类至少出现在 4 个站位）的 40 种浮游植物进行每个季节的聚类分析，采用 Pearson 相关系数用最短距离法聚类，结果见图 5 - 15。

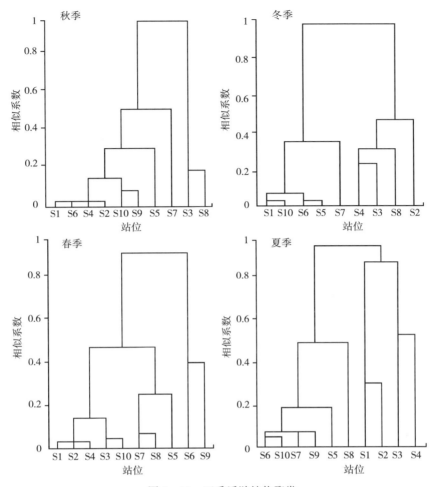

图 5 - 15　四季浮游植物聚类

秋季总体可分为 3 个区，即湾顶区域（S1、S4、S2 站）、湾中区域（S5、S7 站）及湾口区域（S9、S10 站）。在湾顶区域群落结构最相似，菱形海线藻在此区密集。湾中主要优势种为柔弱菱形藻和菱软几内亚藻，甲藻和蓝藻的种类较多，并且此区细胞丰度较高。湾口区域以铁氏束毛藻为优势种，可能与受外海水影响较大有关。

冬季湾顶区域的 S1 站与湾口区域的 S10 站最相似，相似系数高达 0.966，这可能与两个区域沿岸都有现代化工业区有关，以旋链角毛藻、菱软几内亚藻为主要优势种，此外细弱海链藻、成列菱形藻及掌状冠盖藻的细胞丰度在这两个站位也较高。在湾中部的中央列岛东北部区域优势种主要是笔尖形根管藻，其次是伏氏海毛藻。

春季大亚湾水温升高，雨量增加，陆源营养盐输入通量开始增强，浮游植物种类及沿岸种的细胞丰度都明显增加。浮游植物群落主要分为湾顶区域和湾中区域两大群体。湾顶区域的 S1、S2、S4 和 S3 站群落结构相似，以细弱海链藻、掌状冠盖藻、密联海链藻、短角弯角藻、拟弯角毛藻及菱形海线藻等赤潮种类为优势种，细胞丰度高达 3.1×10^8 个/m³，这可能是营养盐、温度适宜致使这些藻类数量剧增。在湾中部区域以角毛藻、萎软几内亚藻为优势种。位于东南部湾口区的 S9 站春季种类分布情况与冬季相比，沿岸暖水种类的丰度及种类都有明显增加，这与春季温度回升有关。

夏季大亚湾群落同样主要分为两大群体，湾中与湾口区域结构相似程度比较高，柔弱菱形藻、尖刺菱形藻、中肋骨条藻及日本星杆藻在此处密集。湾顶核电站附近优势度最高的为笔尖形根管藻。夏季大亚湾营养盐呈湾内向湾口递减趋势，因此湾口处的浮游植物丰度较低，且优势种不是十分明显。

总之，大亚湾区域湾顶、湾中及湾口区域内群落结构相似，并且可以看出浮游植物群落区域的划分与受人类活动影响较大区域的分布大致相似，这说明人类活动对生态系统的影响不仅表现在浮游植物的数量分布特征上，也表现在其群落结构上。

（二）物种多样性特征

从图 5-16 和图 5-17 中可以看出，2006—2007 年调查的大亚湾浮游植物的多样性指数和均匀度指数都很高，符合低纬度海域浮游植物多样性规律。秋季的多样性指数和均匀度指数总体上来说都低于其他季节。结合浮游植物细胞丰度的分析推测，可能是由于夏季浮游植物大量繁殖，营养物质被大量耗尽，使得浮游植物数量降低、种类减少。位于湾顶的 S1 和 S2 站在秋季和夏季的多样性指数和均匀度指数都较低，这可能是由于沿岸工农业污水及生活污水的排入，使此处水域受到污染；此外，附近核电站的温排水也加大了夏季和秋季高温对浮游植物的抑制作用。受这两方面因素的综合影响，此处浮游植物的多样性指数和均匀度指数在夏、秋季节最低。春季 S1 站的多样性指数也偏低，这可能是由于春季水温升高、光照适宜，加之这里营养充分，使海链藻类、冠盖藻类、短角弯角藻及萎软几内亚藻等具有巨大增殖力的藻类爆发式地增殖，影响其他藻类的生长，造成了此处的多样性指数及均匀度指数的偏低。

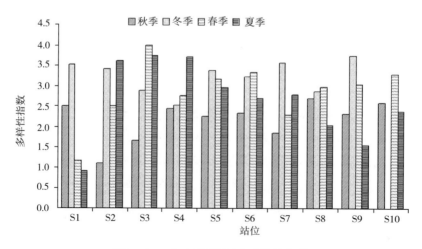

图 5-16 大亚湾浮游植物多样性指数

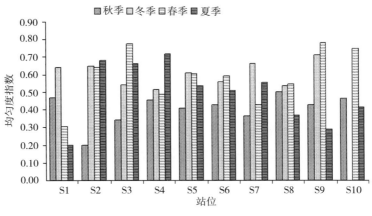

图 5-17 大亚湾浮游植物均匀度指数

五、分析及结论

（一）温度影响

温度是影响浮游植物种类和数量的重要因素，大亚湾水域的水温年度变化为 14.76～29.84 ℃，其中 4—11 月水温基本维持在 25 ℃以上，该水域浮游植物群落也相应明显呈现出亚热带海域的生物特征，以暖水性种类为主，其次是广温性种类。季节性温度变化对硅藻和甲藻的季节演替作用存在明显差异，虽然不同时期优势种类各异，交替出现，硅藻在全年的浮游植物群落结构中始终占据绝对优势，但是近年来甲藻在夏秋之交时期的种类和数量都相当丰富，在某些年份的秋季成为优势种；以前秋冬季较少出现的外海暖水性种类如萎软几内亚藻、暹罗角毛藻（*Chaetoceros siamense*）及霍氏半管藻（*Hemiaulus hauckii*）等也分布在湾内，并且链状种类数量有所增加。这表明优势种的变化与温度有密切的关系，反映了生态系统对人类活动影响和全球气候变化的响应。

（二）营养盐影响

营养盐是海洋生态系统的物质基础，浮游植物群落种类组成及数量变动和水体中的营养盐的组成和含量有密切的关系。因为浮游植物中的不同种类对各种营养盐的需求和利用是不同的，各类营养盐的变化会影响浮游植物中不同优势种类的形成和消退。海域水体中营养盐浓度是浮游植物生长繁殖的主要决定因子。而 N、P 元素是营养盐中的关键元素。Redfield（1958）根据统计结果指出，海洋中浮游植物生长的最适 N∶P 大约为 16∶1（Redfield 比值）。有研究表明，N/P 值改变会使浮游植物群落结构改变，N/P 值偏离 Redfield 比值越远，硅藻的数量和种类就会减少。近 20 年来，大亚湾浮游植物的种类变化非常大。大亚湾沿岸的现代化工业和养殖业的迅速发展，使大亚湾海域近 20 年的溶解无机氮（TIN）含量持续上升：1982 年仅为 1.5 $\mu mol/L$，而 1997 年已高达 4.83 $\mu mol/L$。氮供应量的增加，加速了浮游植物的生长，导致磷酸盐更快地被消耗，致使大亚湾水体氮含量升高，磷含量下降。虽然大亚湾海域从春末到秋初（4—9 月）集中了全年 80% 的降水量，但是降水所形成的地表径流没有给大亚湾海域的磷酸盐带来太大的增加，大亚湾磷酸盐含量的变化主要与外海海水的入侵补给、有机质矿化及磷的再生有关。浮游植物大量消耗磷酸盐而未得到有效补给，导致磷酸盐与 TIN 变化趋势相反，其平均值逐年下降，大亚湾营养盐由原来的氮限制转变为磷限制。

邱耀文（2005）对大亚湾的营养盐物质进行调查分析后认为大亚湾水体基本属于贫营养型，水质指标多在国家第一类海水水质标准（GB 3097—1997）范围内（王朝晖，2004），但大亚湾初级生产力较高（邱耀文，2001）。大亚湾硅含量十分丰富，一般情况下硅藻的生长不受到限制，这也是维持大亚湾硅藻型浮游植物群落的重要原因。但丰富的氮源使藻类生长不受营养盐的限制，生长速度快的小型硅藻首先占据优势，当硅藻消耗了水体中营养物质，特别是对氮和硅的消耗，硅藻赤潮消退，甲藻等生长起来，最终导致浮游植物群落发生改变。1997—1998 年我国海域受厄尔尼诺现象影响较大，南海许多海域暴发了大规模的赤潮，大亚湾虽未发生危害严重的赤潮，但大亚湾甲藻种类和细胞丰度都不断明显增加，而且硅藻、甲藻水华相继发生，给海水养殖业造成了一定影响。

（三）其他环境因子影响

大亚湾春、夏季浮游植物细胞丰度高，秋季低。降水及陆源输入是导致大亚湾海区营养盐增加的一个重要原因，并影响该海区的浮游植物分布。大亚湾春、夏季雨水丰沛，且淡水输入冲淡海水盐度，一些近岸种得以迅速繁殖，而营养盐分布不平衡使大亚湾浮游植物细胞丰度分布不均匀，即大鹏澳、范和港和澳头港沿岸是受到人类活动影响最大的 3 个区域。大亚湾核电站和岭澳核电站及轻工业发达的大鹏镇位于大鹏澳的北岸，核电站温排水、工业废水及生活污水大量排放入该海区，另外大鹏澳周边分布有大量水产养殖场，再加上大鹏澳东部的网箱养鱼和竹筏养贝，使该区营养盐输入较多。大亚湾西北的澳头岸在 1992 年批准成立大亚湾国家经济开发区，以开发石油化工和汽车工业等大型工业为主，人口稠密，因此该区的工业废水和生活污水的排放量也很大，有大量营养盐输入。范和港水体较浅，水产养殖活跃，海水养殖废水排放会引起水体富营养化，致使浮游植物或大型藻类的生物量增加（Bonsdorff et al，1997；Cancemi，2003），因此大亚湾浮游植物细胞丰度分布呈现出自小湾向小湾外递减，而在整个大亚湾又呈现近岸高于离岸的特征。

浮游植物的种类组成及丰度变化取决于浮游植物的生态习性以及温度、盐度和营养盐等外界环境因素。大亚湾海域浮游植物优势种大多由硅藻组成，尤其以角毛藻、菱形藻、根管藻、细柱藻、骨条藻等属的种类为主要优势种；甲藻次之，以角藻为主要优势种。近 20 年来，大亚湾海域的水温、营养结构的变化，相应地也引起了其浮游植物主要优势种的变化。从现有的资料来看，部分优势种、优势种的优势度排序以及细胞丰度都发生了一定改变；而且从大亚湾海域发生的赤潮可以推测，其有从硅藻向甲藻过渡的迹象（张穗，2002）。

（四）结论

综合以上结果可以看出，近 20 年来大亚湾浮游植物群落无论是种类、数量还是结构，都发生了较大的变化。

（1）大亚湾浮游植物群落结构的演替主要是在人类活动对自然影响的框架之下发生的。近 20 年来大亚湾网采浮游植物中硅藻、甲藻的丰度都明显增加；浮游植物种类、优势种的组成结构发生了较明显的变化，20 世纪 90 年代，以角毛藻类占绝对优势的状况已转变，目前形成优势种类多样化、甲藻在某些季节也成为优势种的群落结构特征。随着大亚湾海域环境因子的变化，甲藻细胞丰度与硅藻细胞丰度的比值在上升，这可能预示着大亚湾浮游植物群落结构正处在硅藻、甲藻的更替时期，值得深入研究。

（2）大亚湾浮游植物的种类、丰度、优势种演替及群落结构等群落特征与营养盐（尤其是 N、P 和 N/P）、水温等环境因子密切相关。

总之，从大亚湾浮游植物丰度、种类组成和优势种组合的变化可以初步判断大亚湾浮游植物群落结构近 20 年来已经发生了较明显的演替。但因为调查站位和频次的差异以及种类鉴定中取样的误差，更详尽的比较和调查工作还有待继续开展。

第三节　浮游植物生长限制性元素的研究

一、实验期间平均光照度变化

春季平均光照度在 1 100 lx 左右，13：00—16：00 光照度较高，14：00 达到最高值 60 000 lx。变化趋势为早晨和傍晚最低。夏季平均光照度为 27 718 lx，居各个季节之首，光照度最大值出现在 13：00，达到 87 800 lx。秋季实验期间平均照度为 23 429 lx，以 13：00—14：00 光照度最高，达 60 000 lx。冬季光照度下降，平均仅为 9 786 lx，最大值出现在 13：00，为 34 400 lx，不到夏季最大值的一半（图 5-18）。4 个季节实验期间的光照均充足，可以满足浮游植物的生长需求。

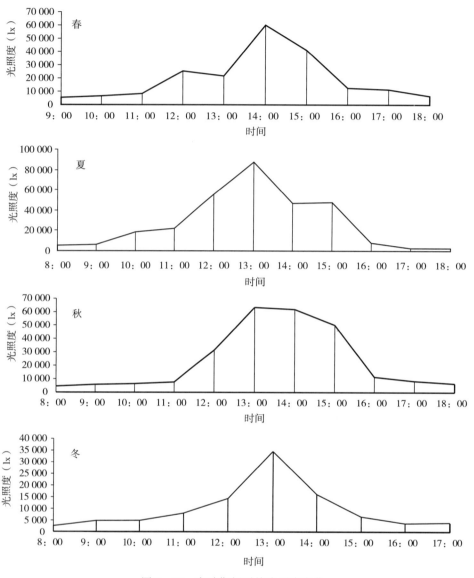

图 5 - 18　实验期间平均光照度变化

二、叶绿素 a 的浓度变化及限制性元素判定

实验各组叶绿素 a 浓度变化和显著性分析结果见图 5 - 19。春季在实验结束时，各站 All 组的叶绿素 a 都比对照组有较大增加，判定存在潜在限制性元素。然后对各实验组与对照组中每天的叶绿素 a 平均浓度进行方差显著性分析，结果表明 S4 站 NSi 组的叶绿素 a 与对照组无显著差异，第 2 天仅 All 组的叶绿素 a 与对照组有显著差异，第 3 天 NP、PSi、AF 和 All 组的叶绿素 a 与对照组都有显著性差异，因此根据 all-but-one 方法分析出

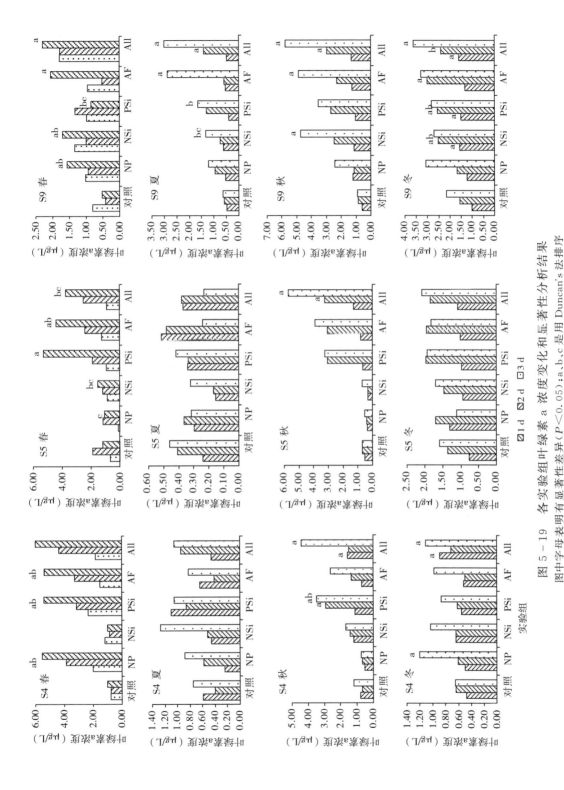

图 5-19 各实验组叶绿素 a 浓度变化和显著性分析结果

图中字母表明有显著性差异($P<0.05$);a,b,c 是用 Duncan's 法排序

S4 站 P 元素的限制是比较明显的。S5 站 PSi、AF 和 All 组第 3 天的叶绿素 a 与对照组有显著性差异，NP、NSi 添加含 N 元素的实验组与对照组并无显著差异，因此 S5 站中 N 不是限制性元素，P 和 Si 可能是影响其浮游植物生长的限制性元素。S9 站第 2 天仅 All 组的叶绿素 a 与对照组有显著性差异，第 3 天中 NP、NSi、AF 和 All 组的叶绿素 a 与对照组有显著性差异，但 PSi 组的叶绿素 a 与对照组无显著差异，因此可以判定 N 是 S9 站的限制性元素。

夏季比较 All 组和对照组的结果，发现 S5 站 All 组的叶绿素 a 随着时间反而出现下降，判定 S5 站点不存在营养元素的限制。S4 站各实验组的叶绿素 a 与对照组均没有显著性差异，因此判定 S4 站也不存在营养元素的限制。S9 站第 2 天 All 组与对照组有显著性差异，第 3 天 NSi、PSi、AF 和 All 组都与对照组有显著性差异，而 NP 组却一直与对照组没有显著性差异，因此判定 S9 站可能是 Si 元素限制了浮游植物的生长。

秋季实验培养期间各站点 All 组叶绿素 a 均比对照组有明显的增长，方差显著性分析结果显示，S4 站 PSi 和 All 组叶绿素 a 与对照组有显著差异，而 NP、NSi 和 AF 组却与对照组没有显著差异；S5 站仅有 All 组叶绿素 a 在第 2 天、第 3 天与对照组有显著差异，其他 4 组叶绿素 a 与对照组没有显著差异；S9 站第 2 天仅 All 组有显著性差异，第 3 天 NSi、AF 和 All 组的叶绿素 a 与对照组有显著性差异，而 NP 和 PSi 组的叶绿素 a 与对照组均没有显著性差异，因此 3 个站都无法确定具体的限制性元素。

冬季各站点 All 组叶绿素 a 均比对照组有明显的增长，方差显著性分析表明，S4 站 NP 和 All 组的叶绿素 a 与对照组有显著差异，NSi、PSi、AF 组与对照组并不显著相关，仅能判定 N/P 或 N 和 P 共同限制了该站点浮游植物的生长。S5 站各实验组叶绿素 a 与对照组没有显著性差异，因此判定无限制性元素。S9 站第 1 天 NSi、PSi 和 All 组叶绿素 a 与对照组有显著性差异，第 2 天 AF 组叶绿素 a 也与对照组有显著差异，因此可以判定 Si 是该站点的限制性元素。

三、营养元素的吸收速率及限制性元素判定

不同季节不同站点营养元素的吸收率见表 5－6。

春季各站点对 N、P、Si 元素的吸收情况并不相同。S4 站浮游植物对 P 元素的最大吸收速率为 0.08 $\mu mol/$（L·h），N 元素的吸收速率最高为 0.59 $\mu mol/$（L·h），Si 元素吸收速率最高为 0.69 $\mu mol/$（L·h），实验中 P 元素在 48 h 内被耗尽，N 和 Si 元素均在 176 h 和 111 h 内耗尽，因此判定其浮游植物的成长受到 P 元素的限制。S5 站各实验组的 P 元素均在 48 h 内耗尽，其吸收速率达到了 0.08 $\mu mol/$（L·h），N 和 Si 的最大吸收速率分别为 0.77 $\mu mol/$（L·h）和 0.73 $\mu mol/$（L·h），各营养元素耗尽的先后顺序为 P（48 h）、N（96 h）、Si（105 h），判定 P 是本站的限制性元素。S9 站 N 和 Si 元素 72 h

表5-6　各站点不同元素的吸收速率

单位：μmol/（L·h）

季节	组别	S4			S5			S9		
		N	P	Si	N	P*	Si	N	P*	Si
春季	对照	0.12	0.01	0.03	0.07	0.01	0.05	0.13	0.01	0.07
	NP	0.59	0.08	0.06	0.77	0.08	0.05	0.74	0.03	0.04
	NSi	0.23	0.01	0.51	0.32	0.01	0.50	0.44	0.01	0.53
	PSi	0.11	0.08	0.69	0.02	0.08	0.59	0.16	0.05	0.51
	AF	0.46	0.08	0.67	0.77	0.08	0.64	0.71	0.04	0.62
	All	0.48	0.08	0.62	0.77	0.08	0.73	0.76	0.04	0.63
夏季	对照	0.10	0.02	0.14	0.11	0.01	0.15	0.16	0.01	0.15
	NP	0.20	0.03	0.12	0.27	0.04	0.12	0.20	0.02	0.14
	NSi	0.32	0.02	0.22	0.18	0.01	0.21	0.48	0.01	0.42
	PSi	0.18	0.02	0.37	0.14	0.02	0.47	0.16	0.03	0.20
	AF	0.58	0.03	0.54	0.45	0.02	0.43	0.43	0.04	0.64
	All	0.55	0.05	0.57	0.46	0.03	0.49	0.51	0.04	0.52
秋季	对照	0.15	0.02	0.14	0.16	0.01	0.15	0.10	0.01	0.11
	NP	0.40	0.03	0.13	0.18	0.04	0.12	0.22	0.02	0.12
	NSi	0.42	0.03	0.62	0.37	0.04	0.51	0.42	0.03	0.58
	PSi	0.18	0.03	0.64	0.14	0.03	0.51	0.16	0.03	0.56
	AF	0.60	0.05	0.64	0.47	0.04	0.51	0.42	0.04	0.56
	All	0.62	0.05	0.66	0.48	0.03	0.52	0.49	0.03	0.65
冬季	对照	0.11	0.01	0.14	0.15	0.01	0.13	0.13	0.01	0.08
	NP	0.21	0.01	0.12	0.31	0.01	0.12	0.28	0.01	0.11
	NSi	0.34	0.01	0.15	0.26	0.01	0.17	0.35	0.01	0.36
	PSi	0.19	0.02	0.22	0.14	0.02	0.35	0.13	0.02	0.49
	AF	0.51	0.05	0.52	0.62	0.05	0.68	0.53	0.03	0.52
	All	0.52	0.05	0.57	0.65	0.06	0.71	0.55	0.03	0.57

内的吸收速率最高分别达到 0.76 μmol/（L·h）和 0.63 μmol/（L·h），除 NP 组 Si 元素被耗尽外，其他各组均有剩余。S9 站 P 元素最大的吸收速率为 0.05 μmol/（L·h），P 元素在实验结束时仍有较大的剩余量。以 AF、All 两组的吸收速率计算耗尽的元素顺序为 N（94 h）、P（107 h）、Si（114 h），判定 N 为浮游植物的限制性元素。

夏季营养盐吸收速率较春季下降，且每个站点未出现元素耗尽的情况。S4 站 N 和 Si

元素的最大吸收速率分别为 0.58 μmol/（L·h）和 0.57 μmol/（L·h）。计算 AF 和 All 组的各元素的耗尽时间分别为 N 121 h、P 117 h 和 Si 118 h，差别并不大。结合加富实验 All 组叶绿素 a 和对照组没有显著差异的结果，判定 S4 站不存在营养限制性元素。S5 站 N、P 和 Si 元素的最大吸收速率分别为 0.46 μmol/（L·h）、0.03 μmol/（L·h）和 0.49 μmol/（L·h），其剩余量分别为 36 μmol/（L·h）、2.52 μmol/（L·h）和 32 μmol/L。以 AF 和 All 组计算营养耗尽时间分别为 N 132 h、P 133 h 和 Si 138 h。营养元素耗尽时间差别不大，并且 S5 站加富实验结果显示叶绿素 a 并没有因为添加元素而明显增长，因此判定浮游植物的生长并没有受到营养盐的限制。S9 站 N 元素的最大吸收速率为 0.51 μmol/（L·h），其剩余量为 33 μmol/L，P 和 Si 元素最大吸收速率的降幅较小。以 AF 和 All 组计算营养液元素耗尽时间分别为 Si 105 h、P 117 h 和 N 137 h。结合 S9 站加富实验结果加硅组的叶绿素 a 均显著高于对照组，判定其确实存在 Si 元素限制。

秋季营养元素也未出现耗尽的情况，各元素的吸收利用情况较夏季有所提高。S4 站各元素的吸收利用速率最高，N、Si 元素的吸收速率都在 0.60 μmol/（L·h）以上，P 元素的吸收速率也达到了 0.05 μmol/（L·h）。营养耗尽顺序为 P（95 h）、Si（101 h）、N（118 h），推断 P 为限制性元素，并且由于 Si、P 元素耗尽时间相差较小，且加富实验叶绿素 a 显著性差异判定结果表明 Si 元素可能是限制性元素，综合这两种结果，Si 元素可能是 S4 站的第二限制性元素。S5 站 N、P 和 Si 元素的最高吸收速率分别为 0.48 μmol/（L·h）、0.04 μmol/（L·h）和 0.52 μmol/（L·h），是 3 个站点中吸收速率最低的站点，所以各元素耗尽时间较长，分别为 Si 128 h、P 136 h 和 N 152 h。结合加富实验叶绿素 a 显著性差异结果判定 S5 并没有明显的限制性元素，可能与该站浮游植物对营养元素的吸收速率较低，各元素的吸收利用情况较平衡有关。S9 站 Si 元素吸收利用情况较好，有 4 组吸收速率达到了 0.56 μmol/（L·h），N、P 元素的吸收速率分别为 0.49 μmol/（L·h）和 0.04 μmol/（L·h）。以 AF 和 All 组的吸收速率均值计算各营养元素耗尽时间分别为 Si 109 h、P 136 h 和 N 159 h。结合 S9 站加富实验叶绿素 a 显著性差异判定 Si 是该站点的限制性元素。

冬季各站点营养元素利用情况较好，S5 站 N、P、Si 元素的吸收速率达到 0.65 μmol/（L·h）、0.06 μmol/（L·h）、0.71 μmol/（L·h），S9 和 S4 站 N、Si 的最大吸收速率也在 0.50 μmol/（L·h）以上，P 元素的最大吸收速率在 0.05 μmol/（L·h）以上。S4 站各元素耗尽时间分别为 P 94 h、Si 116 h 和 N 138 h，判定该站的限制性元素是 P 元素。S5 站吸收利用速率最高，浮游植物生长状况良好，各元素耗尽时间分别为 P 79 h、Si 92 h 和 N 112 h，判定 P 是限制性元素。S9 站 N、Si 的吸收速率都达到了 0.50 μmol/（L·h），P 元素吸收速率相对较低，只有 0.03 μmol/（L·h），以 AF 和 All 组计算各元素耗尽时间分别为 Si 116 h、N 134 h 和 P 157 h，判定 Si 是限制浮游植物生长的元素，与叶绿素 a 显著性差异的判定结果一致。

四、限制性营养元素的季节变化

加富实验结果季节变化规律为：湾口春季为 N 限制，夏季转为 Si 限制，然后一直持续到冬季；湾中春季为 P 限制，夏季不存在明显的限制性元素，秋季转为 Si 限制，而冬季又转回 P 限制；湾顶春季为 P 限制，夏季没有明显的限制性元素，秋冬季又为 P 限制。湾口受外海水冲淡影响在春季仍为 N 限制，由于 Si 元素的消耗和补充不足，从夏季开始就转为 Si 限制。湾中受湾顶和湾口共同影响，限制性元素在春、夏和冬季与湾顶的限制性元素相同，秋季和湾口的限制性元素相同。湾顶受周围养殖和工农业废水的影响，属高营养区，P 是该区域内的主要限制性元素。

第四节　大型藻类

一、马尾藻资源概况

为了直观表现特征水体的植被指数（NDVI）大小变化，采用从蓝至红代表 NDVI 由小到大的拉伸方法，绘制了 NDVI 变化图 [彩图 8（a）]。彩图 8（a）囊括了整个大亚湾区域，但不能表现细节特征。特征水体区域的基岩海岸和岛屿周围不存在具备高浓度叶绿素的条件，因此认为这些区域的特征水体是藻类。大亚湾大型海藻的空间分布最上方（几米深以内）褐藻占优势，往深红藻占优势。由于红藻生长在比马尾藻较深的海域，因而在 NDVI 图上，从陆地到海方向首先是马尾藻，当红藻生长水域与水面的距离较小，且红藻浓度高到可以使该区域光谱呈现红外波段大于红光波段时，在 NDVI 图上也可以反映出红藻的信息。

根据历史调查资料，选择 15 个有马尾藻分布的站点为研究对象，放大这些站点的 NDVI 图，便于研究这些区域的变化情况。研究站点如彩图 8（b）所示，相应站点的 NDVI 图如彩图 9 的（a）～（o）所示。彩图 9 的（a）～（o）反映了 15 个研究点附近海域的 NDVI 分布和变化情况，可见各站的 NDVI 分布并不均匀，高崖咀、虎头咀、赤洲、大三门岛、小星山出现了 NDVI 最大值，接近 0.4，NDVI 变化呈现由陆地向海方向减小的趋势，对前 4 个站，以最大处沿经线方向做剖面，见图 5 - 20（a）～（d）。由图 5 - 20（a）～（d）发现从陆地向海方向，NDVI 从大至小呈线性变化，其中，高崖咀和大三门岛剖面分别在 0.075、0.15 出现 NDVI 梯度的拐点，说明拐点两侧水体的物质浓度变化幅度不同，这种物质浓度的差异有可能是以下两种情况：①拐点两侧均为马尾藻，拐点两侧 NDVI 变化幅度不同是地形因素导致，拐点两侧地形的坡度不同，拐点处为水深的突变点，水深不同直接影响光在水面下的分布，导致马尾藻生长密度变化；②拐点两侧分别是马尾藻和红藻，两者由于物理性质的差异，具有不同的生长密度和对光的吸收及反射特性，这一点需要现场验证。

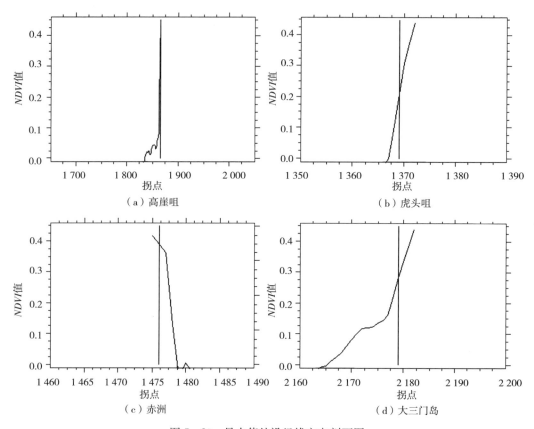

图 5-20　最大值处沿经线方向剖面图

　　彩图 10 为大鹏半岛附近海域的特征水体分布情况，发现除基岩海岸外，在几个沙滩海岸外围也有特征水体出现，以其中 3 个小湾为例，放大如图 5-21、彩图 11 所示。在 Arcgis 中量出特征水体距沙滩的距离是 100～150 m，以沙质湾的中线向外延伸分别达约 600 m、1 700 m、800 m，沙质湾向外延伸的两岸均为基岩海岸，有很明显的藻类水体特征，有马尾藻分布，经测量两岸中间点连线的距离分别为 2 800 m、600 m、700 m，水深满足马尾藻生长的条件。因而认为马尾藻有可能从两岸基岩体系岸处生长一直延伸至沙滩外的水域，但具体还需要现场验证。

　　在彩图 12 中，哑铃湾和大鹏澳存在较大区域的特征水体，但根据 NDVI 值大小绘制成的变化图中发现，特征水体区域明显减小，这是由于相当部分水体的 NDVI 值较小，在拉伸图上接近于 0 的颜色。从彩图 12（a）和（b）中可以发现基岩海岸附近水域有高浓度的马尾藻分布，远离海岸出现的特征水体很有可能是基岩海岸处马尾藻的延伸。

通过以上分析，采用 NDVI 法可以实现马尾藻生长旺季的信息提取。这一方法的关键步骤是成图后的解译工作，要结合历史调查资料、马尾藻生长特性和海域的叶绿素状况综合分析，对于一些解译难点还要结合现场踏勘工作。

这里需要说明的是，在 NVDI 图上大亚湾西岸的特征水体面积较大，有些区域出现条带状延伸很远，判断这些条带状区域是受到 Landsat 卫星本身的仪器噪声影响。Landsat 卫星是以行扫描的方式获取数据的，由于仪器内部一些部件的不同步（扫描和记录的不同步），Landsat 数据会出现周期性的条带噪声，在遥感图像上呈现规则的条纹，给图像带来误差。

图 5-21　大鹏半岛的几个沙质小湾

二、马尾藻的分布特征

根据 NDVI 图解译结果，大亚湾马尾藻主要分布在大亚湾东、西两岸的基岩海岸及湾内岛屿附近海域，在大亚湾北岸也有零星分布，这一分布特征与大亚湾的岸相分布关系明显。大亚湾的岸相类型主要有人工海岸、泥质海岸、沙质海岸、基岩海岸 4 种。人工海岸分布在人口密集的西北部澳头镇、霞涌镇和大鹏澳北的岭澳。泥质海岸在范和港、哑铃湾、大鹏澳湾顶都有分布，这些区域基本已被开发用于发展养殖业。沙质海岸分布相对前两者较广，特别是在大亚湾东岸，从北部的坪屿至南部的港口分布着大大小小数个沙质小湾，在西岸的大鹏半岛、北部的霞涌及马鞭洲、大三门岛等岛屿上也都有分布。人工海岸、泥质海岸、沙质海岸不能满足马尾藻生长所需的岩礁底质条件，因而这些区域没有马尾藻生长，在 NDVI 图上的相应区域也未发现马尾藻图像特征。基岩海岸在大亚湾东、西、北岸及岛屿周围均有分布，西岸分布相对多。东部、北部一般是出现在沙质小湾的岬角，湾内岛屿除沙质小湾的岬角外，也广泛分布着基岩海岸。基岩海岸向外海的底质为岩礁，符合马尾藻生长的底质条件，且整个大亚湾的环境变化较均匀。因而大亚湾的基岩海岸处都会有马尾藻生长，这一结论在 NDVI 结果图上也得到了验证。

马尾藻资源量在大亚湾呈现西岸大于东岸的态势，在西岸湾口大于湾内，东岸南北变化不大，北岸马尾藻分布相对很少，在岛屿和岬角位置避浪面资源量高于迎浪面。首先，马尾藻生长要求具有良好的水交换条件，湾口处与外海距离近，受到外海水入侵的影响，水交换情况极佳，从 NDVI 图上看，直面外海的大鹏半岛广泛分布着马尾藻，而向北至哑铃湾，马尾藻的分布面积减小；其次，外海水入侵至大亚湾内是由东向西流入，东岸受外海水的影响较小，因而东岸的马尾藻分布面积远不及西岸；第三，由于从湾口至湾顶的距离有几十千米，外海入侵水没有足够大的动能到达大亚湾北岸，因而北岸的水交换条件较弱，导致马尾藻资源量不大；最后，从 NDVI 图上发现，在一些岬角和岛屿处，马尾藻在避浪面资源量高于迎浪面，分析原因可能是迎浪面受到外海水动力作用大，水体动荡，抑制了马尾藻的生长。从 NDVI 图上还可以发现，在有马尾藻生长的位置，资源量变化呈现由陆地向海方向减小的趋势，这主要是由于从沿岸向海方向水深逐渐变大，可见光的入射深度有限，入射到水中的光场发生变化，水深增大时，单一面积上供马尾藻利用的光减少，因而马尾藻也会相应减少。

测量了彩图 8（b）中 15 个站位具有最大马尾藻浓度处垂直陆地的剖面方向像元数，如表 5-7 所示。从表 5-7 可以看出，在 15 个站位中高崖咀具有最大的马尾藻资源量，最大密度处可延伸 31 个像元，约为 800 m 的长度，大三门岛马尾藻的生长面积也较大，达到 21 个像元，约 500 m 的离岸距离都有马尾藻生长。另外，小星山最大浓度处的马尾藻生长至离岸约 200 m。虎头咀、赤洲、巽寮凤咀、纯洲 4 个站点马尾藻最大生长宽度仅有约 100 m，资源量相对较小。沙鱼洲、坪屿、三角洲、锅盖洲、长咀、马鞭洲、桑洲最大密度处生长仅有几十米，资源量最小。

表 5-7　15 个站位最大浓度处剖面的像元数

站位	站位名称	像元数	站位	站位名称	像元数
S1	高崖咀	31	S3	沙鱼洲	2
S2	虎头咀	5	S4	坪屿	2

（续）

站位	站位名称	像元数	站位	站位名称	像元数
S5	巽寮凤咀	2	S11	小星山	8
S6	三角洲	2	S12	长咀	3
S7	赤洲	4	S13	锅盖洲	2
S8	大辣甲	2	S14	纯洲	4
S9	大三门岛	21	S15	马鞭洲	3
S10	桑洲	3			

三、季节变化特征

根据相关资料，马尾藻每年秋季 10 月前后开始生长，至翌年的 3—4 月达到生长旺季，5 月开始衰退。要了解马尾藻的季节变化特征，最好收集连续生长期的卫星数据，但一方面由于经费的限制，另一方面尽管一个月内可以接收 1～2 幅 Landsat 资料，但卫星数据受天气影响较大，要想获得一幅无云（或少量云）的图像并不容易。一年之中接收的 20 幅图像中，可用的也仅有几幅。因此，本研究通过购买和其他途径收集了从 10 月至翌年 5 月的卫星数据。尽管不同年份的同一月份由于温度和流场的不同步性，马尾藻所处的生长阶段会有所差异，但由于大亚湾的环境年度变化不是很大，采用一组时相差较小的图像，可以满足从定性角度描述马尾藻的季节变化特征的需要。

马尾藻生长区相对于整个大亚湾来说，在尺度上较小，如若采用整个湾的图像，无法观测到马尾藻的细节，因此，本研究选取马尾藻生长密度最大的大鹏半岛东侧（包含高崖咀在内）为研究实例对象，子图像的范围为 22.48°—22.56°N、114.57°—114.64°E。彩图 13（a）～（f）为从 1999 年 3 月至 2004 年 4 月的子图像（未收集到 2 月和 11 月的数据）。

从彩图 13 可以看出秋季（10 月）、冬季（12 月和 1 月）大鹏半岛的马尾藻信息不明显，春季（3 月、4 月和 5 月）可以观测到大面积的马尾藻。从 10 月、12 月、1 月这 3 个月的图像特征看，10 月和 12 月的很难用肉眼识别出有马尾藻存在，而 1 月在高崖咀以南可以观测到密度和分布面积都不太大的马尾藻。这表明：①离岸近的马尾藻生长早于离岸远的个体，这是由于近岸的水深相对浅，入射到单位面积水体相等能量的太阳光使近岸水体的温度早于深水区达到马尾藻的生长水温；②离岸近的马尾藻从 10 月开始生长，至翌年 1 月长度达到了离水面较小的深度。从彩图 13（d）～（f）中可以看到，春季（3 月、4 月和 5 月）马尾藻都具有一定的规模，马尾藻的密度和面积逐月增大，密度大小同样呈由近岸向离岸方向减小的变化趋势，3 月的 NDVI 最大值小于 4 月和 5 月，4 月和 5

月的变化不大。这一变化规律基本符合生态学上对马尾藻生长发育季节变化的描述，但由于没有收集到 5 月以后的图像，因而无法确定 5 月后马尾藻的生长状况。

四、年际变化特征

本研究选择马尾藻生长旺季的卫星数据研究其年际变化特征。共收集到 3 幅 3 月、2 幅 4 月和 2 幅 5 月的图像，如彩图 14（a）～（g）所示。从 7 幅图像看，不同年份 3 月、4 月和 5 月马尾藻的生长面积均呈减小的趋势，但浓度最大值仍处于近岸附近，位置无变化，NDVI 最大值的年际变化不大。从彩图 14（c）与（d）、（e）与（c）和（g）的对比看，2004 年 4 月和 2008 年 5 月马尾藻的生长面积明显分别大于 1999 年 3 月和 2007 年 4 月，说明不同年份同一月份马尾藻并不是处于同一生长期，这主要与环境因素有关。以 NDVI 值作对比，3 月的 3 幅图像最大值相当，根据前面的分析，马尾藻是开始生长于近岸，因此在生长旺季 NDVI 最大值的大小在某种程度上代表了近岸马尾藻的生长密度。从图上看，1995 年 3 月和 1999 年 3 月 NDVI 最大值均为 0.5，说明 1995 年 3 月和 1999 年 3 月马尾藻所处的生长阶段相同，两个时相从马尾藻发育到旺季的环境变化相似。1989 年 3 月的 NDVI 最大值小于 1995 年 3 月和 1999 年 3 月，说明 1989 年 3 月马尾藻的生长期落后于 1995 年 3 月和 1999 年 3 月，而马尾藻的分布面积依旧大于后两者，从图像上观测到的 3 月马尾藻面积缩减并不是由于生长期不同造成的。2007 年 4 月马尾藻的生长面积小于当年 3 月，说明 2007 年 4 月马尾藻的生长期落后于往年。因而，从 2004 年和 2007 年图像上对比得出马尾藻资源减小的结论是不准确的。2008 年 5 月马尾藻的 NDVI 最大值大于 2001 年 5 月，说明 2008 年 5 月马尾藻所处的生长期先于 2001 年 5 月。从两者的图像上看，2001 年 5 月马尾藻面积大于 2008 年 5 月，但由于 5 月马尾藻已经开始衰败，藻体脱落后随海流漂浮移动，因而不能确定 2008 年 5 月马尾藻面积小于 2001 年 5 月是否是由这个原因导致的。尽管不同年份 4 月和 5 月图像的可对比性不强，不能断定马尾藻资源量减小，但从 3 月的分析来看，马尾藻资源量确实存在降低的趋势。

五、结论

大亚湾马尾藻主要分布在大亚湾陆地沿岸和湾内岛屿的基岩海岸附近海域，马尾藻面积西岸大于东岸，西岸湾口大于湾内，东岸南北变化不大，北岸马尾藻分布相对较少，在岛屿和岬角位置避浪面高于迎浪面。马尾藻的生长旺季在 3 月、4 月和 5 月，且马尾藻的密度和面积逐月增大，密度大小同样呈由近岸向离岸方向减小的特征。马尾藻资源量在年际变化上存在降低的趋势。

第六章
大亚湾次级生产力
特征及演变

第一节　异养细菌

一、数量分布

（一）季节分布

2007—2008 年大亚湾表层水中异养细菌数量年平均为 9.8×10^3 CFU/mL，季节变化范围为 $2.9\times10^3\sim21.2\times10^3$ CFU/mL，根据 20 世纪 80 年代徐恭昭对大亚湾异养细菌数量的研究结果，大亚湾表层水中异养细菌数量平均为 5.3×10^5 CFU/mL，与之相比，2007—2008 年异养细菌的数量低了两个数量级。异养细菌数量与环境中可利用的有机质含量呈正相关，环境中有机质含量可间接反映环境的营养水平，由此表明 2007—2008 年大亚湾表层水中的有机质含量比 20 年前少，营养水平较 20 年前低。

如图 6-1 所示，2007—2008 年大亚湾海域的异养细菌数量秋季最高（21.2×10^3 CFU/mL），而冬季最低（2.9×10^3 CFU/mL），数量高低的季节性差异与 1984—1985 年相同。异养细菌数量季节变化为秋季＞夏季＞春季＞冬季。

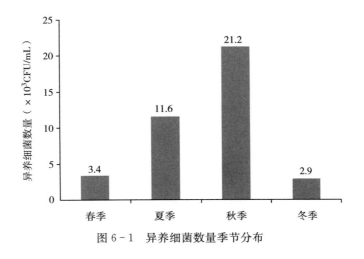

图 6-1　异养细菌数量季节分布

（二）平面分布

2007—2008 年，大亚湾表层水中异养细菌数量平面分布变化范围为 $7.4\times10^3\sim11.8\times10^3$ CFU/mL，其中以湾顶最高（11.8×10^3 CFU/mL），湾口最低（7.4×10^3 CFU/mL）。异养细菌数量从湾顶向湾口依次减少，呈现随离岸距离增加而逐渐减少的趋势，这可能是近岸区域有机及无机营养物质浓度较高造成的（图6-2）。

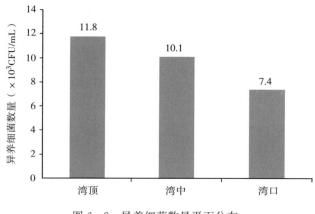

图6-2 异养细菌数量平面分布

二、种类组成

从表层水中分离到101株菌株，采用Biolog微生物鉴定系统对其进行鉴定，结果显示它们均为革兰氏阴性菌，分别隶属于21个属39个种。

从表6-1可以看出，表层水中的异养细菌除夏季种类为8属，其他3个季节的种类都为10属。其中全年各季节都出现的异养细菌种类有3属，它们是弧菌属（*Vibrio*）、伯克霍尔德氏菌属（*Burkholderia*）和假单胞菌属（*Pseudomonas*）。此外，气单胞菌属（*Aeromonas*）出现在除秋季的三个季节，不动杆菌属（*Acinetobacter*）出现在春、秋、冬季三个季节。在调查海域中，数量最多的菌属是弧菌属（*Vibrio*）、伯克霍尔德氏菌属（*Burkholderia*）和气单胞菌属（*Aeromonas*），其数量百分比分别为5.7%、3.2%和1.9%。

表6-1 大亚湾异养细菌菌属组成

序号	属	春季	夏季	秋季	冬季
1	气单胞菌属（*Aeromonas*）	+	+		+
2	弧菌属（*Vibrio*）	+	+	+	+
3	伯克霍尔德氏菌属（*Burkholderia*）	+	+	+	+
4	短波单胞菌属（*Brevundimonas*）	+			+
5	鞘氨醇单胞菌属（*Sphingomonas*）	+		+	
6	假单胞菌属（*Pseudomonas*）	+	+	+	+

（续）

序号	属	春季	夏季	秋季	冬季
7	无色杆菌属（Achromobacter）	+			
8	玫瑰单胞菌属（Roseomonas）	+			+
9	不动杆菌属（Acinetobacter）	+		+	+
10	黄单胞菌属（Xanthomonas）	+			
11	威克斯氏菌属（Weeksella）		+		
12	香味菌属（Myroides）		+		
13	嗜血菌属（Haemophilus）		+		
14	嗜冷杆菌属（Psychrobacter）		+		
15	色杆菌属（Chromobacterium）			+	
16	代尔夫特菌属（Delftia）			+	
17	水螺菌属（Aquaspirillum）			+	
18	泛菌属（Pantoea）			+	
19	普罗威登斯菌属（Providencia）			+	
20	金黄杆菌属（Chryseobacterium）				+
21	奈瑟氏球菌属（Neisseria）				+
	合计	10	8	10	10

大亚湾海域夏季异养细菌的种类最多（15 种），春、秋季次之（14 种），冬季最少（13 种）（表 6-2）。其中全年各季节都出现的异养细菌种类有 2 种，分别是荚壳伯克霍尔德氏菌（B. glumae）和塔氏弧菌（V. tubiashii）。此外，解藻朊酸弧菌（V. alginolyticus）出现在除春季外的三个季节。大亚湾表层水中，异养细菌数量最多的种是荚壳伯克霍尔德氏菌（B. glumae）、舒氏气单胞菌［A. schubertii（DNA group12）］和塔氏弧菌（V. tubiashii），其数量百分比分别是 3.2%、1.7%和 1.3%。

表 6-2 大亚湾异养细菌种类组成

序号	种名	春季	夏季	秋季	冬季
1	舒氏气单胞菌 A. schubertii（DNA group 12）	+	+		
2	最小弧菌（V. mimicus）	+			
3	荚壳伯克霍尔德氏菌（B. glumae）	+	+	+	+
4	泡囊短波单胞菌（B. vesicularis）	+			
5	血红鞘氨醇单胞菌（S. sanguinis）	+		+	
6	S. macrogoltabidus	+			

（续）

序号	种名	春季	夏季	秋季	冬季
7	食油假单胞菌（*P. oleovorans*）	+			
8	多刺假单胞菌（*P. spinosa*）	+			
9	*A. cholinophagum*	+			
10	塔氏弧菌（*V. tubiashii*）	+	+	+	+
11	*R. fauriae*	+			+
12	酸钙不动杆菌/基因型Ⅰ（*A. calcoaceticus*/genospecies Ⅰ）	+			
13	野油菜黄单胞菌胡桃致病变种（*X. campestris* pv. *juglandis*）	+			
14	丁香假单胞菌适合致变种（*P. syringae* pv. *aptata*）	+	+		
15	创伤弧菌（*V. vulnificus*）		+	+	
16	发亮弧菌（*V. splendidus*）		+		
17	解藻朊酸弧菌（*V. alginolyticus*）		+	+	+
18	坎氏弧菌（*V. campbelli*）		+	+	
19	类嗜水气单胞菌DNA组2型（*A. hydrophila*-like DNA group 2）		+		
20	有毒威克斯氏菌（*W. virosa*）		+		+
21	*M. odoratimimus*		+		
22	弗氏弧菌（*V. furnissii*）		+		
23	副猪嗜血菌（*H. parasais*）		+		
24	丁香假单胞菌向日葵致病变种（*P. syringae* pv. *helianthi*）		+		
25	静止嗜冷杆菌（*P. immobilis*）		+		
26	紫色色杆菌（*C. violaceum*）			+	
27	爱德华氏菌（*D. acidovorans*）			+	
28	差异水螺菌（*A. dispar*）			+	
29	解蛋白弧菌（*V. proteolyticus*）			+	
30	斯氏泛菌斯氏亚种（*P. stewartii* ss. *stewartii*）			+	
31	丁香假单胞菌桃致病变种（*P. syringae* pv. *persicae*）			+	+
32	*A. genospecies* 6			+	+
33	亨氏普罗威登斯菌（*P. heimbachae*）			+	
34	辛辛那提弧菌（*V. cincinnatiensis*）				+
35	维罗纳/温和气单胞菌（*A. veronii*/sobria DNA group 8）				+
36	缺陷短波单胞菌（*B. diminuta*）				+
37	比目鱼金黄杆菌（*C. scophthalmum*）				+
38	微黄奈瑟球菌（*N. subflava*）				+
39	副溶血弧菌（*V. parahaemolyticus*）				+
	合计	14	15	14	13

由上述结果可知，大亚湾表层水中异养细菌种类组成以弧菌属（*Vibrio*）、伯克霍尔德氏菌属（*Burkholderia*）和气单胞菌属（*Aeromonas*）为优势属，荚壳伯克霍尔德氏菌（*B. glumae*）、舒氏气单胞菌［*A. schubertii*（DNA group 12）］和塔氏弧菌（*V. tubiashii*）为优势种。根据徐恭昭的研究结果，1984—1985 年大亚湾表层水中异养细菌的优势属为葡萄球菌属（33.9%）、弧菌属（21.2%）和芽孢杆菌属（13.7%）。此次调查的异养细菌中未出现葡萄球菌属和芽孢杆菌属，只有弧菌属均是两个时间段的优势菌属，表明大亚湾表层水中异养细菌的种类组成已发生了变化。

三、结论

大亚湾表层水中异养细菌数量分布呈现随离岸距离越远而逐渐减少的趋势。与 20 世纪 80 年代初期调查结果比较，大亚湾表层水中异养细菌数量与种类组成已发生了明显变化，异养细菌的优势属由葡萄球菌属、弧菌属和芽孢杆菌属演变为弧菌属、伯克霍尔德氏菌属和气单胞菌属。2007—2008 年，大肠杆菌科细菌不是大亚湾海域环境中的优势菌，表明大亚湾受人、畜污染轻，仍属于清洁海区。

第二节　浮游动物

一、生态类型

大亚湾浮游动物群落组成以亚热带—热带沿岸类群占绝大多数，热带大洋种也占了较大比例，呈现亚热带海湾浮游动物群落结构的特点。根据浮游动物的生态习性和时空分布的特点，可分为 4 个类群：

河口—内湾类群：这个类群适盐下限较低。种类不多，主要在春、夏季出现，代表种有真刺唇角水蚤、刺尾纺锤水蚤及弱箭虫等。

暖温带沿岸种：这是一类适温上限较低的种类。种类较少，主要分布于冬、春季节，夏、秋季节几乎消失。如中华哲水蚤、近缘大眼剑水蚤、中华假磷虾等。

热带—亚热带沿岸类群：浮游动物大多属于这个类群，占总种数的 60% 以上，也是优势种的主要构成者。夏、秋季节为其主要分布季节。代表种有红纺锤水蚤、鸟喙尖头溞、锥形宽水蚤、拟细浅室水母、小箭虫、百陶箭虫、美丽箭虫等。

热带性外海类群：种数仅次于热带—亚热带沿岸类群，大多数属于高温高盐热带大洋种，夏、秋季节为其主要分布季节，数量一般较少。主要有热带真唇水母、异尾平头水蚤、粗壮箭虫等。

近年来，大亚湾浮游动物在夏、秋季也呈现出较强的热带性群落特征，冬、春季也有一些暖温带种出现，并且热带外海种类有较多出现，这也可能是对近年该海区水温升高的一种响应。

二、种类组成

经鉴定，2007—2008 年大亚湾海域共采获浮游动物 8 门 275 种（类），分属原生动物、水螅水母类、管水母类、栉水母类、枝角类、桡足类、端足类、磷虾类、十足类、糠虾类、介形类、翼足类、多毛类、毛颚类、有尾类、海樽类和浮游幼虫（体）等 17 个类群。各类群中以节肢动物桡足类出现种类数最多，达 94 种；腔肠动物水螅水母类共出现 60 种，列第二位；浮游幼虫（体）出现 37 类，列第三位；管水母类出现 19 种，居第四位；其他类群共出现 65 种。

各季节中，以春季出现种类最多，为 158 种，夏季 131 种，秋季 140 种，冬季 135种。冬季，水螅水母类出现种类数最多，有 41 种；其次是桡足类，出现 31 种；浮游幼虫（体）出现 23 类，列第三位；其他类群出现种类数较少，原生动物、磷虾类、十足类、介形类和翼足类均各出现 1 种。春季，桡足类出现种类数最多，达 55 种；浮游幼虫（体）出现 22 类，列第二位；管水母类和水螅水母类分别出现 19 种和 16 种，列第三、四位；其他类群种类数较少，原生动物、介形类和多毛类均出现 1 种。夏季，桡足类种类数依然列第一位，有 43 种；水螅水母类和浮游幼虫（体）分别出现 28 种和 25 类，列第二、三位；原生动物、介形类均出现 1 种。秋季，桡足类出现 53 种，依然列第一位；其次是浮游幼虫（体），有 29 类；水螅水母类和毛颚类分别出现 15 种和 11 种，列第三、四位；其他类群出现种类数较少，端足类、多毛类和海樽类各出现 1 种（表 6 - 3）。

表 6 - 3　大亚湾浮游动物各类群种（类）数

类群	冬季	春季	夏季	秋季
原生动物	1	1	1	3
水螅水母类	41	16	28	15
管水母类	7	19	5	4
栉水母类	5	4	2	2
枝角类	2	3	4	3
桡足类	31	55	43	53
端足类	4	4	2	1

（续）

类群	冬季	春季	夏季	秋季
磷虾类	1	3	0	0
十足类	1	2	2	2
糠虾类	5	0	2	2
介形类	1	1	1	2
翼足类	1	11	2	7
多毛类	2	1	2	1
毛颚类	4	9	7	11
有尾类	4	3		4
海樽类	2	4	3	1
浮游幼虫（体）	23	22	25	29
合计	135	158	131	140

四季均出现的仅有 43 种（类）（浮游幼虫有 15 类），占总种（类）数的 15.2%。仅在一个季节出现的有 134 种（类），占总种（类）数的 47.5%。各季节之间出现种（类）更替频率，冬季和春季的种（类）更替率为 62.3%，春季和夏季的更替率为 59.5%，夏季和秋季的更替率为 60.6%，平均更替率为 60.8%。上述结果表明大亚湾海域浮游动物栖息环境季节变化明显。

1987—1989 年逐月调查分别在大亚湾海域采获浮游动物 256 种（类）和 234 种（类），2004 年 4 个季度的调查共采获浮游动物 128 种（类）。而 2007—2008 年调查共采获浮游动物 275 种（类），种类数高于以往调查结果，与本次调查范围大、采样站位多有关。

与 1987—1989 年相比，2007—2008 年大亚湾海域浮游动物的主要类群依然为桡足类、水螅水母类和浮游幼虫（体），其他类群在总种（类）数中所占比例较小。虽然各类群占总种类数的百分比有所变化，但总体变动不大（表 6-4）。而 1991 年和 2004 年在大亚湾海域开展的浮游动物调查也表明，大亚湾浮游动物以桡足类数量最多，腔肠动物次之，反映出大亚湾海域浮游动物群落的组成基本稳定，未出现明显的变动。

1987 年和 1988 年，大亚湾浮游动物种类数的季节变化均呈夏季最多、秋季次之、冬季最少的趋势。2004 年仍为夏季种类数最多、秋季次之，但春季最少。而 2007—2008 年则以春季最多、夏季最少，一年内有春季和秋季两个数量高峰出现。浮游动物主要是借助海流和水团的运动而传播，并与环境条件相适应而生存。浮游动物出现种（类）数季节变化趋势的改变，表明大亚湾海域各季的生态环境发生了一定程度的改变。

表6-4 大亚湾浮游动物种类组成的年际变化

类群	1987—1989 年		2007—2008 年	
	种（类）数	百分比（%）	种（类）数	百分比（%）
原生动物	—	—	3	1.1
水螅水母类	81	26.3	60	21.8
管水母类	9	2.9	19	6.9
栉水母类	3	1.0	6	2.2
枝角类	3	1.0	3	1.1
桡足类	118	38.3	94	34.2
端足类	8	2.6	5	1.8
磷虾类	1	0.3	3	1.1
十足类	6	1.9	2	0.7
糠虾类	8	2.6	5	1.8
介形类	5	1.6	2	0.7
翼足类	19	6.2	13	4.7
多毛类	—	—	4	1.5
毛颚类	14	4.5	13	4.7
有尾类	—	—	6	2.2
海樽类	7	2.3	4	1.5
浮游幼虫（体）	24	7.8	37	13.5
其他	2	0.6	—	—
合计	308	—	279	—

三、优势种

以优势度≥0.02 为划分标准，表6-5 列出了 2007—2008 年大亚湾各季浮游动物优势种组成。从表6-5 中可知，大亚湾浮游动物优势种组成简单，冬季仅由夜光虫（Noctiluca miliaris）和软拟海樽（Dolioletta gegenbauri）2 种组成，且第一优势种夜光虫的优势地位极为明显。春季，浮游动物优势种组成种类数略有增加，由 5 种组成，夜光虫依然为第一优势种，但优势地位较冬季下降。夏季，浮游动物优势种由 3 种组成且完全不同于春季，鸟喙尖头溞（Penilia avirostris）为第一优势种，优势地位较为明显。秋季，浮游动物优势种组成最为复杂，由 9 种组成，除肥胖箭虫（Sagitta enflata）外，其余种类均与夏季不同。红纺锤水蚤（Acartia erythraea）为第一优势种，其优势地位不甚明显。

表6-5 大亚湾浮游动物优势种组成

冬季		春季		夏季		秋季	
种名	优势度	种名	优势度	种名	优势度	种名	优势度
夜光虫 (*Noctiluca miliaris*)	0.85	夜光虫 (*N. miliaris*)	0.40	鸟喙尖头溞 (*Penilia avirostris*)	0.58	红纺锤水蚤 (*Acartia erythraea*)	0.13
软拟海樽 (*Dolioletta gegenbauri*)	0.05	中华哲水蚤 (*Calanus sinicus*)	0.16	软拟海樽 (*Dolioletta gegenbauri*)	0.15	放射虫 (*Radiolaria* sp.)	0.10
		拟细浅室水母 (*Lensia subtiloides*)	0.03	肥胖箭虫 (*Sagitta enflata*)	0.02	锥形宽水蚤 (*Temora turbinata*)	0.09
		五角水母 (*Muggiaea atlantica*)	0.03			小齿海樽 (*D. denticulatum*)	0.08
		细浅室水母 (*L. subtilis*)	0.02			微刺哲水蚤 (*Canthocalanus pauper*)	0.04
						肥胖箭虫 (*S. enflata*)	0.03
						双生水母 (*Diphyes chamissonis*)	0.03
						亚强次真哲水蚤 (*Subeucalanus subcrassus*)	0.02
						弱箭虫 (*S. delicata*)	0.02

　　大亚湾浮游动物优势种组成季节变化非常明显，四季的16种优势种中，没有周年优势种。仅有夜光虫、软拟海樽和肥胖箭虫3种是两季的优势种，其余种类均为一季的优势种类，反映出大亚湾海域生态环境的季节变化较为显著。

　　大亚湾位于亚热带海域，浮游动物群落的种类组成与优势种均有明显的季节更替，但历年来更替率变化明显，呈逐步增加的趋势。1988—1989年有4次优势种更替的高峰，高峰期的平均更替率为69%。2004年春季—夏季的优势种更替率为92.86%，夏季—秋季为44.44%，秋季—冬季为69.23%，季节间平均更替率为68.84%。2007—2008年，冬季—春季的优势种更替率为83.3%，春季—夏季高达100%，夏季—秋季为90.9%，季节间的平均更替率为91.4%。优势种季节更替率的增大，反映出大亚湾海域生态环境的季节变化幅度呈逐步增强的趋势。

　　大亚湾浮游动物优势种组成的变化较大，1987—1989年主要由小拟哲水蚤、鸟喙尖头溞、强额拟哲水蚤、肥胖三角溞、红纺锤水蚤、小长腹剑水蚤、软拟海樽、拟细浅室水母和小箭虫等组成，2004 年除了鸟喙尖头溞、红纺锤水蚤、小长腹剑水蚤和软拟海樽等 4 种外，其他种类均已不在优势种的行列。与本研究调查结果相比，除鸟喙尖头溞、红纺锤水蚤、软拟海樽和拟细浅室水母等 4 种外，其他的种类也不相同，反映出大亚湾海域生态环境发生了较大的变化。

与 2004 年相比，大亚湾浮游动物优势种组成发生明显变化，且主要优势类群也出现变化。1987—1989 年和 2004 年桡足类为大亚湾主要的优势种类，但 2007—2008 年大亚湾的主要优势种类为原生动物。2004 年冬季，优势种由红纺锤水蚤等 9 种组成，除软拟海樽外其他种类完全不同；春季，优势种组成则完全不同；夏季，除第一优势种和肥胖箭虫均为优势种外，其他优势种类也不相同；而两年的秋季优势种组成较为接近，小齿海樽、弱箭虫、肥胖箭虫和红纺锤水蚤 4 种在优势种组成中均有出现。

2004 年春、夏、秋、冬季的第一优势种分别为百陶箭虫（0.05）、鸟喙尖头溞（0.30）、小齿海樽（0.42）、红纺锤水蚤（0.12）；2007—2008 年春季和夏季第一优势种均为夜光虫（优势度分别为 0.85、0.40），秋季和冬季第一优势种分别为鸟喙尖头溞（0.58）和红纺锤水蚤（0.13）。两年各季的第一优势种完全不同，且第一优势种的优势地位呈明显的增强趋势。1987—1989 年大亚湾浮游动物优势种较不突出，2004 年各季第一优势种的平均优势度为 0.22，2007—2008 年平均优势度高达 0.49。单一种优势地位的增高表明大亚湾浮游动物群落的稳定性呈明显的下降趋势。

四、栖息密度变化特征

2003—2005 年 8 个航次调查结果显示，大亚湾海域浮游动物栖息密度的总平均值为 1 884.4 个/m³，同一站位不同季节以及同一季节不同站位的栖息密度差异均较大。

（一）平面分布

各站位浮游动物栖息密度的平均值范围为 293.9～4 893.4 个/m³。平均值最高的是哑铃湾口的 S6 站，为 4 893.4 个/m³（图 6-3），该站 8 个航次调查（即 8 个季度月）的栖息密度范围为 19.2～36 934.7 个/m³，季节间栖息密度差异很大，第一周年冬季最低，仅为 19.2 个/m³，第二周年的夏季最高，达 36 934.7 个/m³，7 个季度月的栖息密度比平均值低，仅第二周年夏季一个季度月高出平均值 8 倍左右。

平均值第二高的是湾口东侧三角洲附近的 S10 站，为 3 751.2 个/m³，该站 8 个季度月的栖息密度范围为 32.4～27 181.8 个/m³，季节间栖息密度差异也很大，第一周年冬季最低，仅为 32.4 个/m³，第二周年夏季最高，达 27 181.8 个/m³。7 个季度月比平均值低，仅第二周年夏季一个季度月高出平均值 7 倍左右。

平均值居第三的是湾口辣甲列岛附近的 S9 站，为 2 601.5 个/m³，该站 8 个季度月栖

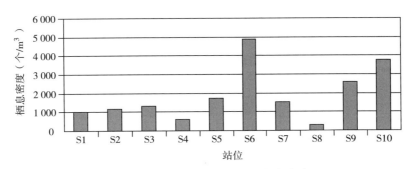

图 6-3　各站位浮游动物平均栖息密度

息密度范围在 32.5～18 981.1 个/m³，季节间栖息密度差异也很大，第二周年春季最低，仅为 32.5 个/m³，第二周年的夏季最高，达 18 981.1 个/m³。7 个季度月比平均值低，仅第二周年夏季一个季度月高出平均值 6 倍左右。

平均值最低的是小辣甲与西岸之间的 S8 站，为 293.9 个/m³，该站 8 个季度月栖息密度范围为 58.9～944.3 个/m³，季节间栖息密度差异相对较小，第一周年冬季最低，仅为 58.9 个/m³，第二周年夏季最高，达 944.3 个/m³。

其余 6 个站的栖息密度为 612.4～1 704.4 个/m³，差异不大。这 6 个站分别是湾顶石化基地附近的 S1 站，湾顶鹅洲附近的 S2 站，湾中的 S3 站，马鞭洲附近的 S4 站，湾顶的 S5 站以及湾东岸惠东巽寮湾附近的 S7 站。

两周年浮游动物栖息密度的平面分布见图 6-4，调查显示浮游动物栖息密度最高的是哑铃湾口的 S6 站。S6 站所处位置较为特殊，在哑铃湾的湾口，离湾内的养殖区、北岸的石化区、西南岸的核电站以及湾中央马鞭洲附近的航道和输油管道工程均较远，基本上可以认为 S6 站浮游动物的栖息密度较高是因为附近区域环境受人类活动影响程度较小。

大亚湾东部沿岸的 S7 站和 S10 站栖息密度也较高，从周围环境的角度考虑，东部沿岸至今没有什么大型工程建设，经济活动比西部沿岸贫乏，这些对环境的影响程度也较小。此外，南海盛行东北季风，在东北风作用下东岸海域形成向西南方向运动的沿岸流，与湾外水流交换也较频繁。这些因素为东部沿岸海域浮游动物提供了良好的生存环境。

对比哑铃湾口的 S6 站以及东部沿岸的 S7 站和 S10 站，湾顶的 S1 站、S2 站、S3 站、S5 站周边人类频繁活动和北岸石化基地的建设对环境的影响程度较大，因而浮游动物的栖息密度也较小。

中央列岛的马鞭洲附近的 S4 站处于航道和石化基地输油管道工程，轮船的通行和输油管道工程的建设对周围海域的扰动使得 S4 站的浮游动物栖息密度也较低。

浮游动物栖息密度最低的为小辣甲与西岸之间的 S8 站。刘胜等人在 2006 年研究的大亚湾核电站对海湾浮游植物群落的生态效应表明：核电站运行后，大鹏澳区域平均水温上升约 0.4 ℃；核电站邻近水域无机氮的含量逐年增加，浮游植物种群结构明显变化，种类数量显著减少。浮游植物数量的减少直接影响了浮游动物的食物来源；此外，核电站的运行致使邻近水域水温升高以及营养盐的改变也会限制浮游动物的生存。由于春、夏、秋三季南海盛行西南风，在西南季风作用下，大亚湾的水流在湾内构成一个顺时针的低速环流系统。核电站的温排水在这种环流作用下，沿岸自西向东影响浮游动物的生存。

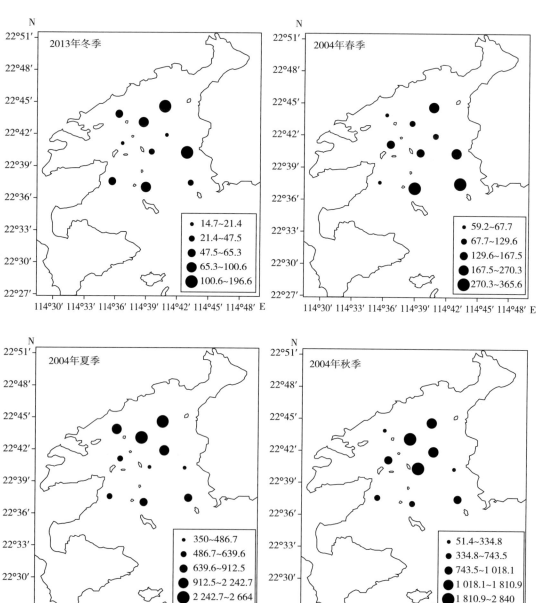

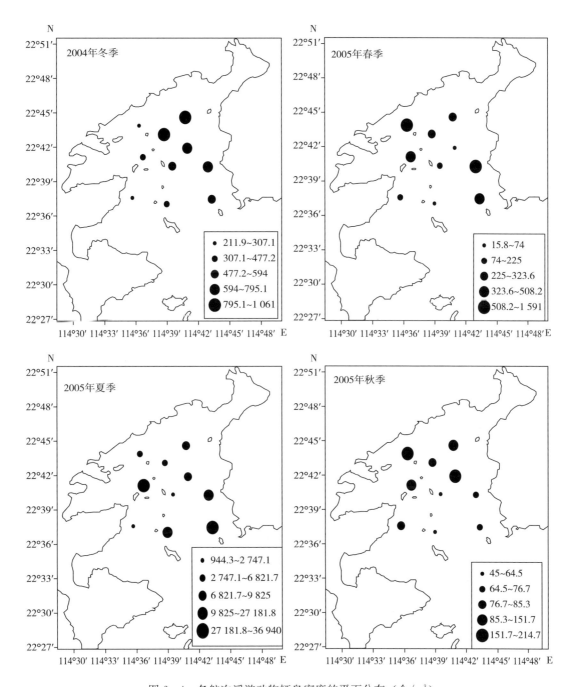

图 6-4　各航次浮游动物栖息密度的平面分布（个/m³）

　　总体而言，从两周年调查浮游动物栖息密度的空间分布来看，大亚湾东部沿岸高于西部沿岸；湾口高于湾顶。这在一定程度上也反映了大亚湾西部和湾顶的水域受人类活动影响的程度大于湾东部和湾口。

（二）季节变化及年际变化

大亚湾浮游动物栖息密度的变动情况较为复杂。1982—2005 年，春季浮游动物的栖息密度在 1990 年前后变动较大（表 6-6），1990 年达到历史最高水平 807.7 个/m³ 后，开始大幅度下降。1991 年降至历史最低水平后，开始缓慢回升，但截至 2005 年仍远低于历史最高水平。从 1982 年起，夏季栖息密度呈升高的趋势，2005 年达到历史最高水平 11 882.0 个/m³。秋季浮游动物栖息密度的年际变化幅度最大，1982 年从 80.0 个/m³ 迅速上升到 1989 年的 1 625.9 个/m³ 后逐年下降，2005 年降至 97.8 个/m³。冬季是栖息密度最低的季节，其年际变动幅度最小，2003 年前，除 1985 年达到 189.3 个/m³ 以外，其余年份栖息密度均低于 100 个/m³，而 2004 年迅速增加至 437.8 个/m³。

表 6-6　大亚湾浮游动物栖息密度的年际和季节变化

单位：个/m³

调查年份	春季	夏季	秋季	冬季	年均	资料来源
1982	759.0	386.0	80.0	39.6	316.0	中国水产科学研究院南海水产研究所内部资料
1985	109.2	578.9	532.9	189.3	352.7	徐恭昭等，1989
1989	—	778.2	1 625.9	80.0	822.9	中国水产科学研究院南海水产研究所内部资料
1990	807.7	837.1	1 219.0	—	727.4	中国水产科学研究院南海水产研究所内部资料
1991	46.0	—	—	—	—	中国水产科学研究院南海水产研究所内部资料
1992	—	920.0	—	—	—	中国水产科学研究院南海水产研究所内部资料
2003	—	—	—	64.2	—	研究调查
2004	162.4	1 013.4	913.3	437.8	631.7	研究调查
2005	350.4	11 882.0	97.8	—	4 110.1	研究调查

注："—"为文献资料或本研究调查未获得相关数据。

大亚湾浮游动物栖息密度的季节变化较为明显，1982 年春季栖息密度最高，总体上春、夏季高于秋、冬季；其后，1989 年和 1990 年秋季栖息密度最高，总体趋势是夏、秋季高于冬、春季；近年来，表现为夏季栖息密度最高，总体趋势夏秋季高于冬、春季。

值得注意的是，在第二周年的夏季浮游动物的栖息密度高达 11 882 个/m³，是其他各航次的 10～100 倍，比栖息密度值居第二的 1 013.4 个/m³ 高出 10 倍以上。结合该航次的种类组成可知，该航次鸟喙尖头溞在各站均大量暴发，优势度达 0.83。资料显示，鸟喙尖头溞属广盐广温种，夏季数量最多，在大亚湾周年都有分布。

总体而言，大亚湾浮游动物栖息密度 2005 年达到历史最高水平，栖息密度的高峰期有明显的推移，季节的变化幅度日趋加剧，表明大亚湾的生态环境发生了较大的变化。

五、生物量变化特征

（一）平面分布

2003—2005 年 8 个航次调查结果显示，大亚湾西北部海域浮游动物生物量的总平均值为 485.9 mg/m³，同一站位不同季节以及同一季节不同站位的生物量差异均较大（图 6-5），具体特征如下。

在 8 个航次调查中，各站位浮游动物生物量的平均值范围为 217.5～832.2 mg/m³。平均值最高的是湾顶石化基地附近的 S1 站，为 832.2 mg/m³，该站 8 个季度月的生物量范围为 69.2～3 416.7 mg/m³。第二周年冬季最低，为 69.2 mg/m³；第二周年秋季最高，达 3 416.7 mg/m³。

平均值第二的是湾顶的 S5 站，为 830.4 mg/m³，该站 8 个季度月的生物量范围为 79.6～3 587.5 mg/m³。第二周年冬季最低，为 79.6 mg/m³；第二周年夏季最高，达 3 587.5 mg/m³。

平均值居第三的是哑铃湾口的 S6 站，为 803.9 mg/m³，该站 8 个季度月的生物量范围为 85.1～2 988.2 mg/m³。第一周年春季最低，为 85.1 mg/m³；第二周年秋季最高，达 2 988.2 mg/m³。

平均值最低的是湾口辣甲列岛附近的 S9 站，为 217.5 mg/m³，该站 8 个季度月的生物量范围为 17.9～1 288.2 mg/m³。第二周年春季最低，仅为 17.9 mg/m³；第二周年夏季最高，达 1 288.2 mg/m³。

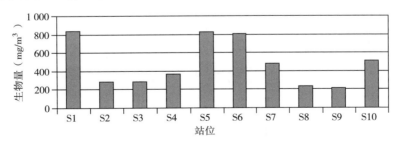

图 6-5　各站位浮游动物生物量

　　结合各站的总平均生物量来看，浮游动物生物量的平面分布有两大特征（图6-6）：其一，湾东部生物量高于西部生物量；其二，湾内中部海域生物量相对较低，近岸水域生物量较高。

　　但浮游动物生物量的平面分布规律与栖息密度的平面分布规律有所不同：湾顶石化基地附近的S1站生物量较高，而栖息密度相对较低；湾口的S9站生物量较低，栖息

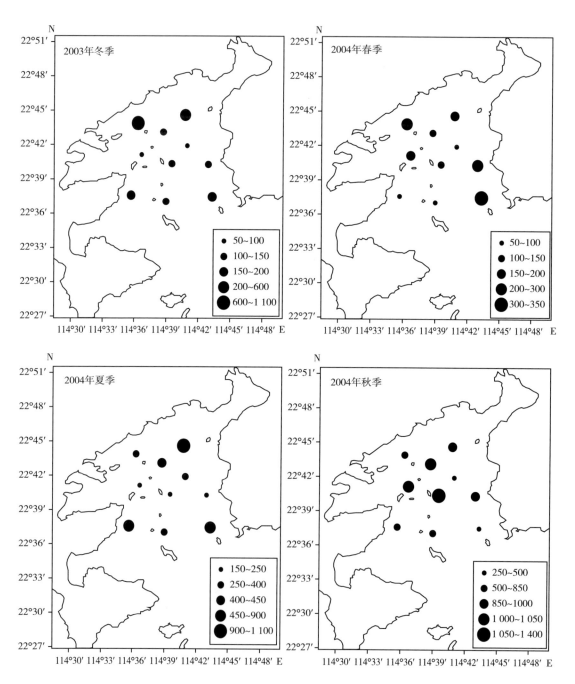

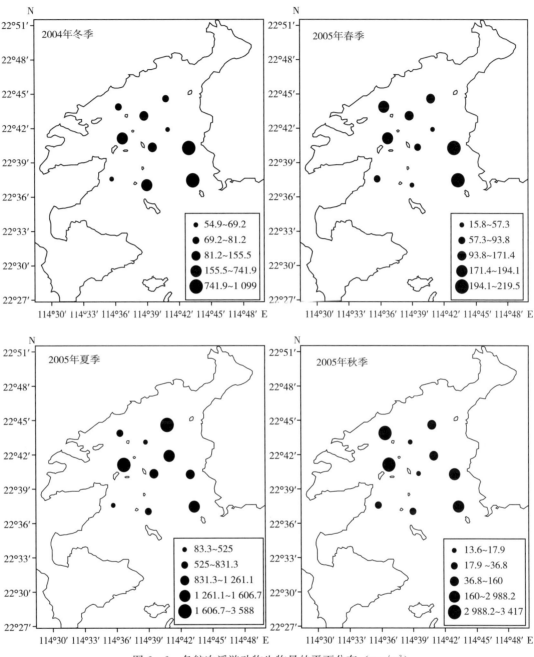

图 6-6　各航次浮游动物生物量的平面分布（mg/m³）

密度却相对较高。通过比较这两个站位各航次的生物量和栖息密度发现：S1 站在第一周年冬季和第二周年秋季生物量分别高达 1 025 mg/m³ 和 3 416.5 mg/m³，而栖息密度却只有 47.5 个/m³ 和 151.7 个/m³。再结合该站位在这两个航次的种类组成看：S1 站在第一周年冬季发现浮游动物 14 种，其中毛颚类和水母类分别有 3 种和 4 种，毛颚类的肥胖箭虫和小箭虫的优势度分别达到 0.10 和 0.07；在第二周年秋季中球型侧腕水母的优势度高达 0.08。由此不难看出，S1 站之所以生物量高而栖息密度低，是由于该站种类组成上毛颚类和水母类等大个体浮游动物占优势；至于 S9 站生物量低而栖息密度高，则是由于第二周年夏季调查中小个体浮游动物鸟喙尖头溞大量暴发，其栖息密度高达 18 981.1 个/m³，在该航次优势度也高达 0.83，使得该站总平均栖息密度升高，该站位在其余航次中栖息密度和生物量处于中等水平。从以上结果可以看出，浮游动物优势种的组成是决定栖息密度与生物量高低的主要因素。

（二）季节变化及年际变化

两周年各季节浮游动物的平均生物量范围为 116.4～1 113.2 mg/m³。

平均值最高的是第二周年夏季，为 1 113.2 mg/m³，该季度月 10 个站的生物量为 83.3～3 587.5 mg/m³，最低的是小辣甲与西岸之间 S8 站，仅为 83.3 mg/m³，最高的是湾顶的 S5 站，达 3 587.5 mg/m³。

平均值第二的是第一周年秋季，为 773.9 mg/m³，该季度月 10 个站的生物量为 278.5～1 358.8 mg/m³，最低的是湾口靠东岸三角洲附近的 S10 站，为 278.5 mg/m³，最高的是马鞭洲附近的 S4 站为 1 358.8 mg/m³。

平均值居第三的是第二周年秋季，为 703.7 mg/m³，该季度月 10 个站的生物量为 13.6～3 416.7 mg/m³，最低的是马鞭洲附近的 S4 站，仅为 13.6 mg/m³，最高的是湾顶石化基地附近的 S1 站，达 3 416.7 mg/m³，除哑铃湾口的 S6 站为 2 988.2 mg/m³ 和湾口靠东岸三角洲附近的 S10 站为 252.9 mg/m³ 以外，其他各站均在 100 mg/m³ 以下。

平均值最低的是第二周年春季，该季度月 10 个站的生物量为 15.8～219.4 mg/m³，最低的是湾中的 S3 站，仅为 15.8 mg/m³，最高的是惠东巽寮港附近的 S7 站，为 219.4 mg/m³。

从 1985—2005 年这 21 年的调查结果来看（表 6-7），春季浮游动物生物量的年际变动较小，基本保持在 100 mg/m³ 的水平，但在量上没有明显的变化规律；夏、秋两季的变化趋势基本一致，这两季的生物量从 1989 年有所上升后开始下降，1992 年后开始有大幅度的上升，2004 年秋季达到最高水平的 773.9 mg/m³，2005 年夏季达到 1 113.2 mg/m³；1985 年冬季生物量为 317.7 mg/m³，此后开始降低，尽管 1990 年后开始回升，但目前还是低于历史最高水平。

大亚湾浮游动物生物量的季节变化较明显，除 1985 年冬季最高和 2004 年秋季最高外，其余年份均为夏季最高，总体趋势为夏、秋季高于冬、春季。

生物量高低与种类组成关系密切，夏、秋季优势种类以暖水性的水母类和毛颚类等大个体浮游动物为主，所以生物量较高；而冬、春季优势种以桡足类等小个体浮游动物为主，所以生物量较低。个别航次生物量的波动情况不一致与航次浮游动物优势种暴发的情况有关。

表 6-7　大亚湾浮游动物生物量的年际和季节变化 （mg/m³）

调查年份	春季	夏季	秋季	冬季	年均	资料来源
1985	84.1	212.6	128.3	317.7	185.7	广东省海岸和海涂资源综合调查大队，1987
1989	—	352.9	285.3	157.8	234.8	徐恭昭等，1989
1990	143.2	255.2	170.7	—	189.7	中国水产科学研究院南海水产研究所内部资料
1991	113.4					中国水产科学研究院南海水产研究所内部资料
1992		138.0				中国水产科学研究院南海水产研究所内部资料
2003	—			256.7		本项目调查
2004	164.1	472.8	773.9	286.4	424.3	本项目调查
2005	116.4	1 113.2	703.7	—	644.4	本项目调查

注："—"为文献资料或本项目调查未获得相关数据。

六、生物多样性

迄今为止，已有描述的世界海洋浮游动物近 7 000 种，其中南大西洋浮游动物约占 40%，并有学者预测未来在此还可发现近 2 000 种。浮游动物多样性反映了浮游动物与其生存环境的相互关系。近 50 年以来，全球变暖造成各大海域海面温度（SST）不同程度地升高，海流分布及各水团混合比例改变，浮游动物通过结构重组和地理分布迁移等方式进行了适应性响应，大部分浮游动物呈向极分布，暖水物种分布区扩大，冷水物种分布区缩小。目前，浮游动物生物多样性研究已成为国际关注的海洋生态重要问题之一。利用 2003—2005 年大亚湾西北部海域 8 个航次调查资料，分析浮游动物的香农-威纳（Shannon-Wiener）多样性指数、Pielou 均匀度指数和 Margalef 丰富度指数。

（一）Shannon-Wiener 多样性指数

Shannon-Wiener 指数包含两个因素：一是种类数目，即丰富度；二是种类中个体分配上的均匀性。种类数目越多，多样性越大；同样，种类之间个体分配的均匀性增加也会使多样性提高。本次调查多样性指数总平均值为 2.96，各航次的平均多样性指数范围为 1.24～3.76；各站位的平均多样性指数范围为 2.26～3.31（表 6-8）。

从多样性指数的时间变化来看，第一周年：春季＞冬季＞夏季＞秋季；第二周年：冬季＞秋季＞春季＞夏季。

从多样性指数的空间变化看：马鞭洲附近的 S4 站最高，湾东岸惠东巽寮湾附近的 S7 站居第二，湾口靠东岸的 S10 站居第三，最低的为湾顶石化基地附近的 S1 站。

表 6-8 浮游动物 Shannon-Wiener 多样性指数

调查时间		站位										平均值
		S1	S2	S3	S4	S5	S6	S7	S8	S9	S10	
第一周年	冬季	3.15	3.78	2.43	3.91	3.99	3.04	4.20	3.50	3.38	3.95	3.53
	春季	2.32	2.32	4.39	4.16	5.27	3.93	4.87	3.58	2.16	4.62	3.76
	夏季	3.03	2.10	3.38	4.02	3.37	3.02	3.39	3.27	3.54	3.30	3.24
	秋季	2.45	1.89	2.70	3.38	2.51	3.42	3.08	3.49	4.09	2.81	2.98
第二周年	冬季	3.17	4.06	2.31	3.87	4.10	3.46	3.80	3.38	3.15	3.53	3.48
	春季	0.58	2.21	1.99	2.89	1.95	2.75	1.80	3.53	3.48	2.68	2.39
	夏季	1.12	1.37	1.62	1.30	1.20	0.76	1.16	1.32	1.06	1.45	1.24
	秋季	2.27	2.56	2.41	2.95	3.02	3.03	3.94	3.37	2.92	3.81	3.03
平均值		2.26	2.54	2.65	3.31	3.18	2.93	3.28	3.18	2.97	3.27	2.96

（二）均匀度指数

Pielou 均匀度指数反映各物种个体数目分配的均匀程度。本次调查均匀度指数总平均值为 0.67，各航次平均均匀度指数范围为 0.24～0.97，各站位的平均均匀度指数范围为 0.61～0.74（表 6-9）。

表 6-9 各站位浮游动物均匀度指数

调查时间		站位										平均值
		S1	S2	S3	S4	S5	S6	S7	S8	S9	S10	
第一周年	冬季	0.83	0.81	0.87	0.94	0.84	0.88	0.80	0.80	0.72	0.91	0.84
	春季	1.00	1.00	0.98	0.93	0.97	0.96	0.97	1.00	0.93	0.96	0.97
	夏季	0.65	0.42	0.63	0.79	0.61	0.62	0.72	0.64	0.63	0.65	0.63
	秋季	0.60	0.37	0.53	0.58	0.48	0.68	0.77	0.69	0.75	0.54	0.60
第二周年	冬季	0.92	0.91	0.59	0.83	0.95	0.80	0.69	0.87	0.61	0.65	0.78
	春季	0.15	0.53	0.63	0.68	0.49	0.63	0.42	0.85	0.82	0.62	0.58
	夏季	0.24	0.27	0.28	0.24	0.23	0.14	0.22	0.27	0.19	0.28	0.24
	秋季	0.53	0.64	0.51	0.77	0.75	0.68	0.87	0.82	0.70	0.83	0.71
平均值		0.61	0.62	0.63	0.72	0.66	0.67	0.68	0.74	0.67	0.68	0.67

从均匀度指数的时间变化来看：第一周年春季＞冬季＞夏季＞秋季；第二周年冬季＞秋季＞春季＞夏季。

从均匀度指数的空间变化来看：小辣甲与西岸之间的 S8 站最高，马鞭洲附近的 S4 站居第二，湾口靠东岸的 S10 和 S7 站居第三，最低的为湾顶石化基地附近的 S1 站。

（三）Margalef 丰富度指数

物种丰富度指标是测定一定空间范围内的物种数目以表达生物的丰富程度。本次调查丰富度指数总平均值为 3.13；各航次的平均丰富度指数范围为 2.31～3.62；各站位的平均丰富度指数范围为 2.04～3.61（表 6-10）。

表 6-10　各站位浮游动物丰富度指数

调查时间		站位										平均值
		S1	S2	S3	S4	S5	S6	S7	S8	S9	S10	
第一周年	冬季	2.33	3.98	1.55	3.85	3.91	2.35	4.86	3.40	3.90	3.79	3.39
	春季	1.26	0.72	3.69	2.20	4.51	2.58	3.70	4.74	0.64	3.15	2.72
	夏季	2.44	2.87	4.05	3.90	4.04	3.14	2.83	3.69	5.26	3.51	3.57
	秋季	2.18	2.88	3.18	5.19	3.70	3.23	2.66	3.82	4.94	3.78	3.56
第二周年	冬季	2.29	4.20	2.04	3.87	4.06	3.00	3.88	3.93	4.72	4.23	3.62
	春季	1.22	2.18	2.03	2.84	1.90	2.41	2.00	2.74	3.61	2.19	2.31
	夏季	2.12	2.80	4.00	3.65	2.99	2.90	2.79	2.93	2.96	2.51	2.97
	秋季	2.48	2.40	3.36	2.37	2.34	3.01	3.66	2.53	2.84	3.74	2.87
平均值		2.04	2.75	2.99	3.48	3.43	2.83	3.30	3.47	3.61	3.36	3.13

从丰富度指数的时间变化来看，第一周年为夏季＞秋季＞冬季＞春季；第二周年为冬季＞夏季＞秋季＞春季。

从丰富度指数的时间变化来看：马鞭洲附近的 S9 站最高，小辣甲与西岸之间的 S4 站居第二，湾顶的 S8 站居第三，最低的为湾顶石化基地附近的 S1 站。

（四）生物多样性评价

本研究调查显示，大亚湾西北部海域浮游动物种类多，多样性水平较高，总平均多样性指数 2.96 与 1987 年的 2.97 相差不大；总平均均匀度指数 0.67 高于 1987 年的 0.57；总平均丰富度指数为 3.13，多样性指数、均匀度指数、丰富度指数的季节变化明显。

多样性指数总体特征是湾东部沿岸海域多样性指数高于西部沿岸海域，湾口多样性指数高于湾顶。

均匀度指数总体特征是东、西沿岸均匀度指数高于湾中部，湾口均匀度指数高于湾顶。

丰富度指数总体特征是湾东部沿岸海域丰富度指数高于西部沿岸海域，湾口丰富度指数高于湾顶。

总体来说，本次调查大亚湾海域浮游动物的多样性指数、均匀度指数、丰富度指数、种（类）数的空间分布规律基本一致，即东岸高于西岸，湾口高于湾顶。出现这一现象可能与大亚湾西北部沿岸人类活动过于频繁对环境造成一定影响有关。

七、群落响应

从调查结果看，桡足类、水母类、毛颚类、翼足类、被囊类为大亚湾的主要类群，以下将着重对这几个类群进行讨论。从表6-11两周年中几个主要类群的种数及其所占百分比来看，被囊类周年均有分布，季节变化较明显，第一周年夏、秋季居多，第二周年春季居多；毛颚类周年均有出现，以冬、夏季居多；水母类周年均有出现，季节变化十分明显，以夏季居多，春季最低；桡足类与水母类分布情况相似，也是季节变化明显，以夏季居多，春季最低；翼足类在冬、春季没有出现，仅在夏、秋季出现，且以秋季居多。

表6-11　各季节浮游动物主要类群的种数及其所占百分比

调查时间		被囊类种数（占该类群总种数百分比）	毛颚类种数（占该类群总种数百分比）	水母类种数（占该类群总种数百分比）	桡足类种数（占该类群总种数百分比）	翼足类种数（占该类群总种数百分比）
第一周年	冬季	1（20%）	7（77.8%）	13（22.4%）	16（23.9%）	0（0）
	春季	3（60%）	5（55.6%）	10（17.2%）	13（19.5%）	0（0）
	夏季	4（80%）	7（77.8%）	20（34.5%）	38（56.7%）	1（12.5%）
	秋季	4（80%）	6（66.7%）	16（27.6%）	28（41.8%）	6（75%）
第二周年	冬季	3（60%）	7（77.8%）	18（31.1%）	23（34.3%）	0（0）
	春季	4（80%）	5（55.6%）	10（17.2%）	8（11.9%）	0（0）
	夏季	2（40%）	6（66.7%）	20（34.5%）	39（58.2%）	2（25%）
	秋季	3（60%）	3（33.3%）	15（25.9%）	12（17.9%）	3（37.5%）

从各大类群的生态习性和分布状况来看，具有以下特点：被囊类、毛颚类、桡足类、水母类在大亚湾海域虽然常年有分布，但是随季节变化出现的种类不同；桡足类、水母类在夏季种数最多，春季最少；被囊类和毛颚类的季节变化不明显。翼足类只在夏、秋季出现，且秋季数量最多，表明秋季是大亚湾海域翼足类最适的生存季节。

大亚湾浮游动物在夏、秋季也呈现出较强的热带性群落特征，冬、春季也有一些暖温带种出现，并且热带外海种类出现较多。优势种组成发生较大变化，百陶箭虫、弱箭虫、美丽箭虫和肥胖箭虫等暖水种的优势地位不断提高。栖息密度的高峰期有明显的推移，季节的变化幅度日趋增大。

八、海水温度上升影响

近年来有研究表明大亚湾表层海水温度较 1985 年平均每年上升 0.07 ℃。海水温度上升对主动游泳能力较弱的浮游动物影响较大，与历史资料相比，部分浮游动物类群尤其是受温度影响较大的暖水性种类在大亚湾的出现情况发生了明显的变化。

海樽类属大洋性浮游动物类群，是暖水性较强的浮游动物，其在大亚湾的分布受外海大洋水支配，而水温是抑制其数量的主要因素。1987 年全年逐月调查表明，其仅在夏季出现率较高（8%～22%），其他月份低于 2%，在水温较低的 3 月则完全绝迹。而 2007—2008 年海樽类在大亚湾全年均有出现，且有较高的出现率，3 月（春季）小齿海樽的出现率达到 48.4%，夏季海樽类的平均出现率为 90.3%，秋季为 74.2%，冬季为 77.4%。2004 年也显示出在大亚湾水温并不是最高的秋季，小齿海樽的优势度高达 0.42。目前海樽类在大亚湾全年均有出现且出现率明显增加，是对大亚湾海水温度上升的响应。

此外，因海水温度上升，暖水性种类枝角类在大亚湾的出现情况也发生了明显的变化。鸟喙尖头溞和肥胖三角溞是大亚湾枝角类的主要种类，历史上其出现有明显的季节变化。1987 年，鸟喙尖头溞在 8 月数量最多，11 月数量急速下降为 3 个，至 12 月下降为 0.5 个，许多站已经绝迹。2007—2008 年，其数量高峰期明显前移至温度较低的 5 月，而在温度较高的 9 月数量急速下降，12 月数量较 9 月有所增加且在大亚湾内广泛分布，出现频率高达 68%；肥胖三角溞 1987 年 1—2 月数量较多，3—5 月大幅下降，6 月绝迹，8 月剧增至最高峰后大幅减少，11 月未出现，12 月少量出现。2007 年 12 月至 2008 年 5 月肥胖三角溞数量较多，无明显波动，出现频率在 65% 以上，随后数量下降，9 月降至最低，出现频率降为 35%，各季均有出现。

总体而言，从近 20 年来浮游动物种类变化情况来看，海水温度升高对浮游动物产生了较为明显的影响，集中表现在以下几方面：

（1）暖水性浮游动物出现高峰期不再在夏季大亚湾高温季节，由原来的 8—9 月提前或推迟　历史上海樽类仅在夏季出现率较高，但 2004 年在温度较低的秋季其仍有较高的优势度。1987 年大亚湾枝角类在 8 月数量达到全年最高峰，而近年来其数量最高峰提前至 5 月。而且鸟喙尖头溞跃居浮游动物第一优势种，枝角类的种数也有所增加。在温度较高的 9 月，其数量大幅下降。说明海水温度的持续增高，使得原来适合暖水性种类生长的夏季海水温度超过海樽类和枝角类的最适范围，使得该时期内数量大幅减少，这些暖水性种类的数量高峰也相应提前或推迟至温度较低的季节。

（2）暖水性种类的季节变化幅度减小，原来绝迹的低温季节，近年来其出现频率明显增加，而且基本上全年均有出现　历史上，因海水温度降低，海樽类在3月、枝角类在11—12月数量大幅降低乃至绝迹。近年来随着海水温度的上升，低温季节仍有一定数量的海樽类和枝角类出现，表明温度的上升改变了暖水性种类的生活周期。

（3）夜光虫优势地位突出　夜光虫也称夜光藻，是主要的赤潮生物种类之一。1985年、1989年和1991年，其数量高峰期均出现在春季，其他季节较少。2004年并未进入浮游动物优势种的行列，而目前是大亚湾浮游动物的主要优势种，是冬季和春季的第一优势种，并具有非常突出的优势地位。其数量不但在春季较高，而且在冬季大亚湾内普遍出现，数量较多，出现频率更是高达97%。近20年来，大亚湾海域活性磷酸盐的浓度有较大幅度的下降，而溶解态的无机氮浓度则上升，总体的营养水平呈上升趋势。目前大亚湾水域已处于中等营养水平，局部水域已有富营养化的迹象，而且富营养化的趋势仍在继续。营养水平的提高有利于赤潮生物的生长。夜光虫优势地位的增强，也反映出大亚湾富营养化进程的加剧。就目前的状况来看，大亚湾冬季和春季均有发生赤潮的潜在因素，需引起注意。

从夜光虫的分布情况来看，冬、春两季，大鹏澳口的核电站附近水域是其高密集区。受核电站温排水的影响，大鹏澳区域平均水温上升约0.4 ℃，水温的升高使该区域的营养水平也明显提高，浮游植物中甲藻和暖水性种类的数量也有增多的趋势。生活状况与营养状况密切相关的底栖动物多毛类，近年来在大亚湾底栖动物群落中的优势地位显著提升，尤其是水温较低的春季和冬季，也在大鹏澳海域出现聚集区。可见，大亚湾生态环境中营养状况的改变已经对海洋生物群落产生了影响，尤其在特殊的季节和区域内有非常明显的体现。

九、结论

通过对2003年12月至2005年5月两周年8个航次调查结果分析，并比对历史资料，得出以下主要结论：

浮游动物种类数的季节变化明显，夏季种类最多，春季最少；桡足类和水母类在大亚湾海域虽然常年有分布，但是随季节变化出现的种类不同，秋季是大亚湾海域翼足类最适的生存季节；软拟海樽、肥胖箭虫、美丽箭虫、弱箭虫、小箭虫、球型侧腕水母是本海区的常年分布种；百陶箭虫、弱箭虫、美丽箭虫、肥胖箭虫等暖水种毛颚类跃居优势种行列，是对大亚湾海域水温上升的一种响应。

从浮游动物栖息密度的空间分布来看，湾东部沿岸栖息密度高于西部沿岸，湾口栖息密度高于湾顶栖息密度，这在一定程度上也反映了大亚湾西部和湾顶的水域受人类活动影响的程度大于湾东部和湾口。

浮游动物生物量的季节变化总体趋势为夏、秋季高于冬、春季。生物量高低与种类组成关系密切，夏、秋季优势种类以暖水性的水母类和毛颚类等大个体浮游动物为主，所以生物量较高，而冬、春季优势种以桡足类等小个体浮游动物为主，所以生物量较低。

大亚湾海域浮游动物的多样性指数、均匀度指数、丰富度指数、种类数的空间分布规律基本一致，东岸高于西岸，湾口高于湾顶。出现这一现象的原因可能与大亚湾西北部沿岸人类活动过于频繁对环境造成一定影响有关。

大亚湾浮游动物群落包括 4 个主要生态类群：河口—内湾类群、暖温带沿岸类群、热带—亚热带沿岸类群、热带性外海类群。群落组成以热带—亚热带沿岸类群占绝大多数，热带大洋种也占较大比例，呈现亚热带海湾浮游动物群落结构的特点。

第三节　微型浮游动物对浮游植物的摄食压力

浮游动物的摄食不仅决定其本身的生长过程，而且是有机物由初级生产向更高营养级流动的关键环节，是海洋生态系统动力学研究的关键内容之一。粒径谱概念的引入使我们能更进一步了解微食物环〔溶解有机物→异养浮游细菌→微型浮游动物（原生动物）→桡足类〕的结构及其与经典食物链（浮游植物→浮游动物→鱼类）的关系。综合当前多个海域的研究结论，总体上，在富营养水域，微型食物网作为牧食食物链的一个侧支，为海域生态系统的能量流动的补充途径，从而提高总生态效率；而在贫营养海域，微型食物网在海洋食物链的起始阶段的作用远大于经典食物链，是能量流动的主渠道。

微型浮游动物包括鞭毛虫、纤毛虫、异养腰鞭毛虫、小型甲壳动物及小的后生动物。据目前较多采用的标准，本研究微型浮游动物指体长小于 200 μm 的浮游动物。微型浮游动物对浮游植物的生长与消亡有重要的下行调控作用；当浮游植物叶绿素的现存量不足以平衡大中型浮游动物（＞200 μm）的新陈代谢所需时，微型浮游动物将以饵料生物的形式起着上行作用，它比浮游植物的营养成分更高，在生态系统能量流动以及限制性营养盐的重新硫化利用方面起着重要作用。微型浮游动物摄食的影响因子主要包括生态因子（如种间的捕食、生长、饵料生物的种类组成与数量）以及环境因子（如光照和温度）。

一、种类组成

春、夏季大亚湾微型浮游动物的调查共记录微型浮游动物 17 种（表 6 - 12），可分为纤毛虫、砂壳纤毛虫、桡足类幼体、轮虫幼体、有孔虫、放射虫等 6 类。其中纤毛虫有 5 科，砂壳纤毛虫有 8 科。两个季节均出现的种类主要有 Clamydodonidae、铃壳纤毛虫科、筒壳虫科、类铃纤毛虫科、杯状纤毛虫科、有孔虫、桡足类幼体等。

表 6-12 春、夏季大亚湾微型浮游动物种类组成

	种类		春季	夏季
纤毛虫		Clamydodonidae	++	++
		Colepide	+	+
	栉毛虫科	Didiniidae	++	
	腔裸口科	Holophryidae	+	
	裂口虫科	Amphileptidae	+	++
砂壳纤毛虫	铃壳纤毛虫科	Codonellidae	+++++	+++++
	筒壳虫科	Tintinnididae	+++++	++++
	类铃纤毛虫科	Codonellopsidae	+++++	+++
	杯状纤毛虫科	Ptychocylidae	+++++	+++
	钟形纤毛虫科	Cyttarocylidae		+
	铃状纤毛虫科	Tintinnidae	++	
	壶状纤毛虫科	Undelidae		
	条纹纤毛虫科	Rhabdonellidae	+	
有孔虫	有孔虫	Foraminifera	+++	++++
放射虫	放射虫	Radiolaria	++++	
轮虫幼体	轮虫幼体	Rotifer nauplii		+
桡足类幼体	桡足类幼体	Copepod nauplii	+++	+++++

二、浮游植物生长率及微型浮游动物的摄食压力

对大亚湾微型浮游动物 4 个季度的摄食结果进行分析（表 6-13），冬季浮游植物的生长率较低，仅为 0.63 d^{-1}，冬季浮游植物加倍的时间 T_d 为 1.1 d，而微型浮游动物的摄食率在四季中最高（1.498 d^{-1}），此时浮游植物的生长处于负增长状态，为 -0.87 d^{-1}。冬季微型浮游动物对浮游植物现存量、初级生产力的摄食压力均处于四季中最高值（156%，252%）。这说明，冬季浮游植物的现存量虽低，但微型浮游动物的摄食压力并

没有随之降低，仍保持在较高的水平。

表 6-13　4 个季度的大亚湾微型浮游动物的摄食结果

季节	站位	P_0 ($\mu g/L$)	R^2	μ (d^{-1})	g (d^{-1})	NGR (d^{-1})	P_s (%)	P_p (%)
冬季	S1	3.29	0.56	1.04	1.05	−0.02	184	101
	S4	1.65	0.91	0.51	1.59	−1.08	132	200
	S7	2.23	0.84	0.21	1.77	−1.56	102	445
	S8	0.74	0.43	1.19	2.08	−0.89	287	126
	S11	1.70	0.64	0.18	1.00	−0.82	76	386
春季	S1	6.55	0.61	0.90	0.88	0.02	144	99
	S4	2.45	0.90	0.59	0.96	−0.7	111	138
	S7	0.70	0.76	1.14	1.74	−0.6	258	121
	S8	1.93	0.53	0.16	0.67	−0.51	57	330
	S11	1.71	0.45	0.51	0.33	0.18	47	70
夏季	S1	6.76	0.70	0.82	0.94	−0.12	139	109
	S4	2.77	0.49	0.58	0.33	0.25	50	64
	S7	2.39	0.63	0.80	0.50	0.30	88	72
	S8	3.64	0.74	0.88	0.92	−0.04	146	103
	S11	1.28	0.55	0.46	0.46	0.00	58	100
秋季	S1	8.25	0.66	0.08	0.24	−0.16	24	271
	S4	2.36	0.90	0.59	0.96	−0.36	112	137
	S7	1.34	0.46	0.43	0.87	−0.46	90	168
	S8	3.94	0.78	0.17	0.85	−0.68	68	368
	S11	2.72	0.75	1.02	1.90	−0.89	235	133

注：P_0 为浮游植物现存量，以叶绿素 a 含量表示；R^2 为相关系数的平方；μ 为浮游植物生长率，g 为微型浮游动物摄食率，NGR 为浮游植物净生长率；P_s 对浮游植物现存率的摄食压力；P_p 为对潜在初级生产力的摄食压力。表中的生长率 μ、摄食率 g、净生长率 NGR 是指单位时间内相对于原来值的比值，以每天实验终了 24 h 后与培养初始的比值表示。

　　春季浮游植物的生长率较冬季有所升高（$0.66\ d^{-1}$），浮游植物加倍的时间 T_d 为 1 d，微型浮游动物的摄食率较冬季有所降低（$0.92\ d^{-1}$），微型浮游动物对浮游植物现存量及初级生产力的摄食压力都较冬季低（123%，152%），但高于夏季。说明春季由于光照、营养盐、水温等条件的影响，浮游植物生长迅速，由于浮游植物大量繁殖，微型浮游动物对浮游植物的摄食压力也就相应减少。

　　夏季浮游植物的生长率由春季的 $0.66\ d^{-1}$ 上升到 $0.71\ d^{-1}$，浮游植物加倍的时间 T_d 为

0.98 d。可以看出，夏季浮游植物生长率为四季最高值，且浮游植物的生长率大于微型浮游动物的摄食率（0.63 d^{-1}），微型浮游动物对浮游植物现存量及初级生产力的摄食压力也处于一年中最低水平。

秋季由于水质理化因子发生改变，水温、光照没有春夏季那样适宜浮游植物的生长，浮游植物的生长率较夏季开始下降（0.46 d^{-1}），而微型浮游动物的摄食率则增高（0.96 d^{-1}），对浮游植物现存量的摄食压力仍维持在较低的水平（106%），但对初级生产力的摄食压力则较夏季有了大幅度提高，由夏季的90%上升到215%。

三、大亚湾微型浮游动物周年摄食结果

对大亚湾微型浮游动物4个季度的摄食结果进行分析，表6-14中列出了微型浮游动物对浮游植物潜在初级生产力的影响（P_p）。冬季微型浮游动物对浮游植物的摄食影响最大，秋季次之，然后是春季、夏季。实验结果表明，大亚湾微型浮游动物对浮游植物的摄食作用有明显的季节变化。笔者认为，上述结果主要由三种原因形成：一是浮游植物的季节生长特点；二是微型浮游动物生物量的季节变动；三是环境因子的影响，如营养盐、海流、水温等。

表6-14　大亚湾浮游植物净生长率及微型浮游动物周年摄食结果分析

指标	冬季	春季	夏季	秋季
μ均值（d^{-1}）（M±SD）	0.63±0.47	0.66±0.38	0.71±0.18	0.46±0.37
g均值（d^{-1}）（M±SD）	1.50±0.47	0.92±0.52	0.63±0.28	0.96±0.60
P_p均值（d^{-1}）（M±SD）	251.60±155.39	151.60±20.18	89.60±20.18	215.40±101.93

四、微型浮游动物的有机氮排泄率

从表6-15中可以看出，大亚湾冬、春、夏、秋4个季节有机氮排泄率的均值分别为（8.07±3.22）mg/（m^3·d）、（6.81±6.31）mg/（m^3·d）、（7.54±7.36）mg/（m^3·d）、（8.47±4.69）mg/（m^3·d）。秋季微型浮游动物的有机氮排泄率最大，夏季各站位间的波动最大。

总氮生产率方面，冬、春、夏、秋的均值依次为（10.07±4.02）mg/（m^3·d）、（8.50±7.87）mg/（m^3·d）、（9.42±9.19）mg/（m^3·d）、（10.57±5.85）mg/（m^3·d）。季节变动特点与有机氮排泄率类似。

对初级生产力的贡献率方面，冬、春、夏、秋的均值依次为（0.37±0.15）%、（0.22±0.14）%、（0.16±0.15）%、（0.24±0.04）%。微型浮游动物氨氮排泄率对初级生产力的贡献率与初级生产力的大小有直接关系，冬季大亚湾微型浮游动物有机氮的排泄对初级生产力的贡献最大。虽然微型浮游动物的有机氮排泄率、总氮排泄率不是最大，但冬季初级生产力低，因此，其对初级生产力的贡献率就相对较大，而夏季初级生产力较高，微型浮游动物氨氮排泄率对初级生产力的贡献率较小。

表 6-15　微型浮游动物有机氮排泄率及其对初级生产力的贡献

季节	站位	有机氮排泄率 [mg/(m³·d)]	总氮排泄率 [mg/(m³·d)]	对初级生产力的贡献 （%）
冬季	S1	10.51	13.12	0.48
	S4	7.98	9.96	0.32
	S7	12.01	14.99	0.43
	S8	4.68	5.84	0.49
	S11	5.14	6.42	0.14
	均值	8.07±3.22	10.07±4.02	0.37±0.15
春季	1	17.54	21.89	0.33
	4	7.16	8.93	0.20
	7	3.71	4.62	0.38
	8	3.93	4.91	0.15
	11	1.71	2.13	0.04
	均值	6.81±6.31	8.50±7.87	0.22±0.14
夏季	1	19.33	24.12	0.42
	4	2.78	3.47	0.07
	7	3.64	4.54	0.11
	8	10.18	12.70	0.17
	11	1.79	2.24	0.05
	均值	7.54±7.36	9.42±9.19	0.16±0.15
秋季	1	6.02	7.52	0.18
	4	6.89	8.60	0.22
	7	3.55	4.44	0.28
	8	10.19	12.72	0.27
	11	15.70	19.59	0.27
	均值	8.47±4.69	10.57±5.85	0.24±0.04

五、结论

(一) 微型浮游动物摄食压力水平及其影响因素

自 Landry 1982 年提出稀释法至今，各国学者已在许多海区利用稀释法研究了微型浮游动物的摄食。本研究根据前人的研究，尝试提出微型浮游动物摄食压力的标准，不考虑海区间浮游植物及微型浮游动物的栖息密度，仅对微型浮游动物的摄食压力进行量化，从而为各海区微型浮游动物摄食压力提供一个参照标准。

$$GP = \frac{S_i}{M}$$

$$S_i = \frac{\sum_{i=1}^{i=n} P_i}{n}$$

$$\overline{M} = \frac{\sum_{i=1}^{k} S_i}{K}$$

式中　GP——微型浮游动物摄食压力标准值；

　　　P_i——研究海域站位 i 处的微型浮游动物摄食压力；

　　　S_i——研究海域摄食压力的平均值；

　　　$\overline{M}$——目前已研究海域微型浮游动物对浮游植物摄食压力的平均值；K 为已研究的 k 个海域。

据有关文献计算，将 GP 值分为三个等级（表 6-16）：

表 6-16　微型浮游动物摄食压力水平等级

压力水平	低	中	高
级别	I	II	III
GP 值	≤0.5	0.5~1.0	>1.0

对世界 36 个海区、海湾微型浮游动物的摄食压力进行统计和计算，得出 $\overline{M}$ 为 95.18。经计算，大亚湾微型浮游动物的摄食压力 GP 值为 1.86，为Ⅲ级水平。将大亚湾微型浮游动物的稀释摄食压力水平与其他海区相比，大亚湾微型浮游动物的摄食压力处于较高水平，比胶州湾、香港东部海域、厦门海域要高，与渤海海域、东海海域、香港西部水域大致相当。

（二）摄食试验的影响因子

Tsuda 及 Kawaguchi 等人研究发现微型浮游动物的捕食率与 nano 级（2～20 μm）浮游植物的生长率具有相关性，两者具有耦合关系（coupling）。从图 6-7 可看出大亚湾微型浮游动物摄食率与浮游植物生长率之间的关系，冬季微型浮游动物的摄食率高于浮游植物的生长率，春秋两季则基本与浮游植物的生长率持平，夏季则低于浮游植物的生长率。冬季微型浮游动物的摄食率高，而此时浮游植物的现存量又最低，对浮游植物的摄食可能无法满足代谢的需要，应由其他食物补充。部分微型浮游动物可能摄食单鞭毛藻，或直接摄食细菌。Stoecker 和 Capuzzo 证实，作为微型浮游动物的饵料，细菌和单鞭毛藻的营养价值高于浮游植物。据此，笔者认为在浮游植物现存量低或不能满足微型浮游动物摄食量的情况下，大亚湾微型浮游动物也很可能摄食细菌或单鞭毛藻。

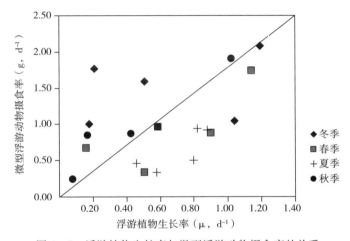

图 6-7　浮游植物生长率与微型浮游动物摄食率的关系

大亚湾春、夏（底层）、秋三季的余流在湾内形成一个顺时针的低速环流系统。夏季南海盛行西南风，在西南季风作用下粤东沿岸上升流带来外海高盐冷水进入大亚湾底层，此顺时针的环流将部分湾口及外海水带进湾内，不仅影响大亚湾春、夏、秋三季微型浮游动物栖息密度变化，亦使微型浮游动物的摄食出现明显的季节变动。在外海及湾口海水的影响下，摄食压力呈减小趋势，在夏季尤为显著，由于外海海流的影响较大，微型浮游动物的摄食压力也最小。由此可推测，外海水的微型浮游动物栖息密度及对浮游植物的摄食压力比大亚湾湾内小。冬季因南海盛行东北季风，在东北季风作用下粤近海形成向西南方向运动的沿岸流，大亚湾口外受低温、低盐的粤东沿岸水支配，因此，粤东沿岸水将随大亚湾的环流从大辣甲以西水域进入湾内。近岸海水的影响使得大亚湾冬季微型浮游动物的摄食压力最高，表明此时近岸微型浮游动物的栖息密度及摄食压力较高。

第四节　大型底栖动物

一、种类组成

2007 年春、秋两季，大亚湾海域共出现大型底栖动物 9 门 112 科 263 种。其中，环节动物 36 科 121 种，软体动物 22 科 44 种，节肢动物 31 科 63 种，棘皮动物 8 科 16 种，腔肠动物 5 科 5 种，扁形动物 3 科 4 种，星虫动物 1 科 2 种，螠虫动物 1 科 1 种，脊索动物 5 科 7 种。

春季，大亚湾海域共出现大型底栖动物 176 种，分属 9 门 76 科。其中，环节动物出现种类数最多，有 100 种；节肢动物出现 29 种，居第二位；软体动物出现 27 种，居第三位；棘皮动物出现 9 种，扁形动物出现 4 种，腔肠动物和脊索动物均出现 2 种，星虫动物出现 2 种，螠虫动物出现 1 种。

与 1987 年春季相比，大亚湾大型底栖动物出现种类数大幅下降。1987 年春季出现 355 种，虽然是采泥和拖网 2 种采样方式的采获结果，但与本次调查结果相比，下降趋势依然明显。软体动物、节肢动物和棘皮动物的出现种类数均呈现大幅下降，而环节动物种类数则明显上升，由 92 种增至 100 种。上述结果表明近 20 年来大亚湾海域生态环境的改变已经对栖息生物产生了显著影响。环节动物以过滤泥吸取营养为生，营养水平升高有利于其生长，有些种类如小头虫等还可作为富营养化的指示种。近 20 年来大亚湾海域营养水平呈明显的上升趋势，湾内环节动物的周转率和生产力水平均明显提高。

种类数的平面分布情况与 1987 年基本一致。种类数较多的站位仍然主要分布于大鹏澳至大辣甲之间和东南面近岸的海域。大亚湾北部海域仍为大型底栖动物种类数较少的区域。虽然平面分布情况未出现明显变化，但种类数则明显下降。1987 年春季，各站种类数为 21～73 种，最高为 73 种；本次调查各站则降至 6～41 种，最高为 41 种。

表 6 - 17 列出了相对重要性指数（IRI）占前 10 位的种类，春季为粗帝汶蛤（Timoclea scabra）、丝鳃稚齿虫（Prionospio malmgreni）、花冈钩毛虫（Sigambra hanaokai）、毛头梨体星虫（Apionsoma trichocephala）、脑纽虫（Cerebratulina sp.）、独毛虫（Tharyx sp.）、克氏三齿蛇尾（Amphiodia clarki）、中蚓虫（Mediomastus sp.）、波纹巴非蛤（Paphia undulata）和不倒翁虫（Sternaspis scutata）。秋季第一主要种类依然为粗帝汶蛤，其他种类发生变化。除脑纽虫、独毛虫、克氏三齿蛇尾、中蚓虫、丝鳃稚齿虫、毛头梨体星虫和波纹巴非蛤等 7 种外，其余 2 种发生变化。

与 2004 年春季研究结果一致，湾内第一优势种仍然为粗帝汶蛤，且其优势地位极为

表6-17 大亚湾大型底栖动物主要种类组成

春季		秋季	
种名	IRI	种名	IRI
粗帝汶蛤（*Timoclea scabra*）	2 416.8	粗帝汶蛤（*T. scabra*）	672.6
丝鳃稚齿虫（*Prionospio malmgreni*）	304.3	双鳃内卷齿蚕（*Aglaophamus dibranchis*）	459.3
花冈钩毛虫（*Sigambra hanaokai*）	225.2	克氏三齿蛇尾（*Amphiodia clarki*）	453.5
毛头梨体星虫（*Apionsoma trichocephala*）	180.1	叶须内卷齿蚕（*Aglaophamus lobatus*）	300.7
脑纽虫（*Cerebratulina* sp.）	158.3	脑纽虫（*Cerebratulina* sp.）	294.9
独毛虫（*Tharyx* sp.）	132.7	波纹巴非蛤（*Paphia undulata*）	248.3
克氏三齿蛇尾（*Amphiodia clarki*）	116.1	独毛虫（*T.* sp.）	145.6
中蚓虫（*Mediomastus* sp.）	101.5	毛头梨体星虫（*A. trichocephala*）	131.4
波纹巴非蛤（*Paphia undulata*）	88.8	丝鳃稚齿虫（*P. malmgreni*）	104.9
不倒翁虫（*Sternaspis scutata*）	77.6	中蚓虫（*Mediomastus* sp.）	103.3

明显，而与1987年相比则发生程度改变。1987年主要种类为双鳃内卷齿蚕、袋稚齿虫、联珠蚶、小鳞帘蛤（粗帝汶蛤）、波纹巴非蛤、模糊新短眼蟹、弯六足蟹和光滑倍棘蛇尾等。除粗帝汶蛤和波纹巴非蛤2种保持不变外，其余种类均发生改变。

二、数量分布

2007年春季，大亚湾海域大型底栖动物平均栖息密度为399.16个/m²，湾顶附近海域密度最高，达2 395.00个/m²；大鹏澳口附近海域次之，为1 785.00个/m²；马鞭洲附近海域密度最低，为60.00个/m²。秋季，栖息密度大幅降低，为125.97个/m²，平面分布情况也发生改变。湾内以湾中东部海域密度最高，为595.00个/m²；大鹏澳口附近海域密度次之，为200.00个/m²；哑铃湾海域最低，仅为5.00个/m²。

2007年春季，大亚湾海域大型底栖动物平均生物量为19.19 g/m²，桑洲附近海域生物量最高，达41.00 g/m²；大鹏澳口附近海域次之，为38.00 g/m²；范和港口海域生物量最低，为6.00 g/m²。秋季，生物量略有所下降，为15.94 g/m²，平面分布情况也发生改变。大三门岛附近海域生物量最高，为66.95 g/m²；范和港口海域生物量次之，为44.50 g/m²；哑铃湾口海域最低，仅为0.05 g/m²。

三、次级生产力

2004年大亚湾海域大型底栖动物年平均栖息密度为396.5个/m²，年平均生物量为

14.99 g/m²，平均次级生产力为 10.22 g/（m²·a）。

大亚湾海域大型底栖动物次级生产力高于近年来在渤海、南黄海和东海以及英国诺森伯林郡（Northumberland）沿海的调查结果（表 6-18），而低于胶州湾，在我国各海域中处于中上水平。这一结果也验证了 Brey（1990）关于大型底栖动物次级生产力随水深增加而下降的推论：各调查海域水深为 Northumberland＞东海＞南黄海＞渤海＞大亚湾＞胶州湾，而大型底栖动物次级生产力则为东海＜Northumberland＜南黄海＜渤海＜大亚湾＜胶州湾。

表 6-18　大亚湾海域大型底栖动物平均次级生产力与其他海域的比较

海区	次级生产力 [g/(m²·a)]	P/B	水深（m）	海水温度（℃）
胶州湾	13.41	1.05	7	12.2
大亚湾	10.22	0.85	12	23.9
渤海	6.49	0.82	19~20	8
南黄海	4.98	1.10	50.6	16
东海	1.62	1.41	74.7	18~20
Northumberland（英国）	1.74	0.44	80	

注：P/B 为次级生产力与生物量的比值。

（一）平面分布

湾内 3 个区域中以湾中部海域次级生产力最高，达 14.07 g/（m²·a）；其次是湾顶海域，次级生产力为 11.74 g/（m²·a）；湾口海域最低，为 5.24 g/（m²·a）。在纯洲、鹅洲和许洲之间水域及长嘴角西北侧水域分别出现 2 个高生产力分布区，并由此向周围递减，湾口和中央列岛附近海域次级生产力最低（图 6-8）。

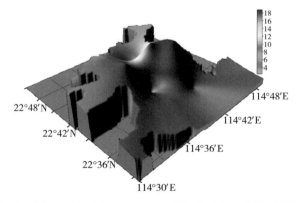

图 6-8　大亚湾海域大型底栖动物次级生产力平面分布（2004 年）

（二）P/B

P/B 是次级生产力与生物量的比值（单位为 a^{-1}），被认为是种群最大可生产量的指示值，该值指出了生物量的轮回次数，其值高低与生物的生命周期密切相关。个体较小、生活史短、繁殖较快、繁殖率高、对环境变化的适应性强的物种，P/B 较高，反之，该值较低。它也反映了一个生态群落内物种新陈代谢率的高低和世代的更替速度。大亚湾海域大型底栖动物的 P/B 为 0.85 a^{-1}，表明该海域大型底栖动物的平均世代更替速度大约为 1.2 年一代。

Brey（1990）提出 P/B 随水温升高而升高的推论，胶州湾、渤海、南黄海和东海的调查结果也印证了这一推论。而大亚湾地处南海，海水年平均温度约为 23.91 ℃，是各海域中最高的。但大亚湾海域大型底栖动物 P/B 除略高于海水温度最低的渤海 0.82 a^{-1} 外，均明显低于其他海域。大亚湾海域大型底栖动物 P/B 说明大亚湾大型底栖动物中，小型种类所占比例远低于其他海域。大亚湾大型底栖动物的种类组成以软体动物占绝对优势，其栖息密度占总数量的 93.3%，生物量占总量的 85.3%。软体动物在大型底栖动物中属个体较大、新陈代谢慢、生活史长的类群，其 P/B 为 0.68 a^{-1}，远低于多毛类和棘皮动物。正是软体动物在大亚湾大型底栖动物中极高的数量优势，致使大亚湾海域大型底栖动物 P/B 较低。

（三）各类群次级生产力

如表 6-19 所示，大亚湾大型底栖动物各个类群的数量差异较大，其次级生产力也有较大的差异。

表 6-19　大亚湾大型底栖动物各类群年平均栖息密度、生物量和次级生产力（2004 年）

类群	年平均栖息密度（个/m²）	年平均生物量（g/m²）	次级生产力[g/(m²·a)]	P/B（a^{-1}）
软体动物	341.7	12.55	8.80	0.68
多毛类	32.9	0.28	0.46	1.62
棘皮动物	11.3	0.52	0.37	1.28
甲壳类	12.3	0.74	0.09	0.12
其他类群	6.67	0.90	0.51	0.59
全类群	396.5	14.99	10.22	0.85

各类群中以软体动物的年平均栖息密度和年平均生物量最高，分别为 341.7 个/m² 和 12.55 g/m²，次级生产力达 8.80 g/(m²·a)，在总次级生产力中的贡献率高达 86.1%（图 6-9），其平面分布与总次级生产力基本一致，是大亚湾大型底栖动物的重要类群。

软体动物个体较大、生命周期较长，其周转率较低，P/B 为 $0.68\ a^{-1}$，平均世代更替速度大约为 1.5 年一代。

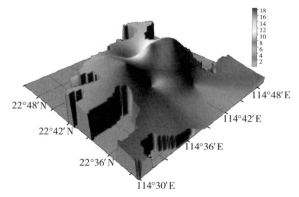

图 6-9 2004 年大亚湾海域软体动物次级生产力平面分布 [单位：g/ （m² · a）]

环节动物多毛类个体较小，虽然年平均栖息密度较高，达到 32.9 个/m²，但年均生物量仅为 0.28 g/m²。因其较高的周转率（P/B=$1.62\ a^{-1}$），平均 7 个月可完成一个世代的更替，是大亚湾海域大型底栖动物中世代更替最快的类群。因此年次级生产力较高，达到 0.46 g/(m² · a)，在总次级生产力中的贡献率为 4.5%。湾内以鹅洲西北侧近岸水域次级生产力最高，中央列岛附近海域次级生产力最低，其他海域次数生产力在 0.5 g/(m² · a) 左右（图 6-10）。

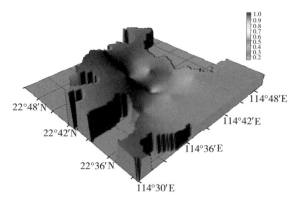

图 6-10 2004 年大亚湾海域环节动物多毛类次级生产力平面分布 [单位：g/ （m² · a）]

棘皮动物年均栖息密度为 11.3 个/m²，年均生物量为 0.52 g/m²，次级生产力为 0.37 g/(m² · a)，在总次级生产力中的贡献率为 3.6%。如图 6-11 所示，以湾口的次级生产力最高，并在大鹏澳口形成高次级生产力分布区。棘皮动物次级生产力由湾口向湾内迅速降低，湾顶水域次级生产力最低。棘皮动物年周转率较高，P/B=$1.28\ a^{-1}$，即 9 个月完成一个世代的更替。

甲壳动物个体较大，虽然年均栖息密度仅为 12.3 个/m²，但年均生物量为 0.74 g/m²，其次级生产力为 0.09 g/(m² · a)，在大型底栖动物总次级生产力中的贡献率最低，仅为 0.9%。湾顶西北部甲壳类次级生产力最高，此外在马鞭洲附近水域次级生产力较高，其他水域甲壳类次级生产力均维持较低水平（图 6-12）。甲壳动物在底栖动物各类群中年周转率最低，P/B＝0.12 a^{-1}。

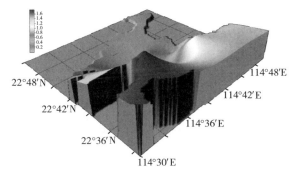

图 6-11 2004 年大亚湾海域棘皮动物次级生产力平面分布［单位：g/（m^2 · a）］

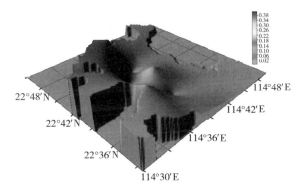

图 6-12 2004 年大亚湾海域甲壳动物次级生产力平面分布［单位：g/（m^2 · a）］

（四）次级生产力历史水平

为探讨大亚湾海域大型底栖动物次级生产力的变化情况，利用 1988 年冬、夏两季调查资料，进行大型底栖动物次级生产力计算。结果表明，在过去的十几年间（1988—2004 年），大亚湾海域大型底栖动物随着栖息密度、生物量的变化，其次级生产力和年周转率也发生了变化（表 6-20）。

表 6-20 大亚湾大型底栖动物各类群年平均栖息密度、生物量和次级生产力（1988 年）

类群	年平均栖息密度（个/m^2）	年平均生物量（g/m^2）	次级生产力［g/（m^2 · a）］	P/B（a^{-1}）
软体动物	446.33	6.54	5.56	0.85
多毛类	12.00	0.25	0.36	1.44
棘皮动物	23.33	2.06	1.29	0.63
甲壳类	12.53	0.10	0.01	0.10
其他类群	3.00	0.05	0.04	0.80
全类群	497.2	9.00	7.25	0.76

1988 年大亚湾海域大型底栖动物年均栖息密度较 2004 年高，为 497.2 个/m²，但年均生物量远低于 2004 年，为 9.00 g/m²，次级生产力和周转率均低于 2004 年，分别为 7.25 g/(m²·a) 和 0.76a⁻¹（表 6-20）。湾内次级生产力的分布情况也发生较大变化（表 6-21），1988 年湾顶海域次级生产力最高，达到 9.61 g/(m²·a)；其次是湾口海域，为 7.68 g/(m²·a)；湾中部水域最低，仅为 1.58 g/(m²·a)，而 2004 年湾中部海域大型底栖动物的次级生产力却大幅上升，导致平面分布趋势发生显著变化，呈现湾中部＞湾顶＞湾口海域的状况。在湾中部的纯洲、鹅洲和许洲之间水域及长嘴角西北侧水域分别出现 2 个高次级生产力分布区，并由此向周围递减，湾口和中央列岛附近海域次级生产力最低。

2004 年湾内 3 个区域中，大型底栖动物的周转率及变化情况均有所差异。与湾顶数量变化趋势模型反映的结果一致，湾顶海域大型底栖动物的周转率最高。与历史结果相比，虽然次级生产力有所上升，但周转率却略有下降。该现象与湾顶海域软体动物的主导地位显著提高有关；湾中部海域大型底栖动物次级生产力和周转率变化均最为显著，1988 年该海域内大型底栖动物次级生产力和周转率在 3 个区域中最低，而 2004 年却出现大幅度上升。可能频繁的渔业活动和大量的人为投入等人为扰动刺激了该海域内大型底栖动物的生长，致使大型底栖动物次级生产力显著提高；湾口海域大型底栖动物次级生产力因大鹏澳口和沙厂西侧海域次级生产力的降低而下降，但该海域大型底栖动物的周转率依然保持稳定，与该海域远离人类活动频繁区，受到的人为扰动相对较小有关（表 6-21）。

表 6-21　大亚湾海域各区域大型底栖动物次级生产力年际变化

年份	湾顶海域		湾中部海域		湾口海域		全海域	
	次级生产力 [g/(m²·a)]	P/B (a⁻¹)	次级生产力 [g/(m²·a)]	P/B (a⁻¹)	次级生产力 [g/(m²·a)]	P/B (a⁻¹)	次级生产力 [g/(m²·a)]	P/B (a⁻¹)
1988	9.61	1.11	1.58	0.75	7.68	0.80	7.25	0.76
2004	11.74	0.96	14.07	0.94	5.24	0.80	10.22	0.85

1988 年，大亚湾内在范和港口、廖哥角和大鹏澳口及沙厂西侧海域 3 处为高次级生产力分布区，中央列岛附近海域次级生产力较低（图 6-13）。

软体动物次级生产力为 5.56 g/(m²·a)，依然在总次级生产力中的贡献率最高，达到 76.7%，平面分布情况与总次级生产力基本一致；多毛类次级生产力为 0.36 g/(m²·a)，在总次级生产力中贡献率为 5.0%；棘皮动物次级生产力为 1.29 g/(m²·a)，在总次级生产力中占 18.0%；甲壳类次级生产力最低，仅为 0.01 g/(m²·a)，占总次级生产力的0.1%。多毛类、棘皮动物和甲壳类次级生产力平面分布情况基本一致，高生产力区均分布在大鹏澳口北部水域，沙厂附近水域也较高，湾内其他水域次级生产力较低（图6-14）。

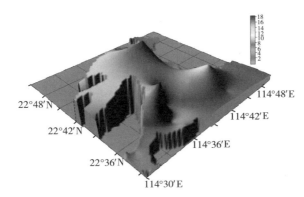

图6-13　1988年大亚湾海域大型底栖动物次级生产力平面分布［单位：g/（m² · a）］

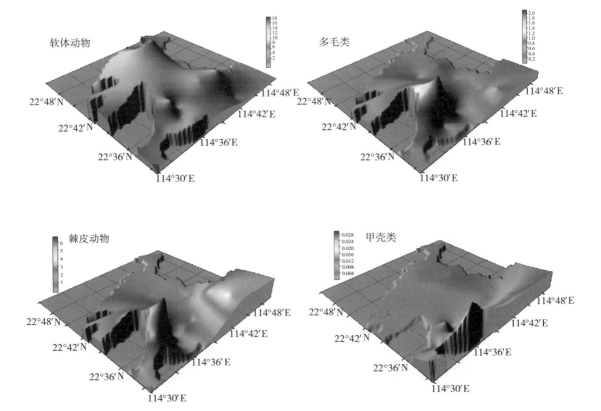

图6-14　1988年大亚湾海域大型底栖动物各类群次级生产力平面分布［单位：g/（m² · a）］

与1988年相比，2004年各类群次级生产力平面分布情况均发生变化，主要表现为：大鹏澳口附近和沙厂附近的高次级生产力区消失、湾顶的高次级生产力区向湾内推移。

2004 年大型底栖动物次级生产力高于 1988 年，各类群中除棘皮动物的次级生产力大幅下降外，软体动物、多毛类和甲壳类的次级生产力均明显增加。从年周转率来看，软体动物的年周转率却明显减小，即其生命周期增长，完成一个世代更替的时间由 1988 年的 1.2 年增加到 2004 年的 1.5 年。但多毛类、棘皮动物和甲壳类的世代更替率明显加快，其中以棘皮动物变化最为显著，其完成一个世代更替的时间由 1988 年的 1.6 年缩短到 2004 年的 0.8 年。大亚湾海域大型底栖动物年周转率呈上升趋势。由此表明，大亚湾海域大型底栖动物次级生产力的增加是通过生物新陈代谢速度加快、周转率提高实现的。这一结论与大亚湾生态系统 Lindeman 营养金字塔提供的结果完全一致，即大亚湾高输出系统是依赖快速周转来维持系统的高生产力，这种现象集中体现在湾中部海域。

四、物种多样性

春季，大亚湾海域大型底栖动物平均均匀度指数为 0.79，海域内变化较大（SD＝0.23），湾顶最低，大辣甲以南海域最高。秋季，全海域平均均匀度指数较春季高，为 0.86，海域内变化较小（SD＝0.17）。湾中东部海域最低，其余海域均较高。

春季，大亚湾海域大型底栖动物平均多样性指数为 3.28，海域内变化较小（SD＝1.09），湾顶最低，桑洲附近海域最高。秋季，大型底栖生物多样性指数有所下降，为 2.78，平面分布情况也发生改变。哑铃湾最低，马鞭洲附近海域最高。

五、群落结构

采用非参数多变量群落结构分析大亚湾海域大型底栖动物的群落结构，为减少机会种对群落结构的干扰，去除在总栖息密度中相对栖息密度＜10％的种之后，对种类栖息密度进行开四次方根转换，以平衡优势种和稀有种在群落中的作用。对转化后的结果计算站位间 Bray-Curtis 相似性系数，构建相似性矩阵，根据相似性矩阵进行组间平均聚类（group average cluster）分析。

图 6-15 是对春季在总栖息密度中所占比例在 10％以上的大型底栖动物栖息密度的相似性矩阵进行聚类分析的结果。由聚类分析结果可知，春季大亚湾大型底栖动物可划分为 2 个群落，群落Ⅰ基本上分布于巽寮湾至大鹏澳口以北的湾内海域内。而其他站位组成群落Ⅱ，分布于巽寮湾至大鹏澳口以南的湾口海域内（图 6-16）。通过聚类分析表明，秋季大亚湾大型底栖动物可划分为 3 个群落，群落Ⅱ分布于大亚湾大部分海域内，为秋季的主体群落。群落Ⅰ分布于巽寮湾和大鹏湾附近海域，群落Ⅲ分布于范和港至霞涌的湾顶东部海域内，群落Ⅰ和群落Ⅲ分布范围较小。

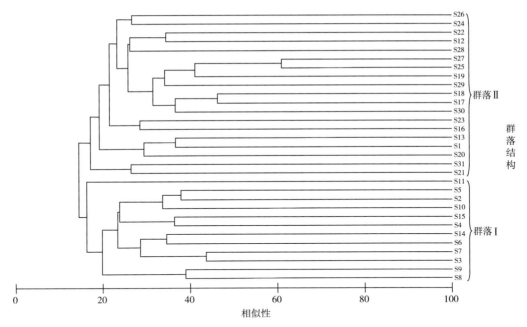

图 6-15 大亚湾大型底栖动物春季群落结构的聚类图

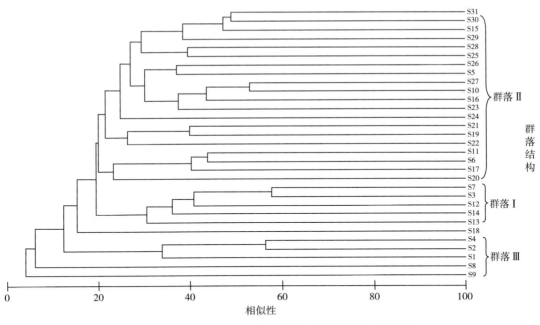

图 6-16 大亚湾大型底栖动物秋季群落结构的聚类图

六、群落稳定性

通过栖息密度生物量法 ABC 曲线（abundance-biomass comparison curves）对群落的稳定性和受扰动状况进行分析。

如图 6-17 大型底栖动物群落 ABC 曲线所示，大亚湾海域春、秋两季大型底栖动物的栖息密度和生物量曲线均出现交叉和翻转现象，表明大亚湾海域处于较为强烈的扰动状态之下。秋季的受扰动情况明显强于春季。

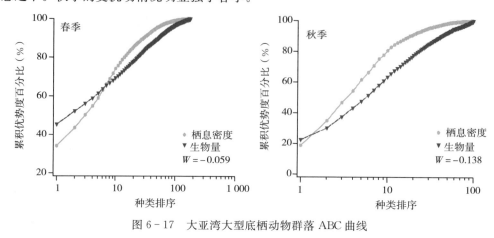

图 6-17　大亚湾大型底栖动物群落 ABC 曲线

七、群落演替

通过对 20 多年来积累的大亚湾海域泥采大型底栖动物资料的分析和研究，发现在过去的 20 多年间，大亚湾海域大型底栖动物群落处于一个连续渐进的演替过程中，发生了较大程度的改变。具体体现在以下几个方面。

（一）种类组成

在出现种类数下降的同时，海域大型底栖动物原有物种大量消失、新物种大批出现。20 世纪 80 年代和 21 世纪初大型底栖动物共有种为 47 种，两个年代间的种类减少率为 54.1%，新增率为 58.8%。1984 年和 2004 年大型底栖动物的种类相似性仅有 26.3%，在过去的 20 年间，大型底栖动物群落的种类组成发生了很大程度的演替。大亚湾大型底栖动物群落由一种优势地位极强的种类主导，随着群落种类组成的简单化，单一种的优势地位逐年增加。主要种类组成更替频繁，随时间的推移其更替率逐渐增大。

（二）数量年际变化

模型模拟结果表明，大亚湾海域大型底栖动物数量呈逐年增长的趋势，个体呈小型化的趋势。数量变化趋势受增长趋势和季节性周期变化的共同影响，其中以增长趋势为主，季节的周期性变化影响相对较小。湾内 3 个区域中，以湾顶海域的数量最高、航次间变化幅度最大。湾口海域数量最低，变化幅度也最小。湾顶海域受人类活动影响的冲击最为直接和显著，该海域大型底栖动物栖息密度呈缓慢下降趋势，年内周转速度在 3 个区域中最快。湾中部海域大型底栖动物数量呈明显的上升趋势，该区域大型底栖动物个体最大，频繁的渔业活动和大量的人为投入，使其年输出量（年损失量）在3个区域中也最大。湾口海域水动力条件最好，大型底栖动物的数量季节变化幅度最大。该区域离人类活动频繁区最远，受外界干扰影响的冲击最小，大型底栖动物数量呈现较缓慢的逐年增长的态势，其生长情况虽出现个体小型化的趋势，但生长状况较接近自然生长状态。

（三）数量季节变化与平面分布的年际变化

大亚湾海域大型底栖动物数量的季节变化趋势未发生较大变动，但栖息密度的季节变化幅度明显减小，引发季节变化的主要物种也发生了改变；大亚湾大型底栖动物数量的平面分布情况发生了较大程度的改变。在过去的20多年间，大亚湾海域大型底栖动物高生物量分布区有从湾西侧中部海域呈顺时针方向推移的趋势。2003年以前大亚湾内大型底栖动物栖息密度的平面分布情况变动不大，基本上保持了湾顶＞湾中部＞湾口的趋势。近年来该趋势发生较大变化，栖息密度高密集区由湾顶向湾中东部海域推移，湾顶海域栖息密度下降、湾中部栖息密度上升，总体呈湾中部＞湾顶＞湾口的趋势。可见多年来湾顶沿岸海域的频繁人类活动对大型底栖动物群落产生的影响已经开始明显体现。

（四）次级生产力

大亚湾高输出系统是依赖快速周转来维持系统的高生产，在持续的人类活动的扰动下，大亚湾大型底栖动物新陈代谢加快、周转率提高，次级生产力明显增加。平均次级生产力由1988年的7.25 g/(m² · a)增至2004年的10.22 g/(m² · a)，而平均世代更替速度则由1988年的1.3年一代降至1.2年一代。在人为扰动影响较大的区域——大鹏澳口、沙厂西侧海域，大型底栖动物的次级生产力明显降低。受人类活动影响冲击最直接的湾顶海域，大型底栖动物周转率最高；在强烈人为扰动和频繁的渔业活动影响下的湾中部海域，大型底栖动物生产力和周转率增幅最大；远离人类活动频繁区未受到明显扰动的湾口海域，大型底栖动物周转率保持恒定。

（五）物种多样性

在持续的人类活动影响下，20年以来大亚湾大型底栖动物多样性水平处于波动状态，大型底栖动物多样性水平波动较大的时段与人类活动的频繁期基本吻合。20世纪80年代多样性水平较高，随着大亚湾进入社会经济飞速发展阶段，大型底栖动物群落受到人类活动的影响明显增强，多样性水平大幅下降。在持续扰动下，20世纪90年代中后期至21世纪初的这个时段内，群落处于逐步恢复之中；21世纪初多样性恢复到较好水平之后，扰动强度增大，多样性水平又明显下降。大型底栖动物群落多样性水平波动最显著的区域就是受人类活动影响最大的湾顶和湾中部海域，正是这两个区域大型底栖动物多样性

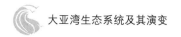

水平的变化引发了大亚湾大型底栖动物群落整体多样性水平的变动。

（六）群落结构

大亚湾大型底栖动物群落从 1982 年起始终处于扰动状态中，群落稳定性较弱。20 多年来大型底栖动物群落结构的变化基本上反映了大亚湾人类活动影响的情况。对持续扰动的影响，大型底栖动物体现出一定的适应性。大型底栖动物经历了扰动—适应—恢复—再扰动的过程，在这个过程中，群落结构由一个大群落逐渐分化为几个稳定性不同的群落。分布于湾顶和湾中大部分海域内受扰动最显著的群落，其组成逐渐简单化，单一种的优势地位不断增强，稳定性较差；湾口海域群落组成较为复杂，有一定的变化，群落受扰动影响小、稳定性好；马鞭洲附近海域群落是受到强烈人为扰动后，经次生演替而产生的与湾内其他群落有较大区别的独立群落，其种类组成变化较大，对环境变化的耐受性较差。

（七）群落适应性

底栖动物栖息于海底，其分布变化情况一般比水层内的动物（浮游动物、游泳动物）稳定得多，因此，群落自然演替不可能在 20 年内显示出如此大的变化。底栖动物与其生活的底质沉积生境有密切关系，人类活动常导致底栖动物群落结构与生物多样性产生显著的变化。许多对海洋生态系统的长期研究都发现大型底栖动物的组成和结构均发生了显著的变化。从 20 余年大亚湾大型底栖动物群落的发展过程来看，在人类活动的影响下，大亚湾大型底栖动物群落处于异源演替的过程中，其种类减少、结构简单化、主要种类组成频繁更替、单一种的优势地位加强。在持续的环境胁迫作用下，大型底栖动物产生一定的适应性，主要表现在以下两个方面：①周转率明显加快、个体小型化，致使群落数量和次级生产力有所上升；②群落在受到人类活动的扰动时，其群落多样性水平和稳定性下降、结构发生分化，在持续扰动下，群落多样性水平和稳定性会逐渐恢复，群落分化也趋于稳定，如果扰动强度继续增大，群落多样性水平和稳定性又会明显下降。

第五节　渔业资源

一、鱼类

（一）种类组成

2004—2005 年在大亚湾海域共记录鱼类 107 种，分属 13 目 50 科。以鲈形目（Perciformes）为主，有 29 科 64 种，占总种数的 59.8%。在各科中，又以鲹科（Carangidae）和石首鱼科（Sciaenidae）的种数最多，各为 8 种；其次是鳀科（Engraulidae）和鲱科（Clupeidae），各为 7 种；其余各科均不超过 5 种。

（1）栖息水层　在出现的 107 种鱼类中，以中下层鱼类的种类最多，为 48 种，占总种数的 44.86%；其次是中上层鱼类和底层鱼类，分别为 37 种和 21 种，各占总种数的 34.58% 和 19.63%；岩礁鱼类仅有 1 种，占总种数的 0.93%。

（2）适温性　大亚湾海域鱼类呈明显的热带和亚热带特性，所有种类均属暖水性和暖温性种类，无冷温性和冷水性种类，且以暖水性种类占绝对优势，有 97 种，占总种数的 90.65%；暖温性种类有 10 种，占总种数的 9.35%。

（二）多样性指数的季节变化

由于鱼类不同种个体和同种个体之间差别较大，Wilhm 提出以生物量代替个体数计算的多样性结果更接近种类间能量的分布。按 Wilhm 改进公式计算各季的多样性指数（图 6-18）。由图 6-18 可看出，种数以夏季最高（57 种），春季最低（36 种），由夏季向秋季、冬季和春季递减。大亚湾鱼类群落多样性指数的变化范围为 2.396～3.815，平均为 3.146。以夏季最高（3.815），春季最低（2.396），秋、冬季变化不大。均匀度指数的变化趋势与多样性指数一致。

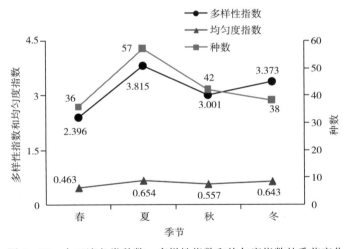

图 6-18　大亚湾鱼类种数、多样性指数和均匀度指数的季节变化

（三）优势种

在海洋鱼类群落中，由于物种分布季节动态多呈现洄游性更替节律，导致鱼类群落结构的时序相对不稳定。采用 Pinkas（1971）提出的相对重要性指数（index of relative importance，*IRI*）来判别大亚湾鱼类的优势种，该指数结合个体数、生物量组成和出现频率等信息，已被广泛应用于鱼类摄食生态和群落优势种组成的研究中。

表6-22列出了大亚湾鱼类各季相对重要性指数占前10位的种类，不同季节种群的相对重要性指数有较大差异，主要种类的组成季节更替明显。除斑鰶（*Clupanodon punctatus*）和前鳞骨鲻（*Osteomugil ophuyseni*）为周年的重要种类，月腹刺鲀（*Gastrophysus lunaris*）、油魣（*Sphyruena pinguis*）、短吻鲾（*Leiognathus brevirostris*）和康氏小公鱼（*Stolephorus commersoni*）为3个季节共有的重要种类外，其他主要种类均交替出现于各季。

表6-22 大亚湾海域各季主要鱼类的相对重要性指数

冬季		春季		夏季		秋季	
种名	IRI	种名	IRI	种名	IRI	种名	IRI
竹筴鱼（*Trachurus japonicus*）	6 389	短吻鲾（*Leiognathus brevirostris*）	2 589	青鳞小沙丁鱼（*Sardinella zunasi*）	8 079	康氏小公鱼（*Stolephorus commersoni*）	4 110
二长棘鲷（*Parargyrops edita*）	6 330	康氏小公鱼（*Stolephorus commersoni*）	2 170	赤鼻棱鳀（*Thrissa kammalensis*）	1 839	斑鰶（*Clupanodon punctatus*）	2 899
斑鰶（*Clupanodon punctatus*）	925	斑鰶（*Clupanodon punctatus*）	1 995	前鳞骨鲻（*Osteomugil ophuyseni*）	1 403	多齿蛇鲻（*Saurida tumbil*）	676
鲐（*Pneumatophorus japonicus*）	414	前鳞骨鲻（*Osteomugil ophuyseni*）	1 837	康氏小公鱼（*Stolephorus commersoni*）	1 375	黄吻棱鳀（*Thrissa vitirostris*）	618
前鳞骨鲻（*Osteomugil ophuyseni*）	219	青鳞小沙丁鱼（*Sardinella zunasi*）	746	斑鰶（*Clupanodon punctatus*）	993	短吻鲾（*Leiognathus brevirostris*）	469
月腹刺鲀（*Gastrophysus lunaris*）	80	二长棘鲷（*Parargyrops edita*）	705	短吻鲾（*Leiognathus brevirostris*）	949	前鳞骨鲻（*Osteomugil ophuyseni*）	294
油魣（*Sphyraena pinguis*）	35	黄斑鲾（*Leiognathus bindus*）	486	丽叶鲹（*Carangoides kalla*）	755	带鱼（*Trichiurus haumela*）	189
黑鲷（*Sparus macrocephalus*）	33	黄斑篮子鱼（*Siganus oramin*）	360	月腹刺鲀（*Gastrophysus lunaris*）	91	月腹刺鲀（*Gastrophysus lunaris*）	134
白姑鱼（*Argyrosomus argentatus*）	27	油魣（*Sphyraena pinguis*）	181	多齿蛇鲻（*Saurida tumbil*）	90	油魣（*Sphyraena pinguis*）	115
银牙𩾌（*Otolithes argenteus*）	26	杜氏棱鳀（*Thrissa dussumieri*）	128	带鱼（*Trichiurus haumela*）	65	鹿斑鲾（*Leiognathus ruconius*）	88

大亚湾海域鱼类优势种的更替较为明显，20世纪80—90年代调查中出现的重要鱼类

主要有斑鰶、条鳎、带鱼和银鲳4种。2004—2005年调查除斑鰶仍居优势种首位外，其余3种优势种均发生了变化，被小型和低值的小沙丁鱼、小公鱼和二长棘鲷幼鱼所替代。

（四）群落结构

1. 群落划分

根据2007年12月（秋季）和2008年5月（春季）在大亚湾开展的渔业资源数据资料，运用多元分析方法分析大亚湾鱼类的群落格局、主要特征鱼类和空间格局的季节变化。图6-19是各采样站位按鱼类生物量进行聚类分析、非度量多维尺度法（NMDS）排

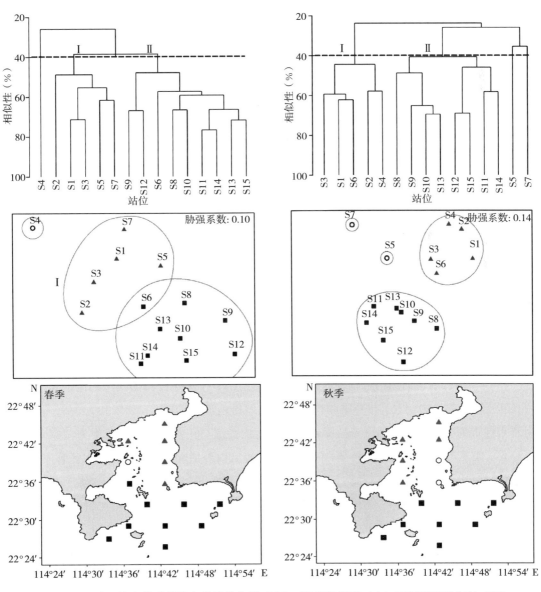

图6-19 大亚湾鱼类采样站点的聚类分析（上）、NMDS排序（中）和群落空间分布（下）

序和群落空间分布的结果。春季和秋季 NMDS 分析结果的胁强系数分别为 0.10 和 0.14，表明该图形较好地反映了群落间的相似性程度。各季节站次聚类分析和 NMDS 分析结果基本一致，若以各群落 40% 的相似性为界，大亚湾鱼类在春季和秋季均可划分为 2 个群落（群落Ⅰ和群落Ⅱ），其中群落Ⅰ和群落Ⅱ在春季相似性分别为 54.91% 和 56.53%，在秋季的相似性分别为 50.57% 和 46.77。群落间的 ANOSIM 检验表明，各季节群落间的差异极为显著（春季：$R=0.803$，$P<0.001$；秋季：$R=0.855$，$P<0.001$），表明群落划分是可行的。通过 RELATE 检验，对春、秋两季渔获率的相似性矩阵进行 Spearman 相关分析，结果表明，大亚湾鱼类群落结构的季节变化较为稳定（$R=0.638$，$P<0.001$）。

根据春季和秋季鱼类各群落所属的优势种情况，并结合群落分布区域，将这些群落类型分别命名为咸淡水湾内鱼类群落（群落Ⅰ）和海水广布湾口鱼类群落（群落Ⅱ）（图 6-19）。从春、秋两季各站位所属群落可看出，大亚湾鱼类群落格局相对较为稳定。

2. 群落的主要种类

大亚湾地处热带—亚热带的南海北部，栖息于该水域的鱼类具有种类多和个体小的特性。根据大亚湾鱼类渔获物组成特点，各群落中鱼类的重要性由相对重要性指数（IRI）来判定：$IRI \geqslant 1\,000$ 为优势种，$1\,000 > IRI \geqslant 100$ 为重要种。

（1）咸淡水湾内鱼类群落（群落Ⅰ）　群落Ⅰ位于大亚湾北部的湾内海域，春季该群落种类组成的平均相似性为 54.91%，优势种有康氏小公鱼（*Stolephorus commersoni*）、二长棘鲷（幼鱼）（*Parargyrops edita*）、竹筴鱼（*Trachurus japonicus*）和斑鰶（*Clupanodon punctatus*）；重要种有黄斑鰏（*Leiognathus bindus*）、杜氏棱鳀（*Thrissa dussumieri*）、前鳞骨鲻（*Osteomugil ophuyseni*）、青鳞小沙丁鱼（*Sardinella zunasi*）和银鲳（*Pampus argenteus*）。秋季群落的平均相似性为 50.57%，优势种为斑鰶、短吻鰏（*Leiognathus brevirostris*）和赤鼻棱鳀（*T. kammalensis*）；重要种为前鳞骨鲻、月腹刺鲀（*Gastrophysus lunaris*）和长蛇鲻（*Saurida elongata*）。这些鱼类大都属于常年栖息于港湾和河口的鱼类，其个体小、生命周期短、繁殖力强、资源的补充较快。

在春季和秋季均居湾内群落前 3 位的斑鰶、前鳞骨鲻和短吻鰏为典型的港湾鱼类。其中，斑鰶的优势最为明显，在春季和秋季分别占该群落渔获物的 75.65% 和 74.19%。斑鰶为暖水性近海鱼类，通常栖息于盐度较低的海湾内和河口。被大亚湾渔民称为"家鱼"的斑鰶，属大亚湾"土生土长"鱼类，仅在栖息的海湾内外活动，幼鱼多在浅水区育肥成长。

（2）海水广布湾口鱼类群落（群落Ⅱ）　群落Ⅱ为海水广布种鱼类群落。春季平均相似性为 56.53%，优势种有康氏小公鱼、带鱼（*Trichiurus haumela*）、二长棘鲷和黄吻棱鳀（*T. vitirostris*）；重要种为杜氏棱鳀、鹿斑鰏（*L. ruconius*）、竹筴鱼、青鳞小沙丁鱼、刺鲳（*Psenopsis anomala*）、汉氏棱鳀（*T. hamiltonii*）、银鲳和前鳞骨鲻。秋季平均相似性为 46.77%，优势种有赤鼻棱鳀、带鱼和康氏小公鱼；重要种为黄吻棱鳀、中华小公鱼（*S. chinensis*）、花鲈（*Lateolabrax japonicus*）、月腹刺鲀、龙头鱼（*Harpodon* nehereus）、斑点马鲛（*Scombermorus guttatus*）、银鲳、短带鱼（*T. brevis*）、斑鳍白姑鱼（*Argyrosomus pawak*）、金色小沙丁鱼（*S. aurita*）、青鳞小沙丁鱼和长颌棱鳀（*T. setirostris*）。

群落Ⅱ是大亚湾鱼类的主要群落，其种类多为南海底层渔业资源的主要鱼类，以广布种为主。其中有些鱼类栖息于沿岸、浅海或近海，在产卵和幼鱼索饵期间栖息于低盐度的水域中，如银鲳和灰鲳（*Platax teira*）等，其数量较少；有些种类只在沿岸和浅近海海域索饵和产卵，如龙头鱼和沙丁鱼类（*Sardinella* spp.）等；还有些种类只栖息于岛礁周围海域，如黑鲷（*Sparus macrocephalus*）和石斑鱼类（*Epinephelus* spp.）等；大部分广布种的分布范围较广，既能分布于大亚湾海区的浅近海区，也能栖息于外海海域，如竹筴鱼、大甲鲹（*Megalaspis cordyla*）、带鱼、马鲛（*Scomberomorus* spp.）和鲹鲹类（*Chorinemus* spp.）等。

（五）资源密度趋势分析

以采样时间 t 作为自变量，用经对数转化后的鱼类资源密度值作为 Y，用回归分析通过非线性迭代进行参数求算的结果见表 6-23、表 6-24。

表 6-23 参数估算结果

年份	参数	估算值	标准差	95%置信区间	
				低限	高限
1980—1999	a	4.454	7.035	−9.639	18.548
	b	-3.486×10^{-5}	0.000	0.000	0.000
	c	−0.099	0.107	−0.314	0.115
	d	−57.162	116.069	−289.676	175.353
1990—2009	a	6.511	1.090	4.358	8.665
	b	-9.580×10^{-5}	0.000	0.000	-3.885×10^{-5}
	c	−0.420	0.085	−0.587	−0.252
	d	−54.650	12.279	−78.918	−30.382

表 6-24 渔获率方程回归系数以及年间变化和季节变化趋势偏相关分析

年份	回归系数		年间变化趋势		季节变化趋势	
	回归系数（R）	显著性（P）	偏相关系数（r）	显著性（P）	偏相关系数（r）	显著性（P）
1980—1990	0.477	0.000	1.000	0.565	1.000	0.751
1990—2007	0.465	0.000	1.000	0.715	1.000	0.615

将回归结果进行方差检验后，得出 1980—1990 年和 1990—2007 年的相关系数 R 分别为 0.477 和 0.465，表明 Y 与 t 之间的相关密切程度较强。因此，进行大亚湾鱼类资源密度的年际和季节变化趋势分析的数学模型确立为：

$$Y_i = 4.454 - 3.486 \times 10^{-5} t_i - 0.099 \times \cos\left[\frac{2\pi}{T} \times (t_i - 57.162)\right]$$

$$Y_i = 6.511 - 9.580 \times 10^{-5} t_i - 0.420 \times \cos\left[\frac{2\pi}{T} \times (t_i - 54.650)\right]$$

根据以上回归方程作出的大亚湾鱼类资源密度的变动趋势见图 6-20。

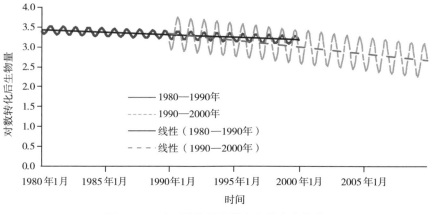

图 6-20 大亚湾海域鱼类生物量变化趋势

从数量变化的趋势图可以看出 1980—1990 年和 1990—2000 年这两个时期的生物量都呈下降趋势，但 1990—2000 年的下降趋势比 1980—1990 年显著。从拟合的趋势图得出 1980—1990 年大亚湾鱼类生物量的季节波动幅度较平缓（振幅 0.099），而 1990—2000 年的季节波动较大（振幅 0.420），且 1990—2000 年的周期性季节变动比 1980—1990 年短，说明 1990—2000 年大亚湾鱼类的季节更替较频繁。

（六）变化趋势分析

近 20 年来大亚湾海域鱼类的种数呈逐年减少的趋势，由 20 世纪 80 年代的 157 种减少至 2004—2005 年的 107 种，减少了 50 种，但科数变化不大。从鱼类的栖息水层来看，大亚湾鱼类的栖息水层以中下层鱼类占优势，其次为中上层和底层鱼类，岩礁鱼类最少。从鱼类的每一栖息水层的不同年代来看，中上层鱼类在 1985 年占渔获物种类的比例最高，稳定于 20 世纪 90 年代和 21 世纪初。中下层鱼类在 20 世纪 80 年代、20 世纪 90 年代和 21 世纪初逐年增加。近年来，随着大亚湾经济的发展，深水码头的兴建和航道的挖掘与疏浚，大亚湾海域的底质环境不断遭受破坏，底层鱼类也由 20 世纪 90 年代占渔获种类的 23.6% 减至 21 世纪初的 20.4%。由于海岛的开发（如马鞭洲、大辣甲和小辣甲等岛屿成为储油基地和码头），岛礁鱼类赖以生存的栖息地减少，从而使岩礁鱼类从 20 世纪 80 年代占渔获物种类的 1.91% 减少至 21 世纪初的 0.93%。

近 20 年来，大亚湾海域鱼类优势种的更替较为明显。20 世纪 80—90 年代，以带鱼和银鲳等经济价值较高的优质鱼占优势；而今，大亚湾鱼类小型化和低值化的趋势更为明显。2004—2005 年，除斑鰶仍为第一优势种外，其余优势种被小型和低值的小沙丁鱼、小公鱼和二长棘鲷幼鱼所替代。

二、头足类

(一) 种类组成

2004—2005 年，大亚湾内共渔获头足类 6 种，分别为杜氏枪乌贼 (*Loligo duvaucelii*)、剑尖枪乌贼 (*Loligo tagoi*)、莱氏拟乌贼 (*Sepioteuthis lessoniana*)、曼氏无针乌贼 (*Sepiella maindroni*)、柏氏四盘耳乌贼 (*Euprymna berryi*) 和短蛸 (*Octopus ocellatus*)，隶属于枪形目、乌贼目和八碗目。

各季节以秋季出现的种类最多，为 6 种；其次是夏季，为 5 种；春季和冬季各为 4 种。

(二) 渔获率季节分布

调查共捕获头足类 375.87 kg，占渔获游泳生物总量的 0.43%。渔获的头足类以杜氏枪乌贼占绝对优势，占头足类总渔获量的 63.60%，其次为曼氏无针乌贼和剑尖枪乌贼，分别占头足类总渔获量的 16.94% 和 10.20%，其他种类的渔获率均较低，合占 9.26%。

头足类渔获率的季节变化较明显，范围在 1.60~14.51 kg/h，平均为 7.93 kg/h。渔获率以夏季最高，为 14.51 kg/h；其次为秋季，为 11.87 kg/h；春季和冬季的渔获率均较低，分别为 1.60 kg/h 和 3.72 kg/h（表 6-25）。

表 6-25 头足类和甲壳类资源各季渔获率

单位：kg/h

类群	四季平均	春季	夏季	秋季	冬季
头足类	7.93	1.60	14.51	11.87	3.72
甲壳类	2.33	0.06	9.04	0.11	0.07
虾类	1.37	0.03	5.35	0.03	0.05
蟹类	0.96	0.03	3.69	0.08	0.02

（三）主要经济种类及其生物学

1. 杜氏枪乌贼（*Loligo duvaucelii*）

杜氏枪乌贼属枪乌贼科（Loliginidae）、枪乌贼属（*Loligo*）。主要分布于菲律宾沿海、阿拉弗拉海、爪哇岛海域、苏门答腊岛海域、暹罗湾、马六甲海峡、安达曼群岛海域、孟加拉湾、阿拉伯海、亚丁湾、红海、莫桑比克海峡和中国南海，是中国南海重要经济种。杜氏枪乌贼属浅海性种，有明显的趋光性，但怕强光。

调查中共渔获杜氏枪乌贼 245.80 kg，占头足类总渔获量的 63.60 %，居第一位。杜氏枪乌贼的平均渔获率为 4.57 kg/h，各季渔获率以秋季最高，为 10.82 kg/h；其次是冬季和夏季，分别为 2.81 kg/h 和 2.69 kg/h；春季杜氏枪乌贼的渔获率最低，仅为 1.22 kg/h。

2. 曼氏无针乌贼（*Sepiella maindroni*）

曼氏无针乌贼属乌贼科（Sepiidae）、无针乌贼属（*Sepiella*），为印度西太平洋广泛分布的暖水种，北到日本海，南到马来群岛海域，是中国近海重要经济头足类。曼氏无针乌贼生活于浅海，主要群体栖息于暖水区，春季集群从越冬的深水区向浅水区进行生殖洄游。曼氏无针乌贼白天多栖息于中下层，夜间多活跃于中上层，黎明和傍晚常游行于上层。

2004—2005 年周年调查中共渔获曼氏无针乌贼 65.78 kg，约占头足类总渔获量的 16.94%，居第二位。曼氏无针乌贼的平均渔获率为 1.22 kg/h，最高渔获率出现于夏季，为 6.77 kg/h，其他各季节的渔获率较低，介于 0.06～1.15 kg/h。

三、甲壳类

（一）种类组成

2004—2005 年大亚湾共渔获甲壳类 13 种，分属 1 目 3 科。其中虾类有 2 科共 7 种；蟹类有 1 科 6 种；渔获物中没有口足目出现。在出现的各科中，以梭子蟹科和对虾科占绝对优势，分别为 6 种和 5 种；藻虾科 2 种。渔获的 13 种甲壳类均属于经济价值较高的种类，如日本对虾、宽突赤虾、墨吉对虾、长毛对虾、近缘新对虾、锯缘青蟹、红星梭子蟹、远海梭子蟹、三疣梭子蟹和锈斑蟳等。

各季中，以夏季出现的甲壳类的种数最多，为 7 种；其次为秋季，共 6 种；春季和冬季均为 5 种。

（二）渔获率组成及季节变化

2004—2005 年进行了一个周年的调查，共渔获甲壳类 84.49 kg，占游泳生物总量的 0.10%，四季平均渔获率为 2.33 kg/h。其中，蟹类渔获率为 0.96 kg/h，虾类渔获率为

1.37 kg/h（表 6-25）。

甲壳类渔获率的季节变化较为明显，范围为 0.06～9.04 kg/h，以夏季最高，为 9.04 kg/h；其次为秋季，渔获率为 0.11 kg/h；春季和冬季的渔获率较低，分别为 0.06 kg/h 和 0.07 kg/h。甲壳类各类群的渔获率也存在一定的季节差异，但均以夏季最高，其中虾类为 5.35 kg/h，蟹类为 3.69 kg/h，其他各季节的渔获率较少，为 0.02～0.08 kg/h。

（三）主要经济种类及生物学

1. 近缘新对虾（*Metapenaeus affinis*）

近缘新对虾属对虾科（Penaeidae）、新对虾属（*Metapenaeus*），为近岸浅海种，是中国南海重要经济虾类。该虾对底质无严格的选择，广泛栖息于底质为沙、沙泥、泥沙和泥底的海区。在 50 m 水深范围内均有分布，但以水深 10 m 以浅沿岸海域渔获量较高，渔获量向外海随水深的增加而下降。

调查中共渔获近缘新对虾 47.39 kg，约占甲壳类总渔获量的 56.09%，居甲壳类渔获物首位。近缘新对虾的平均渔获率为 0.88 kg/h，均在夏季捕获，其余三季没有渔获。

2. 三疣梭子蟹（*Portunus trituberculatus*）

三疣梭子蟹属梭子蟹科（Portunidae）、梭子蟹属（*Portunus*）。三疣梭子蟹为中国南海重要经济蟹类，栖息于 10～30 m 水深的泥沙质海底，每年 4—7 月为产卵季节。

周年调查中共渔获三疣梭子蟹 25.45 kg，约占甲壳类总渔获量的 30.12%，居第二位。三疣梭子蟹的平均渔获率为 0.48 kg/h，主要出现于夏季。

3. 锈斑蟳（*Charybdis anisodon*）

锈斑蟳隶属于梭子蟹科（Portunidae）、蟳属（*Charybdis*），主要分布于中国、日本、泰国、菲律宾、澳大利亚沿海，以及马来群岛、印度洋。我国主要分布在广东、海南、福建和台湾，是广东重要的经济蟹类。锈斑蟳生活于近岸岩石旁，水深 10～30 m 的水域。

2004—2005 年共渔获锈斑蟳 4.63 kg，约占甲壳类总渔获量的 5.48%，居第三位。锈斑蟳的平均渔获率为 0.09 kg/h。

四、结论

1980—2007 年，大亚湾渔业资源种类组成、资源密度及其多样性均发生明显变化，以鱼类为例，主要变化体现在以下几个方面。

（一）种类组成发生明显变化

1980—2007 年大亚湾海域鱼类群落特征发生了明显的变化，鱼类种数减少，优势种更替明显。鱼类种类数由 1980 年的 157 种减少至 1990 年的 110 种，2004—2005 年继续减少至 107 种，比 1980 年减少了 50 种，但科数变化不大；鱼类优势种由 1980 年以带鱼和银鲳等优质鱼为主，更替为以小型和低值的小沙丁鱼、小公鱼和二长棘鲷幼鱼为主。近年来，大亚湾较大规模的填海造地、岛屿爆破、港口建设和养殖开发用地等，使大亚湾的岸线和淤泥淤积宽度发生了较大的改变。根据研究，1987—2005 年大亚湾岸线缩短了约 9 km，与此同时滩涂状况也发生了较大的变化。栖息地的破坏和改变可能也是鱼类种数减少的重要原因之一。

（二）生态类型和类群变化明显

1980—2007 年大亚湾所记录的鱼类都以暖水性鱼类占绝对优势，均占渔获物种类的 90％以上，其余为暖温性种类。历次调查均未在大亚湾海域发现冷温性和冷水性种类。大亚湾鱼类以中下层鱼类占优势，其次为中上层和底层鱼类，岩礁鱼类最少，但不同年代有所变化。中上层鱼类在大亚湾鱼类中所占比例较为稳定，中下层鱼类所占比例从 1980 年到 2000 年逐年增加。近年来，随着大亚湾经济的发展，深水码头的兴建和航道的挖掘与疏浚，大亚湾海域的底质环境的破坏和扰动现象较为显著，底层鱼类也由 1990 年占渔获物种类的 23.16％减至 2000 年的 20.14％。由于海岛的开发（如马鞭洲、大辣甲和小辣甲等岛屿成为储油基地和码头），岛礁鱼类赖以生存的栖息地减少，从而使岩礁鱼类从 1980 年占渔获物种类的 11.91％减至 2000 年的 1.93％。

（三）资源密度发生明显变化

用包含年际变化趋势和季节性周期变化的回归模型模拟 1980—2007 年大亚湾鱼类资源密度的变化，鱼类资源密度在 1980—1999 年和 1990—2007 年这两个时期均呈下降趋势，但 1990—2007 年下降幅度比 1980—1999 年大；1980—1999 年鱼类资源密度的季节波动幅度较平缓（振幅为 0.099），而 1990—2007 年的季节波动较大（振幅为 0.420），说明 1990—2007 年大亚湾鱼类数量的季节变化更为显著。

（四）人类活动的扰动是变化驱动力

诸多研究表明大亚湾的生态环境在人类的过度扰动下正经历着退化的过程，生物赖以生存的生态环境的退化必然引起生物群落种类组成和数量的变化，而生物群落的变化也反映出生态环境的改变。1990—2007 年，大亚湾海域鱼类生物量明显降低，优势种的更替较为明显。而生态环境的变化是大亚湾鱼类群落发生上述变化的原因之一；同时，过度捕捞是使大亚湾鱼类生物量下降的另一重要因素；此外，近年来大亚湾海域内非法电鱼事件频繁发生，部分在湾内作业的渔船在渔具网纲上加装电极，通过电鱼来提高产量，这种毁灭性的作业方式更是加速了鱼类数量的下降趋势，也必将引起鱼类和其他生物的群落变化，加快大亚湾生态系统的退化速度。

第七章
大亚湾生态系统能流模型及服务价值评估

近岸海域生态系统作为全球生态系统变化研究的重要对象，越来越受到国际生态研究计划的关注。海湾作为陆海相互作用系统的重要界面之一（海陆界面），研究的重要性愈加突出。了解海湾生态系统的结构和能量流动是实现海湾生态系统水平管理的基础。本研究根据 2011—2012 年在大亚湾调查获得的海洋生物和生态环境数据，利用 Ecopath with Ecosim 6.0（EwE 6.0）软件构建了大亚湾海洋生态系统的生态通道（Ecopath）模型，分析了南海北部海洋生态系统的食物网结构、能量流动，并评价了系统的总体特征，旨在为实现生态系统水平的海湾管理提供科学依据。

同时，在当前大亚湾生态系统服务功能受到人类活动影响较大的情况下，必须对大亚湾及周边区域的生态系统现状和发展趋势进行量化评价，并对其服务价值功能进行合理评估，方能发现和综合分析大亚湾生态系统当前在开发利用和发展过程中存在的问题并探究问题的根源，进而科学地提出大亚湾水产资源省级自然保护区的可持续利用和发展对策。

第一节　大亚湾生态系统能量流动模型评估

一、生态通道模型的原理与方法

生态通道（Ecopath）模型是特定生态系统在某一时期的快照（snapshot），可以快速反映该水域生态系统实时的状态、特征及营养关系等，成为新一代水域生态系统研究的核心工具。

（一）Ecopath 模型的主要方程

Ecopath 模型假设建模对象的生态系统中全部生物功能组是稳定的，这表示生态系统的总输入与总输出始终相等。用公式可以表示为：$Q = P + R + U$，这里 Q 是消费量，P 是生产量，R 是呼吸量，U 为未消化的食物量。Ecopath 模型定义生态系统是由一系列生态关联的功能组成分（box 或 group）组成，所有功能组成分必须覆盖生态系统能量流动全过程，这些成分的相互联系充分体现了整个系统的能量循环过程。系统中功能组可以包括有机碎屑，浮游生物，一组规格、年龄或生态特性相同的鱼种。根据热力学原理，Ecopath 模型定义系统中每一个功能组 i 的能量输出和输入保持平衡：生产量－捕食死亡－其他自然死亡－产出量＝0。模型用一组联立线性方程定义一个生态系统，其中每一个线性方程代表系统中的一个功能组：

$$B_i \times (P/B)_i \times EE_i - \sum_{j=1}^{k} B_j \times (Q/B)_j \times DC_{ij} - EX_i = 0$$

式中 B_i——第 i 组生物量；

  $(P/B)_i$——第 i 组生产量与生物量比值；

   EE_i——生态营养转换效率；

  $(Q/B)_j$——消费量与生物量的比值；

  $\sum_{j=1}^{k} B_j$——第 j 组至第 k 组生物量之和；

  DC_{ij}——被捕食组 i 占捕食组 j 的总捕食量的比例；

  EX_i——第 i 组的产出量（包括捕捞量和迁移量）。

根据上述线性方程，一个包含 n 个生物功能组的生态系统的 Ecopath 模型，可以用如下 n 个联立线性方程表示：

$$B_1 \times (P/B)_1 \times EE_1 - B_1 \times (Q/B)_1 \times DC_{11} - B_2 \times (Q/B)_2 \times$$
$$DC_{21} - \cdots - B_n \times (Q/B)_n \times DC_{n1} - EX_1 = 0$$
$$B_2 \times (P/B)_2 \times EE_2 - B_1 \times (Q/B)_1 \times DC_{12} - B_2 \times (Q/B)_2 \times$$
$$DC_{22} - \cdots - B_n \times (Q/B)_n \times DC_{n2} - EX_2 = 0$$
$$\cdots\cdots$$
$$B_n \times (P/B)_n \times EE_n - B_1 \times (Q/B)_1 \times DC_{1n} - B_2 \times (Q/B)_2 \times$$
$$DC_{2n} - \cdots - B_n \times (Q/B)_n \times DC_{nn} - EX_n = 0$$

通过对上述线性方程求解，Ecopath 模型保证方程表示的能量在生态系统中每一个功能组之间的流动保持平衡，定量地描述生态系统中各个成分的生物学参数。建立 Ecopath 模型需要输入的基本参数有生物量 B_i、生产量与生物量比值 $(P/B)_i$、消费量与生物量比值 $(Q/B)_i$、生态营养转换效率 EE_i、食物组成矩阵 DC_{ij} 和产出量 EX_i（捕捞量和迁移量）。前 4 个参数可以有任意一个是未知的，由模型通过其他参数计算出来，后 2 个参数，即食物组成矩阵 DC 和产出量 EX_i 要求必须输入。

（二）功能组划分的原则及确立

根据所应用软件 EwE 6.0 的系统要求和"简化食物网"的生态学理论，功能组划分不是传统的生物分类学，需符合以下原则：

（1）将生态位重叠高的种群进行合并以简化食物网（食物组成、摄食方式、个体大小年龄组成以及渔获物统计分类法）；

（2）碎屑的组合数目大于或等于 1；

（3）完整性，即不能因为缺乏部分数据而忽略组合尤其是优势种或关键种组合，例如系统捕食控制者（哺乳动物等）。

本模型将生物功能组分为初级生产者组合和各级消费者来讨论，初级生产者组合包括绿色植物（浮游植物和各种大型底栖植物等）、自养细菌（硫化细菌等）、颗粒有机物（POM）和溶解有机物（DOM）。

牧食食物链和碎屑食物链是海洋生态系统食物链的两种基本类型。牧食食物链是以活着的植物体为起点的食物链。碎屑食物链是以碎屑为起点的生物链。碎屑是由无生命的有机颗粒物和有生命的生物组成的复合体，其营养价值归因于细菌的作用。碎屑不仅是微生物活动的中心，而且它上面还生长着丰富的微小动植物。海洋中约有50％的总初级生产力通过碎屑形式结合到食物链中去。

（三）功能组生物学参数来源

在 Ecopath 模型中，能量在系统中的流动可以用能量形式［例如碳（g/m^2）或生物湿重（t/km^2）］来表示。模式假设生态系统中的能量流动在给定时间过程中保持稳定，能量流动的时间过程限定为 1a 或 1 个月等。确定了能量流动的单位和时间单位后，再确定系统的全部功能组以及各个功能组的参数值。

1. 生物量（biomass）**的估算**

各功能组生物量估算不尽相同，其中，渔业资源的生物量一般通过现场调查获得，浮游植物则一般根据调查的初级生产力和有机碳的关系来计算。有机碎屑则根据 Pauly（1993）的经验公式估算：

$$\lg D = -2.41 + 0.954 \lg PP + 0.863 \lg E$$

式中　　D——碎屑的现存生物量（g/m^2）；

PP——初级生产力［g/(m$^2 \cdot$ a)］；

E——透光层的深度（m）。

2. 生产量/生物量（P/B）**的估算**

生产量/生物量（P/B）是指单位时间生产量和生物量的倍数关系，也称生物量的周转率。在生态系统平衡的情况下，鱼类的 P/B 等于渔业生物学家经常使用的瞬时总死亡率（Z），Gulland（1983）和 Pauly（1980）提出多种估算鱼类和其他水生动物 P/B 的经验公式。

3. 消费量/生物量（Q/B）**或生产量/消费量**（P/Q）**的估算**

消费量/生物量（Q/B）是指单位时间（1 年内）某种动物摄食量与其生物量的比值，而 P/Q 是指某种动物生产量和消费量的比值，是饵料系数的倒数。在 Q/B 不易求得时，则可根据 P/B 和 P/Q 的关系来推断。鱼类的 Q/B 系数主要根据 Palomares and Pauly（1998）的方法估算：

$$\lg(Q/B) = 7.964 - 0.204 \ln W_\infty - 1.965T + 0.083A + 0.532h + 0.398d$$

式中　　Q/B——消费量与生物量之比；

W_∞——鱼类种群的渐近体重；

T——种群年平均栖息水温的另一种表现形式，$T=1000/(T_c+273.15)$；

A——尾鳍的外形比，指尾鳍高度平方与面积之比率，用这一指标反映鱼类活动的代谢能力，$A=H^2/S$，H 为尾鳍高度，S 为尾鳍面积；

h——虚拟变量，$h=1$ 时代表草食者，$h=0$ 时代表腐食者和肉食者；

d——虚拟变量，$d=1$ 时代表腐食者，$d=0$ 时代表草食者和肉食者。

一般而言，运动速度越快的种类，其 A 值也越大，但要注意的是，该公式只适用于把尾鳍作为主要游泳器官的鱼类。

4. 食物组成（diet composition，DC）**的估算**

该参数主要研究鱼类食物的种类组成并判断各种饵料的重要程度，区分主要饵料和次要饵料及其各饵料在总饵料中所占据的质量百分比，可以通过胃含物分析得到。如果功能组的食物存在多种生物，那么其食物组成按照各种动物的质量组成比例取其加权平均值，对于食物组成数据缺乏的功能组，则通过 www.fishbase.org 查询得到。

5. 生态营养效率（ecotrophic efficiency，EE）**的估算**

EE 是指系统生产被用于捕食和输出的那一部分，代表该功能组对系统的贡献量，而 $1-EE$ 就是其死亡率。EE 极难直接测定，一般而言，大多数功能组的 EE 都在 0 和 1 之间，对于捕食压力较大的功能组，其 EE 通常接近于 1，而不被利用的种类，如顶级捕食者（海洋哺乳动物）的 EE 一般接近于 0。

（四）Ecopath 模型的调试及敏感度分析

Ecopath 模型的调试过程是使生态系统的输入和输出保持平衡，即反复调整建立模型的 P/B、Q/B、EE 和食物组成等参数，使模型中的每一功能组的输入和输出全部相等。生态营养效率（EE）是一个较难获得的参数，在 Ecopath 模型的输入参数中，通常设大部分功能组的 EE 为未知数，在模型调试过程中将所有 EE 值调整到小于 1，使能量在整个系统中的流动保持平衡，从而获得生态系统其他生态学参数的合理值。

正如其他模型一样，Ecopath 模型建立的置信度高低取决于参数来源的可靠性和准确性。由于生态系统非常复杂，食物网结构多样，因此仅靠输入的参数难以达到系统的平衡。因此，在数据提交和处理过程中，可以运用模型自带的 Ecowrite 记录数据的来源及引用情况，并用 Pedigree 来评价数据和模型的整体质量。对于某些无法确定的参数，可以先给出其合理的范围和分布函数，再用 Ecoranger 进行参数估计，使输入的参数在设定的标准下得到最优化组合。

二、大亚湾生态通道模型的构建

(一) 数据来源

本研究的数据来源于 2011—2012 年中国水产科学研究院南海水产研究所在大亚湾水域（114°29′42″—114°49′42″E、22°31′12″—22°50′00″N）范围内的调查。调查站位如图 1-3 所示。调查内容包括生物资源、浮游植物、浮游动物、底栖生物以及其他环境要素等。样品的采集、运输、保存和分析均参照《海洋监测规范》（GB 17378—2007）和《海洋调查规范》（GB/T 12763—2007）所规定的方法进行。

(二) 功能组划分

根据规格、生物学特性（生长和死亡率）及食性特点，大亚湾海洋生态系统的 Ecopath 模型由 32 个功能组构成，基本覆盖了大亚湾海洋生态系统能量流动的全过程。32 个功能组分别为海豚、鲨、海龟、鲭科、鲉科、狗母鱼科、带鱼科、鮨科、鲀科、舌鳎科、石首鱼科、鲷科、鲳科、其他杂食性鱼类、鲹科、鲻科、鲱科、鲾科、鳀科、其他浮游生物食性鱼类、蟹类、虾类、头足类、软体动物、大型底栖动物、小型底栖动物、水母、珊瑚、浮游动物、异养细菌、浮游植物和碎屑。本研究所选择的功能组的生物量占大亚湾渔获量的 90% 以上的种类，各功能组包括的主要种类见表 7-1。

表 7-1　大亚湾生态系统 Ecopath 模型的功能组及主要种类

序号	功能组	功能组描述
1	海豚	中华白海豚（*Sousa chinensis*）
2	鲨	须鲨科（Orictolobidae）、真鲨科（Carcharhinidae）、扁鲨科（Squatinidae）等
3	海龟	绿海龟（*Chelonia mydas*）
4	鲭科	马鲛属（*Scomberomorus*）、鲐属（*Scomber*）、鲐（*Pneumatophorus japonicus*）
5	鲉科	小鲉属（*Sceorpaenodes*）、鳞头鲉属（*Sebastapistes*）、鲉属（*Scorpaena*）、圆鳞鲉属（*Parascorpaena*）、拟鲉属（*Scorpaenopsis*）、蓑鲉属（*Pterois*）、短鳍蓑鲉属（*Dendrochirus*）等
6	狗母鱼科	花斑蛇鲻（*Saurida undosquamis*）、多齿蛇鲻（*Saurida tumbil*）、长蛇鲻（*Saurida elongata*）、肩斑狗母鱼（*Synodus hoshinonis*）、叉斑狗母鱼（*Synodus variegatus*）等
7	带鱼科	窄额带鱼（*Tentoriceps cristatus*）、小带鱼（*Trichiurus muticus*）、带鱼（*Trichiurus haumela*）、短带鱼（*Trichiurus brevis*）
8	鮨科	花鲈（*Lateolabrax japonicus*）、石斑鱼（*Epinephelus*）、侧牙鲈（*Variola louti*）、日本棘花鮨（*Plectranthias japonicas*）等
9	鲀科	月腹刺鲀（*Gastrophysus lunaris*）、棕斑腹刺鲀（*Gastrophysus spadiceus*）、黄鳍东方鲀（*Fugu xanthopterus*）等

（续）

序号	功能组	功能组描述
10	舌鳎科	黑尾舌鳎（*Cynoglossus melampetalus*）、少鳞舌鳎（*Cynoglossus oligolepis*）、短吻红舌鳎（*Cynoglossus joyneri*）、斑头舌鳎（*Cynoglossus puncticeps*）、日本须鳎（*Paraplagusia japonica*）等
11	石首鱼科	白姑鱼（*Argyrosomus argentatus*）、大头白姑鱼（*Argyrosomus macrocephalus*）、截尾白姑鱼（*Argyrosomus aneus*）、叫姑鱼（*Johnius belengerii*）等
12	鲷科	二长棘鲷（*Parargyrops edita*）、黑鲷（*Sparus macrocephalus*）、黄鳍鲷（*Sparus latus*）、真鲷（*Pagrosomus major*）等
13	鲳科	银鲳（*Pampus argenteus*）、灰鲳（*Pampus nozawae*）
14	其他杂食性鱼类	黄鲻属（*Ellochelon*）、熠唇鲻属（*Plicomugil*）等
15	鲹科	蓝圆鲹（*Decapterus maruadsi*）、颌圆鲹（*Decapterus lajang*）、竹筴鱼（*Trachurus japonicus*）、马拉巴裸胸鲹（*Caranx malabaricus*）、丽叶鲹（*Caranx kalla*）、金带细鲹（*Selaroides leptolepis*）等
16	鲻科	前鳞骨鲻（*Osteomugil ophuyseni*）、圆吻凡鲻（*Valamugil seheli*）、鲅属（*Liza*）
17	鲱科	小沙丁鱼属（*Sardinella*）、斑鰶（*Clupanodon punctatus*）、圆吻海鰶（*Nematalosa nasus*）等
18	鲾科	小牙鲾（*Gazza minuta*）、粗纹鲾（*Leiognathus lineolatus*）、黑边鲾（*Leiognathus splendens*）、黄斑鲾（*Leiognathus bindus*）、鹿斑鲾（*Leiognathus ruconius*）、杜氏鲾（*Leiognathus dussumieri*）等
19	鳀科	小公鱼属（*Anchoviella*）、鳀（*Engraulis japonicus*）
20	其他浮游生物食性鱼类	鲚属（*Coilia*）、棱鳀属（*Thryssa*）等
21	蟹类	梭子蟹科（Portunidae）、关公蟹科（Dorippidae）、武士蟳（*Charybdis miles*）、日本蟳（*Charybdis japonica*）、馒头蟹科（Calappidae）
22	虾类	仿对虾属（*Parapenaeopsis*）、鹰爪虾属（*Penaeus*）、赤虾属（*Metapenaeopsis*）、新对虾属（*Metapenaeus*）等
23	头足类	中国枪乌贼（*Loligo chinensis*）、剑尖枪乌贼（*Loligo edulis*）、金乌贼（*Sepia esculenta*）、短蛸（*Octopus ocellatus*）、长蛸（*Octopus variabilis*）等
24	软体动物	帘蛤科（Veneridae）、蛤蜊科（Mactridae）、蚶科（Arcidae）、马蹄螺科（Trochidae）、滨螺科（Littorinidae）等
25	大型底栖动物	体长>1mm，包括棘皮动物、甲壳类、贻贝、牡蛎等
26	小型底栖动物	体长<1mm，包括多毛类、棘皮动物、十足类、星虫动物等
27	水母	水螅纲（Hydrozoa）、钵水母纲（Scyphozoa）
28	珊瑚	所有造礁石珊瑚
29	浮游动物	桡足类、介形类甲壳动物、双壳类幼体、蔓足纲幼体、枝角类、毛颚类、棘皮类幼体
30	异养细菌	气单胞菌（*Aeromonas* sp.）、弧菌（*Vibrio* sp.）、伯克霍尔德氏菌（*Burkholderia* sp.）、短波单胞菌（*Brevundimonas* sp.）、鞘氨醇单胞菌（*Sphingomonas* sp.）等
31	浮游植物	硅藻、甲藻、蓝藻、金藻等
32	碎屑	颗粒有机碳和溶解有机碳

（三）功能组生物学参数来源

渔业资源的生物量通过扫海面积法估算，小型无脊椎动物的生物量很难估算，本研究通过 EwE 6.0 软件计算得到，而大型无脊椎动物和鱼类的生物量（B）主要来自调查数据。在生态系统平衡的情况下，鱼类的生产量/生物量（P/B）等于瞬时总死亡率（Z），一般可利用 Gulland（1983）的总渔获量曲线法来估算 Z，其中的自然死亡系数（M）则采用 Pauly（1980）的经验公式估算。鱼类的消耗量/生物量（Q/B）等根据 Palomares and Pauly（1998）提出的尾鳍外形比的多元回归模型来计算。对于包含不同种类的其他功能组，由于很难确定其 P/B 值和 Q/B 值，本研究参考纬度和生态系统特征与大亚湾大致相同的南海北部模型中的类似功能组，并结合渔业数据库网站来确定模型中的 P/B 和 Q/B 参数。大亚湾海洋生态系统的有机碎屑的数量用有机碎屑与初级生产力的有关经验公式估算，该比例关系在南海北部和北部湾等海域中普遍采用。生态营养转化效率（EE）是生产量对生态系统能量贡献的比例，取值范围为 0～1，由于 EE 很难直接测量和得到，通常可以设它为未知参数，通过 Ecopath 模型调整系统平衡获得。功能组的食物组成矩阵（DC）来自于采样鱼类的胃含物分析。

（四）Ecopath 模型的调试

Ecopath 模型的调试过程是使生态系统的输入和输出保持平衡，即反复调整 P/B、Q/B、EE 和食物组成等参数，使模型中每一功能组的输入和输出全部相等。首先在数据提交和处理过程中，可以运用模型自带的 Ecowrite 记录数据的来源及引用情况，并用 Pedigree 来评价数据和模型的整体质量。对于某些无法确定的参数，可以先给出其合理的范围和分布函数，再用 Ecoranger 进行参数估计，使输入的参数在设定的标准下得到最优化组合。生态营养效率（EE）是模型调试的关键参数。在 Ecopath 模型的输入参数中，通常设大部分功能组的 EE 为未知数，在模型调试过程中将所有 EE 值调整到小于 1，使能量在整个系统中的流动保持平衡，从而获得生态系统其他生态学参数的合理值。最后，模型的输出结果可以和同一区域不同时间的 Ecopath 模型结果或别的评估方法比较，也可以与其他类似区域的 Ecopath 模型结果比较，得出更加合理的输出数据。本研究所构建的大亚湾 Ecopath 模型的调试过程主要参考了南海北部海域和北部湾的模型输出数据，调试平衡后的大亚湾生态系统 Ecopath 模型功能组估算参数见表7-2。

表7-2　大亚湾生态系统 Ecopath 模型功能组估算参数

序号	功能组	生物量 （t/km²）	P/B	Q/B	EE	P/Q	营养级
1	海豚	（0.004）	0.045	14.768	0.300	（0.003）	（4.030）

（续）

序号	功能组	生物量 (t/km²)	P/B	Q/B	EE	P/Q	营养级
2	鲨	0.012	0.780	6.830	(0.740)	(0.114)	(3.929)
3	海龟	(0.008)	0.100	2.500	0.300	(0.040)	(3.579)
4	鲭科	0.003	1.560	6.640	(0.953)	(0.235)	(3.872)
5	鲉科	0.010	1.390	5.450	(0.950)	(0.255)	(3.598)
6	狗母鱼科	0.059	1.450	6.220	(0.946)	(0.233)	(3.684)
7	带鱼科	0.020	1.520	5.320	(0.943)	(0.285)	(3.668)
8	鲯科	0.037	1.450	6.640	(0.926)	(0.218)	(3.498)
9	鲀科	0.080	1.660	9.560	(0.946)	(0.173)	(3.067)
10	舌鳎科	0.065	1.604	6.975	(0.911)	(0.229)	(2.926)
11	石首鱼科	0.069	1.850	10.400	(0.919)	(0.178)	(3.142)
12	鲷科	0.095	2.120	8.500	(0.897)	(0.249)	(2.887)
13	鲳科	0.065	2.390	13.200	(0.928)	(0.181)	(2.883)
14	其他杂食性鱼类	1.060	2.980	14.200	(0.885)	(0.209)	(2.977)
15	鲹科	0.062	2.320	10.600	(0.855)	(0.219)	(2.872)
16	鲻科	0.125	2.550	15.500	(0.770)	(0.165)	(2.734)
17	鲱科	0.230	2.650	16.500	(0.833)	(0.161)	(2.850)
18	鳀科	0.450	3.300	12.500	(0.695)	(0.264)	(2.849)
19	鳂科	0.880	2.890	12.800	(0.935)	(0.226)	(2.433)
20	其他浮游生物食性鱼类	2.100	3.400	14.000	(0.642)	(0.243)	(2.490)
21	蟹类	0.060	5.650	28.500	(0.821)	(0.198)	(2.821)
22	虾类	0.050	6.500	16.352	(0.778)	(0.397)	(2.632)
23	头足类	0.095	3.100	12.800	(0.644)	(0.242)	(3.088)
24	软体动物	(0.004)	2.600	19.200	0.950	(0.135)	(2.781)
25	大型底栖动物	3.150	3.000	12.500	(0.772)	(0.240)	(2.217)
26	小型底栖动物	14.500	6.570	27.400	(0.157)	(0.239)	(2.000)
27	水母	0.050	4.010	25.050	(0.327)	(0.160)	(2.865)
28	珊瑚	0.330	1.090	9.000	(0.507)	(0.121)	(2.600)
29	浮游动物	6.550	32.000	192.000	(0.298)	(0.167)	(2.000)
30	异养细菌	4.800	42.000	85.700	(0.606)	(0.490)	(1.000)
31	浮游植物	19.500	235.000	—	(0.224)	—	(1.000)
32	碎屑	1.250	—	—	(0.128)	—	(1.000)

注：括号中的数值为模型计算的参数。

三、大亚湾生态系统的能量流动分布

大亚湾海洋生态系统各营养级间的能量流动主要发生在 6 个营养级间，其中营养级 6 和 5 的流量、生物量和生产量都很低，能量流动分布呈现典型的金字塔型，即低营养级的值大，越到顶级越小，基本符合能量金字塔规律（表 7-3）。

营养级 1 主要由初级生产者（包括底栖生产者、浮游植物、异养细菌）和碎屑组成，是系统能量的主要来源。从被摄食量来看，营养级 1 的被摄食量为 1 030.1 t/(km² · a)，占系统总被摄食量的 95.16%，其中来源于初级生产者占 53.48%，而来自碎屑的占 46.52%。从营养流的分布来看，低营养级的能量流动在系统中占较大比例。营养级 1 和 2 的能量流动为 4 582.5 t/(km² · a) 和 1 027.8 t/(km² · a)，分别占据整个系统总能量流动的 80.95% 和 18.16%。相对而言，高营养级的能量流动比例较少，营养级 4 和 5 的能量流动仅为总能量流动的 0.02% 和 0.000 5%，营养级 4 以上的则几乎可以忽略不计。

营养级 1 流向碎屑的量为 3 552.4 t/(km² · a)，占系统总流量的 91.15%，其中来自碎屑的流量占 6.19%，来自初级生产者的流量占 93.81%。营养级 2 流向碎屑的量为 321.20 t/(km² · a)，占流向碎屑总量的 8.24%，系统对营养级 2 的利用较为充分，而营养级 4 及以上的已被系统充分利用。可见，大亚湾海洋生态系统的能量流动系统的贡献主要来自于初级生产者，能量主要在营养级 1~4 流动。

表 7-3　大亚湾生态系统总能量流动的分布

单位：t/(km² · a)

营养级	被摄食量	输出量	流向碎屑量	呼吸量	总流量
6	0.000 010 26	0.000 048 91	0.000 324 9	0.000 231 8	0.000 615 8
5	0.000 650 5	0.003 210	0.009 510	0.012 43	0.025 80
4	0.027 06	0.144 2	0.452 7	0.504 8	1.128 7
3	1.217 4	5.423 7	23.303	19.470	49.414
2	51.188	3.350 1	321.20	652.05	1 027.8
1	1 030.1	0.0	3 552.4	0.0	4 582.5

四、大亚湾生态系统的能量流动通道

从大亚湾生态系统的能量流动示意图（图 7-1）中可以看出，大亚湾生态系统的能

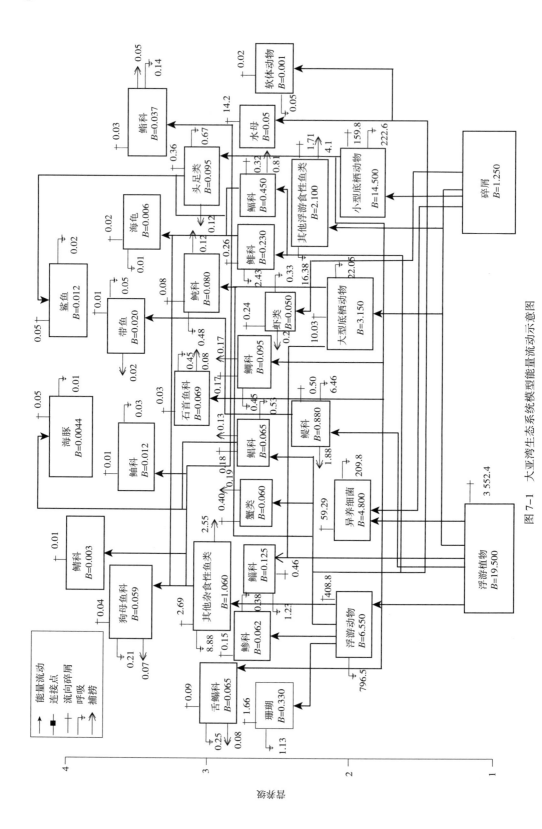

图7-1 大亚湾生态系统模型能量流动示意图

量流动途径主要包括两条：一条是牧食食物链，浮游植物→小型浮游动物→大型浮游动物→小型鱼类→渔业和肉食性鱼类；另一条是碎屑食物链，再循环有机物→碎屑→浮游动物→小型鱼虾类→渔业。浮游动物在大亚湾生态系统的能量流中扮演了重要的角色。大亚湾浮游动物主要由桡足类、浮游幼虫（体）、水母类、枝角类、毛颚类等组成，这些种类不仅是浮游植物的摄食者，同时也是鲷科、鲀科、鳎科、鳀科等小型鱼类以及大型鱼类幼鱼的主要饵料，并在一定程度上决定了这些种类的补充量。

五、营养级间的能量流动效率

大亚湾生态系统各营养级间的能量流动（表 7-4）显示，系统的营养级 1 的转化效率较低，初级生产者 1 到营养级 2 的流动效率为 5.3%，略高于来自碎屑转化效率的 4.9%。转化效率最高发生在营养级 4 和 5 之间，平均转化效率分别为 17.2% 和 16.0%，之后降低，营养级 6 则下降到 10% 以下。总转化效率中，来自于碎屑和初级生产者的效率分别为 11.5% 和 10.3%，总转化效率为 10.9%。能量流动中，直接来源于碎屑的能量占总能流的 41%，而直接来源于初级生产者的为 59%，表明大亚湾生态系统的能流通道以牧食食物链为主导。

表 7-4　大亚湾生态系统各营养级的转化效率

来源	营养级转化效率（%）					
	1	2	3	4	5	6
初级生产者	—	5.3	13.4	15.2	15.0	
碎屑	—	4.9	16.7	18.7	16.7	9.8
总能流	—	5.1	14.6	17.2	16.0	9.7

六、大亚湾生态系统功能组间的关系

大亚湾生态系统各功能组间的混合营养关系（MTI）有正负值之分，正值表明其相互关系为直接影响，表明该功能组生物的增加对相对应功能组的生物量增加具有促进作用，而负值表明该功能组生物量的增加对相应功能组的生物量增加有抑制作用。浮游植物、异养细菌和有机碎屑作为被捕食者（或饵料生物），对大部分功能组有积极效应，如浮游植物对鳀科、鳎科、鲱科鱼类为正效应，而有机碎屑对大型底栖动物、小型底栖动物、蟹类、虾类和软体动物的影响更为显著，表明浮游植物是浮游生物食性鱼类的主要食物来源，而有机碎屑是底栖生物、潮间带生物和部分游泳生物的主要食物来源。次级消费者（如浮游动物、小型底栖动物、大型底栖动物）在能量的有效传递上起着关键作用，同时也受到初级生产者和上层捕食者的双重作用，它们对系统的影响比较强烈。小型底层鱼类对虾、蟹类有一定的负效应，这可能是对食物源——底栖动物的竞争所致。同时，鲨和鲕科鱼类之间存在捕食关系，因此鲨对鲕科鱼类具有强烈的负面影响。混合营养关系（MTI）也表明，海豚生物量的增加对肉食性鱼类如鲨、鲭科、鲕科、带鱼等具有一定的负面影响。此外，渔业生产（围网、刺网作业）对鱼类均为负效应，主要是由于大亚湾生态系统渔获物主要来源于上述两种作业方式（图 7-2）。

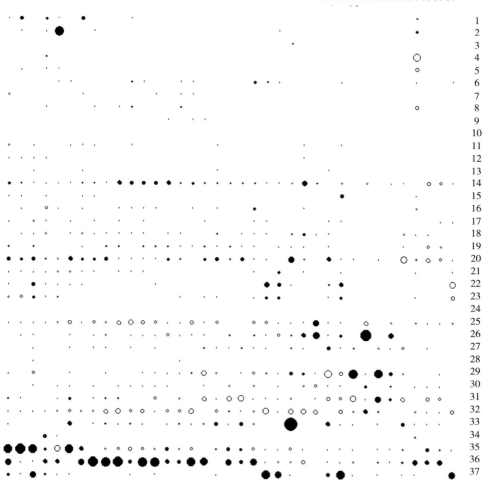

图 7-2　大亚湾生态系统营养混合关系（MTI）

白色圆形代表积极效应（正值）；黑色圆形代表消极效应（负值）。1～32 表示功能组 1～32

（表 7-1）；33 表示其他小型渔具；34 表示定置网；35 表示刺网；36 表示围网；37 表示拖网

七、大亚湾生态系统的总体特征

Ecopath 模型中有许多指标可以表示系统的规模、稳定性和成熟度等系统特征，大亚湾生态系统的总体特征参数见表 7-5。系统总流量（total system throughput）是表征系统规模的指标，它是总消耗、总输出、总呼吸以及流入碎屑的总和。大亚湾生态系统的总流量为 11 409.3 t/(km² · a)，其中，19.4％为系统总消耗量 [2 211.5 t/(km² · a)]，32.3％为总输出 [3 686.6 t/(km² · a)]，11.4％为总呼吸量 [1 296.6 t/(km² · a)]，36.9％为流向碎屑总量 [4 214.6 t/(km² · a)]。

表 7-5　大亚湾生态系统总体统计学参数

统计学参数	数值
总消耗量 [t/(km² · a)]	2 211.5
总输出量 [t/(km² · a)]	3 686.6
总呼吸量 [t/(km² · a)]	1 296.6
流向碎屑总量 [t/(km² · a)]	4 214.6
系统总流量 [t/(km² · a)]	11 409.2
系统总生产量 [t/(km² · a)]	5 120.4
总净初级生产量 [t/(km² · a)]	4 582.5
总初级生产量/总呼吸量	3.5
系统净生产量 [t/(km² · a)]	3 285.9
总生物量（t/km²）	55.5
总生物量/总初级生产量	0.012
总生物量/总流量	0.004
渔获物平均营养级	2.727
系统连接指数	0.249
系统杂合指数	0.138
Finn's 循环指数	2.17
Finn's 平均路径长度	2.21

系统的总生物量（未计算碎屑在内）为 55.5 t/km²，分别占系统总初级生产量和系统总流量的 1.2％和 0.49％。系统初级生产力的初级生产力/呼吸量的比值（total primary production/total respiration，TPP/TR）是表征系统成熟度的关键指标，目前大亚湾生态系统 TPP/TR 值为 3.5。

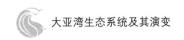

八、大亚湾生态系统演变的 Ecopath 模型比较分析

通过比较 20 世纪 80 年代（王雪辉 等，2005）和 2001—2010 年两个时期大亚湾生态系统 Ecopath 模型的统计学参数（表 7-6），总流量（T）、总生产量（TP）、总消耗量（SC）、总输出量（SEX）、总呼吸量（TR）、流向碎屑总量（$TDET$）、总净初级生产量（NPP）、总初级生产量/总呼吸量（TPP/TR）、净生产量（NSP）和总生物量（TB）均是 2001—2010 年大于 20 世纪 80 年代。20 世纪 80 年代至 2010 年渔获物平均营养级（TL）、总生物量/总流量（TB/T）和总效率呈降低趋势。总渔获量在 20 世纪 80 年代 [16.824 t/(km² · a)] 大于 2001—2010 年 [12.663 t/(km² · a)]。初级生产力与总呼吸量（TPP/TR）的比值越接近 1，表明系统越没有多余能量向外输出，说明系统的状态较为稳定，忍受系统外来干扰的能力较强，因此 20 世纪 80 年代的大亚湾生态系统为稳定状态，2001—2010 年生态系统为不稳定状态。

表 7-6   不同时期大亚湾生态系统统计学参数变化

统计学参数	时期	
	20 世纪 80 年代	2001—2010 年
总消耗量[t/(km² · a)]	1 861.3	2 211.5
总输出量[t/(km² · a)]	423.2	3 686.5
总呼吸量[t/(km² · a)]	1 072.0	1 296.6
流向碎屑总量[t/(km² · a)]	925.4	4 214.7
总流量[t/(km² · a)]	4 281.8	11 409.2
总生产量[t/(km² · a)]	1 588.3	5 120.4
渔获物平均营养级	2.76	2.73
总效率	0.015	0.003
总净初级生产量[t/(km² · a)]	1 098.0	4 582.5
总初级生产量/总呼吸量	1.024	3.534
系统净生产量[t/(km² · a)]	26.0	3 285.9
总初级生产量/总生物量	21.731	82.503
总生物量/总流量	0.012	0.005
总生物量（t/km²）	50.527	55.544
总渔获量[t/(km² · a)]	16.824	12.663
系统连接指数	0.249	0.249
系统杂合指数	0.138	0.138

九、结论

（1）大亚湾生态系统以捕食食物链为主要能量流动通道，浮游植物、有机碎屑和异养细菌等初级生产者是系统能量的主要来源。各功能组的营养级范围为 1.000～4.030，哺乳动物海豚占据最高营养级，平均渔获物营养级为 2.727。

（2）利用生态网络分析，系统的能量流动主要有 6 级，能流分布呈现典型的金字塔型；总体转化效率中，来自于初级生产者的能流效率为 10.3％，来自碎屑的能流效率为 11.5％，平均能量转换效率为 10.9％。

（3）系统连接指数（CI）和系统杂食指数（SOI）分别为 0.249 和 0.138；Finn's 循环指数（FCI）和系统平均路径长度（MPL）分别为 2.17 和 2.21；总初级生产量/总呼吸量（TPP/TR）为 3.5，表明 2011—2012 年大亚湾生态系统处于不成熟阶段。

（4）两个时期的 Ecopath 模型统计学参数表明，20 世纪 80 年代大亚湾生态系统为稳定状态，而 2001—2010 年大亚湾生态系统受人类活动影响表现为不稳定状态。

第二节　大亚湾生态系统服务价值

一、大亚湾生态系统服务功能的组成

根据对大亚湾生态系统的基本化学、生物要素调查，对周边区域的社会经济调查分析，以及文献资料等信息，将大亚湾的生态系统服务进行分组。根据目前的资料，将可以明确认定并表现突出的服务记为主要服务组，可以确认但不突出的记为次要服务组，根据已有的资料无法判断的记为可能服务组。

根据 Costanza et al（1997）对全球生态系统提供的 17 项服务的分类，大亚湾生态系统的主要服务功能包括食品供给、水质净化调节、气候调节、知识扩展服务和初级生产等 5 种，次要服务功能包括了原材料供给、空气质量调节、干扰调节、旅游娱乐服务、物质循环和提供生境等 6 种，其他潜在的服务功能包括生物调节与控制、基因资源供给、精神文化服务和生物多样性等 4 种（表 7-7）。

由于初级生产力主要作为调节和供给服务功能评价的中间换算量，为避免重复计算服务价值，本项不再对初级生产进行价值评估计算。此外，4 种可能存在的服务由于缺乏充分的计算依据，其占服务价值总值的比例非常低，因此也不计入服务总价值中。

表 7-7 大亚湾的生态系统服务类型

生态系统服务类型		大亚湾生态系统服务		
		主要	次要	潜在
调节服务	气候调节	√		
	空气质量调节		√	
	水质净化调节	√		
	生物调节与控制			√
	干扰调节		√	
供给服务	食品供给	√		
	原材料供给		√	
	基因资源供给			√
文化服务	精神文化服务			√
	知识扩展服务	√		
	旅游娱乐服务		√	
支持服务	初级生产	√		
	物质循环		√	
	生物多样性			√
	提供生境		√	

因此，对于大亚湾生态系统服务价值的评估主要包含 4 大类共 10 种服务功能的计算，价值评估依据以下方法指标体系。

二、大亚湾生态系统服务功能的评价方法

（一）气候调节

气候调节服务主要指生态系统对各种温室气体的吸收和固定，大亚湾生态系统的气候调节服务主要是指对温室气体 CO_2 的固定。此项服务主要通过人工造林费或碳税替代计算其服务价值。

$$VOC = \sum PP_i \times C_i$$

式中 VOC——气候调节服务的价值；

PP_i——生态系统固定各类温室气体（主要是 CO_2）数量；

C_i——固定单位数量各类温室气体（主要是 CO_2）费用。

（二）空气质量调节

空气质量调节主要是指大亚湾生态系统通过向大气中释放有益物质和吸收有害化学物质的过程，维持、调节和保护空气质量。其计算指标采用影子工程法，计算公式如下：

$$VOA = \sum QE_i \times C_i + \sum QA_j \times C_j$$

式中 VOA——空气质量调节服务的价值；

QE_i——生态系统释放的各类有益气体的量；

C_i——生产单位数量各类有益气体的费用；

QA_j——生态系统吸收的各类有害气体的量；

C_j——处理或净化单位数量各类有害气体的费用。

(三) 水质净化调节

水质净化调节功能主要是指大亚湾生态系统帮助过滤或分解化合物及有机废弃物等，通过系统的生态过程吸收、去除、降解有害有毒化学物质的过程，或对有害化学物质解毒的过程等。这一生态系统的服务功能实质类似于污水处理厂的作用。因此，采用影子工程法可以对大亚湾生态系统的水质净化调节作用进行计算。

$$VOW - \sum QW_i \times CW_i$$

式中 VOW——水质净化调节的服务价值；

QW_i——生态系统的各类污染物质数量；

CW_i——各类污染物质的处理成本。

(四) 干扰调节

干扰调节功能主要是指大亚湾生态系统对各种环境波动的包容量、衰减及综合作用。如海洋沼草群落、红树林等对海洋风暴潮、台风等自然灾害的衰减作用等。干扰调节功能主要采用替代法初步评估，以 Costanza et al (1997) 全球生态系统中滩涂湿地、珊瑚、海草床、红树林等生态系统的单位面积干扰调节服务价值作为参考值进行计算（表7-8），干扰调节服务价值＝单位面积干扰调节服务价值×面积。

表7-8 大亚湾单位面积干扰调节功能价值的确定

项目	全球价值基准［美元/(hm²·a)］	保护区价值基准［元/(hm²·a)］
海草床	567	4 689.09
珊瑚礁	2 750	22 742.5
红树林	1 839	15 208.53

注：美元按照1997年时汇率计算，保护区价值基准＝全球价值基准×8.27。

(五) 物质循环

物质循环的服务功能在大亚湾生态系统主要是浅海提供，以 Costanza et al (1997)

全球生态系统的单位面积物质循环服务价值作为参考值进行计算［全球价值基准值为 118 美元/（hm²·a），在本项目中的基准值为 975.86 元/（hm²·a）］。

（六）提供生境

提供生境的服务功能主要指的是由海洋大型底栖植物所形成的海藻森林、盐沼群落、红树林以及底栖动物形成的珊瑚礁等，为其他生物所提供的生存生活的环境和庇护场所。提供生境功能主要以 Costanza et al（1997）全球生态系统中滩涂湿地、珊瑚、海草床、红树林等生态系统的单位面积提供生境服务价值作为参考值进行计算（表 7-9），提供生境服务价值＝单位面积提供生境服务价值×面积。

表 7-9　大亚湾单位面积生境功能价值的确定

项目	全球价值基准［美元/（hm²·a）］	保护区价值基准［元/（hm²·a）］
海草床	131	1 083.37
珊瑚礁	7	57.89
红树林	169	1 397.63

注：美元按照 1997 年时汇率计算，保护区价值基准＝全球价值基准×8.27。

（七）食物供给

大亚湾的食物供给服务主要包括两大来源：一是在大亚湾内的渔业捕捞作业获得，二是人工养殖的鱼类、贝类等水产品。在计算大亚湾生态系统服务价值时，应该扣除获得价值所需的生产成本。因而，其估算公式为：

$$VOF = \left(\sum YF_i \times PF_i - \sum CF_i\right) + \left(\sum YA_j \times PA_j - \sum CA_j\right)$$

式中　VOF——生态系统食物供给服务的总价值；

$\qquad YF_i$——大亚湾水域捕捞的各类（i）水产品数量；

$\qquad PF_i$——各类（i）水产品的市场价格；

$\qquad CF_i$——捕捞所需生产成本；

$\qquad YA_j$——大亚湾水域养殖的各类（j）水产品数量；

$\qquad PA_j$——各类（j）水产品的市场价格；

$\qquad CA_j$——各类（j）水产品的养殖成本。

（八）原材料供给

原材料供给服务是指为人类间接提供食物及日常用品、燃料、药物、添加剂等的生产性原材料、生物化学物质，将人类不可直接食用的部分转化为可间接利用的各类物质。此项服务计算即利用生产和再生产性的原材料数量与价格乘积，扣除掉需要将此项服务带入市场的成本，计算方法如下：

$$VOM = \sum Q_i \times (P_i - C_i)$$

式中　　VOM——原材料供给服务的价值；

Q_i——保护区生态系统的各类（i）原材料数量；

P_i——各类（i）原材料的市场价格；

C_i——将单位数量各类（i）原材料带入市场的成本。

（九）知识扩展服务

知识扩展服务是由于大亚湾生态系统的复杂性与多样性，而产生和吸引的科学研究以及对人类知识的补充等贡献，这类服务通常具有潜在商业价值，即依靠所获得的知识可产生其他收益。如对保护区生态系统的科学研究所形成的人类管理知识及能力的提高等。此项服务可以通过对保护区进行的科学研究投入数量及获得的科研成果数量来间接计算，也可以将 Costanza et al（1997）全球生态系统的单位面积知识扩展服务价值作为参考值进行计算〔全球价值基准值为 76 美元/（hm² · a），在本项目中的基准值为628.52 元/（hm² · a）〕。

（十）旅游娱乐服务

旅游娱乐服务是由海岸带和大亚湾生态系统所形成的独有景观和美学特征，并进而产生的具有直接商业利用价值的贡献，如海洋生态旅游、渔家游和垂钓活动等。娱乐服务主要是通过统计沿岸各区旅游人数及费用来计算。

三、大亚湾生态系统服务功能的综合评价

根据构建的大亚湾生态系统评估方法指标体系，结合调研的相关数据，对保护区生态系统的 4 大类 10 种服务价值进行综合评估。

（一）生态调节服务价值

1. 气候调节服务

在大亚湾生态系统的气候调节服务主要是指对温室气体 CO_2 的固定。在大亚湾生态系统中，通过生物固定 CO_2 的主要途径有红树林生态系统对 CO_2 的固定，浮游藻类、微生物、底栖生物、大型藻类的光合作用对 CO_2 的固定，贝类、珊瑚等生物通过生物泵作

用（biological pumping）改变 CO_2 和 HCO_3^- 的通量而将 CO_2 固定。

（1）浮游藻类通过光合作用固定水体中的 CO_2 并生产有机物质，并将这些固定了的碳带入更高的营养级或形成水体中的颗粒有机碳（被其他生物利用或沉降）。在此，只考虑经光合作用而固定的碳，而不考虑其他间接效应（如被其他生物利用后又通过呼吸回到水中）。根据大亚湾生态系统的初级生产力（primary productivity）计算，2004 年大亚湾浮游藻类初级生产力为 894.24 $mg/(m^2 \cdot d)$。

（2）部分微生物也可以通过光合作用固定 CO_2，但实测的初级生产力中已经包含了微生物的贡献，故在此不再单列。

（3）底栖生物的初级生产力：2004 年无灰干质（ash-free dry mass，AFDM）平均为 10.22 $g/(m^2 \cdot a)$。

（4）大型藻类可以通过光合作用将溶解的无机碳转化为有机碳，从而固定温室气体。根据光合作用计算，每生产 1 g 干海藻需要吸收 1.63 g 的 CO_2，并同时产生 1.20 g 的 O_2。

（5）贝类固定水体中的碳主要有两种方式：一是通过摄食浮游藻类和颗粒有机碳或底栖藻类，从而转化并固定碳；二是通过直接吸收海水中碳酸氢根（HCO_3^-）形成碳酸钙（$CaCO_3$）贝壳。

（6）红树林生态系统由于未知初级生产力状况，因此按照 Costanza et al（1997）估算的全球生态系统服务价值基准值 223 美元/$(hm^2 \cdot a)$，换算成保护区的基准值为 1 844.21元/$(hm^2 \cdot a)$ 计算。

大亚湾生态系统气候调节服务价值的计算结果见表 7-10。大亚湾生态系统中，浮游藻类生产对固定 CO_2 的贡献最大。大亚湾生态系统此项服务的价值为26 063.4万元（碳税法），如果根据造林法，则为 5 548.6 万元。但笔者认为采用瑞典的碳税法更为合适，主要原因一是造林成本费用是以年不变价格计算的，严重偏低；二是瑞典的碳税率较为适中，挪威的碳税则为每吨碳227 美元，美国的碳税为每吨碳 15 美元。而且，根据《联合国气候变化框架公约的京都议定书》（1997 年制定），减排 CO_2 的费用为每吨碳 150～160 美元。所以，笔者认为采用瑞典政府的碳税率，即每吨碳 150 美元是较为适宜的。由此计算出大亚湾生态系统对气候调节的服务价值为26 063.40万元。

表 7-10　大亚湾生态系统气候调节服务价值

生物类别	初级生产力 (t)[①]	产量	固定碳量 (t)	价值[②]（万元）	
				造林法	碳税法
浮游藻类	195 838.56	—	—	5 109.43	24 293.77
底栖生物	6 132	—	—	159.98	760.67

（续）

生物类别	初级生产力（t）[1]	产量	固定碳量（t）	价值[2]（万元）	
				造林法	碳税法
大型藻类	—	7 459.0 t	3 315.86	86.51	411.33
贝类	—	18 790.0 t[4]	4 133.8	107.85	512.80
红树林[3]	—	460 hm²	—	84.83	84.83
合计				5 548.60	26 063.40

注：①造林法价值计算采用我国的造林成本每吨碳 260.9 元（按 1999 年不变价格）；②碳税法采用瑞典政府规定的每吨碳 150 美元（1 美元＝8.27 元人民币计）；③红树林的价值是用 Costanza etd（1997）基准值计算；④其中 16 000 t 是人工养殖产量，2 790 t 是捕捞产量。

2. 空气质量调节服务

大亚湾生态系统的空气质量调节服务主要来源于对有益气体的释放和有害气体的吸收。

（1）有益气体的释放　根据目前数据情况，将浮游藻类的年初级生产力计算转化为 O_2 的生产量，并根据我国的造林成本每吨 O_2 352.93 元（按 1990 年不变价格）和工业制氧成本每吨 O_2 400 元，分别计算此项服务；大型藻类根据光合作用计算，每生产 1 g 干海藻需要吸收 1.63 g 的 CO_2，并同时产生 1.20 g 的 O_2。

（2）有害气体的吸收　由于目前对于有害气体的吸收没有资料借鉴，故在此忽略。

因此，大亚湾生态系统的空气质量调节服务价值主要是单因素计算有益气体（O_2）的释放，具体的计算结果如表 7－11 所示。由此可见，依据工业造氧法计算，大亚湾生态系统的空气质量调节服务价值为 21 925.90 万元。

表 7－11　大亚湾生态系统空气质量调节服务价值

生物类别	初级生产力（t）	产量（t）	固定的 CO_2（t）	产生的 O_2（t）	价值（万元）	
					造林法	工业制氧法
浮游藻类	195 838.56	—	718 074.72	528 643.97	18 657.43	21 145.76
底栖生物	6 132	—	22 484	10 552.64	372.43	422.11
大型藻类	—	7 459.0	12 158.17	8 950.8	315.90	358.03
合计	—				19 345.76	21 925.90

3. 水质净化调节

大亚湾生态系统的水质净化调节服务主要是水体对于生产以及工业污水的消解，从而保证近岸水体环境的清洁。海洋环境对氮、磷的去除与污水处理厂对于污水的处理效果相似，所以笔者采用污水处理过程中对于 N 和 P 的处理费用来计算大亚湾生态系统的水质净化服务价值。此项服务的总价值为 2 873.54 万元，单位面积服务价值为 2.51 万元/km²。浮游植物光合作用的 C/N/P 为 106：16：1。换算成质量比，C/N 约为 5.68，C/P 约为 41.03；红树林生态系统对水质净化功能参照 Costanza et al（1997）全球生态系统服务价值基准值 6 696 美元/（hm²·a），换算成本项目的基准值为 55 375.92 元/（hm²·a），相关计算见表 7-12。

表 7-12　大亚湾生态系统水质净化调节服务价值

项目	产量	移除总氮量（t）	移除总磷量（t）	价值（万元）
浮游藻类	195 838.56 t	34 478.62	4 773.06	6 365.06
大型藻类	7 459.0 t	359.37	24.02	59.92
鱼类	21 350 t	587.42	—	88.11
甲壳类	3 106 t	85.47	—	12.82
红树林	460 hm²	—	—	2 547.29
合计	—	—	—	9 073.20

注：生活污水处理 N 成本 1 500 元/t；处理 P 成本 2 500 元/t；大型海藻的总 N 和总 P 含量参照海带分别为 4.818% 和 0.322%；甲壳类蛋白质含量参照对虾的 17.2%；鱼类蛋白质含量为 17.2%。鱼类和甲壳类总产量参照捕捞产量，未计入养殖产量。

依据以上的计算方法，大亚湾生态系统水质净化调节服务价值为 9 073.20 万元。

4. 干扰调节服务

干扰调节服务功能主要是指大亚湾生态系统对各种环境波动的包容量、衰减及综合作用。如海洋沼草群落、红树林等对海洋风暴潮、台风等自然灾害的衰减作用等。本项目中大亚湾生态系统中红树林、珊瑚礁、海草床等可提供干扰调节服务。

计算参照 Costanza et al（1997）全球生态系统服务价值基准值（表 7-13）。由于珊瑚礁的面积未确定，因此，主要是对红树林和海草床生态系统的服务价值评估。经过计算，大亚湾生态系统的干扰调节服务价值是 700.06 万元。

表 7-13　大亚湾生态系统干扰调节服务价值

项目	面积（hm²）	全球价值基准［美元/（hm²·a）］	本项目价值基准［元/（hm²·a）］	价值（万元）
海草床	1	567	4 689.09	0.47
红树林	460	1 829	15 208.53	699.59
合计	—	—	—	700.06

（二）生态支持服务价值

1. 物质循环服务

物质循环服务在大亚湾生态系统主要是由海洋提供，根据 Costanza et al（1997）全球生态系统的单位面积物质循环服务价值的基准值 975.86 元/（hm² · a），可计算出大亚湾生态系统的物质循环服务价值为 5 855.16 万元。

2. 提供生境服务

提供生境服务主要指的是由海洋大型底栖植物所形成的海藻森林、盐沼群落、红树林以及底栖动物形成的珊瑚礁等，为其他生物所提供的生存生活的环境和庇护场所。由于珊瑚礁面积的数据尚未统计，因此此项服务以红树林和海草床进行计算。主要参照 Costanza et al（1997）的全球生态系统基准值进行计算。通过计算，海草床（大亚湾发现的海草床面积仅 1 hm²）提供生境服务的价值是 0.1 万元，在急剧退化后大面积补种的红树林面积约为 460 hm²，其提供生境服务的价值是 64.3 万元。因此，除去珊瑚礁，大亚湾生态系统（主要是红树林生态系统）提供的生境服务价值约为 64.4 万元。

（三）社会供给的效益评估

1. 食物供给服务

大亚湾生态系统的食物供给服务主要有两个来源：来自捕捞的海产品和来自养殖的海产品。大亚湾的渔业捕捞量呈现逐渐下降的趋势，2005 年海洋捕捞总产量为 29 779 t，其中鱼类 21 350 t、甲壳类 3 106 t、头足类 1 893 t、贝类 2 790 t，其他 730 t，总产值约为 42 315.4 万元。

2005 年惠州市海水养殖面积共 12 042.2 hm²，年产量 55 962 t，年总产值高达 120 386 万元，惠州市海域除了大亚湾，还包括考洲洋等海域。然而，位于大亚湾海域养殖网箱 2004 年就有 16 500 个，浮筏养殖和底播养殖面积分别为 713 hm² 和 7 557 hm²，当年创造养殖总产值达 85 160 万元。

红树林生态系统的食物供给服务根据 Costanza et al（1997）全球生态系统的单位面积食物供给服务价值的基准值 ［256 美元/（hm² · a），折合 2 117.12 元/（hm² · a）］ 计算，与大亚湾水域面积相乘，可计算出大亚湾红树林生态系统的食物供给服务价值是 12 702.72 万元。

由此可见，大亚湾生态系统的食物供给服务价值共计为 140 178.12 万元。

2. 原材料供给服务

根据张朝晖等（2008）计算指标体系，大型藻类按照 20％ 的低质量产品用于原材料供给；贝类根据产量的壳重比例平均为 35％ 计算；鱼苗的数量根据总产量进行估算，依据收获时每尾 0.6 kg，养殖过程中死亡率 20％ 计算；红树林的原材料供给服务按照 Costanza et al（1997）单位面积原材料供给服务价值的基准值［162 美元/（hm² · a），折合 1 339.74 元/（hm² · a）］计算。综合上述结果，计算出大亚湾生态系统原材料供给服务价值为 714.31 万元（表 7 - 14）。

表 7 - 14　大亚湾生态系统原材料供给服务价值

项目	数量	价格	成本（元/t）	服务价值（万元）
大型藻类	1 491.8 t	1 800 元/t	1 200	89.51
贝壳	6 576.5 t	200 元/t	20	118.38
鱼苗	444.79 万尾	1.00 元/尾	0	444.79
红树林	460 hm²	200.00 元/t	—	61.63
合计	—			714.31

（四）社会文化效益的价值评估

1. 知识扩展服务

由于大亚湾生态系统的复杂性与多样性，其在科学研究和获得知识方面具有十分重要的价值，最近几十年，有大量的科学研究是在这一区域开展的，已经公开发表的关于大亚湾生态系统的学术论文超过 150 篇，对科学研究的贡献价值十分巨大。

虽然此项服务可以通过对该区域进行的科学研究投入数量及获得的科研成果数量来间接计算，但是由于科研项目和资金投入的资料不易获得，此处采用了 Costanza et al（1997）全球生态系统的单位面积知识扩展服务价值作为参考值进行计算［76 美元/（hm² · a）］，在本项目中的基准值为 628.52 元/（hm² · a）。通过计算可得出，大亚湾生态系统知识扩展服务的价值是 3 771.12 万元。

2. 旅游娱乐服务

大亚湾及其附近海域以其独特的海岸、海滩和海岛自然条件，具有很高的旅游开发价值。目前，大亚湾区域已经开发了许多旅游项目和旅游景点，用优美的自然风光和独特的人文历史吸引了大量的游客。根据沿岸三个区（县）（深圳龙岗区、惠州惠阳区和惠东县）的统计公报数据，龙岗地区近年来每年累计接待旅游者 813.41 万人次，实现旅游业总收入 46.89 亿元；惠阳地区近年来全区接待国内外游客 230.3 万人次，旅游总收入 11.5 亿元；惠东县近年来游客达 192.3 万人次，旅游总收入 2.4 亿元。

由于三个区（县）的观光景点主要分布于沿海一带，笔者通过计算大亚湾生态系统的旅游黄金岸线（约 52 km）与三区（县）的海岸线总长度（336 km）之间的比例，估算出大亚湾生态系统的旅游娱乐价值是 94 079.76 万元。

四、大亚湾生态系统的服务价值及构成

通过对大亚湾生态系统的 4 类共 10 项生态服务价值用各自适宜的方法分别进行评估和计算，结果显示，大亚湾生态系统的全年直接和间接的总经济效益达 302 425.43 万元，单位面积的经济效益为 504.04 万元/km² （表 7 - 15）。在大亚湾生态系统各项服务价值中，对社会的食品供给服务是最主要的，其效益价值达到 140 178.12 万元，占生态系统服务总价值的近 1/2，其次是社会效益中的旅游娱乐服务，服务价值占总价值的约 1/3。

表 7 - 15　大亚湾生态系统综合服务价值及构成

生态系统服务类型		服务价值（万元）	占总服务价值的比例（％）
调节服务	气候调节	26 063.4	8.62
	空气质量调节	21 925.9	7.25
	水质净化调节	9 073.2	3.00
	干扰调节	700.06	0.23
支持服务	物质循环	5 855.16	1.94
	提供生境	64.4	0.02
生态服务价值		63 682.12	21.06
文化服务	知识扩展服务	3 771.12	1.25
	旅游娱乐服务	94 079.76	31.10
供给服务	食品供给	140 178.12	46.35
	原材料供给	714.31	0.24
社会服务价值		238 743.31	78.94
总服务价值		302 425.43	—

由此可见，根据大亚湾生态系统的服务价值的综合评估结果，大亚湾生态系统最主要的生态功能仍然是以食品供给服务和旅游娱乐服务为主，可产生巨大的社会效益，社会服务价值的比重占了总经济效益比重的 78.94％。同时，大亚湾为水产资源提供生境和产卵场等使得水产种质资源得到有效保护，其产生的生态效益也占到总经济效益的21.06％。因此，在发展经济的同时，应倾向于保护大亚湾的天然水产种质资源和栖息地生境，以实现大亚湾的可持续发展。

第八章
大亚湾生态系统健康评价及趋势预测

第一节　生态系统健康评价研究进展

一、生态系统健康的内涵

1989 年 Rapport 最早提出了生态系统健康内涵，他认为生态系统健康是指一个生态系统所具有的稳定性和可持续性，即在时间上具有维持其组织结构、自我调节和对胁迫的恢复能力，并认为生态系统健康可以通过活力（vigor）、组织结构（organization）和恢复力（resilience）三个特征来定义。活力表示生态系统的功能，可根据新陈代谢或初级生产力等来测度；组织结构可根据生态系统组分间相互作用的多样性及其数量来评价；恢复力可根据结构和功能的维持程度和时间来测度。

后来不断有学者就这一问题提出自己的见解。但不同的学者因其研究出发点的差异，对生态系统健康的状态与生态系统健康学科体系有不同的看法，因而对生态系统健康概念的理解也就不同。

Costanza（1992）提出过一个影响深远的定义：健康的生态系统是稳定而且可持续发展的，也就是说，健康的生态系统应该能够维持自身组织结构的长期稳定，并具有自我运作能力，同时对外界压力有一定的承受弹性。

早期阶段生态系统健康的各种定义倾向于强调生态系统健康的生态学方面，后来定义又得到不断补充，逐渐将人类健康、生态系统的社会服务功能等人类的因素考虑在内。Cairns（1994）指出，理解生态系统的全面性和整体性需要考虑把人类作为生态系统的组成部分而不是同其相分离。由于人类是生态系统的组成部分，所以生态系统满足人类需求和愿望的程度应该纳入生态系统健康的评价之中，不考虑社会、经济和文化对生态系统健康的讨论是没有意义的，很难将人类、社会和经济福利与生态系统的整体性分开。此外，孔红梅等（2002）认为，生态系统健康问题是人类产生的，所以不可能存在于人类的价值判断之外。

我国学者袁兴中等（2001）也提出了自己的观点：生态系统健康可以理解为生态系统的内部秩序和组织的整体状况，系统正常的能量流动和物质循环没有受到损伤、关键生态成分保留下来（如野生动植物、土壤和微生物区系）、系统对自然干扰的长期效应具有抵抗力和恢复力，系统能够维持自身的组织结构长期稳定，具有自我调控能力，并且能够提供合乎自然和人类需求的生态服务。

目前，学术界在生态系统健康的定义方面尚未完全取得共识，对生态系统内涵的理解还处于不断的补充和完善中。

二、海湾生态系统健康评价研究概况

在海湾生态系统健康评价研究领域，目前只有少数几例研究。除林琳（2007）对大亚湾生态系统的健康评价外，杨建强等（2003）以国家海洋局北海监测中心于2002年5月在莱州湾西部海域实施的生态调查为基础，选取生态系统结构功能指标建立指标体系，采用层次分析技术（AHP）估算权重，以综合指数法对莱州湾西部海域生态系统健康进行了初步评价。其指标体系包括无机环境、生物群落结构、生态系统功能三个子系统，仅包含生态指标，没有考虑人类活动，且限于调查的项目，每一个子系统的指标种类也有限。评价结果显示，莱州湾西部海域生态系统健康程度总体属一般，部分海域已达较差状态。经过与实际情况在空间以及时间上的对比，其评价结果基本是合理的，证明所采用的方法具有一定的应用价值。

Xu et al（2004）对香港吐露港（Tolo Harbour）生态系统健康进行了评价。其评价过程分为5步：①回顾人类活动；②识别主要人为压力的种类；③分析生态系统对压力的响应；④选取健康指标；⑤进行健康评价。其指标体系包括压力指标和响应指标，比较充分地考虑了人类活动对生态系统健康的影响，以及生态系统对人类社会的服务功能，并且增加了从整体上描述生态系统健康状况的指标。这一指标体系更充分地体现了生态系统健康的含义和原理。其评价结果显示，健康状况的时间变化为20世纪70年代最好，90年代次之，80年代最差；空间分布为航道区好于缓冲区，缓冲区好于港口区。

Pantus and Dennison（2005）为了监测位于澳大利亚昆士兰州的摩顿湾（Moreton Bay）生态系统的健康状况，建立了一套定量的可以显示健康状况空间分布趋势的海湾生态系统健康评价模型。

总结上述4项研究所使用的基本方法（表8-1）和评价效果可见，以"压力响应"理论为框架构建指标体系，采用"基于地理信息系统（GIS）的海湾生态系统健康综合指数法"是目前最为成熟和合理的评价方案。

表8-1　海湾生态系统健康评价案例总结

生态系统	完成年份	指标体系框架	评价方法
莱州湾	2003	结构功能	综合指数法
吐露港	2004	压力响应	核查表法
摩顿湾	2005	管理目标	基于GIS的海湾生态系统健康综合指数法
大亚湾	2007	压力响应	基于GIS的海湾生态系统健康综合指数法

第二节 生态系统健康评价体系构建

本研究沿用林琳（2007）构建的"基于地理信息系统（GIS）的海湾生态系统健康综合指数法"。这样既能保证评价结果的权威性和客观性，又能保证两次健康评价结果的延续性和可比性。

此评价方法包括五个部分：指标体系、管理目标、指标权重、基于 GIS 的海湾生态系统健康综合指数计算、健康状况分级。

一、大亚湾生态系统健康评价指标体系

大亚湾生态系统健康评价指标体系的构建框架见图 8-1。

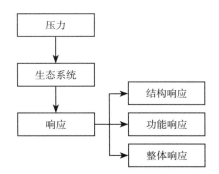

图 8-1 大亚湾生态系统健康评价指标体系框架

大亚湾生态系统健康评价指标体系主要从以下四个方面构建：

（1）压力指标 描述外界，特别是人类活动对海湾生态系统带来的干扰和压力，如各种有机和无机污染物、生态入侵生物等。

（2）结构响应指标 描述外界压力作用于海湾生态系统后，海湾生态系统的各个组成成分以及组分间比例关系等发生的改变。

（3）功能响应指标 描述外界压力作用于海湾生态系统后，海湾生态系统的各项基本功能——物质循环、能量流动、信息传递等所受到的影响。

（4）系统整体响应指标 生态系统是一个由多层次组成的统一整体，除海湾生态系统各个亚层次外，还需要描述海湾生态系统最高层次，即系统整体层次对外界压力的响应。目前已有多项系统整体响应指标被提出，应用较为广泛的有能质、结构能质、生态缓冲容量等。

根据上述大亚湾生态系统健康评价的指标体系框架构建指标体系（表 8-2 和图

8-2)。

表 8-2　大亚湾生态系统健康评价指标体系

指标		相对健康状态	
		好	坏
压力指标（B_1）	有机污染指数（C_1）	低	高
	营养水平指数（C_2）	低	高
结构响应指标（B_2）	浮游植物丰度（C_3）（$\times 10^4$ 个/m^3）	低	高
	浮游动物生物量（C_4）（mg/m^3）	高	低
	底栖生物生物量（C_5）（g/m^2）	高	低
	浮游植物多样性指数（C_6）	高	低
功能响应指标（B_3）	初级生产力（C_7）[mg/（$m^2 \cdot d$）]	高	低
系统响应指标（B_4）	生态缓冲容量（C_8）	高	低

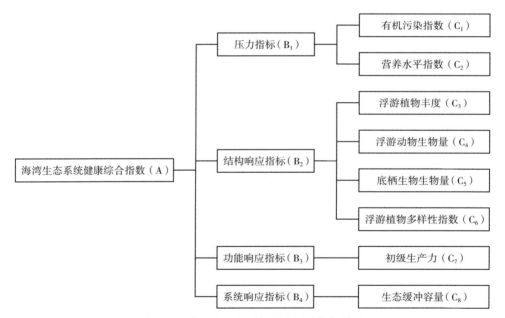

图 8-2　大亚湾生态系统健康评价指标体系

此指标体系分为目标层（A 层）、准则层（B 层）和指标层（C 层）三个层次（图 8-2）。其中准则层由外界对生态系统施加的压力、生态系统结构对压力的响应、生态系统功能对压力的响应和生态系统整体对压力的响应等四个方面组成。每一方面又包含若干下层指标。

指标体系中各指标的含义和赋值方法如下：

C_1（有机污染指数）：反映水体受有机污染物污染的程度。

$$A = \frac{C_{COD}}{C'_{COD}} + \frac{C_{IN}}{C'_{IN}} + \frac{C_{IP}}{C'_{IP}} - \frac{C_{DO}}{C'_{DO}}$$

式中　A——有机污染指数；

C_{COD}——化学需氧量（mg/L）实测值；

C_{IN}——溶解态无机氮（mg/L）实测值；

C_{IP}——活性磷酸盐（mg/L）实测值；

C_{DO}——溶解氧（mg/L）实测值；

C'_{COD}——化学需氧量（mg/L）第一类海水水质标准值；

C'_{IN}——溶解态无机氮（mg/L）第一类海水水质标准值；

C'_{IP}——活性磷酸盐（mg/L）第一类海水水质标准值；

C'_{DO}——溶解氧（mg/L）第一类海水水质标准值。

C_2（营养水平指数）：反映水体的营养水平。

$$E = \frac{C_{COD} \times C_{IN} \times C_{IP}}{1\ 500}$$

式中　E——营养水平指数；

C_{COD}——化学需氧量（mg/L）实测值；

C_{IN}——溶解态无机氮（μg/L）实测值；

C_{IP}——活性磷酸盐（μg/L）实测值。

C_6（浮游植物多样性指数）：反映生态系统的复杂性和稳定性。本研究选用Shannon-Wiener多样性指数。

$$DI = -\sum_{i=1}^{S} \frac{n_i}{N} \log_2 \frac{n_i}{N}$$

式中　DI——多样性指数；

n_i——第 i 种的个体数量（个/m³）；

N——总生物数量（个/m³）；

S——物种总种数。

C_7（初级生产力）：初级生产力根据叶绿素 a 浓度估算：

$$P = (C_a \times D \times Q)/2$$

式中　P——初级生产力［以 C 计，mg/（m²·d）］；

C_a——叶绿素 a 浓度（mg/m³）；

D——光照时间（h）；

Q——同化效率［mg/（mg·h）］，根据中国水产科学研究院南海水产研究所以往调查结果，春季、夏季和秋季分别取 4.05、4.05 和 3.42。

C_8（生态缓冲容量）：生态缓冲容量是生态系统状态变量的变化量与其所受外部胁迫的变化量之比。

$$\beta = \frac{1}{\delta(c)/\delta(f)}$$

式中　β——生态缓冲容量；

　　　c——状态变量；

　　　f——外部胁迫。

生态缓冲容量为负值表示生态系统受外部胁迫向反方向演变。大亚湾属于 P 元素为浮游植物生长限制性因子的生态系统，浮游植物是海湾中主要的初级生产者，在海湾生态系统中具有重要的地位。因此可以用浮游植物丰度和活性磷酸盐含量的变化来计算生态缓冲容量的数值。

二、各评价指标的管理目标

生态系统健康是生态系统管理和环境管理的新目标。生态系统健康评价作为为生态系统管理提供支持和决策依据的新方法，应该时刻与生态系统管理的要求和实际保持一致。因此在确定大亚湾生态系统健康评价各指标的管理目标时，除需要参考有关国家标准和相关研究的成果外，最重要的原则是要从大亚湾生态系统的实际出发，充分考虑大亚湾生态系统的特点，为其"量身定做"一套最适宜的管理目标。

大亚湾生态系统健康评价的管理目标既可作为生态系统管理的可操作性目标，又可作为大亚湾生态系统健康评价的标准，因而通过管理目标，可以将大亚湾生态系统健康评价与生态系统管理的实际紧密结合起来，使健康评价的结果更贴近生态系统管理的实际需要。

根据上述原则，为指标体系中每一个单项指标确定管理目标，如表 8-3 所示。

表 8-3　大亚湾生态系统健康评价管理目标

指标	管理目标	指标	管理目标
有机污染指数	≤1	底栖生物生物量	≥100 g/m²
营养水平指数	≤0.5	浮游植物多样性指数	≥3.5
浮游植物丰度	≤500×10⁴ 个/m³	初级生产力	≥600 mg/(m²·d)
浮游动物生物量	≥100 mg/m³	生态缓冲容量	≥1.72×10⁻⁵

三、评价指标权重

健康评价指标权重是评价指标相对于评价目标重要性的一种度量，不同的权重往往会导致不同的评价结果。但赋权常常是一种随机行为，不同的人由于其价值准则和理念不同，对同一指标的重要程度会有不同的理解，因而保证评价指标体系权重分配的科学性和合理性一直是多指标综合评价特别重要的问题。

学术界已对上述问题进行了大量的研究，主要的赋权方法分为两类：以研究人员实践经验以及主观判断为主的专家法以及以各种数学方法运算为主的数学法。海洋调查数据往往具有样本量小、受随机因素影响大等特点，所以单纯的数学方法在海洋生态系统健康评价领域的运用存在较大的局限性，所得到的结果很难得到广泛的认可和应用。层次分析法（AHP）是近年来在复杂系统的综合判断领域应用广泛、较为成熟的赋权方法，它将专家经验通过严密的运筹学运算进行定量化，综合了专家法和数学法的优势，比较适合海湾生态系统健康评价对权重分配的要求。

层次分析法的基本步骤如下：

1. 建立系统的递阶层次结构

首先要把问题条理化、层次化，构造出一个有层次的结构模型。一个决策系统大体可以分成三个层次：

（1）最高层（目标层）　这一层次中只有一个元素，一般它是分析问题的预定目标或理想结果。

（2）中间层（准则层）　这一层次包含为实现目标所涉及的中间环节，它可以由若干个层次组成，包括所需考虑的准则、子准则。

（3）最低层（方案层）　这一层次包括为实现目标可供选择的各种措施、决策方案等。

2. 构造成对比较判断矩阵

将专家对指标的成对比较结果转化为判断矩阵。判断矩阵的值反映了各因素的相对重要性。标度值采用秦吉等（1999）提出的标度，如表 8-4 所示。判断矩阵 A 由下式给出：

$$A = \begin{bmatrix} a_{ef} \end{bmatrix}_{N \times N}$$

式中　a_{ef}——指标 e 相对于指标 f 的重要度；

　　　N——重要性矩阵 A 的阶数。

表 8-4　重要性标度及其描述

重要性标度	含义
1	表示两个因素相比，具有相同重要性
3	表示两个因素相比，前者比后者稍重要
5	表示两个因素相比，前者比后者明显重要
7	表示两个因素相比，前者比后者强烈重要
9	表示两个因素相比，前者比后者极端重要
2、4、6、8	表示上述相邻判断的中间值
倒数	若因素 e 与 f 的比较判断为 a_{ef}，则 $a_{ef} = 1/a_{fe}$

3. 求解判断矩阵的特征根

计算出最大特征根 $\lambda_{\max}$ 和它对应的标准化特征向量 $\boldsymbol{W}$，即找出同一层中各因素相对于上一层某因素相对重要性的排序权重。矩阵 $\boldsymbol{A}$ 的最大特征根和标准化特征向量 $\boldsymbol{W}$ 由下式计算得出：

$$\begin{cases} \boldsymbol{A} \cdot \boldsymbol{W} = \lambda_{\max} \cdot \boldsymbol{W} \\ \sum_{i=1}^{N} \boldsymbol{W}_i = 1 \end{cases}$$

式中 $\boldsymbol{W}_i$——$\boldsymbol{W}$ 的第 i 个分量，实际意义相当于第 i 个指标的权重。

在实际应用中可采用幂法、方根法以及和法求出 $\lambda_{\max}$ 和 $\boldsymbol{W}$ 的近似解。这里采用和法求解，其步骤为：

（1）将 $\boldsymbol{A}$ 的每一列向量归一化

$$\overline{\boldsymbol{W}_{ij}} = a_{ij} / \sum_{i=1}^{n} a_{ij}$$

（2）对 $\overline{\boldsymbol{W}_{ij}}$ 进行求和

$$\overline{\boldsymbol{W}_i} = \sum_{j=1}^{n} \overline{\boldsymbol{W}_{ij}}$$

（3）归一化

$$\overline{\boldsymbol{W}} = (\overline{\boldsymbol{W}_1}, \overline{\boldsymbol{W}_2}, \cdots, \overline{\boldsymbol{W}_n})^T \quad \boldsymbol{W} = (\boldsymbol{W}_1, \boldsymbol{W}_2, \cdots, \boldsymbol{W}_n)^T \quad \boldsymbol{W}_i = \overline{\boldsymbol{W}_i} / \sum_{i=1}^{n} \overline{\boldsymbol{W}_i}$$

（4）计算 $\boldsymbol{AW}$

（5）计算最大特征根的近似值

$$\lambda = \frac{1}{n} \sum_{i=1}^{n} \frac{(\boldsymbol{AW})_i}{\boldsymbol{W}_i}$$

4. 判断矩阵的一致性检验

在给定 a_{ef} 值时，由于判断上的误差很难保证所有的 a_{ef} 都满足公式 $a_{ef} = a_{ei} \times a_{if}$，这就会使矩阵 $\boldsymbol{A}$ 出现不一致性。若矩阵 $\boldsymbol{A}$ 的不一致在允许限度内，则 a_{ef} 的取值可以接受。具体检验方法如下：

（1）计算一致性指标 CI

$$CI = \frac{\lambda_{\max} - N}{N - 1}$$

（2）根据重要性矩阵 $\boldsymbol{A}$ 的阶数 N 查表求得平均随机一致性指标 RI。不同阶数矩阵的 RI 值如表 8-5 所示。

表 8-5 计算随机一致性指标

矩阵阶数	1	2	3	4	5	6	7	8	9
RI	0.00	0.00	0.52	0.89	1.12	1.26	1.36	1.41	1.45

（3）计算随机一致性比率 CR

$$CR=CI/RI$$

（4）检验　若 $CR<0.1$，则矩阵 A 的一致性满足要求。此时，前面求得的 W_i 即为第 i 个指标的权重。否则，矩阵 A 的一致性不满足要求，必须重新给出指标相互对比的重要性矩阵，再进行计算。

5. 层次递阶赋权

一旦确定了底层指标对较高层指标的权重后，就可以根据 AHP 法的层次递阶赋权定律确定最低层指标对最高层指标的权重。

设 W_j^k 是第 k 层各指标对第 $k+1$ 层指标的权向量（$j=1,2,\cdots,m$，m 为 $k+1$ 层指标数），W_{ji}^{k+1} 则为第 $k+1$ 层 j 指标对第 $k+2$ 层 i 指标的权重，则 k 层指标对第 $k+2$ 层指标的权向量如下：

$$W^{k\to k+2}=W_{ji}^{k+1}\times W_j^k$$

根据上述方法计算获得的海湾生态系统健康评价指标权重系数如表 8-6 所示。

表 8-6　大亚湾生态系统健康评价指标权重系数

指标	C_1	C_2	C_3	C_4	C_5	C_6	C_7	C_8
权重系数	0.192 4	0.103 1	0.095	0.078 9	0.104 8	0.108 1	0.136 3	0.181 4

四、基于 GIS 的健康综合指数计算方法

1. 地理信息数据库的建立

使用桌面 GIS 软件 Arcgis 9.3 建立个人地理信息数据库（personal geodatabase）。将通过海洋调查获得的各项生态因子数据一起导入个人地理信息数据库，完成生态地理信息数据库的构建。

2. 指标数值的计算

根据各单项指标的计算公式，利用海洋调查所获得的生态因子数据，计算出各单项指标的数值。

3. 空间插值

使用 Arcgis 9.3 的 geostatistical analyst 模块，对各指标进行空间插值，将离散的点数据转化为连续的面数据。

空间插值是一项基本的空间分析技术，在海洋生态学、海洋环境科学领域应用极为广泛，从基础的海洋生态因子等值线和等值面图的绘制，到建立在插值平面基础上的生态因子时空变化分析、环境综合评价、生态系统动力学模型等都会用到，目前已经成为

海洋生态研究不可或缺的工具之一。

但空间插值也是海洋生态学研究的薄弱环节之一。在多数涉及空间插值运算的海洋生态学研究中，研究者并不重视进行插值方法的筛选和插值参数的优化。由于海洋生态因子数据常具有变异性强、存在极大或极小值、样本量不充分等特点，给准确进行空间插值带来很大的困难。使用不合适的方法或参数，会造成严重的数据噪声，使变化趋势难以辨识，甚至会产生扭曲的变化趋势，误导推理和判断，产生错误的决策结果。因此空间插值的准确性是制约评价结果客观性的关键因素之一。在插值过程中应进行全面、严格的空间插值优化，最大限度地保障插值结果的准确性。

空间插值优化的主要内容包括：

（1）探索性空间数据分析　　探索性空间数据分析是在创建插值平面前，利用 Arcgis geostatistical analyst 模块提供的一系列工具，对原始数据的性质、分布特点等进行深入、详尽的统计分析。Arcgis geostatistical analyst 模块提供的大多数探索性空间数据分析工具在 SPSS 或其他统计分析软件和地理信息系统软件中都有。

探索性空间数据分析的主要内容有：

（a）数据分布特征分析。使用频数分析得到频数直方图和一系列统计量（平均值、标准差、偏度系数、峰度系数等），可对数据的分布趋势进行了解。

（b）寻找全局和局部离群值。识别离群值具有极为重要的意义。如果是现象的真实异常值，则该值可能就是研究和理解这一现象最为关键的值。如果离群值是数据测量或输入错误造成的，则一定要在插值前改正或删除，否则就可能引起多方面的有害影响。

离群值包括全局离群值和局部离群值两类。全局离群值是指相比于整个数据集，极大和极小的值。局部离群值是指不超出整个数据集的分布范围，但与周围的值相比会有显著不同的值。寻找离群值方法很多，如利用频数分布直方图或半变异函数云图（semi-variogram cloud）等。本研究寻找全局离群值使用频数分布直方图，局部离群值使用冯罗诺多边形图（Voronoi polygons）（聚类法）。

（2）数据转化　　如果数据值的变化范围过大或存在离群值，就会降低空间插值的精度。另外，很多插值和统计分析方法要求数据集符合正态分布。根据探索性空间数据分析得到的数据性质，选择合适的数据转化方法，对指标数据进行转化，使数据离散性减小，接近正态分布，上述两个问题就可以得到比较圆满的解决。

（3）插值方法筛选和参数优化　　目前在海洋生态学领域常使用的插值方法有三种：反距离加权插值法、径向基函数插值法、普通克里格插值法。分别使用这三种方法，对各项指标进行空间插值。在插值过程中严格按照各插值方法的原理，进行插值参数调节和优化。

获得不同方法运算出的插值平面后，使用交叉验证分析确定不同插值方法的精确度。

对于每一种插值法，交叉验证分析重复从已知数据集中删除一个采样点的过程，用剩下的采样点估算被删除点的数值，并计算误差均值和误差均方根（root mean square，RMS）。一般来说，各种插值方法的误差均值、绝对值以及误差均方根总体最小者，具有较好的插值效果，尤其是 RMS 越小越好。选择精确度最高的插值结果应用于生态系统健康评价。

4. 计算各指标的生态系统健康分指数

生态系统健康分指数的计算按以下方法进行：

对于正向指标，即指标数值越大健康程度越好的指标（浮游动物生物量、底栖生物生物量、浮游植物多样性指数、初级生产力），健康分指数按下式计算：

$$EHI_i = \begin{cases} 1, & I_i \geqslant I_{\alpha i} \\ \dfrac{I_i}{I_{\alpha i}}, & I_i < I_{\alpha i} \end{cases}$$

式中　EHI_i——第 i 个指标的生态系统健康分指数；

　　　I_i——第 i 个指标的数值；

　　　$I_{\alpha i}$——第 i 个指标的管理目标值。

对于逆向指标，即指标数值越小健康程度越好的指标（有机污染指数、营养水平指数、浮游植物生物量），健康分指数按下式计算：

$$EHI_i = \begin{cases} 1, & I_i \leqslant I_{\alpha i} \\ \dfrac{I_{\alpha i}}{I_i}, & I_i > I_{\alpha i} \end{cases}$$

在各单项指标空间插值栅格图的基础上，使用 Arcgis 9.3 的 spatial analyst 模块，根据生态系统健康分指数的计算公式进行栅格计算，得到各指标生态系统健康分指数的空间分布栅格图。

5. 计算海湾生态系统健康综合指数

生态系统健康综合指数的计算按下式进行：

$$EHI = \sum_{i=1}^{n} w_i \times EHI_i$$

式中　EHI——生态系统健康综合指数；

　　　w_i——第 i 个指标通过层次分析法获得的权重。

使用 Arcgis 9.3 的 spatial analyst 模块，根据上述海湾生态系统健康综合指数的计算公式，将各指标生态系统健康分指数的空间分布栅格图进行图层叠加和栅格计算，最终得到海湾生态系统健康状况空间分布图。

五、大亚湾生态系统健康状态分级

按照上述方法计算得到的生态系统健康分指数与综合指数都位于 [0，1] 区间内。

指数值为 1，说明已达到或优于管理目标；越接近 1，表示越接近管理目标；越接近 0，表示距离管理目标越远。根据生态系统健康分指数与综合指数的数值大小，将大亚湾生态系统健康评价的各单项指标和生态系统总体健康状态划分为 6 个等级（表 8-7）。

表 8-7　大亚湾生态系统健康状态分级

指数范围	[0, 0.2)	[0.2, 0.4)	[0.4, 0.6)	[0.6, 0.8)	(0.8, 1)	1
健康状态分级	很差	较差	临界	较好	很好	最好

第三节　大亚湾生态系统健康评价

分别于 2006 年 7 月（夏季航次）、2006 年 12 月（冬季航次）、2007 年 4 月（春季航次）和 2007 年 11 月（秋季航次）对大亚湾海域进行了 4 个航次的海上综合调查。调查范围和站位设置见图 8-3 和表 8-8。使用此次调查获得的基础数据和上述评价模型对大亚湾生态系统进行健康评价。

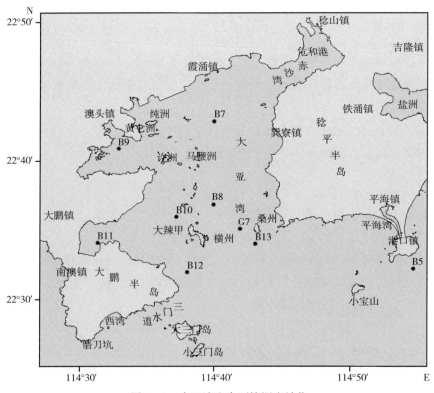

图 8-3　大亚湾生态环境调查站位

表8-8 2006—2007 年综合调查站位设置

站位	经度（E）	纬度（N）	站位	经度（E）	纬度（N）
B5	114°54′40″	22°32′13″	B11	114°31′21″	22°34′7″
B7	114°39′58″	22°42′51″	B12	114°37′59″	22°31′59″
B8	114°39′57″	22°36′51″	B13	114°43′2″	22°34′4″
B9	114°32′53″	22°40′55″	G7	114°41′54″	22°35′7″
B10	114°37′10″	22°36′0″			

一、春季评价结果

（一）生态系统健康分指数

春季大亚湾生态系统健康评价各项指标健康分指数的平面分布见图8-4。各健康等级的海域占整个评价海域的面积百分比见表8-9。

表8-9 春季各健康等级的海域占整个评价海域的面积百分比

指标	面积百分比（%）					
	[0, 0.2) 很差	[0.2, 0.4) 较差	[0.4, 0.6) 临界状态	[0.6, 0.8) 较好	(0.8, 1) 很好	1 最好
有机污染指数（C_1）	0.00	0.00	1.77	1.39	1.22	95.62
营养水平指数（C_2）	0.00	1.77	2.40	2.72	2.32	90.79
浮游植物丰度（C_3）	33.83	55.04	5.90	2.13	2.04	0.06
浮游动物生物量（C_4）	0.00	0.00	0.00	0.14	9.84	90.02
底栖生物生物量（C_5）	0.64	13.22	30.69	13.03	7.75	34.67
浮游植物多样性指数（C_6）	0.00	8.03	37.67	53.23	1.06	0.00
初级生产力（C_7）	0.00	24.10	15.18	17.52	15.58	27.62
生态缓冲容量（C_8）	100.00	0.00	0.00	0.00	0.00	0.00

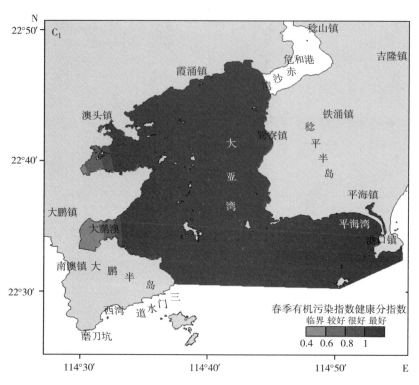

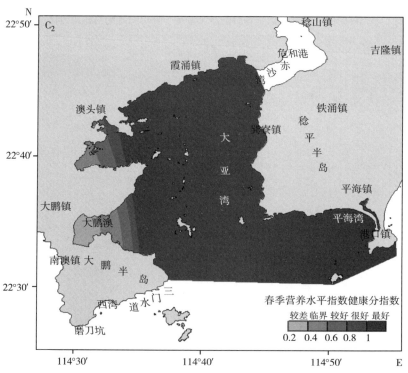

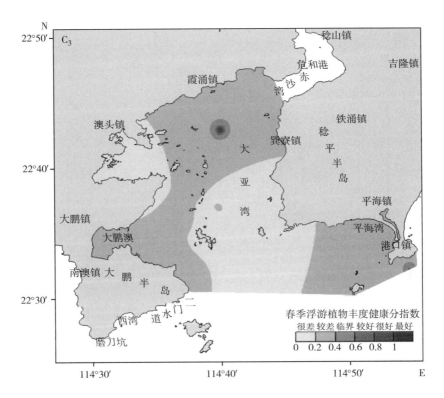

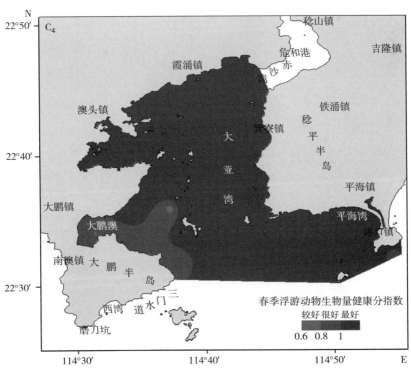

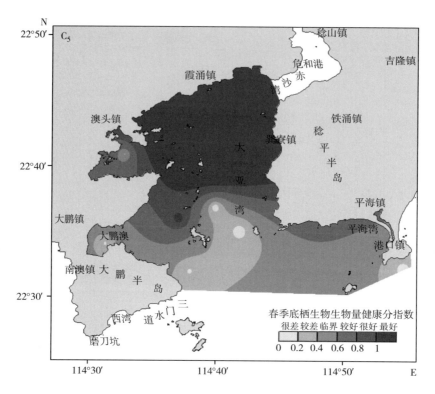

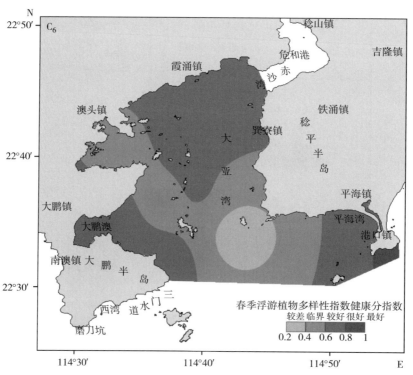

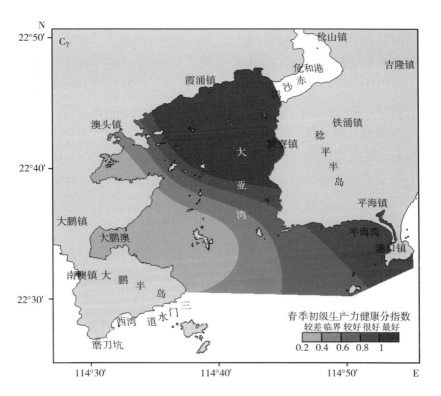

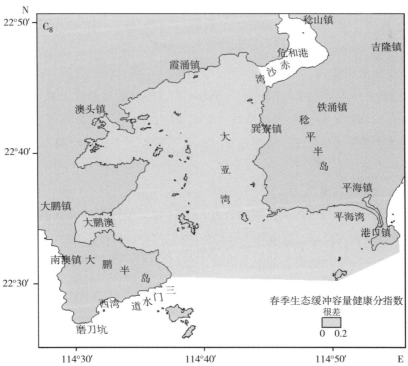

图 8-4 春季大亚湾生态系统健康评价各指标健康分指数平面分布

1. 有机污染指数（C_1）

健康分指数在 0.44～1，平均为 0.98±0.07，整体来看属于"很好"等级。从健康分指数的空间分布来看（图 8-4，表 8-8），呈现从大亚湾西部向东部逐级递增的趋势。占评价海域面积 95.62% 的区域指数为 1，已经达到或优于管理目标；健康状况最坏的区域位于西北部的哑铃湾和西南部的大鹏澳，处于"临界"等级，面积比为 1.77%。

2. 营养水平指数（C_2）

健康分指数在 0.30～1，平均为 0.97±0.12，整体属于"很好"等级。健康分指数的空间分布呈现从大亚湾西部向东部逐级递增的趋势。有 90.79% 的海域指数为 1，处于"最好"等级；西北部的哑铃湾和西南部的大鹏澳是健康状况最坏的区域，占整个评价海域面积的 1.77%，处于"较差"等级。

3. 浮游植物丰度（C_3）

健康分指数介于 0.05～1，平均为 0.31±0.06，整体的健康状况处于"较差"等级。仅有占总面积 0.06% 的海域健康分指数为 1，达到了管理目标，处于"最好"等级，主要分布在大亚湾中北部；有占整体面积 33.83% 的海域健康分指数低于 0.2，处于"最差"等级，主要分布在大亚湾西北部的哑铃湾和湾中部、中南部。

4. 浮游动物生物量（C_4）

健康分指数介于 0.64～1，平均为 0.99±0.02，整体的健康状况处于"很好"等级。有 90.02% 的海域健康分指数为 1，处于"最好"等级；有 0.14% 的海域健康分指数低于 0.8，处于"临界"等级，主要分布在小辣甲西南海域。

5. 底栖生物生物量（C_5）

健康分指数介于 0.01～1，平均为 0.70±0.26，整体的健康状况处于"较好"等级。健康分指数为 1，健康水平达到"最好"的海域占 34.67%，分布于大亚湾北部；有 0.64% 的海域健康分指数低于 0.2，处于"最差"等级，呈斑点状散布于大亚湾西部和南部。

6. 浮游植物多样性指数（C_6）

健康分指数介于 0.19～0.86，平均为 0.59±0.11，整体的健康状况处于"临界"等级。没有海域达到管理目标，健康等级最高为"很好"，占整体面积的 1.06%，位于沙厂南部海域；也没有处于"最差"等级的海域，最低等级为"较差"，占总面积的 8.03%，位于大亚湾中南部、桑洲附近海域。

7. 初级生产力（C_7）

健康分指数介于 0.24～1，平均为 0.69±0.27，整体的健康状况处于"较好"等级。健康水平大致呈现从西南向东北部逐级递增的趋势；有 27.62% 的海域达到管理目标，主要位于大亚湾东北部；没有处于"最差"等级的海域，最低等级为"较差"，占总面积的 24.10%，分布于大亚湾西部。

8. 生态缓冲容量（C_8）

全部栅格的健康分指数值都为 0。全部海域都处于"最差"等级。

各指标平均健康分指数柱状图见图 8-5。

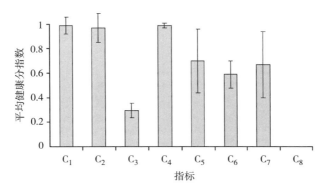

图 8-5 春季大亚湾生态系统健康评价各指标平均健康分指数

如果健康分指数平均值低于 0.4，则它对应的健康状况将低于"临界"等级，会对生态系统的健康造成直接的负面影响，所以将健康分指数平均值低于 0.4 的指标，确定为影响生态系统健康的主要负面因子。同理，如果健康分指数平均值高于 0.6，则它对应的健康状况将高于"临界"等级，会对生态系统的健康产生正面影响，所以将健康分指数平均值高于 0.6 的指标，确定为影响生态系统健康的主要正面因子。由图 8-5 可见，春季健康分指数平均值低于 0.4 的有浮游植物丰度（C_3）和生态缓冲容量（C_8），这两项指标是影响春季大亚湾生态系统健康状况的主要负面因子。有 5 项指标健康分指数平均值超过 0.6：有机污染指数（C_1）、营养水平指数（C_2）、浮游动物生物量（C_4）、底栖生物生物量（C_5）和初级生产力（C_7），这几项指标是影响春季健康状况的主要正面因子。

（二）春季大亚湾生态系统健康综合指数

春季大亚湾生态系统健康综合指数的运算结果见图 8-6。春季健康综合指数在 0.36～0.79，全部栅格的平均值为 0.62±0.08。所以从总体来看，春季大亚湾生态系统的健康状况处于"较好"等级，但已经非常接近"临界"等级。

从健康状况的平面分布来看（图 8-6），春季大亚湾生态系统按健康级别可分为 3 个区域：

（1）健康较差区 面积占全部评价海域的 1.52%，健康综合指数平均为 0.38±0.01，位于大亚湾西南部的大鹏澳。由区内所有栅格的各单项指标健康分指数平均值（表 8-10）可见，在此区范围内，有 6 个指标的健康分指数平均值小于 0.4：有机污染指数（C_1）、营养水平指数（C_2）、浮游植物丰度（C_3）、底栖生物生物量（C_5）、初级生产力（C_7）、生态缓冲容量（C_8）。这 6 个指标是影响本区健康状况的主要负面因子。

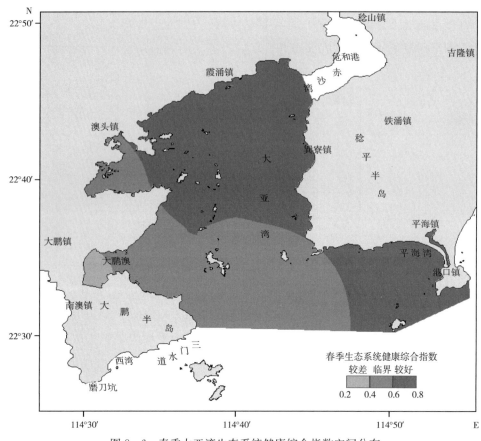

图 8-6　春季大亚湾生态系统健康综合指数空间分布

表 8-10　春季大亚湾生态系统各健康区域范围内健康分指数平均值

区域	指标							
	C_1	C_2	C_3	C_4	C_5	C_6	C_7	C_8
健康较差区	0.49	0.34	0.21	0.92	0.39	0.72	0.32	0
健康临界区	0.98	0.94	0.17	0.99	0.51	0.51	0.42	0
健康较好区	1	0.99	0.33	0.99	0.85	0.63	0.88	0
整个评价海域	0.99	0.97	0.31	0.99	0.70	0.59	0.69	0

（2）健康临界区　面积占整个评价海域的 40.47%，健康综合指数平均为 0.55±0.03，分布于大亚湾西部和中南部。由区内各指标的健康分指数平均值可见，在此区范围内，健康分指数平均值小于 0.4 的指标有两项：浮游植物丰度（C_3）和生态缓冲容量（C_8），这两个指标是影响本区健康状况的主要负面因子。

（3）健康较好区　面积大致和健康临界区相同，占整个评价海域的 58.01%，健康综合指数平均为 0.67±0.04，主要位于大亚湾东北部、东南部。健康分指数平均值小于 0.4

的指标有两项：C_3、C_8（与健康临界区相同），这两项指标是影响本区健康状况的主要负面因子。

二、夏季评价结果

（一）生态系统健康分指数

夏季大亚湾生态系统健康评价各项指标健康分指数的平面分布见图 8-7。各健康等级的海域占整个评价海域的面积百分比见表 8-11。

表 8-11　夏季各健康等级的海域占整个评价海域的面积百分比

指标	面积百分比（%）					
	[0, 0.2) 很差	[0.2, 0.4) 较差	[0.4, 0.6) 临界状态	[0.6, 0.8) 较好	(0.8, 1) 很好	1 最好
有机污染指数（C_1）	0	0	0	0	0	100
营养水平指数（C_2）	0	0	0	0	0	100
浮游植物丰度（C_3）	0	100	0	0	0	0
浮游动物生物量（C_4）	0	0	0	0	0	100
底栖生物生物量（C_5）	65.87	31.34	2.79	0	0	0
浮游植物多样性指数（C_6）	0.03	86.62	13.35	0	0	0
初级生产力（C_7）	99.75	0.25	0	0	0	0
生态缓冲容量（C_8）	99.99	0.01	0	0	0	0

1. 有机污染指数（C_1）

健康分指数都为 1，说明夏季整个评价海域在这一指标上都已经达到或优于管理目标。

2. 营养水平指数（C_2）

健康分指数都为 1，说明夏季整个评价海域在这一指标上都已经达到或优于管理目标。

3. 浮游植物丰度（C_3）

健康分指数介于 0.21~0.29，平均为 0.23±0.01，说明夏季整个评价海域这一指标的健康状况都处于"较差"等级。

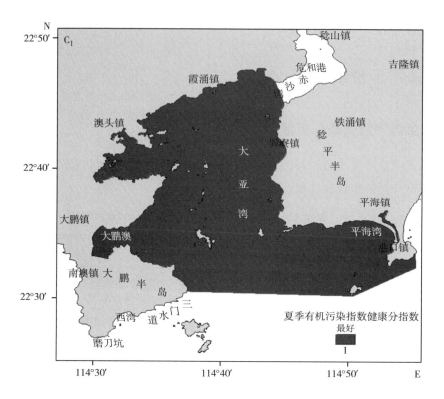

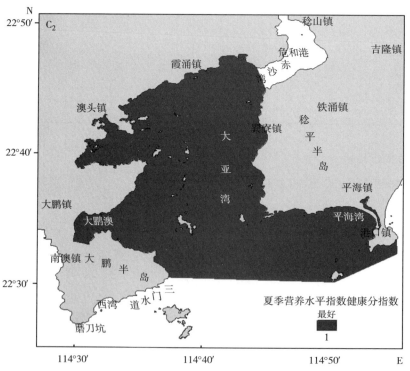

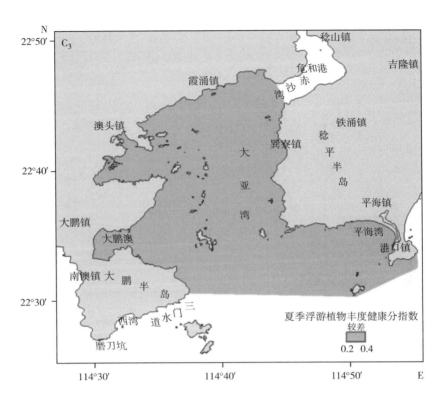

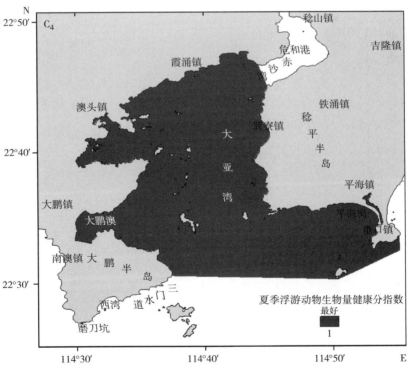

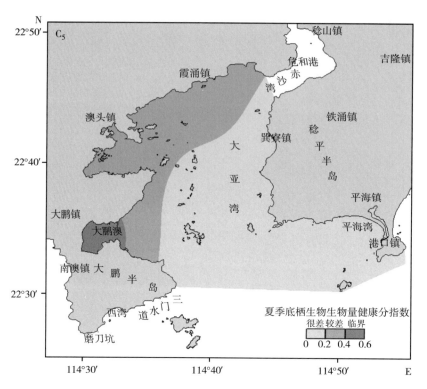

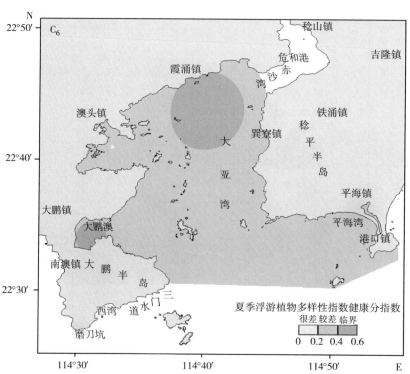

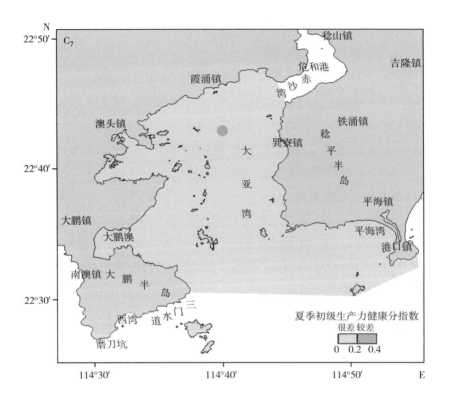

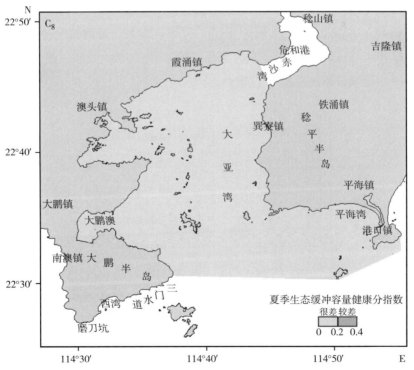

图 8-7　夏季大亚湾生态系统健康评价各指标健康分指数平面分布

4. 浮游动物生物量（C_4）

健康分指数都为 1，说明夏季整个评价海域在这一指标上都已经达到或优于管理目标。

5. 底栖生物生物量（C_5）

健康分指数介于 0～0.53，平均为 0.19±0.09，整体的健康状况处于"最差"等级。没有任何海域在这一指数上达到管理目标。在这一指标上，健康水平最高的海域位于大亚湾西南部的大鹏澳，健康等级为"临界"，占整个评价海域面积的 2.79%；健康水平最差的海域位于大亚湾的中部和西部，健康等级为"最差"，占整个评价海域面积的 65.87%。

6. 浮游植物多样性指数指数（C_6）

健康分指数介于 0.18～0.60，平均为 0.34±0.05，整体的健康状况处于"较差"等级。在这一指标上，健康水平最高的海域位于大亚湾西南部的大鹏澳和北部的葵涌附近，健康等级为"临界"，占整个评价海域面积的 13.35%；健康水平最低的海域主要位于大亚湾西北部的哑铃湾，处于"很差"等级，占整个评价海域面积的 0.03%。

7. 初级生产力（C_7）

健康分指数介于 0.11～0.21，平均为 0.16±0.01，整个评价海域的健康状况处于"很差"等级。99.75% 的海域健康分指数都小于 0.2，处于"很差"等级；仅有 0.25% 的海域指数超过了 0.2，主要位于大亚湾中北部。

8. 生态缓冲容量（C_8）

健康分指数介于 0～0.21，平均为 0.01±0.02，整个评价海域的健康状况处于"很差"等级。几乎所有海域（99.99%）健康分指数都小于 0.2，处于"很差"等级。

各指标平均健康分指数柱状图见图 8-8。

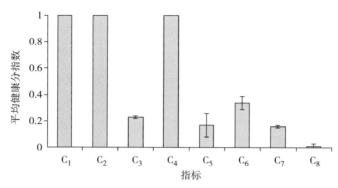

图 8-8　夏季大亚湾生态系统健康评价各指标平均健康分指数

由图 8-8 可见，夏季有高达 5 项指标的健康分指数平均值低于 0.4，分别为浮游植物丰度（C_3）、底栖生物生物量（C_5）、浮游植物多样性指数（C_6）、初级生产力（C_7）和生态缓冲容量（C_8），这 5 项指标是影响夏季大亚湾生态系统健康状况的主要负面因子。其他 3 项指标——有机污染指数（C_1）、营养水平指数（C_2）和浮游动物生物量（C_4）的健康分指数平均值都超过了 0.6，是影响夏季健康状况的主要正面因子。

（二）夏季大亚湾生态系统健康综合指数

夏季大亚湾生态系统健康综合指数的运算结果见图 8-9。

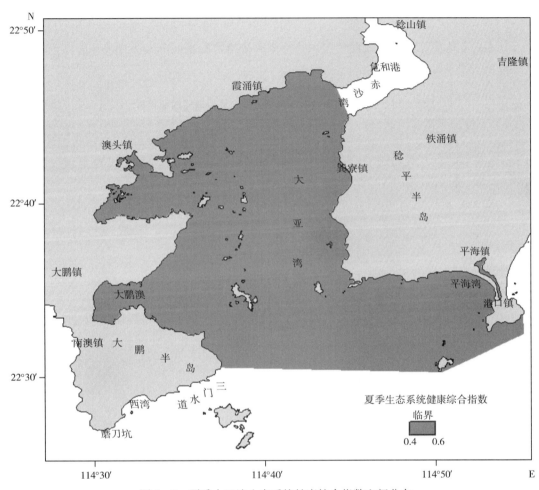

图 8-9 夏季大亚湾生态系统健康综合指数空间分布

夏季健康综合指数在 0.42～0.55，全部栅格的平均值为 0.45±0.02。总体来看，夏季大亚湾生态系统的健康状况处于"临界"等级，并且已经非常接近"较差"等级（表 8-12）。

表 8-12 夏季大亚湾生态系统各健康区域范围内健康分指数平均值

区域	指标							
	C_1	C_2	C_3	C_4	C_5	C_6	C_7	C_8
健康临界区	1	1	0.23	1	0.17	0.34	0.16	0.01

由图 8-9 可见，夏季整个评价海域都处于"临界"等级。

三、秋季评价结果

（一）生态系统健康分指数

秋季大亚湾生态系统健康评价各项指标健康分指数的平面分布见图 8-10。各健康等级的海域占整个评价海域的面积百分比见表 8-13。

表 8-13　秋季各健康等级的海域占整个评价海域的面积百分比

指标	面积百分比（%）					
	[0, 0.2) 很差	[0.2, 0.4) 较差	[0.4, 0.6) 临界状态	[0.6, 0.8) 较好	(0.8, 1) 很好	1 最好
有机污染指数（C_1）	0	0.07	0.32	0.44	0.49	98.69
营养水平指数（C_2）	0	0.07	0.53	1.02	1.52	96.86
浮游植物丰度（C_3）	0.11	99.86	0.02	0.01	0.01	0.01
浮游动物生物量（C_4）	0	0	0	0	0.01	99.99
底栖生物生物量（C_5）	74.91	24.20	0.89	0	0	0
浮游植物多样性指数（C_6）	0.25	3.11	20.30	38.83	36.89	0.61
初级生产力（C_7）	22.80	42.30	19.96	14.94	0	0
生态缓冲容量（C_8）	99.99	0.01	0	0	0	0

1. 有机污染指数（C_1）

健康分指数介于 0.31～1，平均为 0.99±0.04，整体上处于"很好"等级。几乎整个评价海域（98.68%）健康分指数都介于 0.8～1，处于"很好"等级；健康状况最差的海域位于桑洲西部，健康等级为"较差"，面积只占整个评价海域的 0.07%。

2. 营养水平指数（C_2）

健康分指数介于 0.33～1，平均为 0.99±0.05，整体上处于"很好"等级。绝大部分评价海域（96.86%）都处于"很好"等级；健康状况最差的海域位于桑洲西部，健康等级为"较差"，面积只占整个评价海域的 0.07%。

3. 浮游植物丰度（C_3）

健康分指数介于 0.18～1，平均为 0.28±0.02，整体上处于"较差"等级。绝大部分评价海域（99.86%）都处于"较差"等级；只有 0.01% 的海域达到管理目标，主要分布于小辣甲南部和桑洲西部海域。

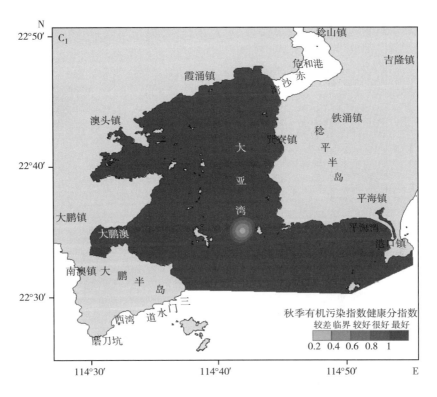

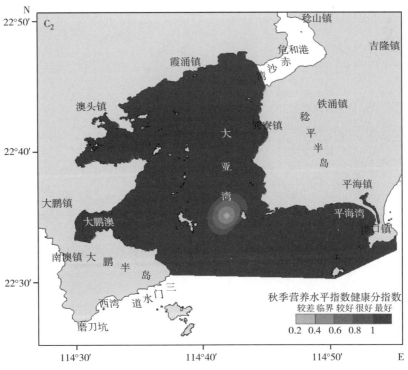

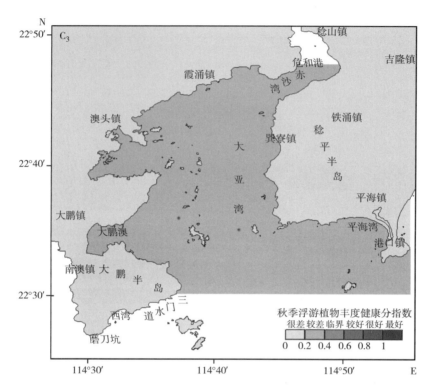

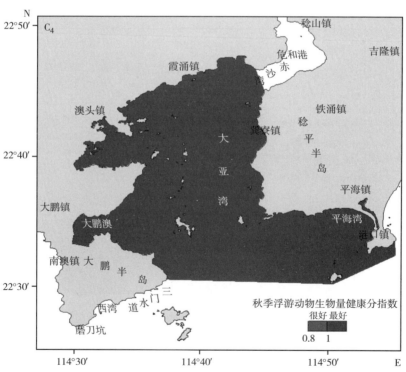

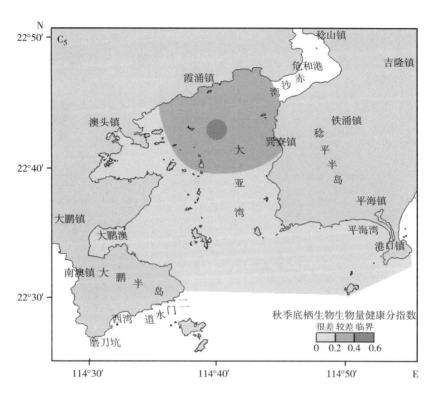

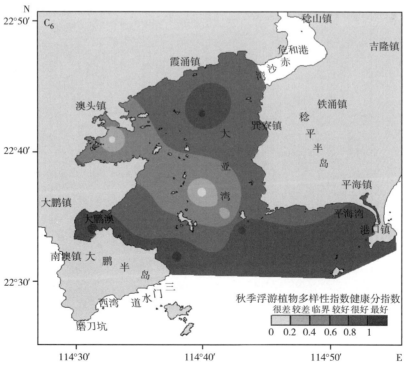

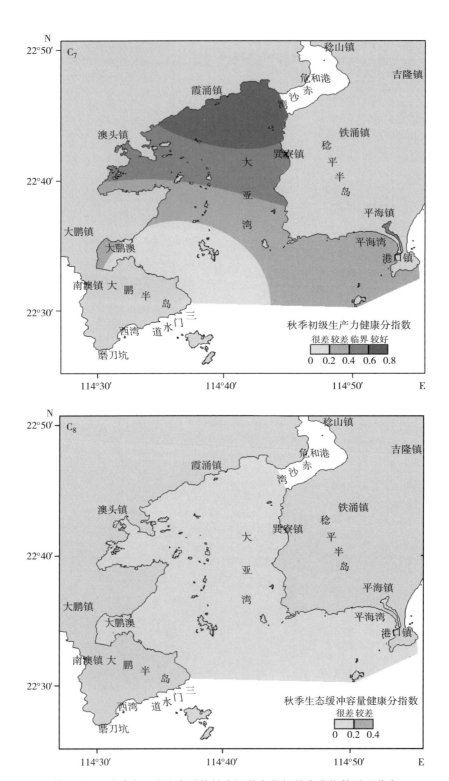

图 8-10 秋季大亚湾生态系统健康评价各指标健康分指数平面分布

4. 浮游动物生物量（C_4）

健康分指数介于0.8～1，平均为0.99±0.01，整体上处于"很好"等级。绝大部分评价海域（99.99%）都达到或优于管理目标。

5. 底栖生物生物量（C_5）

健康分指数介于0.01～0.59，平均为0.15±0.08，整体的健康状况处于"很差"等级。没有任何海域在这一指数上达到管理目标。在这一指标上，74.91%的海域都处于"很差"等级；健康水平最高的海域位于大亚湾北部，健康等级为"临界"，面积百分比为0.89%。

6. 浮游植物多样性指数（C_6）

健康分指数介于0.03～1，平均为0.71±0.15，整体的健康状况处于"较好"等级。在这一指标上，有0.61%的海域达到管理目标，呈斑块状散布于大亚湾南部和中北部；健康状况最差的海域等级为"很差"，面积百分比为0.25%，主要位于哑铃湾和小辣甲东部海域。

7. 初级生产力（C_7）

健康分指数介于0.08～0.69，平均为0.36±0.18，整体的健康状况处于"较差"等级。健康等级的空间分布呈现从西南向东北逐级递增的趋势。健康等级最高的海域位于大亚湾东北部，等级为"较好"，占整个评价海域的14.94%；健康等级最差的海域位于大亚湾西南部，等级为"很差"，占整个评价海域的22.80%。

8. 生态缓冲容量（C_8）

健康分指数介于0～0.21，平均为0.01±0.02，整体的健康状况处于"很差"等级。几乎整个评价海域（99.99%）健康分指数都小于0.2，处于"很差"等级。

各指标健康分指数平均值的柱状图见图8-11。

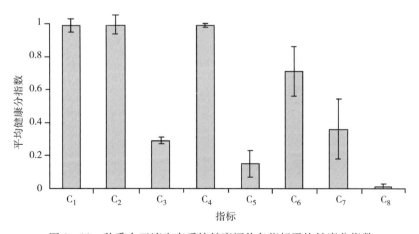

图8-11　秋季大亚湾生态系统健康评价各指标平均健康分指数

由图8-11可见，秋季有4项指标的健康分指数平均值低于0.4，分别为浮游植物丰度（C_3）、底栖生物生物量（C_5）、初级生产力（C_7）和生态缓冲容量（C_8），这 4 项指标是影响夏季大亚湾生态系统健康状况的主要负面因子。其他 4 项指标——有机污染（C_1）、营养水平指数（C_2）、浮游动物生物量（C_4）、浮游植物多样性指数（C_6）的健康分指数平均值都超过了 0.6，是影响秋季大亚湾生态系统健康状况的主要正面因子。

（二）秋季大亚湾生态系统健康综合指数

秋季大亚湾生态系统健康综合指数的运算结果见图 8-12。

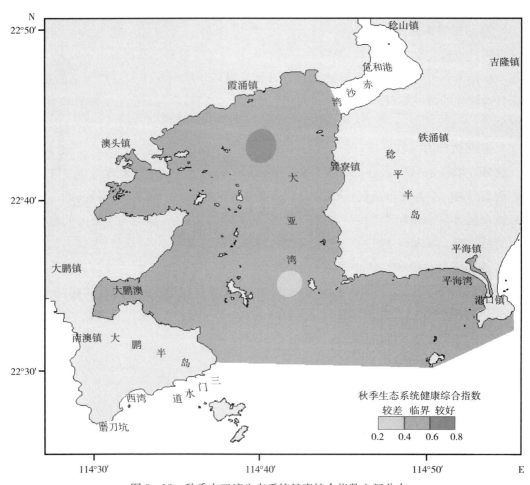

图 8-12　秋季大亚湾生态系统健康综合指数空间分布

秋季健康综合指数在 0.28～0.64，全部栅格的平均值为 0.52±0.04。总体来看，秋季大亚湾生态系统的健康状况处于"临界"等级。

从健康状况的平面分布整个来看（图 8-12），秋季大亚湾生态系统按健康级别可分为 3 个区域：

（1）健康较差区　面积占整个评价海域的 0.82%，健康综合指数平均为 0.35±

0.03，位于桑洲西部海域。由此区内所有栅格的各单项指标健康分指数平均值（表 8-
14）可见，在此区范围内，有 3 个指标的健康分指数平均值小于 0.4：浮游植物丰度指
数（C_3）、底栖生物生物量指数（C_5）、生态缓冲容量指数（C_8），这 3 个指标是影响本
区健康状况的主要负面因子。

表 8-14　秋季大亚湾生态系统各健康区域范围内健康分指数平均值

区域	指标							
	C_1	C_2	C_3	C_4	C_5	C_6	C_7	C_8
健康较差区	0.60	0.53	0.16	1	0.05	0.44	0.63	0
健康临界区	0.99	0.99	0.21	0.99	0.15	0.71	0.36	0.01
健康较好区	1	1	0.31	1	0.43	0.91	0.22	0
整个评价海域	0.99	0.99	0.28	0.99	0.15	0.71	0.36	0.01

（2）健康临界区　面积占整个评价海域的 97.88%，健康综合指数平均为 0.52±
0.03。由此区内各指标的健康分指数平均值可见，在此区范围内，健康分指数平均值小
于 0.4 的指标有 4 项：浮游植物丰度（C_3）、底栖生物生物量（C_5）、初级生产力（C_7）和
生态缓冲容量（C_8），这 4 个指标是影响健康临界区健康水平的主要负面因子。

（3）健康较好区　面积占整个评价海域的 1.31%，健康综合指数平均为 0.61±0.01，
主要位于大亚湾中北部。在此区范围内，健康分指数平均值小于 0.4 的指标有 3 项：浮游
植物丰度（C_3）、初级生产力（C_7）和生态缓冲容量（C_8），这 3 个指标是影响健康较好
区健康水平的主要负面因子。

四、冬季评价结果

（一）生态系统健康分指数

冬季大亚湾生态系统健康评价各项指标健康分指数的平面分布见图 8-13。各健康等
级的海域占整个评价海域的面积百分比见表 8-15。

1. 有机污染指数（C_1）

健康分指数都为 1，说明冬季整个评价海域在这一指标上都已经达到或优于管理
目标。

2. 营养水平指数（C_2）

健康分指数都为 1，说明冬季整个评价海域在这一指标上都已经达到或优于管理

目标。

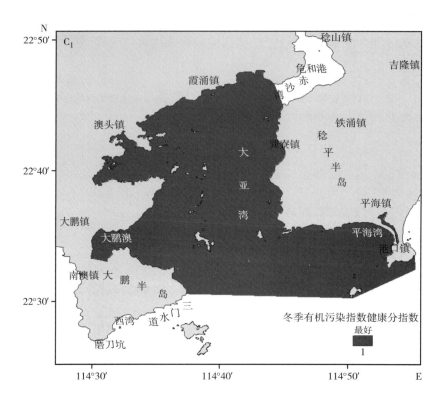

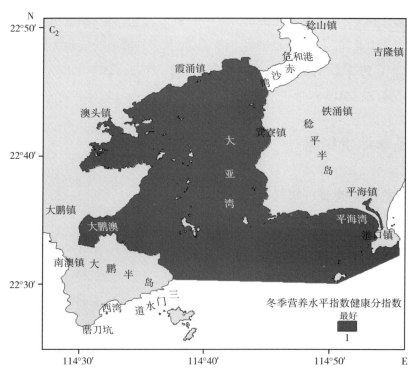

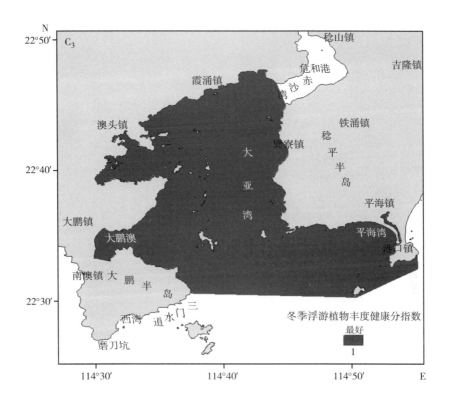

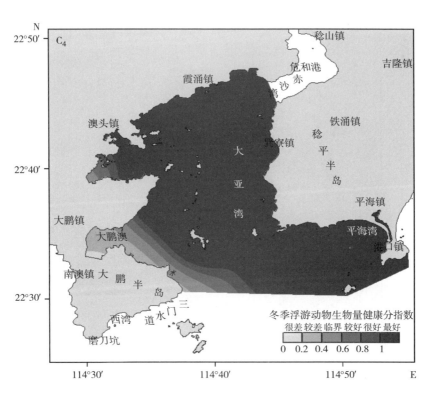

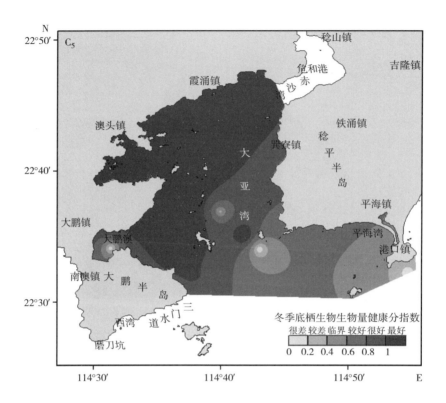

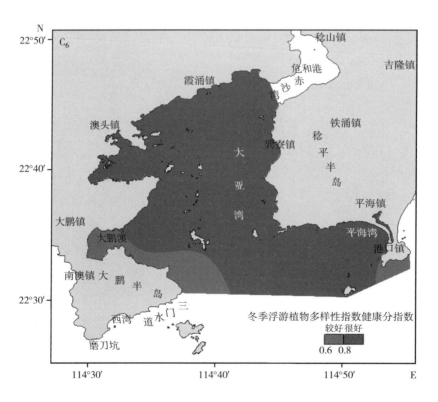

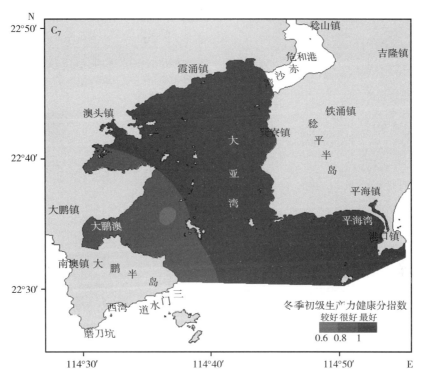

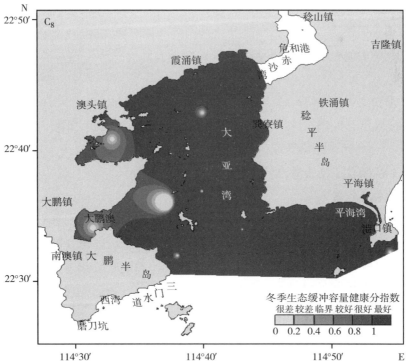

图 8-13 冬季大亚湾生态系统健康评价各项指标健康分指数平面分布

表 8-15　冬季各健康等级的海域占整个评价海域的面积百分比

指标	面积百分比（%）					
	[0, 0.2) 很差	[0.2, 0.4) 较差	[0.4, 0.6) 临界状态	[0.6, 0.8) 较好	(0.8, 1) 很好	1 最好
有机污染指数（C_1）	0	0	0	0	0	100
营养水平指数（C_2）	0	0	0	0	0	100
浮游植物丰度（C_3）	0	0	0	0	0	100
浮游动物生物量（C_4）	0.27	2.88	3.26	3.48	3.49	86.62
底栖生物生物量（C_5）	0.26	1.41	11.56	19.37	19.32	48.09
浮游植物多样性指数（C_6）	0	0	0	10.75	89.25	0
初级生产力（C_7）	0	0	0	0.64	20.19	79.17
生态缓冲容量（C_8）	0.80	0.67	1.54	4.18	5.69	87.12

3. 浮游植物丰度（C_3）

健康分指数值都为 1，说明冬季整个评价海域在这一指标上都已经达到或优于管理目标。

4. 浮游动物生物量（C_4）

健康分指数介于 0.18～1，平均为 0.95±0.16，整体上处于"很好"等级。大部分海域（86.62%）已达到或优于管理目标；健康状况最差的海域等级为"很差"，面积百分比为 0.27%，主要位于哑铃湾海域。

5. 底栖生物生物量（C_5）

健康分指数介于 0.01～1，平均为 0.85±0.19，整体的健康状况处于"很好"等级。在这一指标上，有 48.09% 的海域达到了管理目标，分布于大亚湾北部和西部；健康状况最差的海域等级为"很差"，面积百分比为 0.26%，呈斑块状散布于大鹏澳、小辣甲东部海域和桑洲南部海域。

6. 浮游植物多样性指数（C_6）

健康分指数介于 0.62～0.97，平均为 0.84±0.04，整体的健康状况处于"很好"等级。在这一指标上，没有任何海域达到管理目标；健康状况最好的海域等级为"很好"，面积百分比为 89.25%；健康状况最差的海域等级为"较好"，面积百分比为 10.75%，主要位于大亚湾西南部。

7. 初级生产力（C_7）

健康分指数介于 0.77～1，平均为 0.98±0.05，整体的健康状况处于"很好"等级。79.17% 的海域已经达到或优于管理目标；健康状况最差的海域等级为"较好"，面积百分比为 0.64%，主要位于小辣甲西南部海域。

8. 生态缓冲容量（C_8）

健康分指数介于 0～1，平均为 0.96±0.13，整体的健康状况处于"很好"等级。87.12% 的海域已经达到或优于管理目标；健康状况最差的海域等级为"很差"，面积百分比为 0.80%，呈斑块状散布于大亚湾西部。

各项指标健康分指数平均值的柱状图见图 8-14。

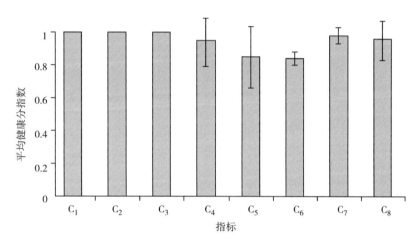

图 8-14 冬季大亚湾生态系统健康评价各项指标平均健康分指数

由图 8-14 可见，冬季所有指标的健康分指数平均数都高于 0.6，都对冬季大亚湾生态系统的健康起正面作用。

（二）冬季大亚湾生态系统健康综合指数

冬季大亚湾生态系统健康综合指数的运算结果见图 8-15。

冬季健康综合指数在 0.63～0.99，全部栅格的平均值为 0.95±0.04。总体来看，冬季大亚湾生态系统的健康状况处于"很好"等级。

从健康状况的平面分布来看（图 8-15），冬季大亚湾生态系统按健康级别可分为两个区域：

（1）健康较好区 占整个评价海域面积的 1.34%，健康综合指数平均为 0.76±0.04，主要位于大鹏澳和小辣甲西南部海域。在此区内，健康分指数平均值小于 0.4 的指标只有一项——生态缓冲容量（C_8），该指标是影响本区健康水平的主要负面因子（表 8-16）。

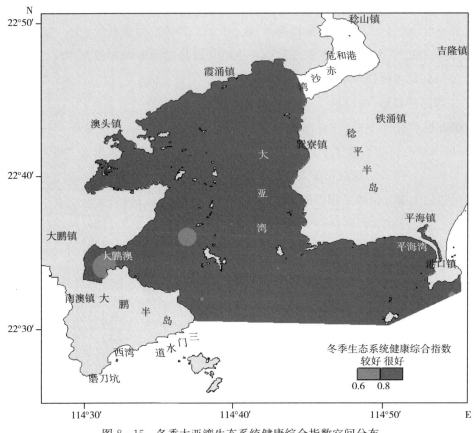

图 8-15　冬季大亚湾生态系统健康综合指数空间分布

表 8-16　冬季大亚湾生态系统各健康区域范围内健康分指数平均值

区域	指标							
	C_1	C_2	C_3	C_4	C_5	C_6	C_7	C_8
健康较好区	1	1	1	0.58	0.69	0.83	0.88	0.25
健康很好区	1	1	1	0.95	0.85	0.84	0.98	0.97
整个评价海域	1	1	1	0.95	0.85	0.84	0.98	0.96

（2）健康很好区　占整个评价海域面积的 98.66%，健康综合指数平均为 0.96±0.03。在此区内，没有任何指标的健康分指数平均值小于 0.4。

五、整体评价结果

（一）生态系统健康分指数

大亚湾生态系统整体健康评价各项指标健康分指数的平面分布见图 8-16。各健康等级

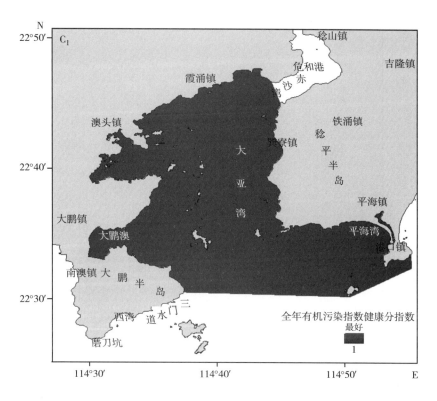

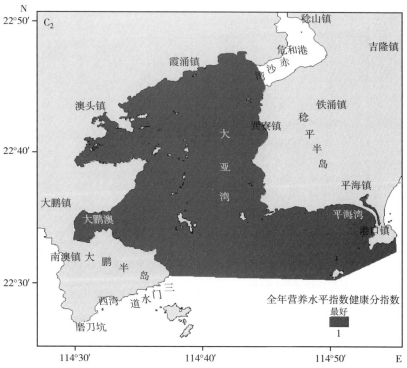

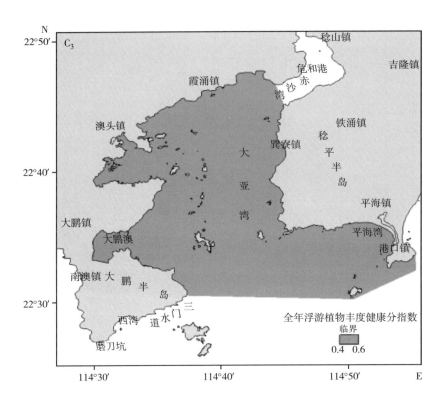

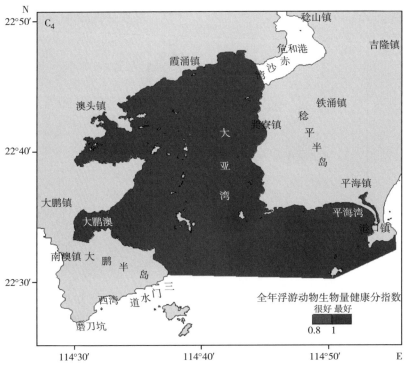

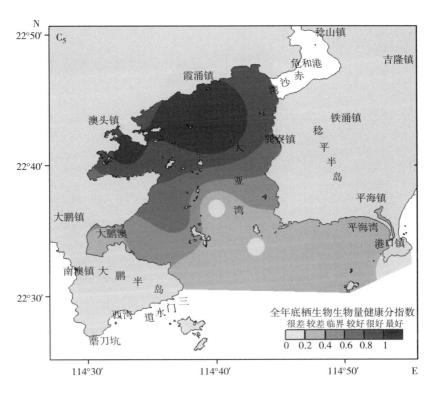

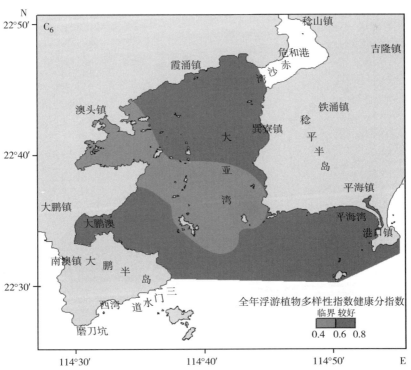

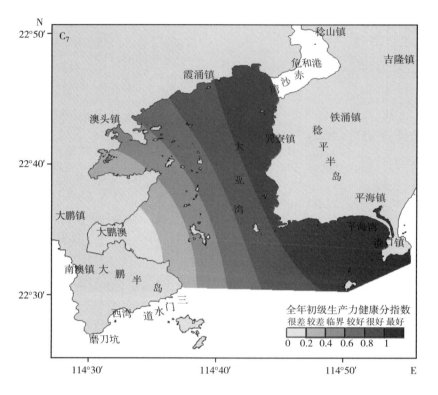

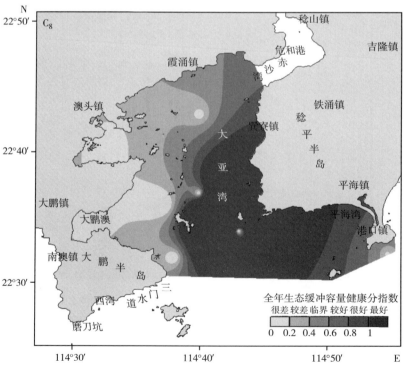

图 8-16 大亚湾生态系统整体健康评价各项指标健康分指数平面分布

的海域占整个评价海域的面积百分比见表 8-17。

表 8-17　各健康等级的海域占整个评价海域的面积百分比

指标	面积百分比（%）					
	[0, 0.2) 很差	[0.2, 0.4) 较差	[0.4, 0.6) 临界状态	[0.6, 0.8) 较好	(0.8, 1) 很好	1 最好
有机污染指数（C_1）	0	0	0	0	0	100
营养水平指数（C_2）	0	0	0	0	0	100
浮游植物丰度（C_3）	0	0	100	0	0	0
浮游动物生物量（C_4）	0	0	0	0	0.01	99.99
底栖生物生物量（C_5）	2.86	41.16	12.50	10.99	16.39	16.11
浮游植物多样性指数（C_6）	0	0	28.30	71.70	0	0
初级生产力（C_7）	6.14	10.56	13.22	15.74	20.61	33.73
生态缓冲容量（C_8）	12.21	18.47	10.66	11.08	10.21	37.38

1. 有机污染指数（C_1）

健康分指数都为 1，说明在整体评价中整个评价海域在这一指标上都已经达到或优于管理目标。

2. 营养水平指数（C_2）

健康分指数都为 1，说明在整体评价中整个评价海域在这一指标上都已经达到或优于管理目标。

3. 浮游植物丰度（C_3）

健康分指数介于 0.42～0.56，平均为 0.46±0.02，整体上处于"临界"等级。从指数的空间分布来看，整个评价海域都处于"临界"等级。

4. 浮游动物生物量（C_4）

健康分指数介于 0.90～1，平均为 0.99±0.01，整体上处于"很好"等级。绝大部分评价海域（99.99%）都达到或优于管理目标。

5. 底栖生物生物量（C_5）

健康分指数介于 0.03～1，平均为 0.58±0.30，整体的健康状况处于"临界"等级。在这一指标上，有 16.11% 的海域达到管理目标，主要分布于大亚湾中北部；健康水平最差的海域位于小辣甲东部海域和桑洲南部海域，健康等级为"很差"，面积百分比为 2.86%。

6. 浮游植物多样性指数（C_6）

健康分指数介于 0.43～0.80，平均为 0.62±0.04，整体的健康状况处于"临界"等级。在这一指标上，没有任何海域达到管理目标；健康状况最好的海域等级为"较好"，面积百分比为71.70%；健康状况最差的海域等级为"临界"，面积百分比为28.30%，位于大亚湾中心和西北部。

7. 初级生产力（C_7）

健康分指数介于0.04~1，平均为0.74±0.29，整体的健康状况处于"较好"等级。健康等级的空间分布呈现从西向东逐级递增的趋势。在这一指标上，有33.73%的海域达到管理目标，主要分布于大亚湾东部；健康水平最差的海域位于大鹏澳，健康等级为"很差"，面积百分比为6.14%。

8. 生态缓冲容量（C_8）

健康分指数介于0~1，平均为0.67±0.33，整体的健康状况处于"较好"等级。有37.38%的海域达到管理目标，主要分布于大亚湾东部；健康水平最差的海域主要位于大鹏澳和哑铃湾，健康等级为"很差"，面积百分比为12.21%。

各项指标健康分指数平均值的柱状图见图8-17。

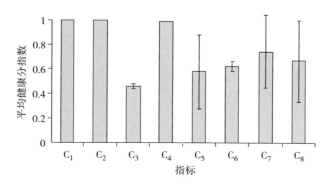

图8-17 全年大亚湾生态系统健康评价各项指标平均健康分指数

由图8-17可见，有机污染指数（C_1）、营养水平指数（C_2）和浮游动物生物量（C_4）、浮游植物多样性指数（C_6）、初级生产力（C_7）和生态缓冲容量（C_8）这6项指标的健康分指数平均值超过了0.6，是影响大亚湾生态系统整体健康状况的正面因子。

（二）大亚湾生态系统健康综合指数

大亚湾生态系统健康综合指数的运算结果见图8-18。健康综合指数在0.49~0.86，全部栅格的平均值为0.64±0.10。整体来看，大亚湾生态系统全年的健康状况处于"较好"等级。

从健康状况的平面分布来看（图8-18），大亚湾生态系统按健康级别可分为3个区域：

（1）健康临界区　占整个评价海域的20.93%，健康综合指数平均为0.55±0.03，主要分布于大亚湾西部。由此区内各指标的健康分指数平均值可见（表8-18），在此区范围内，健康分指数平均值小于0.4的指标有两项，分别是初级生产力（C_7）和生态缓冲容量（C_8），这两个指标是影响健康临界区健康水平的主要负面因子。

（2）健康较好区　占整个评价海域的 55.85%，健康综合指数平均为 0.75±0.04，主要位于大亚湾中部和南部。

（3）健康很好区　面积大致和健康临界区相同，占整个评价海域的 20.90%，健康综合指数平均为 0.82±0.02，主要位于大亚湾东部。

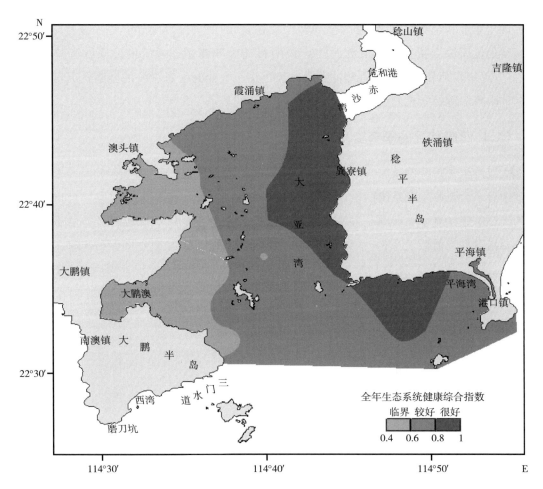

图 8-18　全年大亚湾生态系统健康综合指数空间分布

表 8-18　大亚湾生态系统各健康区域范围内健康分指数平均值

区域	指标							
	C_1	C_2	C_3	C_4	C_5	C_6	C_7	C_8
健康临界区	1	1	0.46	0.99	0.68	0.61	0.31	0.19
健康较好区	1	1	0.48	1	0.51	0.62	0.80	0.75
健康很好区	1	1	0.49	1	0.65	0.63	0.99	0.91
整个评价海域	1	1	0.48	0.99	0.58	0.62	0.74	0.67

六、大亚湾生态系统健康诊断

（一）总体健康状况

四个季节和全年健康评价的主要结果汇总在表 8-18 中。大亚湾生态系统整体健康评价所得的健康综合指数平均值为 0.64，说明目前大亚湾生态系统的健康状态整体处于"较好"等级，但和"临界"等级的差距已经很小。大亚湾生态系统的健康状况可能面临着向"临界"等级转化的危险。

（二）健康状况的季节变化

大亚湾生态系统健康综合指数平均值的季节变化趋势如图 8-19 所示。从季节变化的角度来看，大亚湾生态系统的健康状态在四个季节中变化幅度较大。健康综合指数平均值的大小顺序是夏季＜秋季＜春季＜冬季。夏季和秋季是健康状况相对较差的季节，健康综合指数平均值低于 0.6，整体来看处于"临界"等级，应该重点调控和管理。

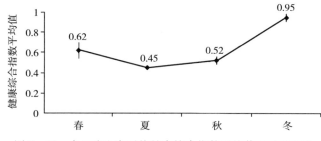

图 8-19　大亚湾生态系统健康综合指数平均值的季节变化

（三）主要负面影响因子

对大亚湾生态系统四个季节以及全年健康评价所得出的主要负面影响因子进行汇总可见，影响大亚湾生态系统健康的主要负面影响因子在不同的季节里具有较强的一致性和集中性（表 8-19）。浮游植物丰度（C_3）和生态缓冲容量（C_8）是三个或三个以上季节共同出现的负面影响因子，因此，可以认为这两个因子是影响大亚湾生态系统健康状态的核心因子，对这两个指标的调控和管理应该尤为重视。

表 8-19　大亚湾生态系统健康评价主要结果汇总

季节	健康综合指数分布范围	健康综合指数平均值	整体健康等级	主要健康负面因子	评级范围内出现的最低健康等级	最低健康等级区域的位置
春	0.36～0.79	0.62±0.08	较好	浮游植物丰度（C_3）、生态缓冲容量（C_8）	较差	大鹏澳

（续）

季节	健康综合指数 分布范围	健康综合指数 平均值	整体 健康 等级	主要健康负面因子	评级范围内 出现的最低 健康等级	最低健康等级 区域的位置
夏	0.42~0.55	0.45±0.02	临界	浮游植物丰度（C_3）、底栖生物生物量（C_5）、浮游植物多样性指数（C_6）、初级生产力（C_7）和生态缓冲容量（C_8）	临界	全部海域
秋	0.28~0.64	0.52±0.04	临界	浮游植物丰度（C_3）、底栖生物生物量（C_5）、初级生产力（C_7）、生态缓冲容量（C_8）	较差	桑洲西部海域
冬	0.63~0.99	0.95±0.04	很好	无	较好	大鹏澳和小辣甲西南部海域
全年	0.49~0.86	0.64±0.10	较好	无	临界	哑铃湾和大鹏澳

（四）健康薄弱区域

分别提取四个季节中健康综合指数小于 0.6 的海域，并将之叠加，结果见图 8-20。

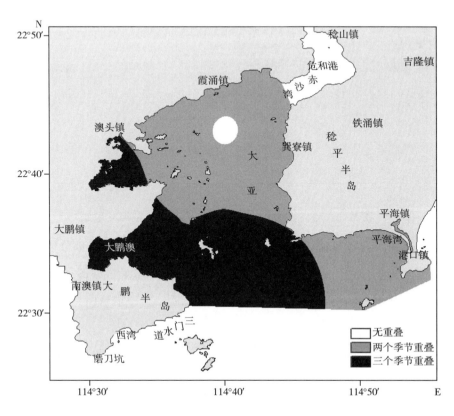

图 8-20　四个季节中健康综合指数小于 0.6 的海域叠加

由图8-20可见，在三个季节里健康综合指数都小于0.6的海域主要分布在大亚湾西北部的哑铃湾、西南部的大鹏澳和东南部的湾口石化排污区。这是大亚湾生态系统健康状况比较薄弱的部分，应该重点调控和管理。

分别提取四个季节中健康综合指数小于0.4的海域，并将之叠加在一起，结果见图8-21。

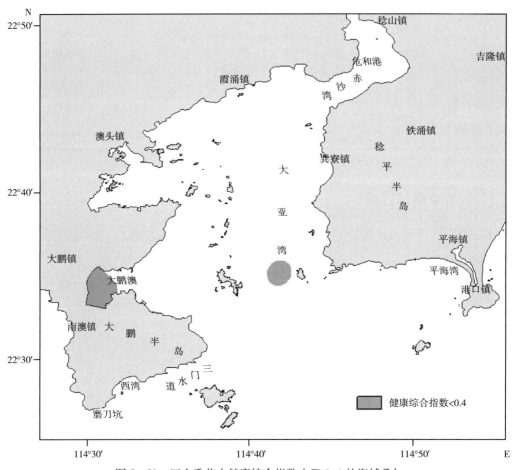

图8-21　四个季节中健康综合指数小于0.4的海域叠加

由图8-21可见，健康综合指数小于0.4的海域共有两部分，一部分位于大鹏澳，另一部分位于桑洲以西海域。这两部分是大亚湾生态系统健康最薄弱的部分，应该作为调控和管理的核心区域。

七、大亚湾生态系统健康趋势评价

按照上述大亚湾生态系统健康评价的指标体系，收集了2005—2015年（不含2006年、2008年、2009年、2012年，下同）大亚湾海域各类环境因子和生态因子的历史数

据。根据历史数据，对大亚湾生态系统进行各年的健康状况评价，并对该生态系统
2005—2015 年健康状况的变化趋势进行分析。各年的健康评价的主要结果见表 8 - 20。

表 8 - 20 大亚湾生态系统健康趋势评价主要结果汇总

年份	健康分指数								健康综合指数
	有机污染指数	营养水平指数	浮游植物丰度	浮游动物生物量	底栖生物生物量	浮游植物多样性指数	初级生产力	生态缓冲容量	
2005	0.980	0.690	0.370	0.990	0.620	0.700	0.660	0.980	0.639
2007	1	1	0.480	0.990	0.580	0.620	0.740	0.670	0.640
2010	0.881	0.265	0.660	0.921	0.580	0.728	0.554	0.881	0.623
2011	0.676	0.388	0.460	1.000	0.560	0.755	0.480	0.676	0.594
2013	0.906	0.390	0.570	0.818	0.600	0.742	0.572	0.906	0.631
2014	0.951	0.484	0.490	0.584	0.630	0.793	0.663	0.951	0.617
2015	0.990	0.997	0.460	0.980	0.581	0.627	0.742	0.698	0.638

（一）生态系统健康分指数的变化趋势

大亚湾生态系统各项单项指标在 2005—2015 年的健康分指数见表 8 - 19、图 8 - 22。

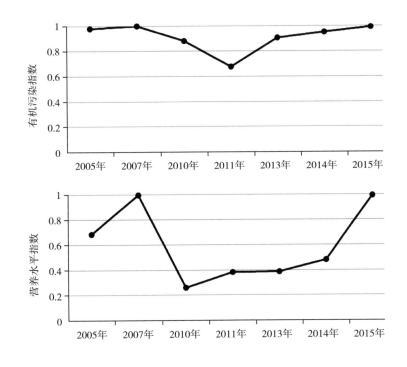

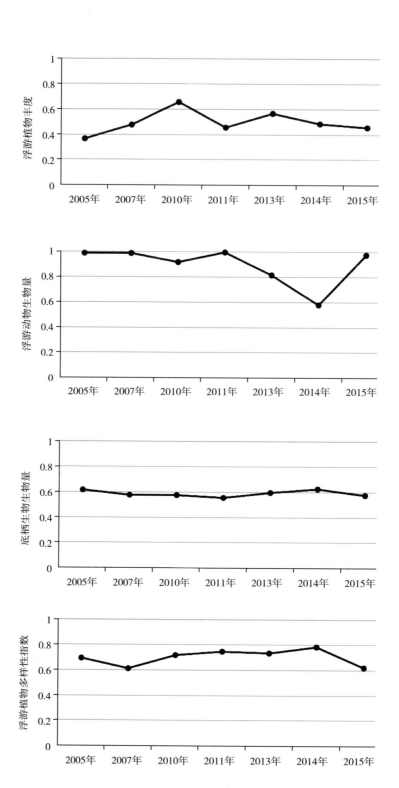

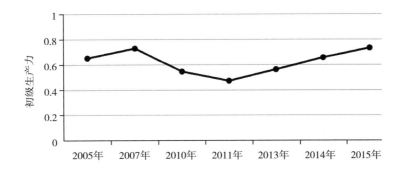

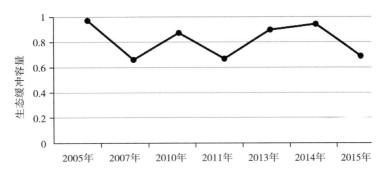

图 8-22　大亚湾生态系统各指标健康分指数变化趋势

1. 有机污染指数（C_1）

健康分指数呈现先下降（2005—2011 年），之后回升（2011—2015 年）的趋势。健康等级除 2011 年为"较好"外，其他年份都为"很好"。

2. 营养水平指数（C_2）

健康分指数呈现先大幅下降（2007—2010 年），之后大幅回升（2011—2015 年）的趋势。健康等级在 2007—2010 年大幅下降（2007 年为"较好"，2010 年为"较差"）；在 2011—2015 年间又逐级上升（最低为"较差"，最高为"很好"）。

3. 浮游植物丰度（C_3）

健康分指数在 2005—2015 年呈现小幅波动趋势。健康等级也在"临界"等级附近波动。

4. 浮游动物生物量（C_4）

健康分指数在 2005—2011 年间小幅波动，在 2011—2015 年大幅波动。

5. 底栖生物生物量（C_5）

健康分指数在 2005—2015 年呈现微幅波动趋势。健康等级在"较好"和"临界"之间波动。

6. 浮游植物多样性指数（C_6）

健康分指数在 2005—2015 年呈现小幅波动趋势，健康等级都为"较好"。

7. 初级生产力（C_7）

健康分指数呈现先小幅下降（2007—2011 年），之后回升（2011—2015 年）的趋势。健康等级先从"较好"降为"临界"，之后又恢复到"较好"。

8. 生态缓冲容量（C_8）

健康分指数在 2005—2015 年呈现锯齿状波动趋势。健康等级也在"很好"与"较好"间频繁波动。

（二）生态系统健康综合指数的变化趋势

大亚湾生态系统 2005—2015 年的健康综合指数见表 8 - 19 和图 8 - 23。

图 8 - 23　大亚湾生态系统健康综合指数变化趋势

大亚湾生态系统的健康综合指数在 2005—2015 年呈现先缓慢下降（2005—2011 年），随后又缓慢上升（2001—2015 年）的趋势，但变化幅度很小。健康等级除 2011 年外，都处于"较好"等级。可见，大亚湾生态系统的健康状况在 2005—2015 年处于相对稳定状态，对外界环境变化的适应能力较强。

第九章
大亚湾典型区域
生态系统评价

在 1983 年大亚湾水产资源省级自然保护区被批准建立后，1993 年国务院批准设立大亚湾经济技术开发区。目前，保护区周边 2 区 1 县的 9 个镇（街道）常住人口已近百万。因此，环大亚湾不仅是社会经济重点开发区域，也是生态保护典型区域，开发与保护协同发展成为大亚湾可持续发展的主旋律。本章选择大亚湾水产资源省级自然保护区西北部核心区、大亚湾东南部石化排污区和大亚湾西南部网箱养殖区等 3 个典型人类活动影响类型，通过现场调查研究，开展不同典型区域生态系统比较分析与评价，以期为大亚湾生态保护策略制定提供参考。

第一节　大亚湾西北部核心区生态系统评价

大亚湾水产资源省级自然保护区西北部核心区所处哑铃湾海域跨深圳和惠州两市，南属深圳大鹏新区葵涌街道，北属惠州大亚湾经济技术开发区澳头镇，该核心区主要保护对象为马氏珠母贝和其他多种名贵经济种类及其栖息的海洋生态环境。该区域有丰富的马氏珠母贝、栉江珧、华贵栉孔扇贝等贝类和大亚湾梭子蟹等甲壳类资源。核心区是广东省沿海唯一的马氏珠母贝自然采苗区（大部分海域是珍珠养殖区）和大亚湾特有种及优势种——大亚湾梭子蟹的密集分布区，同时是真鲷、黑鲷、平鲷、黄鳍鲷、赤点石斑鱼、鲑点石斑鱼和青石斑鱼等名贵海水鱼类仔稚幼鱼及种苗的密集分布区，也是杜氏枪乌贼、曼氏无针乌贼、火枪乌贼等头足类幼体及裘氏小沙丁鱼、斑鲦、丽叶鲹、蓝圆鲹、竹筴鱼、乌鲳、带鱼、银鲳、灰鲳、黄斑篮子鱼、褐篮子鱼、大海马、三斑海马、中国鲳等经济鱼类幼体的索饵场。

为了深入了解该核心区生态环境、水产资源、生物多样性和珍稀名贵保护物种现状，2006 年 4 月至 2007 年 5 月，对该核心区进行了 1 周年共 4 个季节航次的海洋生态环境和生物资源综合调查，2006 年 6 月进行了潮下带岩礁生物潜水专项调查，并对周边自然、社会和经济状况进行了多次现场考察和调研。本节是对全部调查结果的综合分析与评价。

一、调查范围与站位

在大亚湾西北部的哑铃湾海域共设 7 个生态环境断面调查站位（S1～S7），其中，西北部核心区布设 5 个站位，中部缓冲区布设 2 个站位。另外，设 5 个潮间带和潮下带调查断面（D1～D5），其中，西北部核心区布设 4 个站位，中部缓冲区布设 1 个站位。各调查断面详见图 9-1。

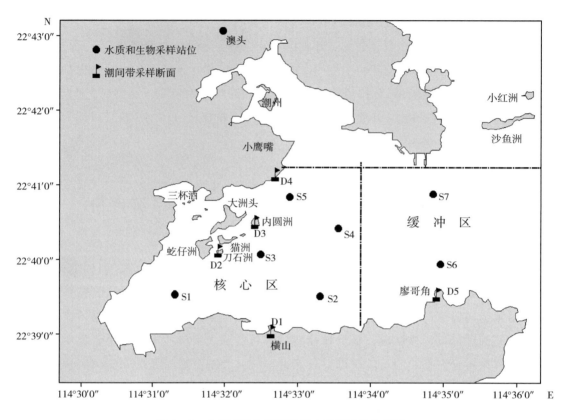

图 9-1 大亚湾西北部海域调查采样站位和断面

二、海洋生态环境质量评价

（一）水环境质量评价

根据《大亚湾水产资源自然保护区功能区划》中有关水质保护目标的规定，本调查海域水质目标按《广东省近岸海域环境功能区划》的要求执行，即"小鹰嘴至白沙湾"海域执行第二类海水水质标准。本次调查海域所涉及的大亚湾水产资源省级自然保护区西北部核心区和中西部缓冲区就在此范围内，因此，本报告以此为主要评价依据，并参考第一类海水水质标准值，对调查海域海水环境质量现状进行评价，结果见表 9-1。

由表 9-1 可见，哑铃湾海域整体水质状况较好。其中，DO、COD_{Mn}、磷酸盐（DIP）、Cd、Cr、As、大肠菌群和粪大肠菌群等因子的调查值在核心区和缓冲区中均不超第二类海水水质标准值。

表 9-1　各水环境因子的水质类别分布情况（%）

调查区域	水质类别	pH	DO	COD$_{Mn}$	BOD$_5$	DIN	DIP	Cu	Pb	Zn	Cd	Cr	Hg	As	石油类	大肠菌群	粪大肠菌群
核心区	第一类	75.0	100.0	95.0	25.0	95.0	50.0	95.0			100	100	45.0	100.0		100	100
	第二类	15.0	0	5.0	45.0	5.0	50.0	5.0	40.0	35.0	0	0	35.0	0	55.0	0	0
	超第二类	10.0	0	0	30.0	0	0	0	60.0	65.0	0	0	20.0	0	45.0	0	0
缓冲区	第一类	75.0	100.0	100.0	25.0	75.0	50.0	62.5			100	100	50.0	100	50.0	100	100
	第二类	12.5	0	0	37.5	12.5	50.0	25.0	50.0	37.5	0	0	25.0	0		0	0
	超第二类	12.5	0	0	37.5	12.5	0	12.5	50.0	62.5	0	0	25.0	0	50.0	0	0

注：表中水质类别参考《海水水质标准》（GB 3097—1997）。

pH、BOD$_5$、DIN、Cu、Pb、Zn、Hg 和石油类等因子的调查值在少数站位出现超第二类海水水质标准状况。其中，pH 的调查结果在核心区仅有 10％左右的样品超出第二类海水水质标准；BOD$_5$ 则约有 30％的样品超第二类海水水质标准；DIN 在核心区未有样品超出第二类海水水质标准，仅在缓冲区有 12.5％的样品超出第二类海水水质标准；Cu 在核心区均未超出第二类海水水质标准，仅在缓冲区有 12.5％的样品超出第二类海水水质标准；Pb 在核心区有 60％的样品超出第二类海水水质标准，在缓冲区有 50％的样品超出第二类海水水质标准；Zn 在核心区有 65％的样品超出第二类海水水质标准，在缓冲区有 62.5％的样品超出第二类海水水质标准；Hg 在核心区有 20％的样品超出第二类海水水质标准，在缓冲区有 25％的样品超出第二类海水水质标准；石油类在核心区有 45％的样品超出第二类海水水质标准，在缓冲区有 50％的样品超出第二类海水水质标准。

综上所述，调查海域各水质因子大部分处于良好水平，仅有重金属中的 Pb 和 Zn 以及石油类有 50％左右的样品超出了第二类海水水质标准。

（二）沉积环境质量评价

调查海域沉积环境质量评价结果列于表 9 - 2。

表 9 - 2 沉积环境质量评价结果（表层沉积物各因子质量指数）

项目	航次	站位							均值
		S1	S2	S3	S4	S5	S6	S7	
硫化物	春	0.49	0.41	0.32	0.40	0.36	0.32	0.30	0.37
	秋	0.20	0.22	0.33	0.29	0.31	0.25	0.16	0.25
	冬	0.52	0.54	0.57	0.70	0.62	0.59	0.50	0.58
	夏	0.90	1.33	1.38	1.26	0.94	1.28	0.79	1.13
	均值	0.53	0.63	0.65	0.66	0.56	0.61	0.44	0.58
Cu	春	0.41	0.38	0.47	0.47	0.57	0.50	0.49	0.47
	秋	0.47	0.39	0.45	0.35	0.40	0.49	0.66	0.46
	冬	0.65	0.69	0.80	0.56	0.65	0.57	0.63	0.65
	夏	0.26	0.22	0.35	0.37	0.31	0.25	—	0.29
	均值	0.45	0.42	0.52	0.44	0.48	0.45	0.59	0.47

（续）

| 项目 | 航次 | 站位 | | | | | | | 均值 |
		S1	S2	S3	S4	S5	S6	S7	
Pb	春	0.38	0.38	0.37	0.41	0.43	0.42	0.36	0.39
	秋	0.41	0.28	0.28	0.28	0.28	0.30	0.34	0.31
	冬	0.45	0.44	0.58	0.41	0.34	0.40	0.33	0.42
	夏	0.37	0.33	0.36	0.40	0.36	0.35	—	0.36
	均值	0.40	0.36	0.40	0.37	0.35	0.37	0.34	0.37
Zn	春	0.35	0.41	0.38	0.44	0.52	0.43	0.38	0.41
	秋	0.36	0.35	0.39	0.34	0.40	0.36	0.54	0.39
	冬	0.43	0.53	0.68	1.50	0.44	0.45	0.39	0.63
	夏	0.56	0.39	0.44	0.58	0.52	0.52	—	0.50
	均值	0.43	0.42	0.47	0.72	0.47	0.44	0.44	0.48
Cd	春	ND	ND	ND	ND	ND	ND	ND	0.05
	秋	ND	ND	ND	ND	ND	ND	ND	0.05
	冬	ND	ND	ND	ND	ND	ND	ND	0.05
	夏	ND	ND	ND	ND	ND	ND	—	0.05
	均值	0.05	0.05	0.05	0.05	0.05	0.05	0.05	0.05
Cr	春	0.25	0.24	0.27	0.26	0.29	0.27	0.27	0.27
	秋	0.23	0.19	0.19	0.18	0.18	0.22	0.27	0.21
	冬	0.26	0.28	0.38	0.26	0.23	0.27	0.23	0.27
	夏	0.18	0.18	0.19	0.23	0.21	0.23	—	0.20
	均值	0.23	0.22	0.26	0.23	0.23	0.25	0.26	0.24
Hg	春	0.37	0.28	0.31	0.28	0.38	0.27	0.23	0.30
	秋	0.31	0.27	0.22	0.27	0.32	0.36	0.20	0.28
	冬	0.37	0.39	0.65	0.17	0.20	0.28	0.18	0.32
	夏	0.09	0.09	0.09	0.10	0.09	0.09	—	0.09
	均值	0.28	0.25	0.32	0.20	0.25	0.25	0.20	0.25

（续）

项目	航次	站位							均值
		S1	S2	S3	S4	S5	S6	S7	
As	春	0.29	0.18	0.26	0.23	0.24	0.27	0.28	0.25
	秋	0.33	0.23	0.20	0.21	0.22	0.23	0.28	0.24
	冬	0.29	0.29	0.36	0.25	0.21	0.30	0.20	0.27
	夏	0.26	0.24	0.22	0.26	0.25	0.28	—	0.25
	均值	0.29	0.23	0.26	0.24	0.23	0.27	0.25	0.25
石油类	春	0.66	0.31	0.47	0.17	0.33	0.25	0.21	0.34
	秋	0.24	0.61	0.63	0.27	1.08	2.06	0.47	0.77
	冬	0.07	0.14	0.13	0.17	0.33	0.18	0.30	0.19
	夏	0.42	0.32	1.34	0.42	0.47	0.28	—	0.54
	均值	0.35	0.34	0.64	0.26	0.55	0.69	0.33	0.46
大肠菌群	春	0.10	0.25	0.10	0.10	0.10	1.10	0.20	0.27
	秋	0.10	0.45	0.30	0.40	0.10	0.20	0.85	0.35
	冬	0.55	0.20	0.20	0.30	1.70	2.15	0.35	0.78
	夏	1.65	1.30	0.30	0.85	0.20	0.10	0.20	0.66
	均值	0.60	0.55	0.23	0.42	0.53	0.89	0.40	0.52
粪大肠菌群	春	0.50	0.50	1.00	0.50	0.50	4.25	0.50	0.93
	秋	0.50	0.50	0.50	0.50	0.50	0.50	0.50	0.25
	冬	1.00	0.50	0.50	0.50	2.00	4.25	1.00	1.33
	夏	0.50	0.50	0.50	0.50	0.50	0.50	0.50	0.25
	均值	0.63	0.50	0.63	0.50	0.88	2.38	0.63	0.88

注："ND"表示未检出，"—"表示无数据。

1. 硫化物

调查海域表层沉积物硫化物质量指数变化范围是 0.16～1.38，超标率为 14.3%，超过表层沉积物硫化物标准限量的 1.26～1.38 倍。其中，核心区表层沉积物硫化物质量指数为 0.204～1.38，超标率为 15%，超过表层沉积物硫化物标准限量的 1.26～1.38 倍；缓冲区表层沉积物硫化物质量指数为 0.16～1.28，超标率为 12.5%，超过表层沉积物硫化物标准限量的 1.28 倍。可见，缓冲区表层沉积物硫化物的超标率略低于核心区。调查海域表层沉积物硫化物超标情况均出现于夏季，超标率为 50%，超标站位是核心区内的 S2～S4 站、缓冲区的 S6 站。在春季、秋季和冬季，调查海域表层沉积物硫化物均未超标。调查海域表层沉积物硫化物季节平均质量指数是夏季（1.13）＞冬季（0.58）＞春季（0.37）＞秋季（0.25），这说明该调查海域的沉积环境在夏季受到了硫化物的污染。

2. 重金属

除 2007 年 1 月 S4 站 Zn 含量超过标准值 1.5 倍外，其余各站位 4 个航次重金属元素含量均符合第一类海洋沉积物质量标准。

3. 石油类

调查海域表层沉积物石油类质量指数为 0.07～2.06，超标率为 11.1%，超过表层沉积物石油类标准限量的 1.08～2.06 倍。其中，核心区表层沉积物石油类质量指数是 0.07～1.34，超标率为 10%，超过表层沉积物石油类标准限量的 1.08～1.34 倍；缓冲区表层沉积物石油类质量指数为 0.21～2.06，超标率为 14.3%，超过表层沉积物石油类标准限量的 2.06 倍。因此，缓冲区表层沉积物石油类的超标率略高于核心区。在春季和冬季，调查海域各站位的表层沉积物石油类均不超标，超标情况出现于夏季核心区中部的 S3 站，还出现于秋季核心区的 S5 站和缓冲区的 S6 站。调查海域表层沉积物石油类季节平均质量指数是秋季（0.77）＞夏季（0.54）＞春季（0.34）＞冬季（0.19）。可见，石油类对该调查海域沉积环境的影响是夏季＞秋季＞春季＞冬季。

4. 大肠菌群和粪大肠菌群

调查海域表层沉积物中大肠菌群和粪大肠菌群除 2006 年 4 月缓冲区的 S6 站，2007 年 1 月核心区的 S5 站、缓冲区的 S6 站，2007 年 1 月缓冲区的 S1 和 S2 站超标外（超标 0.1～1.15 倍），其他各站位均符合第一类海洋沉积物质量标准。

总体上看，调查海域的沉积环境质量状况良好。

（三）海洋生物质量

调查海域的主要经济水产品质量按《农产品安全质量 无公害水产品安全要求》中的标准评价，海洋贝类按《海洋生物质量》中的标准评价。生物质量指数分别列于表 9 - 3 和表 9 - 4。

从表 9 - 3 水产品质量指数结果可以看出，调查海域鱼类样品重金属元素含量均低于无公害水产品质量要求的标准值。贝类样品和潮下带岩礁区生物样品重金属元素 Hg、Cu 和 Cr 的含量均低于无公害水产品质量要求的标准值，没有超标。而贝类和潮下带生物样品 Pb 和 Cd 的超标率较高。其中，拖网底栖贝类和潮下带岩礁区贝类 Pb 的超标率分别为 37.5% 和 66.7%，超标倍数分别为 1.38～3.0 和 1.06。拖网底栖贝类和潮下带岩礁区贝类 Cd 的超标率分别为 75% 和 100%，超标倍数分别为 1.10～9.40 和 3.80～8.20。

表9-3　主要经济水产品质量指数

样品名称		Cu	Pb	Zn	Cd	Cr	Hg	As	石油类
拖网贝类	江珧	0.02	3.00	—	7.00	0.70	0.02	—	—
	美叶雪蛤	0.03	0.58	—	1.10	0.17	0.02	—	—
	波纹巴菲蛤	0.02	0.68	—	0.60	0.32	0.01	—	—
	泡状薄壳鸟蛤	0.04	0.72	—	0.60	0.21	0.01	—	—
	胀毛蚶	0.03	0.72	—	3.80	0.12	0.01	—	—
	蚶	0.02	1.38	—	3.20	0.34	0.02	—	—
	密肋粗饰蚶	0.01	1.80	—	4.00	0.21	0.03	—	—
	结蚶	0.02	0.88	—	9.40	0.23	0.03	—	—
鱼类	前鳞骨鲻	0.02	0.22		0.05	0.04	0.03		
	斑鰶	0.02	0.26		0.05	0.02	0.06		
岩礁贝类	马氏珠母贝	0.02	1.06		8.20	0.04	0.01	—	—
	贻贝	0.02	0.48	—	4.60	0.05	0.02	—	—
	扭蚶	0.01	0.10	—	3.80	0.02	0.01	—	—

表9-4　海洋贝类质量指数

样品名称		Cu	Pb	Zn	Cd	Cr	Hg	As	石油类
拖网贝类	江珧	0.10	15.00	0.75	3.50	2.80	0.14	0.27	0.22
	美叶雪蛤	0.13	2.90	0.31	0.55	0.66	0.10	0.27	0.26
	波纹巴菲蛤	0.11	3.40	0.42	0.30	1.28	0.08	0.19	0.46
	泡状薄壳鸟蛤	0.19	3.60	0.41	0.30	0.82	0.07	0.58	0.45
	胀毛蚶	0.13	3.60	0.33	1.90	0.48	0.07	0.19	0.53
	蚶	0.10	6.90	0.60	1.60	1.36	0.13	0.19	0.24
	密肋粗饰蚶	0.07	9.00	0.65	2.00	0.84	0.17	0.18	0.29
岩礁贝类	马氏珠母贝	0.09	5.30	2.40	4.10	0.14	0.06	0.32	0.21
	贻贝	0.10	2.40	0.33	2.30	0.18	0.13	0.50	0.32
	扭蚶	0.07	0.50	0.13	1.90	0.08	0.06	0.22	0.30

从表 9-4 的海洋生物质量指数看，贝类样品 Cu、Zn、Hg、As 和石油类的含量均低于相应标准值，没有超标。贝类样品 Pb、Cd、Cr 的超标率分别为 100%、62.5%、37.5%，超标倍数分别为 2.90~15.0、1.60~4.70、1.28~2.80。

潮下带岩礁区生物样品 Cu、Cr、Hg、As 和石油类的含量均低于相应标准值，没有超标。潮下带岩礁区生物样品 Pb、Zn、Cd 的超标率分别为 66.7%、33.3%、100%，超标倍数分别为 2.40~5.30、2.40、1.90~4.10。

评价结果表明，本海域生物样品 Cd、Pb 的含量超标率较高，Cu、Hg、As、石油类等因子的含量都能达到无公害水产品标准和第一类海洋生物质量标准的要求。

（四）海洋生物环境

1. 叶绿素 a 和初级生产力

调查海域叶绿素 a 均值范围为 1.12~4.26 mg/m³，初级生产力均值范围为 115.59~438.53 mg/（m²·d）。叶绿素 a 和初级生产力在夏季和秋季处于较高水平，在春季和冬季处于较低水平。除春季外，叶绿素 a 的高值区主要出现在哑铃湾湾口向湾内的延伸区域。调查结果总体与历史资料相近，但 2007 年 5 月叶绿素 a 和初级生产力调查结果则明显高于历史资料，其叶绿素 a 和初级生产力分别为 10.51 mg/m³ 和 935.52 mg/（m²·d）（表 9-5）。

表 9-5　叶绿素 a 和初级生产力调查结果历史资料对比

调查时间	叶绿素 a（mg/m³）	初级生产力 [mg/（m²·d）]	资料来源
1984 年 11 月至 1985 年 10 月	<1~5（均值 2.16）	<100~500（均值 305）	徐恭昭等，1989
2001 年 11 月	1.82~3.05	218.9~434.9	中国水产科学研究院南海水产研究所内部资料
2006 年 4 月	0.56~3.81（均值 1.88）	61.24~417.54（均值 202.84）	本项目调查
2006 年 9 月	1.71~7.33（均值 4.26）	184.55~789.59（均值 438.53）	本项目调查
2007 年 1 月	0.28~1.95（均值 1.12）	19.60~209.95（均值 115.59）	本项目调查
2007 年 5 月	5.88~14.53（均值 10.51）	386.61~1 358.41（均值 935.52）	本项目调查

根据贾晓平等提出的初级生产力水平分级评价标准，春季属于 2 级水平，初级生产力一般；秋季处于 5 级水平，初级生产力高；冬季处于 1 级水平，初级生产力低；夏季处于 6 级水平，初级生产力极高。

2. 浮游植物

共鉴定出浮游植物 168 种，其中硅藻 127 种，约占 75.60%；甲藻 31 种，约占 18.45%；蓝藻 7 种，约占 4.17%，金藻和绿藻分别为 2 种和 1 种，分别约占 1.19% 和 0.60%。四个季节均出现的种类有 15 种，约占 8.93%；三个季节出现的种类有 32 种，约占 19.05%；两个季节出现的种类为 32 种，约占 19.05%；仅在一个季节出现的种类为 89 种，约占 52.98%。以上结果说明哑铃湾浮游植物种类的季节更替明显。浮游植物的群落组成以沿岸广布种为主，同时出现一定比例的典型热带适高盐性种和咸淡水种，种类组成呈现显著的亚热带沿岸浮游植物种群结构特征。

浮游植物生物量年度范围为（47.67～10 574.00）×10⁴ 个/m³，平均为 2 922.34×10⁴ 个/m³。季节变化以冬季生物量最高，秋季次之，春季最低。生物量季节变化幅度大，冬季生物量约是春季生物量的 38 倍。

浮游植物 Shannon-Wiener 多样性指数均值变化范围为 1.78～3.68，平均为 2.63，以春季最高，秋季次之，夏季最低。均匀度指数平均为 0.50，以春季最高，秋季次之，冬季和夏季最低。总体而言，哑铃湾浮游植物多样性一般。

浮游植物调查结果与历史调查相比较表明（表 9 - 6），本次调查浮游植物出现的种类数高于或类似于历史调查结果。浮游植物种类组成季节更替明显，与徐恭昭等（1989）1984 年 11 月至 1985 年 10 月的研究结果相同。浮游植物大部分优势种在过去的调查中也曾作为优势种出现过，但也出现一些新的优势种。浮游植物生物量变幅大，但也在历次调查的范围内。浮游植物 Shannon-Wiener 多样性指数与历史调查结果相似或略低。虽然哑铃湾浮游植物的种类丰富度较高，但个别优势种较突出，引起浮游植物 Shannon-Wiener 多样性指数的下降。

表 9 - 6　浮游植物历史调查资料比较

调查时间	种类数	生物量（×10⁴ 个/m³）	优势种	多样性指数	资料来源
1984—1985 年		1 000～5 000	翼根管藻纤细变型、拟弯角毛藻、扁面角毛藻、窄隙角毛藻、尖刺菱形藻、中肋骨条藻、菱形海线藻、伏氏海毛藻	—	徐恭昭等，1989
2001 年 11 月	54	13 879.17	细弱海链藻、中肋骨条藻、菱形海线藻、旋链角毛藻	2.90	中国水产科学研究院南海水产研究所内部资料
2002 年 11 月	27	167.20	细弱海链藻、变异辐杆藻、掌状冠盖藻、旋链角毛藻、中肋骨条藻等	3.58	中国水产科学研究院南海水产研究所内部资料
2006 年 4 月	80	180.05	六异刺硅鞭藻八角变种、洛氏角毛藻、柔弱菱形藻、窄隙角毛藻、扁面角毛藻、纺锤角毛藻、叉角藻、丹麦细柱藻、夜光藻、尖刺菱形藻、三角角藻	3.68	本项目调查
2006 年 9 月	83	3 786.27	尖刺菱形藻、柔弱菱形藻、中肋骨条藻、透明辐杆藻、窄隙角毛藻、叉角藻	2.56	本项目调查
2007 年 1 月	99	6 861.97	日本角毛藻、拟弯角毛藻、柔弱角毛藻、扁面角毛藻、掌状冠盖藻	2.51	本项目调查
2007 年 5 月	47	861.06	菱形海线藻、尖刺菱形藻、柔弱菱形藻、波状斑条藻	1.78	本项目调查

根据贾晓平等提出的饵料生物水平分级评价标准，调查期间四个季节浮游植物生物量水平处于5～6级，除春季为5级（高水平级）外，其余三季水平均处于超高级。

3. 浮游动物

共鉴定浮游动物94种，分属15个不同类群，即原生动物、水螅水母类、管水母类、栉水母类、枝角类、桡足类、端足类、磷虾类、十足类、翼足类、异足类、毛颚类、有尾类、海樽类和浮游幼虫。其中，桡足类出现种类最多，有36种；其次为水螅水母类，有13种；浮游幼虫出现10种，列第三位。

浮游动物平均生物量为214.36 mg/m³，以2006年9月最高、2007年5月最低。2006年4月平均生物量为254.39 mg/m³，2006年9月上升至264.92 mg/m³后开始下降，2007年5月降至最低值150.74 mg/m³。浮游动物平均栖息密度为421.97个/m³，4次调查中以2006年9月最高，2007年1月最低。2006年4月平均栖息密度为255.78个/m³，2006年9月大幅上升至964.91个/m³，此后急剧降至2007年1月的121.56个/m³，2007年5月回升至345.61个/m³。

浮游动物Shannon-Wiener多样性指数均值变化范围为2.57～4.32，全海域平均为3.18，冬季多样性指数最高，夏季次之，春季最低。均匀度指数均值变化范围为0.51～0.87，全海域平均值为0.64，仍以冬季最高，春季次之，夏季最低。根据陈清潮等（1994）提出的浮游动物多样性程度评价标准进行评价，4次调查多样性阈值变化范围为1.4～3.8，多样性水平变化较大。其中，冬季多样性程度最高，达到Ⅰ类水平，即多样性非常丰富；春季属Ⅲ类水平，即多样性较好；夏季和秋季的多样性程度均属Ⅳ类水平，即多样性一般。

与历史资料对比，哑铃湾海域浮游动物多样性水平呈明显的升高趋势，而生物量水平则大幅下降（表9-7）。2001年11月多样性较好；2002年11月，多样性程度达到Ⅱ类水平，多样性丰富；而本次调查的2007年1月浮游动物多样性程度则增加至Ⅰ类水平，多样性水平提高至非常丰富。21世纪初哑铃湾秋季浮游动物平均生物量为3 084 mg/m³，而2007年调查的浮游动物生物量为187 mg/m³，降幅为94%。

表9-7　浮游动物多样性、生物量水平年际变化

调查时间	生物量（mg/m³）	多样性指数	均匀度指数	多样性阈值及所属类别	资料来源
2002年11月	4 410	3.43	0.80	2.7/Ⅱ	中国水产科学研究院南海水产研究所内部资料
2001年11月	1 785	3.08	0.75	2.3/Ⅲ	中国水产科学研究院南海水产研究所内部资料
2007年1月	187	4.32	0.87	3.8/Ⅰ	本项目调查

根据贾晓平等提出的饵料生物量水平分级评价标准，调查期间浮游动物生物量均处于 6 级水平，即哑铃湾浮游动物生物量达到超高水平。

4. 大型底栖动物

共鉴定出大型底栖动物 65 种，其中多毛类有 13 种，螠虫动物有 1 科 1 种，软体动物有 31 种，甲壳类有 10 种，棘皮动物有 5 种，鱼类有 3 种，尾索动物有 1 科 1 种，脊索动物有 1 科 1 种。4 个航次调查鉴定出的大型底栖动物种数变化不大，为 30～31 种，其中春季航次和秋季航次各出现了 30 种，夏季航次和冬季航次各出现了 31 种，各类群出现种数排序为是软体动物＞多毛类＞甲壳类＞棘皮动物＞其他。优势种（优势度 $Y > 0.15$）只有小鳞帘蛤、粗帝汶蛤和江户明樱蛤。

大型底栖动物年平均生物量和栖息密度分别为 115.69 g/m^2 和 326.07 个$/m^2$。大型底栖动物的多样性指数平均值变化范围为 2.17～2.26，年平均值为 2.20，核心区与缓冲区差异不大。总体而言，大型底栖动物多样性指数属中等水平，表明水域的底质环境相对较好。

根据贾晓平等提出的大型底栖动物的生物量水平分级评价标准，调查期间大型底栖动物除秋季为 5 级水平（高水平）外，其余各季均处于 6 级水平（超高水平），4 个航次大型底栖动物平均生物量达到超高水平（6 级）（表 9 - 8）。

表 9 - 8　大型底栖动物的生物量水平等级

项目	春季	夏季	秋季	冬季	均值
生物量（g/m^2）	105.57	149.11	73.35	134.73	115.69
水平等级	6	6	5	6	6
水平状况	超高水平	超高水平	高水平	超高水平	超高水平

（五）综合评价

根据 4 个航次获取的调查数据，采用贾晓平等（2003）建立的海洋渔业生态环境质量综合指数评价法，从海洋化学、营养水平、初级生产力水平和饵料生物水平等方面，对调查海域生态环境质量进行综合评价。

初级生产力和饵料生物水平划分为 6 个等级（表 9 - 9 和表 9 - 10），在综合评价时，水平指数值即 P_i 值。浮游植物饵料水平评价分两部分，丰度 $< 400 \times 10^4$ 个$/m^3$ 时用表 9 - 9；丰度 $> 400 \times 10^4$ 个$/m^3$ 时用表 9 - 10。

采用加和平均型综合指数法评价海域生态环境综合质量，评价公式如下：

$$I_P = \frac{1}{n} \sum_{i=1}^{n} P_i$$

式中 I_P——环境综合质量指数；

P_i——评价因子（i）指数，即海水水质指数、初级生产力水平指数和饵料生物水平指数。

根据计算结果，对照海洋渔业环境综合质量状况等级（表9-11），同时综合考虑各方面因素，即可得出综合评价结论。

表9-9 初级生产力和饵料生物水平分级

项目	等级					
	1	2	3	4	5	6
水平状况	低水平	中低水平	中等水平	中高水平	高水平	超高水平
水平指数	>1.0	1.0~0.8	0.8~0.6	0.6~0.4	0.4~0.2	<0.2
初级生产力 [mg/（m²·d）]	<200	200~300	300~400	400~500	500~600	>600
浮游植物丰度（×10⁴ 个/m³）	<20	20~50	50~75	75~100	100~200	200~400
浮游动物生物量（mg/m³）	<10	10~30	30~50	50~75	75~100	>100
大型底栖动物生物量（g/m²）	<5	5~10	10~25	25~50	50~100	>100

表9-10 浮游植物超高水平分级

项目	等级					
	6	6	6	6	6	6
水平状况	超高水平					
水平指数	>1.0	1.0~0.8	0.8~0.6	0.6~0.4	0.4~0.2	<0.2
浮游植物丰度（×10⁴ 个/m³）	>4 000	4 000~2 500	2 500~1 500	1 500~800	800~400	<400

表9-11 海洋渔业环境综合质量状况分级

等级	指数	质量状况	等级	指数	质量状况
1	0.2	优级	4	(0.6, 0.8]	一般
2	(0.2, 0.4]	优良	5	(0.8, 1.0]	较差
3	(0.4, 0.6]	良好	6	>1.0	很差

调查海域海水营养结构与营养状况评价结果见表9-12。海水有机污染指数（A）范围为0.010~1.210，平均值为0.950，水质总体上为清洁等级。其中最高值出现在2007年1月，水质污染程度为4级，即轻度污染等级，其余3个季节水质均处于清洁等级。海水富营养化指数（E）范围和平均值分别为0.086~7.770和3.120；海水营养状态指数（NQI）范围和平均值分别为1.800~3.970和2.620，表明海水处于中营养状态。

表 9-12　调查海域海水营养结构与营养状况评价

时间	有机污染状况		营养状况		
	A	等级	E	NQI	营养状态
2006 年 4 月	1.210	较清洁	2.690	2.670	中营养
2006 年 9 月	0.330	清洁	0.860	2.010	中营养
2007 年 1 月	2.220	轻度污染	7.770	3.970	富营养
2007 年 5 月	0.010	清洁	0.860	1.800	贫营养
平均值	0.950	清洁	3.120	2.620	中营养

调查海域初级生产力和饵料生物水平评价结果见表 9-13。初级生产力水平为 115.57～935.52 mg/(m² · d)，平均值为 423.12 mg/(m² · d)；其初级生产力夏季最高，为 6 级；冬季最低，为 1 级，全年平均初级生产力水平为 4 级，调查海域初级生产力属于中高水平。调查海域浮游植物的丰度为（180.05～6 861.97）×10⁴ 个/m³，平均值为 2 922.34×10⁴ 个/m³，丰度水平为 2 级，属于中低水平；浮游动物的生物量范围为 150.74～264.92 mg/m³，平均值为 214.36 mg/m³，生物量水平为 6 级，属于超高生物量水平；大型底栖动物的生物量范围为 73.35～149.11 mg/m²，平均值为 115.69 mg/m²。

表 9-13　调查海域初级生产力和饵料生物水平评价

初级生产力	水平范围 [mg/(m² · d)]	115.57～935.52（423.12）
	水平等级	1～6（4）
	水平指数	0.523～1.000（0.554）
浮游植物	水平范围（×10⁴ 个/m³）	180.05～6 861.97（2 922.34）
	水平等级	1～5（2）
	水平指数	0.24～1.00（0.85）
浮游动物	水平范围（mg/m³）	150.74～264.92（214.36）
	水平等级	6（6）
	水平指数	0.045～0.150（0.094）
大型底栖动物	水平范围（mg/m³）	73.35～149.11（115.69）
	水平等级	5～6（6）
	水平指数	0.101～0.315（0.171）

注：括号中为平均值。

根据评价结果，有机污染指数、海水水质综合指数、营养水平综合指数、初级生产力水平综合指数、浮游植物水平综合指数、浮游动物水平综合指数和大型底栖动物水平综合指数分别为 0.950、0.552、2.620、0.554、0.850、0.094 和 0.171（表 9-14）。计算结果表明，调查海域生态环境综合质量指数为 0.44，总体上处于良好水平。

表 9 - 14　调查海域生态环境质量状况

项目	有机污染指数	海水水质综合指数	营养水平综合指数	初级生产力水平综合指数	浮游植物水平综合指数	浮游动物水平综合指数	大型底栖动物水平综合指数
量值	0.950	0.552	2.620	0.554	0.850	0.094	0.171
等级	2	2	2	4	2	6	6
状况	清洁	清洁	中营养	中高	中低	超高	超高

三、海洋生物资源

（一）潮间带生物

1. 种类组成

共鉴定潮间带生物 59 科 140 种（含个别属的未定种，下同）。春季出现了 47 科 94 种，夏季出现了 44 科 82 种，秋季出现了 43 科 73 种，冬季出现了 47 科 80 种。各季均以软体动物和甲壳类出现的种类最多；而冬季和春季则出现了较多的大型海藻，其中冬季和春季均出现了 13 种，而夏季和秋季分别只出现了 6 种和 3 种。

调查的 5 个断面底质均以岩礁为主，岸相间有砾石沙出现，生态环境复杂，栖息的生物种类复杂，多样性程度高，大部分生物属于沿岸亚热带种，种类多为适高盐性种，暖水性区系特征明显，优势种突出，其种类分布特征较为相似。

（1）高潮区　生物群落组成以软体动物、甲壳类为主，大型海藻的绿藻类出现较多（表 9 - 15）。

表 9 - 15　高潮区出现的主要种类

软体动物	粗糙滨螺（*Littoraria articulata*）、塔结节滨螺（*Nodilittoraria trochoides*）、粒结节滨螺（*Nodilittoraria radiata*）、奥莱彩螺（*Clithon oualaniensis*）、平轴螺（*Planaxis sulcatus*）、锈色朽叶蛤（*Coecella turgida*）
甲壳类	海蟑螂（*Ligia exotica*）、马来小藤壶（*Chthamalus malayensis*）、龟足（*Capitulum mitella*）、褶痕相手蟹（*Sesarma plicata*）、中华近方蟹（*Hemigrapsus sinensis*）
藻类	石莼（*Ulva lactuca*）、花石莼（*Ulva conglobata*）、礁膜（*Monostroma nitidum*）

（2）中潮区　种类十分丰富，且数量大，四季普遍出现，以软体动物和甲壳类为主，棘皮动物和藻类的组成相对单一（表 9 - 16）。

表 9 - 16　中潮区出现的主要种类

多毛类	独齿围沙蚕（*Perinereis cultrifera*）、岩虫（*Marphysa sanguinea*）
软体动物	褶牡蛎（*Alectryonella plicatula*）、平轴螺（*Planaxis sulcatus*）、单齿螺（*Monodonta labio*）、日本花棘石鳖（*Liolophura japonica*）、青蚶（*Barbatia virescens*）、隔贻贝（*Septifer bilocularis*）、纹斑棱蛤（*Trapezium liratum*）、嫁蝛（*Cellana toreuma*）、渔舟蜒螺（*Nerita albicilla*）、疣荔枝螺（*Thais clavigera*）、石磺（*Onchidium verruculatum*）
甲壳类	红褐岩瓷蟹（*Petrolistes coccineus*）、平背蜞（*Gaetice depressus*）、火红皱蟹（*Leptodius exaratus*）、褶痕相手蟹（*Sesarma plicata*）、四齿大额蟹（*Metopograpsus quadridentatua*）、小相手蟹（*Nanosesarma minutum*）
棘皮动物	紫轮参（*Polycheira rufescens*）
藻类	裂片石莼（*Ulva faxciata*）、囊藻（*Colpomenia sinuosa*）

（3）低潮区　种类也较为复杂，以软体动物和大型海藻为主。有些中潮区的种类可延续分布至低潮区（表 9 - 17）。

表 9 - 17　低潮区出现的主要种类

软体动物	翡翠贻贝（*Perna viridis*）、马氏珠母贝（*Pinctada martensi*）、敦氏猿头蛤（*Chama dunkeri*）、岐脊加夫蛤（*Gafrarium divaricatum*）、菲律宾蛤仔（*Ruditapes philippinarum*）、单齿螺（*Monodonta labio*）、日本花棘石鳖、粒花冠小月螺（*Lunella coronata granulata*）、疣荔枝螺（*Thais clavigera*）、珠母核果螺（*Drupa margariticola*）
甲壳类	网纹藤壶（*Balanus reticulatue*）、双凹鼓虾（*Alpheus bisincisus*）、双额短桨蟹（*Thalamita sima*）
棘皮动物	紫海胆（*Anthocidaris crassispina*）、小刺蛇尾（*Ophiothrix exigua*）、斑瘤蛇尾（*Opiocnemis marmorata*）、长大刺蛇尾（*Macrophiothrix longipeda*）
尾索动物	皱瘤海鞘（*Styela plicata*）
藻类	平卧松藻（*Codium reppen*）、郝氏马尾藻（*Sargassum herklotsii*）、半叶马尾藻（*Sargassum hemiphyllum*）、鹅肠菜（*Endarachne binghamiae*）、囊藻（*Colpomenia sinuosa*）

2. 生物量和栖息密度

四季调查平均生物量为 969.83 g/m²。生物量以软体动物为主，其次为藻类，居第三的为甲壳类，以多毛类最低（表 9 - 18）。

表 9 - 18　四季潮间带生物的组成情况

类别	多毛类	软体动物	甲壳类	棘皮动物	藻类	其他	合计
生物量（g/m²）	1.17	818.72	55.54	9.34	71.51	13.55	969.83
栖息密度（个/m²）	10.90	282.13	36.83	7.43	—	2.67	339.97

四季平均栖息密度为 339.97 g/m²。最高密度也为软体动物，其次为甲壳类，居第三的为多毛类，以其他动物为最低（表 9 - 18）。

调查结果表明，潮间带生物量和栖息密度均有较为明显的季节变化特征，且空间分布也有差异。

生物量季节变化以春季最高，其次为秋季，夏季最低。空间分布上，以 D_4 断面为最高，D_1 断面最低，表现为 D_4 断面＞D_5 断面＞D_2 断面＞D_3 断面＞D_1 断面（表 9-19）。

表 9-19　潮间带生物量的季节变化

单位：g/m^2

断面	春季	夏季	秋季	冬季	平均值
D_1	225.42	600.93	888.98	619.63	583.74
D_2	1 083.01	815.73	891.02	1 391.33	1 045.27
D_3	1 093.60	757.51	1 274.88	635.63	940.41
D_4	2 217.31	767.10	1 352.13	486.69	1 205.81
D_5	1 425.49	885.25	1 110.80	874.08	1 073.91
平均	1 208.97	765.31	1 103.56	801.47	969.83

栖息密度季节变化以秋季最高，其次为春季，最低为夏季。空间分布上，也以 D_4 断面为最高，D_1 断面最低，表现为 D_4 断面＞D_2 断面＞D_3 断面＞D_5 断面＞D_1 断面（表 9-20）。

表 9-20　潮间带生物栖息密度的季节变化

单位：$个/m^2$

断面	春季	夏季	秋季	冬季	平均值
D_1	72.67	236.00	480.00	314.66	275.83
D_2	450.67	248.00	397.33	421.33	379.33
D_3	373.34	274.67	381.33	168.00	299.34
D_4	866.67	250.66	503.99	184.00	451.33
D_5	168.00	277.33	418.66	312.00	294.00
平均	386.27	257.34	436.26	280.00	339.97

3. 生物多样性指数及均匀度指数

调查结果显示，本海区潮间带多样性指数和均匀度指数属甚高水平，四季多样性指数分布范围为 3.19~3.74，平均为 3.48；均匀度指数分布范围为 0.77~0.86，平均为

0.81；表明本海域潮间带生态环境良好，种类分布也甚为均匀（表9－21）。

表9－21　各季节潮间带生物多样性指数及均匀度指数

季节	断面	出现种类数	出现个体数	多样性指数	均匀度指数
春季	D_1	23	96	4.10	0.91
	D_2	19	169	3.12	0.74
	D_3	18	140	3.44	0.82
	D_4	23	325	2.85	0.63
	D_5	18	63	3.81	0.91
	平均	20	159	3.46	0.80
夏季	D_1	26	82	3.95	0.84
	D_2	26	92	4.27	0.91
	D_3	21	103	3.80	0.87
	D_4	17	94	3.17	0.78
	D_5	16	104	3.51	0.88
	平均	21	95	3.74	0.86
秋季	D_1	18	181	3.23	0.77
	D_2	17	149	3.04	0.74
	D_3	22	134	3.74	0.84
	D_4	17	189	2.94	0.72
	D_5	16	157	3.02	0.76
	平均	18	162	3.19	0.77
冬季	D_1	23	118	3.85	0.85
	D_2	20	158	3.28	0.76
	D_3	19	63	3.88	0.91
	D_4	17	69	3.32	0.81
	D_5	19	141	3.31	0.78
	平均	20	110	3.53	0.82
	年平均值	20	132	3.48	0.81

4. 与历史调查资料比较

根据1983年广东省海岸带调查资料，当时属于本次调查区域内的调查断面只有坝光断面，该断面底质为泥沙砾石，当时调查时间为秋季，而本次调查有5个断面，底质则以岩礁为主。

1992 年未在哑铃湾海域范围内设潮间带调查断面，无资料可对比。

1995 年 1 月开展了一次哑铃湾潮间带生物调查，调查范围从白沙湾至廖哥角，共设调查断面四处，分别为白沙湾、横山西、横山东、廖哥角，四个调查断面底质潮间带均为石砾，出现的主要优势种有疣吻沙蚕、褶牡蛎、条纹隔贻贝、中国绿螂、单齿螺、奥莱彩螺、纵带滩栖螺、沟纹笋光螺、平轴螺、网纹藤壶、颗粒股窗蟹等。

三个时间段调查结果的比较见表 9-22，本次调查（2006—2007 年）潮间带生物出现种类数、平均生物量和平均栖息密度均高于 1983 年。与 1995 年相比，平均生物量和平均栖息密度均以本次调查为高，但出现种类数则相当。三个时间段的生物种群结构较为相似，均以软体动物为主要类群，说明本海域的生态环境未出现大的变化。

表 9-22　潮间带生物与历史资料的比较

调查时间	出现种类数	平均生物量（g/m²）	平均栖息密度（个/m²）
1983 年秋季	66	113.41	66.60
1995 年 1 月	80	282.65	169.00
2006—2007 年（春季）	94	1 208.97	386.27
2006—2007 年（夏季）	82	765.31	257.34
2006—2007 年（秋季）	73	1 103.56	436.26
2006—2007 年（冬季）	80	801.47	280.00

（二）潮下带生物

1. 种类组成

共鉴定潮下带生物 20 科 30 种。其中，软体动物出现了 10 科 15 种，节肢动物甲壳类出现了 3 科 5 种，棘皮动物出现了 4 科 6 种，藻类植物出现了 3 科 4 种，以软体动物的种类最多。各断面出现的主要种类见表 9-23。

表 9-23　潮下带岩礁区生物各断面出现的主要种类

断面	主要种类
D₁	疣荔枝螺（*Thais clavigera*）、翡翠贻贝（*Perna viridis*）、米氏海参（*Holothuria moebi*）
D₂	疣荔枝螺（*Thais clavigera*）、单齿螺（*Monodonta labio*）、翡翠贻贝（*Perna viridis*）
D₃	疣荔枝螺（*Thais clavigera*）、红底星螺（*Astraea haematraga*）、翡翠贻贝（*Perna viridis*）
D₄	单齿螺（*Monodonta labio*）、斑瘤蛇尾（*Opiocnemis marmorata*）、翡翠贻贝（*Perna viridis*）
D₅	疣荔枝螺（*Thais clavigera*）、翡翠贻贝（*Perna viridis*）

调查海区属典型的亚热带海湾，暖水性区系特征明显。潮下带岩礁区底栖生物多为大型种，种类组成以沿岸高盐性种为主，多为适应岩礁硬相底质的暖水性种群。软体动物的主要代表种有翡翠贻贝（*Perna viridis*）、马氏珠母贝（*Pinctada martensi*）、草莓海菊蛤（*Spondylus fragum*）、敦氏猿头蛤（*Chama dunkeri*）、单齿螺（*Monodonta labio*）、马蹄螺（*Trochus maculatus*）、蝾螺（*Turbo petholatus*）、疣荔枝螺（*Thais clavigera*）、蓝斑背肛海兔（*Notarchus leachii cirrosus*）等，多栖息于岩缝间和礁面上，其中双壳类多营附着或固着生活，而单壳类则营匍匐生活。

甲壳类动物的主要代表种多为短尾类，主要有日本蟳（*Charybdis japonica*）、双额短桨蟹（*Thalamita sima*）、司氏酋妇蟹（*Eriphia smithi*）和四齿大额蟹（*Metopograpsus quadridentatua*）等，多分布于礁区的岩缝间或岩面上，在底层游泳或营匍匐生活。

棘皮动物的主要代表种有米氏海参（*Holothuria moebi*）、玉足海参（*Holothuria leucospilota*）、中华五角海星（*Anthenea chinensis*）、细雕刻肋海胆（*Temnopleurus toreumaticus*）和长大刺蛇尾（*Macrophiothrix longipeda*）等，栖息于岩礁滩面上或岩缝间，营匍匐生活。

大型海藻主要有囊藻（*Colpomenia sinuosa*）、鹅肠菜（*Endarachne binghamiae*）和半叶马尾藻（*Sargassum hemiphyllum*）等，在冬季和春季大量繁殖，最为繁盛。

其中经济种主要有翡翠贻贝、马氏珠母贝、华贵栉孔扇贝（*Chlamys nobilis*）、草莓海菊蛤、敦氏猿头蛤、马蹄螺、蝾螺、日本蟳、双额短桨蟹等。

2. 生物量及栖息密度

调查结果显示，潮下带岩礁区生物的总平均生物量为 468.9 g/m²，平均栖息密度为 21.3 个/m²。生物量的组成以软体动物占优势，其次为棘皮动物。软体动物的生物量为 228.4 g/m²，占总生物量的 48.7%；棘皮动物的生物量为 107.8 g/m²，占 23.0%；居第三的为甲壳类动物，生物量为 69.0 g/m²，占 14.7%。栖息密度的组成也以软体动物为主，占总栖息密度的 71.4%；其次为棘皮动物，占 18.8%（表 9-24）。

表 9-24 潮下带岩礁区生物各门类的生物量和栖息密度

项目	软体动物	甲壳类	棘皮动物	藻类	总计
生物量（g/m²）	228.4	69.0	107.8	63.7	468.9
生物量百分比（%）	48.7	14.7	23.0	13.6	100.0
栖息密度（个/m²）	15.2	2.1	4.0	—	21.3
栖息密度百分比（%）	71.4	9.9	18.8	—	100.0

调查海域内各潮下带岩礁区生物的生物量差异大，最高生物量出现在 D₃ 断面，其生

物量达 $692.0\ \mathrm{g/m^2}$，其次为 D_1 断面，生物量为 $591.0\ \mathrm{g/m^2}$，而最低生物量出现在 D_4 断面，生物量在 $208.0\ \mathrm{g/m^2}$ 以下，最高生物量约是最低生物量的 3.3 倍。栖息密度方面，其分布情况与生物量相似，最高也出现在 D_3 断面，栖息密度达到 34.5 个$/\mathrm{m^2}$；其次为 D_1 断面，密度为 27.0 个$/\mathrm{m^2}$；最低密度出现在 D_5 断面，栖息密度为 $7.5\ \mathrm{g/m^2}$（表 9-25、表 9-26，图 9-2）。

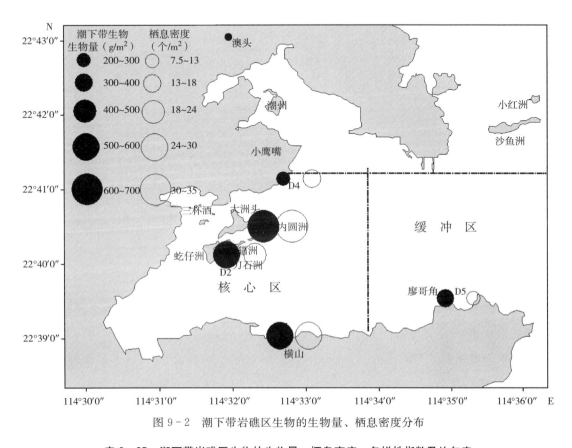

图 9-2 潮下带岩礁区生物的生物量、栖息密度分布

表 9-25 潮下带岩礁区生物的生物量、栖息密度、多样性指数及均匀度

断面	生物量（g/m²）	栖息密度（个/m²）	多样性指数	均匀度指数
D_1	591.0	27.0	3.14	0.85
D_2	545.0	21.0	3.36	0.88
D_3	692.0	34.5	3.61	0.88
D_4	208.0	16.5	3.05	0.92
D_5	308.5	7.5	2.87	0.96
平均	468.9	21.3	3.21	0.90

表 9-26　潮下带岩礁区生物在各断面的生物量及栖息密度组成

断面	项目	软体动物	甲壳类	棘皮动物	藻类	合计
D_1	生物量（g/m²）	170.5	157.0	174.5	89.0	591.0
	栖息密度（个/m²）	18.5	2.5	6.0	—	27.0
D_2	生物量（g/m²）	287.5	26.0	192.0	39.5	545.0
	栖息密度（个/m²）	15.5	1.5	4.0	—	21.0
D_3	生物量（g/m²）	417.0	76.5	156.5	42.0	692.0
	栖息密度（个/m²）	26.5	3.5	4.5	—	34.5
D_4	生物量（g/m²）	161.0	37.0	2.0	8.0	208.0
	栖息密度（个/m²）	10.0	1.5	5.0	—	16.5
D_5	生物量（g/m²）	106.0	48.5	14.0	140.0	308.5
	栖息密度（个/m²）	5.5	1.5	0.5	—	7.5

3. 生物多样性指数及均匀度指数

以生物多样性指数及均匀度指数来衡量本海区潮下带岩礁区生物的多样性水平。大量的数据统计结果表明，本海区多样性指数的分布范围为 2.87～3.61，平均为 3.21；均匀度指数分布范围为 0.85～0.96，平均为 0.90（表 9-25）。多样性指数以 D_3 断面最高，为 3.61，其次为 D_2 断面，为 3.36，以 D_5 断面最低，为 2.87。均匀度指数分布趋势与多样性指数相类似。总体上，本海区潮下带岩礁区生物多样性指数和均匀度指数均属较高水平，说明本海区生态环境良好。

（三）大型底栖动物（拖网）

1. 种类组成

虾拖网调查所获大型底栖动物经鉴定有 53 种，其中软体动物 14 种，甲壳类 16 种，鱼类 20 种，棘皮动物 3 种；S3 站有 33 种，S6 站有 36 种，而 S3 和 S6 站大型底栖动物 Shannon-Wiener 多样性指数分别为 1.73 和 0.84。

周年 4 个航次虾拖网调查所获大型底栖动物经鉴定有 112 种。秋季出现的种类最多（62 种），其次是春季和冬季（各 53 种），以夏季（48 种）出现的种类最少（表 9-27），各季均以软体动物、甲壳类和脊索动物出现的种类最多。大型底栖动物均以沿岸海湾种类为主，并呈现较为典型的亚热带—热带种群区系特征。

表 9-27 四季各类群出现的种类数

门类	春季	夏季	秋季	冬季
腔肠动物	1	1	1	0
螠虫动物	0	1	0	0
软体动物	14	16	20	18
甲壳类	16	15	20	17
棘皮动物	1	2	3	3
尾索动物	1	1	0	0
脊索动物	20	12	18	15
合计	53	48	62	53

各类群生物中个体数量出现较多和出现频率较高的物种见表 9-28。

表 9-28 各类群的主要种类

类群	主要种类
软体动物	鳞片帝汶蛤（Timoclea imbricata）、胀毛蚶（Scapharca globosa）、美叶雪蛤（Clausinella calophyl-la）、泡状薄壳鸟蛤（Fulvia bullata）、波纹巴非蛤（Paphia undulate）、棒锥螺（Turritella bacillum）、白龙骨乐飞螺（Lophiotoma leucotropis）、假奈拟塔螺（Turricula nelliae spurius）、柏氏四盘耳乌贼（Euprymna berryi）和蓝斑背肛海兔（Notarchus leachii cirrosus）等
甲壳类	宽突赤虾（Metapenaeopsis palmensis）、伪装关公蟹（Dorippe facchino）、长螯拳蟹（Philyra platy-chira）、威迪梭子蟹（Portunus tweedie）、日本蟳（Charybdis japonica）、变态蟳（Charybdis variega-ta）、双额短桨蟹（Thalamita sima）和口虾蛄（Oratosquilla oratoria）等
棘皮动物	芮氏刻肋海胆（Temnopleurus reevesii）和海地瓜（Acaudina molpadioides）
脊索动物	多鳞鱚（Sillago sihama）、前鳞骨鲻（Osteomugil stronylocephalus）、皮氏叫姑鱼（Johnius beleng-eri）、二长棘鲷（Parargyrops edita）、黄斑鲾（Leiognathus bindus）、李氏䲢（Callionymus richardso-ni）、拟矛尾鰕虎鱼（Parachaeturichthys polynema）和翼红娘鱼（Lepidotrigla alata）等

主要优势种类有鳞片帝汶蛤、波纹巴非蛤、伪装关公蟹、前鳞骨鲻、黄斑鲾、宽突赤虾、斑鱚等。

主要经济种类有栉江珧、波纹巴非蛤、柏氏四盘耳乌贼、宽突赤虾、远海梭子蟹、三疣梭子蟹、日本蟳、口虾蛄、斑鱚、六指马鲅、二长棘鲷、真鲷和褐菖鲉等，均是大亚湾盛产的名贵经济种类。

2. 生物量和栖息密度

春季：S3 站所获大型底栖动物栖息密度和生物量分别为 1.88 个/m² 和 4.59 g/m²，且栖息密度和生物量组成均以棘皮动物占优势，其次是软体动物；S6 站则分别为 1.59 个/m² 和 1.68

g/m²，栖息密度和生物量组成均以软体动物占优势（表9-29）。

表9-29 大型底栖动物栖息密度和生物量

季节	类群	S3		S6	
		栖息密度（个/m²）	生物量（g/m²）	栖息密度（个/m²）	生物量（g/m²）
春季	软体动物	0.68	1.57	1.53	1.15
	甲壳类	0.04	0.38	0.03	0.24
	脊索动物	0.02	0.20	0.03	0.28
	棘皮动物	1.14	2.80	0.000 3	0.002 7
	合计	1.88	4.95	1.59	1.68
夏季	软体动物	2.15	1.90	0.28	1.97
	甲壳类	0.09	4.62	0.04	0.58
	脊索动物	0.05	0.43	0.01	0.07
	棘皮动物	0.01	0.30	0.19	3.65
	合计	2.30	7.25	0.52	6.27
秋季	软体动物	0.69	1.21	1.15	0.98
	甲壳类	0.04	0.42	0.05	1.87
	脊索动物	0.08	1.00	0.02	0.19
	棘皮动物	0.02	0.15	0.01	0.19
	合计	0.83	2.78	1.23	3.23
冬季	软体动物	0.36	0.88	0.06	0.34
	甲壳类	0.03	0.34	0.03	0.51
	脊索动物	0.03	0.50	0.02	0.14
	棘皮动物	0.01	0.02	0.03	0.19
	合计	0.43	1.74	0.14	1.18

夏季：S3站所获大型底栖动物栖息密度和生物量分别为 2.30 个/m² 和 7.25 g/m²，生物量的组成以甲壳类占优势，其次是软体动物，栖息密度则以软体动物占优势，其次是甲壳类；S6 站所获大型底栖动物栖息密度和生物量分别为 0.52 个/m² 和 6.27 g/m²，生物量以棘皮动物占优势，其次是软体动物，栖息密度则以软体动物占优势，其次是棘皮动物（表9-29）。

秋季：S3站所获大型底栖动物栖息密度和生物量分别为 0.83 个/m² 和 2.78 g/m²，且栖息密度和生物量组成均以软体动物占优势，其次是脊索动物；S6 站则分别为 1.23 个/m² 和 3.23 g/m²，生物量以甲壳类占优势，其次是软体动物，栖息密度则以软体动物占优势，其次是甲壳类（表9-29）。

冬季：S3 站所获大型底栖动物栖息密度和生物量分别为 0.43 个/m² 和 1.74 g/m²，生物量的组成以软体动物占优势，其次是脊索动物，栖息密度则以软体动物占优势，其次是甲壳类和脊索动物；S6 站则分别为 0.14 个/m² 和 1.18 g/m²，生物量以甲壳类占优势，其次是软体动物，栖息密度则以软体动物占优势，其次是甲壳类和棘皮动物（表9-29）。

3. 多样性指数和均匀度指数

周年四季拖网大型底栖动物多样性指数分布范围为 0.65～3.99，平均为 1.79；均匀度指数分布范围为 0.12～0.78，平均为 0.35；表明本海域生态环境一般，说明本海区在一定程度上受到人类活动的干扰（表9-30）。

表9-30 各季节拖网大型底栖动物多样性指数及均匀度指数

季节	站位	出现种类数	出现个体数	多样性指数	均匀度指数
春季	S3	33	6 277	1.73	0.34
	S6	36	5 312	0.84	0.16
夏季	S3	38	5 419	0.65	0.12
	S6	24	1 229	2.07	0.45
秋季	S3	28	1 949	1.78	0.37
	S6	44	2 879	0.94	0.17
冬季	S3	37	1 761	2.30	0.44
	S6	35	298	3.99	0.78
年平均值		34	3 141	1.79	0.35

（四）游泳生物

1. 种类组成

调查捕获游泳生物经鉴定有 75 种，其中鱼类有 49 种，甲壳类和头足类分别有 20 种和 6 种。

调查中出现的主要经济种类有红笛鲷、黑鲷、真鲷、二长棘鲷、花鲈、康氏马鲛、灰鲳、银鲳、带鱼、斑鰶、鰳、多齿蛇鲻、长蛇鲻、线鳗鲇、前鳞骨鲻、黄斑篮子鱼、四指马鲅、六指马鲅、日本十棘银鲈、长棘银鲈、短棘银鲈、日本金线鱼、银牙䱛、细鳞鲥、鳓、黄带绯鲤、杜氏枪乌贼、剑尖枪乌贼、曼氏无针乌贼、锈斑蟳、宽突赤虾、红斑对虾等，这些种类约占渔获量的 65.62%。而低值鱼如康氏小公鱼、月腹刺鲀、粗纹鲾、短吻鲾等约占总渔获量的 34.38%。

2. 渔获率和资源量评估

游泳生物的平均渔获率为 194.70 kg/h，其中鱼类的平均渔获率为 192.29 kg/h，占游泳生物的 98.76%；头足类的平均渔获率为 2.22 kg/h，占渔获游泳生物的 0.85%；甲壳类的平均渔获率为 0.76 kg/h，占渔获游泳生物的 0.39%。各站位的渔获物中均以鱼类占绝对优势，其次为头足类和甲壳类。

鱼类渔获率最高（410.05 kg/h）出现在冬季的 S3 站，冬季的 S6 站和夏季的 S6 站渔获率也相对较高，分别为 398.46 kg/h 和 220.74 kg/h，渔获率最低的站位出现于春季的 S3 站，渔获率为 10.41 kg/h；头足类渔获率最高（4.23 kg/h）出现在春季的 S6 站，秋季的 S6 站和冬季的 S6 站渔获率也相对较高，分别为 3.99 kg/h 和 3.53 kg/h，夏季的 S3 站和 S6 站均无渔获；甲壳类渔获率最高（1.60 kg/h）出现在春季的 S6 站，夏季的 S3 站和春季的 S3 站渔获率也相对较高，分别为 1.50 kg/h 和 1.26 kg/h，秋季的 S6 站无渔获。

根据采用扫海面积法估算得到调查海域游泳生物资源密度为 836.73 kg/km²，其中鱼类约为 836.73 kg/km²，头足类约为 9.51 kg/km²，甲壳类约为 3.26 kg/km²。

3. 鱼类资源

调查共捕获鱼类 49 种，分属于 9 目 27 科。以鲈形目的种类数最多，共有 25 种，其次是鲱形目、鲉形目和鲀形目，分别为 9 种、4 种和 3 种，其余各目均为 2 种或 1 种。以鲱科的种类数最多，各有 6 种，其次是鲾科有 4 种，鳀科、银鲈科、鲷科和鲀科均有 3 种，其余各科均只有 2 种或 1 种。在 15 个科中除了鲾科和鲀科之外，其余各科中的大多数种类均为南海主捕或兼捕对象，其中红笛鲷、真鲷、黑鲷、二长棘鲷、花鲈、带鱼、康氏马鲛、灰鲳、银鲳、日本金线鱼、多齿蛇鲻、银牙鰔、日本十棘银鲈、长棘银鲈、短棘银鲈、细鳞鲗、鰤、黄带绯鲤、黄斑篮子鱼和四指马鲅均为南海的主要捕捞对象，小公鱼类、斑鰶、前鳞骨鲻等均为沿岸、浅海渔业的兼捕对象。

调查捕获的鱼类总重量为 1538.29 kg，占游泳生物总重量的 98.76%，鱼类的平均渔获率为 192.29 kg/h，春、秋季的渔获率较低，夏、冬季的渔获率较高（表 9 - 31）。渔获率最高的站位出现在冬季的 S3 站，为 408.71 kg/h，渔获物主要由短吻鲾、圆吻海鰶、斑鰶、前鳞骨鲻、康氏小公鱼、黑鲷和细鳞鲗等种类组成；其次是冬季的 S6 站和夏季的 S6 站，分别为 398.46 kg/h 和 220.74 kg/h，冬季的 S6 站渔获物主要由斑鰶、圆吻海鰶、短吻鲾、短棘鲾、鳗鲇、黑鲷和前鳞骨鲻等种类组成，夏季的 S6 站渔获物主要由斑鰶、短吻鲾、前鳞骨鲻、二长棘鲷、康氏小公鱼、长棘银鲈和裴氏小沙丁鱼等种类组成；渔获率最低的站位出现于春季的 S3 站，渔获率为 10.41 kg/h，渔获物主要由短吻鲾、康氏小公鱼、四指马鲅、二长棘鲷、斑鰶和多齿蛇鲻等种类组成。

表 9-31　鱼类各站位渔获率季节变化

单位：kg/h

站位	春季	夏季	秋季	冬季
S3	10.41	196.72	58.47	408.71
S6	180.22	220.74	64.56	398.46
平均	95.32	208.73	61.52	403.59

4. 头足类的资源状况

四个季节捕获的头足类经鉴定共 6 种，分别是杜氏枪乌贼（*Loligo duvaucelii*）、剑尖枪乌贼（*Loligo edulis*）、中国枪乌贼（*Loligo chinensis*）、田乡枪乌贼（*Loligo tagoi*）、莱氏拟乌贼（*Sepioteuthis lessoniana*）和曼氏无针乌贼（*Sepiella maindroni*），分属 2 目 2 科 3 属。

除夏季没有捕获头足类外，其他三个季节的渔获率较为稳定，范围为 2.09～2.32 kg/h；在调查的两个站位中，S6 站头足类的渔获率均高于 S3 站（表 9-32）。

表 9-32　头足类各站渔获率季节变化

单位：kg/h

站位	春季	夏季	秋季	冬季
S3	0.21	0.00	0.64	0.64
S6	4.23	0.00	3.99	3.53
平均	2.22	0.00	2.32	2.09

5. 甲壳类资源

四个季节捕获的甲壳类共 20 种，分属 2 目 7 科 11 属。其中虾类有 2 科 3 属共 4 种；蟹类有 3 科 6 属共 13 种；虾蛄有 2 科 2 属共 3 种。以梭子蟹科的种类最多，为 10 种，占甲壳类种类数的 50.00%。

甲壳类渔获率的季节变化范围为 0.39～1.43 kg/h，平均 0.76 kg/h。以春季最高，为 1.43 kg/h；冬季最低，为 0.39 kg/h；并依春季、夏季、秋季和冬季递减（表 9-33）。除春季 S6 站甲壳类渔获率高于 S3 站外，其他三个季节的渔获率均为 S3 站高于 S6 站。

表9-33　甲壳类各站渔获率季节变化

単位：kg/h

站位	春季	夏季	秋季	冬季
S3	1.26	1.50	0.81	0.70
S6	1.60	0.11	0.00	0.08
平均	1.43	0.80	0.41	0.39

6. 与历史调查资料比较

游泳生物调查平均渔获率为 194.70 kg/h，与历史调查资料比较，渔获率显示出下降迹象，但尚处于正常波动范围（表9-34）。

表9-34　渔获率与历史资料比较

単位：kg/h

调查时间	1月	3月	5月	8月	9月	11月	12月
1989年	—	—	—	—	195.0	—	—
1990年	204.0	190.4	—	—	212.7	—	—
1991年	—	355.3	—	—	—	—	—
1992年	348.2	—	—	362.7	—	—	—
1995年	—	257.1	—	—	—	—	—
2001年	—	—	—	—	—	275.2	—
2002年	—	—	—	—	—	266.0	—
2003年	—	—	—	—	—	—	302.6
2004年	—	159.6	157.49	—	253.39	—	161.74
2005年	—	384.02	151.37	—	373.41	—	—
2006年	—	98.96	209.54	—	64.24	—	—
2007年	406.06						

（五）鱼卵与仔稚鱼

1. 种类组成

调查出现的鱼卵和仔稚鱼经鉴定共有28科36种，其中出现数量较多的有鲷科鱼类、多鳞鱚、斑鰶、前鳞鲻、鲾属鱼类、小公鱼、眶棘双边鱼、褐菖鲉、小沙丁鱼和舌鳎科鱼类等。各科、属的种类数见表9-35。

表 9 - 35 各科、属的种类数

科	属	种	科	属	种
鲱科	2	2	金线鱼科	1	1
鳀科	2	2	鲷科	2	2
鳗鲡科	1	1	笛鲷科	1	1
狗母鱼科	1	1	鲾科	1	1
海龙科	2	2	羊鱼科	1	1
银汉鱼科	1	1	鲻科	1	1
鲆科	1	1	鳚科	2	2
鲉科	1	1	鰕虎鱼科	2	2
双边鱼科	1	1	双鳍鲳科	1	1
天竺鲷科	1	1	鲉科	2	2
鱚科	1	1	鲔科	1	1
鲬科	1	1	鲽科	1	1
鲹科	2	2	舌鳎科	1	1
石首鱼科	1	1	鳞鲀科	1	1

2. 数量分布

2006 年 4 月，在 S3 站出现的鱼卵数量较少，密度只有 84 粒/网，种类也只有斑鰶（*Clupanodon punctatus*）和小公鱼（*Stolephorus* sp.），另外有 3 尾斑鰶仔鱼出现。在 S6 站出现的鱼卵较多，密度高达 15 634 粒/网，鱼卵种类以斑鰶（*Clupanodon punctatus*）为主，占鱼卵总数的 81.2%，其他种类鱼卵有小公鱼（*Stolephorus* sp.）、鲾属（*Leiognathus*）、鲷科（Sparidae）和褐菖鲉（*Sebastiscus marmoratus*），分别占总数的 8.1%、5.9%、3.8% 和 1.0%；此外，还出现尖海龙（*Syngnathus acus*）仔鱼 1 尾、二长棘鲷（*Parargyrops edita*）幼鱼 1 尾、白氏银汉鱼（*Allanetta bleekeri*）幼鱼 1 尾和小公鱼（*Stolephorus* sp.）幼鱼 1 尾（表 9 - 36）。

2007 年 1 月，调查海域鱼卵密度为 3 424 粒/网，仔稚鱼为 6 尾/网，出现种类主要有斑鰶、鲷科鱼类和褐菖鲉，斑鰶鱼卵数量占 93.4%（表 9 - 36）。

表 9 - 36 调查海域鱼卵和仔稚鱼密度分布

站位	2006 年 4 月		2007 年 1 月	
	鱼卵（粒/网）	仔稚鱼（尾/网）	鱼卵（粒/网）	仔稚鱼（尾/网）
S3	84	3	3 843	6
S6	15 634	4	3 005	4

3. 与历史资料比较（鱼卵密度）

根据历史调查结果（表9-37），大亚湾一年四季鱼卵数量的平面分布都极不均匀，不同站位采获数量之差高达到几千倍，从全湾的平均值来看，9月的鱼卵数量明显高于其他季节，而12月的鱼卵数量较低。在2004年3月，调查海域（哑铃湾）却是全湾鱼卵数量最高的海域，而且远高于全湾的平均值水平，2006年4月和2007年1月的调查所获鱼卵数量也明显高于大亚湾平均值，表明在冬、春季哑铃湾是大亚湾鱼类的主要产卵场所（图9-3）。

表9-37 调查海域（哑铃湾）与大亚湾历史资料中的鱼卵密度比较

单位：粒/网

调查时间	大亚湾	大亚湾平均值	哑铃湾
2003年12月	2～15 124	2 022	51
2004年3月	12～24 600	2 502	24 600
2004年5月	7～17 660	3 190	43
2004年9月	7～59 680	13 446	351
2004年12月	13～3 064	516	268
2005年3月	26～19 220	3 021	166
2005年5月	8～26 070	3 064	86
2005年9月	126～28 634	8 121	301
2006年4月	—	—	7 859
2007年1月	17～5 016	1 137	3 424

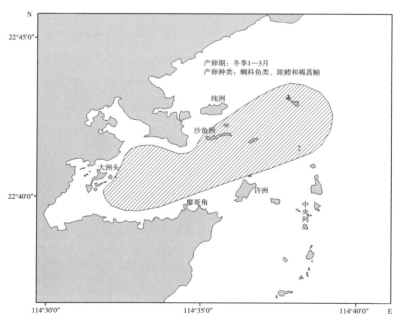

图9-3 调查海域（哑铃湾）产卵场分布

（六）海域生物资源综合评价

1. 潮间带生物和潮下带岩礁区生物

潮间带生物共鉴定出 59 科 140 种，平均生物量为 969.83 g/m²，平均栖息密度为 339.97 个/m²，多样性指数平均为 3.48。与历史调查资料比较，本次调查的潮间带生物量及栖息密度属较高水平，种类组成和群落结构未出现明显变化。

潮下带岩礁区生物共鉴定出 20 科 30 种，平均生物量和栖息密度分别为 468.9 g/m² 和 21.3 个/m²，多样性指数平均为 3.21，平均均匀度指数为 0.90，生物多样性指数和均匀度指数均属较高水平。

潮间带和潮下带岩礁区的主要经济贝类如马氏珠母贝、翡翠贻贝、草莓海菊蛤、堂皇海菊蛤、敦氏猿头蛤和日本蚶等的生物量和栖息密度均较高。马氏珠母贝等野生贝类的资源量较丰富，说明重要经济贝类在此海域保护状况良好，该海域仍是马氏珠母贝等重要经济贝类的优良种质资源库。

2. 大型底栖动物

大型底栖动物经鉴定有 112 种，多样性指数平均为 1.79；均匀度指数平均为 0.35，主要的大型底栖经济生物如马氏珠母贝、栉江珧、杜氏枪乌贼、柏氏四盘耳乌贼、三疣梭子蟹、真鲷和黑鲷等的种苗均在春季出现，说明该海域是多种经济种类幼体的索饵和繁育场。

3. 游泳生物

游泳生物经鉴定有 75 种，其中鱼类有 49 种，甲壳类和头足类分别有 20 种和 6 种。游泳生物的平均渔获率为 194.70 kg/h。渔获率在大亚湾正常波动范围内，主要经济种如黑鲷、真鲷、红笛鲷、二长棘鲷、灰鲳和银鲳的亲鱼及幼鱼均有捕获，说明该海域依然是这些经济种类的产卵和索饵场所。该海域物种的群体资源保护良好，是多种重要经济鱼类的种质资源库。

4. 鱼卵和仔稚鱼

鱼卵和仔稚鱼共鉴定有 36 种，其中出现数量较多的有鲷科鱼类、多鳞鱚、斑鰶、前鳞鮨、鲬属鱼类、小公鱼、眶棘双边鱼、褐菖鲉、小沙丁鱼和舌鳎科鱼类等。对比分析本次调查结果与历史资料比较分析，调查海域（哑铃湾）冬季鱼卵数量是全大亚湾最高的海域，说明冬、春季节哑铃湾是大亚湾多种重要经济鱼类的主要产卵场所。

四、综合评价与管护对策

（一）保护区功能现状评估

1. 生态环境质量良好

（1）海水水质　该核心区海水水质状况较好。其中，溶解氧、化学需氧量、磷酸盐、铬、砷、大肠菌群和粪大肠菌群等因子没有超过第二类海水水质标准值；pH、生化需氧量、无机氮、铜、铅、锌、汞和石油类等因子在少数站位出现超第二类海水水质的情况。

（2）表层沉积物质量　调查海域沉积环境质量状况良好。除少数站位的硫化物、锌、石油类、大肠菌群和粪大肠菌群等因子超第一类海洋沉积物质量标准外，其他均符合第一类海洋沉积物质量标准。

（3）海洋生物质量　除生物体镉、铅的含量超标率较高，铜、汞、砷、铬和石油类等因子的含量都能达到无公害水产品标准和第一类海域生物体质量标准的要求。

（4）生态环境综合质量指数　本次调查海水有机污染指数（A）为 0.950，为清洁等级，基本未受到有机污染。海水的 NQI 为 2.620，处于中营养状态。海水水质综合指数为 0.552，初级生产力水平综合指数为 0.554，浮游植物水平综合指数 0.850，浮游动物水平综合指数为 0.094，大型底栖动物水平综合指数为 0.171。本次调查海域生态环境综合质量指数为 0.44，总体上处于良好水平。

2. 海域生物多样性丰富

（1）浮游植物　共鉴定出 168 种，多样性指数平均为 2.63，属中等水平。饵料生物浮游植物的平均生物量为 2 922.34×10⁴ 个/m³，达 6 级水平，属于超高生物量海域。

（2）浮游动物　共鉴定出 94 种，多样性指数平均为 3.18，属较高水平。浮游动物的平均生物量为 214.36 mg/m³，达 6 级水平，属于超高生物量海域。

（3）潮间带生物　共鉴定出 59 科 140 种，多样性指数平均为 3.48，属甚高水平海域。平均生物量为 969.83 g/m²，栖息密度为 339.97 个/m²，均属较高水平。

（4）潮下带岩礁区生物　共鉴定出 20 科 30 种，多样性指数平均为 3.21，属较高水平海域。平均生物量为 468.9 g/m²，栖息密度为 21.3 个/m²。

（5）大型底栖动物（采泥）　共鉴定出 64 种，多样性指数平均为 2.20，属中等水平。平均生物量和栖息密度分别为 115.69 g/m² 和 326.07 个/m²，达 6 级水平，属超高生物量海域。

（6）鱼卵和仔稚鱼　共鉴定出鱼卵和仔稚鱼 36 种，平均密度高达 5 642 粒/网，鱼卵数量是大亚湾中最高的海域，调查海域（哑铃湾）是多种重要经济鱼类的主要产卵场所。

（7）游泳生物　共捕获 75 种，其中鱼类有 49 种，甲壳类和头足类分别有 20 种和 6 种。调查海域（哑铃湾）是多种重要经济鱼类的主要栖息场所，平均渔获率为 194.70 kg/h，多种名贵经济鱼类群体资源保持相对稳定。

3. 重要保护物种资源相对稳定

（1）马氏珠母贝　调查显示马氏珠母贝栖息密度为 0.5～5.0 个/m²，生物量为 21.5～119.8 g/m²，西北部核心区马氏珠母贝的现存数量约为 413 万个。马氏珠母贝采苗 1 个月后附着密度为 17～38 个/m²，周年成活率为 26.9%～31.6%。与 1992 年资料对比，马氏珠母贝的栖息密度和平均生物量均略有上升，资源较丰富，种群数量相对稳定，能采到相当数量的天然苗，是马氏珠母贝的重要资源分布区和采苗区。

（2）**重要名贵经济贝类**　栉江珧、华贵栉孔扇贝、草莓海菊蛤、马蹄螺、蝾螺等的生物量、栖息密度和资源量均较大。与历史资料对比，贝类种类并未减少，种类组成尚未出现明显变化，该海域多种经济贝类的资源量尚在正常波动范围内。

（3）**重要经济鱼类**　具有较高经济价值的鱼类渔获量约占总渔获量的 66%，重要经济种类有黑鲷、真鲷、红笛鲷、二长棘鲷、灰鲳、银鲳、康氏马鲛、四指马鲅、多齿蛇鲻、长棘银鲈、黄斑篮子鱼、细鳞鯻、日本金线鱼、六指马鲅、日本十棘银鲈、长蛇鲻、银牙鰔、黄带绯鲤、带鱼和花鲈等。二长棘鲷、黑鲷、真鲷的渔获量分别占总渔获量的 8.46%、1.23% 和 1.03%，与历史资料比较，渔获量和资源量相对稳定，在正常波动范围内。

（4）**重要经济甲壳类**　主要种类有日本蟳、梭子蟹类（包括大亚湾梭子蟹）、口虾蛄和宽突赤虾等。调查显示，主要经济甲壳类的生物量、栖息密度和资源量均较高，与历史资料对比，资源密度处于同一量级水平，资源分布状况相类似。

（5）**重要经济头足类**　主要有杜氏枪乌贼、曼氏无针乌贼和柏氏四盘耳乌贼等。与历史资料比较，头足类的种类组成无明显变化，渔获量也属同一量级水平。调查海域捕获的头足类多为种苗，尤其在春季出现较多，说明该海域为多种头足类繁殖场所和幼体的索饵场。

4. 核心区的功能基本正常

根据大亚湾水产资源省级自然保护区的功能区划，西北部核心区主要保护对象为马氏珠母贝和多种名贵经济种类及其栖息的海洋生态环境。结合有关历史资料综合分析表明，目前西北部核心区生态环境综合质量良好，生物多样性丰富，初级生产力属于中高级水平，饵料生物量属超高生物量水平，是多种名贵鱼类、贝类、甲壳类、头足类的密集分布区、产卵场和索饵场，核心区海域重要保护物种的群体结构和资源量相对稳定，显示出西北部核心区具有良好的基本保护功能。

（二）面临的主要问题

1. 保护区有效保护空间日趋缩小

1983 年 4 月至 1994 年 7 月，大亚湾保护区未实行功能区划，全湾约 903 km² 范围均按类似于核心区的管理措施进行管理。1994 年 7 月 6 日，广东省第八届人民代表大会常务委员会第九次会议决议将大亚湾口东南边海域约 14 km² 的区块不列入大亚湾水产资源自然保护区。2000 年 2 月，确定了保护区功能区划，保护区面积 903.7 km²，其中核心区 134.3 km²，缓冲区 174.5 km²，实验区 594.9 km²。2002 年 5 月，对保护区原有功能区划进行了调整，增加了北部实验区面积，相应缩小了西北部核心区和中西部缓冲区的面积。调整后核心区 126 km²，缓冲区 188 km²。

由此可见，在 1983 年 4 月至 2002 年 5 月近二十年间，为了满足经济快速发展的需求和协调好经济建设与自然保护区的关系，大亚湾保护区的核心区面积实际已从原来的

9 037 km²缩小到目前的 126 km²，仅为原有面积的 13.94%。若加上目前缓冲区的面积 188 km²，也仅为原有面积的 34.74%，有效保护空间大大缩小。目前，核心区和缓冲区面积尚能有效维持局部生态系统的结构和功能的稳定性，但其对有些海洋生物资源的保护、调节、补充、输出等功能已经减弱，如果核心区面积再进一步缩减，这些功能甚至将逐步丧失。

2. 环境面临污染严重威胁

随着大亚湾周边经济的快速发展，人类活动影响的压力日趋增大，通过各种方式进入大亚湾的污染物种类和总量呈不断增长的态势，这种态势在今后一段时间内仍将可能持续，大亚湾海洋生态系统和海洋生物资源将面临污染日趋严重的威胁。目前，西北核心区海域环境污染已出现令人担忧的情况，环境质量显示出逐步下降的迹象。在本研究调查中，海水中铅、锌、石油类含量有 50%左右的样品超出了第二类海水水质标准，pH、生化需氧量、无机氮、铜、汞等在少数站位超过第二类海水水质标准。表层沉积物中硫化物超标率为 14.3%，石油类超标率为 11.1%，锌、大肠菌群和粪大肠菌群分别有少数站位超标。贝类样品铅、镉的超标率较高，超标率均在 60%以上。

3. 生态系统功能面临衰退威胁

近二十年来，大亚湾沿岸工业迅速发展，大型涉海工程项目建设全面推开，城镇人口不断增加，海水养殖迅猛发展，过度捕捞等人类活动干扰不断加强，使生态系统正朝着异养演替方向发展。大亚湾海洋生态系统破碎化也不断加剧，生态系统的稳定性已经开始减弱，生态环境和生物资源已经出现恶化和衰退迹象。其主要表现是：海域由贫营养状态过渡到中营养状态，局部出现富营养化，赤潮等生态灾害出现频率增多、范围扩大、危害加剧；海域生物资源种类和种群结构发生变化，生物群落组成明显小型化，优质种类比例减少，某些非经济种类优势突出；珊瑚群落分布面积不断缩小，优势种发生变化，出现石珊瑚白化现象。

大亚湾生态系统结构稳定性减弱的迹象是近二十年大亚湾生态系统结构稳定性由量变到质变的严重警示，如果这种不良发展势头得不到有效遏制，大亚湾区域的可持续发展将面临严重威胁。

4. 保护区有效管理的任务日趋加重

随着大亚湾周边社会经济的飞速发展，大亚湾水产资源省级自然保护区管理工作面临许多新挑战，管理任务日趋加重。

（1）核心区生境面临破碎化的问题　在大亚湾水产资源省级自然保护区建立之前，西北部核心区所处海域为传统的渔业生产作业海域。20 世纪 50 年代中期，该海域就开始了马氏珠母贝养殖和珍珠生产。该海域又为传统的马氏珠母贝的天然采苗场和鲷苗捕捞作业区。1979 年，在该海域率先开展了海水鱼类的网箱养殖。近二十年来，海水养殖业在该海域迅速发展，目前养殖区域已覆盖了西北部核心区的西部、南部海域，面积达 4.2 km²，约占西北部核心区总水域面积的 19.06%。如何协调好保护区与居民生产、生活的关系，一直是制约保护区有效管理的关键问题。如果不能对该海域的海水养殖业加以合理规划、适度控制和规范管理，该核心区原本良好的生境将进一步破碎化，其优良的保护功能将可能逐步消失。

（2）核心区生境面临污染威胁的问题　近二十年来，保护区海域周边的污染源种类不断增加（包括工业污染源、农业污染源、生活污染源和海上污染源等），污染源强度不断增大，污染物的数量不断增多，对保护区的潜在威胁不断增长。要对保护区实行有效管理，必须对污染源、污染物和污染动态进行适时了解和掌握，对保护区生态环境质量实行适时监测，与其他有关管理部门实行适时沟通，共同采取有效管理措施，这是保护区管理部门面临的一项艰巨的管理任务。

（3）核心区生境面临各类违规活动的问题　一是保护区周边海域存在各类违规排污现象和违规海上倾废现象，对保护区生态环境造成不良影响；二是在海上观光旅游活动日益兴盛，在核心区海域从事海上观光旅游的渔船和快艇大量增加，旅游采捕活动和旅游垃圾已对海域生态产生了一定的负面影响；三是从事违规作业的小型渔船比较多，尤其在鱼类产卵繁殖季节，各种捕捞作业强度很大，严重影响了大亚湾渔业资源的有效补充。

（4）核心区管理面临手段与经费不足的问题　由于大亚湾水产资源省级自然保护区的范围较大，海岸线较长，各类监管工作类型多，海上巡查和日常管护工作任务繁重，因此，对管理工作的技术手段要求较高，管理成本支出较大。为了切实做好保护区的管理工作，需要大力加强执法力度，大力加强监督、监测、监视和相关的科研工作。目前，保护区的管理能力和管理水平还不能满足形势发展的需求，因此，必须加大对保护区管理工作基本条件建设的投入，不断提高保护区有效管理的能力和水平。

（三）管护对策

1. 核心区功能调整必须慎重

西北部核心区地跨深圳和惠州两市，核心区内的大洲头岛为有居民海岛，民生和海域开发利用间的矛盾长期存在，对该核心区的调整要求也较强烈。但鉴于西北部核心区在大亚湾水产资源省级自然保护区中的重要和独特功能，目前不宜轻率调整西北部核心区功能，也不宜轻率调整哑铃湾海域使用功能。

（1）大亚湾水产资源省级自然保护区目前的实际有效保护面积已经不足二十年前的14%，如果核心区面积再进一步缩减，将无法有效维持保护区海域生态系统结构和功能的稳定性。

（2）西北部核心区是多种名贵鱼类、贝类、甲壳类、头足类的密集分布区、产卵场和索饵场，是广东省沿海唯一的马氏珠母贝自然采苗区，其渔业生态功能独特，是极为重要的水产种质资源库。

（3）西北部核心区海域生态环境质量良好，生物多样性丰富，重点保护物种群体结构和资源状况相对稳定，核心区具有良好的保护功能，发挥着独特的作用。

（4）西北部核心区在国内外同类自然生态系统中具有典型的代表性，具有不可替代的重要地位，并且其地理分布狭窄，破坏后极难恢复，必须加大保护力度，实现有效保护。

2. 开展西北部核心区专项整治工作

目前，西北部核心区的海水养殖现状与核心区的管理规定存在较突出的矛盾，为了防止西北部核心区进一步破碎化，有效保护西北部核心区的生态系统功能和宝贵的水产种质资源，建议对西北部核心区海域开展专项整治工作，使之符合自然保护区核心区管理的要求。

整治工作应在充分考虑该核心区历史发展与现实情况，兼顾当地居民生产、生活的基础上，制定合理的整治方案，有序适度推进。整治内容主要包括海水养殖限期退出，并给予养殖户合理的经济补偿；对环境恶化的养殖海域进行环境综合修复；加强海上巡护，严厉打击查处非法捕捞作业和向海域排污倾废行为；规范海上观光旅游活动；资助并鼓励渔民转产转业。

3. 加强西北部核心区规范管理

根据西北核心区管理面临的问题，建议有针对性地加强管理措施。一是加强宣传教育，普及相关知识，着力提高群众的环保意识。二是大力提高管理人员的综合素质和专业知识水平，提高执法人员的执法能力和执法水平。三是加强核心区设施建设，进一步搞好保护区标识，加强警示作用。四是加强对污染源状况的了解和掌握，积极与相关管理部门协作，监测和监视污染源，有效遏制污染源。五是加强巡查力度，有力打击各类违规活动，逐步遏制各类违规活动的不良影响。

4. 建立社区共管机制

社区共管的目标是通过加强同周边地区各级政府的联系，进行广泛的合作，探索协调发展的模式，开展保护区与周边社区在自然资源保护、宣传教育、社区建设、环境保护治理、社区治安等工作的共同管理，达到保护区自然资源的有效利用，最终实现自然保护区和社区的可持续发展。一是积极推进地方社区和居民参与保护区管理，制定资源管护公约。二是联合开展水产资源和生态环境保护等活动，动员群众参加巡逻管护等活动。三是通过签订共管劳务协议，给予参与共管群众适当的补助，提高其保护自然资源的积极性。

第二节　大亚湾石化排污对生态系统的影响评价

中海壳牌于 2000 年在广东省惠州市大亚湾经济技术开发区建设并运营其石化联合工厂，石化区污水实行管道深海排放，排污口距离惠东国家海龟自然保护区约 6 km，排污管道在 2006 年中海壳牌投产前已建成，一直使用至今，排海石化污水的污染物主要有化学需氧量、石油类、重金属、硫化物、氨氮等。整个石化区废水实际排海量约为 $920 \times 10^4 \, m^3/a$。随着中海油二期等项目的建成投产，可以预见其巨大的排污量必将对区域生态系统造成巨大压力，严重影响生态系统服务功能。因此，对石化排污海域生态系统进行健康评价，具有十分重要的意义。以 2011—2012 年海洋生态调查数据为基础，构建了符合石化排污自身特征的指标体系，并利用生态系统健康模型对大亚湾石化排污海域进行初步定量评价，以期真实、客观地反映该海域生态系统的现状及变化趋势，从而为我国石化排污海域的科学管理提供理论依据。

一、研究方法

（一）站位与样品采集

2011 年 8 月（丰水期）和 2012 年 1 月（枯水期）分别对大亚湾石化排污区海域进行了两个航次的生态调查，站位的布设见图 9-4。调查海域布设 12 个站位（S1～S12），其中 S9 站于排污口中心区，S1～S4 站、S5～S8 站以排污口为中心，分别以 2 000 m、1 000 m 为半径，与东、南、西、北 4 个方位的交点，其中半径 1 000 m 是根据排污点和非自然保护区的相关位置确定。两个航次调查均采集 12 个站位的表、底层水样，浮游植物和浮游动物样品。2011 年 8 月采集 S1、S3、S4、S8～S12 站海底表层沉积物样品，底栖生物和游泳生物样品，2012 年 1 月采集 S1～S4、S9～S12 站海底表层沉积物样品、底栖生物和游泳生物样品。其中，底栖生物量和多样性是由大型底栖生物构成。历史数据为中国水产科学研究院南海水产研究所于 2006 年 12 月、2007 年 12 月、2010 年 7 月、2011 年 1 月在大亚湾石化排污海域调查监测获得。样品的采集、运输、保存和分析均参照《海洋监测规范》（GB 17378—2007）和《海洋调查规范》（GB/T 12763—2007）所规定的方法进行。

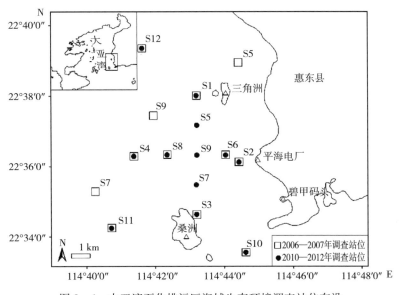

图 9-4　大亚湾石化排污区海域生态环境调查站位布设

（二）评价指标体系的构建

根据石化排污海域生态系统的特点，参考 Xu et al（2001）建立的近海生态系统健康评价模型，构建石化排污海域生态系统健康评价指标体系。该体系主要由理化环境、生物群落结构、生态系统功能 3 大类共 26 个指标构成，分为 5 个层次，其中 A 层为目标层，B 层为准则层，C～E 为指标层（表 9 - 38）。其中部分指标的计算方法如下：

（1）D_2 有机污染指数　反映水体受有机污染物污染的程度。

$$A=\frac{C_{COD}}{C'_{COD}}+\frac{C_{IN}}{C'_{IN}}+\frac{C_{IP}}{C'_{IP}}-\frac{C_{DO}}{C'_{DO}}$$

式中　A——有机污染指数；

　　　C_{COD}——化学需氧量（mg/L）实测值；

　　　C_{IN}——溶解态无机氮（mg/L）实测值；

　　　C_{IP}——活性磷酸盐（mg/L）实测值；

　　　C_{DO}——溶解氧（mg/L）实测值；

　　　C'_{COD}——化学需氧量（mg/L）第一类海水水质标准值；

　　　C'_{IN}——溶解态无机氮（mg/L）第一类海水水质标准值；

　　　C'_{IP}——活性磷酸盐（mg/L）第一类海水水质标准值；

　　　C'_{DO}——溶解氧（mg/L）第一类海水水质标准值。

（2）D_3 营养水平指数　反映水体的营养水平。

$$E=\frac{C_{COD}\times C_{IN}\times C_{IP}}{1\,500}$$

式中　E——营养水平指数；

　　　C_{COD}——化学需氧量（mg/L）实测值；

　　　C_{IN}——溶解态无机氮（μg/L）实测值；

　　　C_{IP}——活性磷酸盐（μg/L）实测值。

（3）生物多样性综合指数　反映生态系统的复杂性和稳定性。

$$D_v=H'\times J$$

$$H'=-\sum_{i=1}^{S}P_i\log_2 P_i$$

$$J=\frac{H'}{\log_2 S}$$

式中　D_v——生物多样性综合指数；

　　　H'——Shannon-Wiener 多样性指数；

　　　J——均匀度指数；

　　　P_i——第 i 种的个体数量（n_i）与总个体数（N）的比值；

　　　S——种类总数。

对于底栖生物和游泳生物来说，因每个种的个体相差可能很大，故用生物量（W）来代替个体数：

$$H' = -\sum_{i=1}^{s} (W_i/W)\log_2(W_i/W)$$

（4）渔获物营养级　表征海洋食物网结构变化特征。

$$TLC = [1/C_t] \times \sum (C_i \times TL_i)$$

式中　TLC——渔获物营养级；

C_t——总渔获量，$\sum C_i = C_t$，而 C_i 是第 i 种类的渔获量；

TL_i——第 i 种鱼类的营养级。

表 9-38　大亚湾石化排污区海域生态系统健康评价指标体系及权重系数

目标层 A	准则层 B	一级指标层 C	二级指标层 D	三级指标层 E
大亚湾石化排污区海域生态系统健康综合指数 A	理化环境状况 B₁ (0.614 4)	水质表层指标 C₁ (0.333 3)	pH D₁ (0.034 2)	
			有机污染指数 D₂ (0.084 6)	
			营养水平指数 D₃ (0.084 6)	
			BOD₅ D₄ (0.084 6)	
			硫化物 D₅ (0.084 6)	
			石油烃 D₆ (0.412 7)	
			重金属 D₇ (0.214 6)	E₁～E₇ (0.142 9)
		水质底层指标 C₂ (0.333 3)	pH D₈ (0.034 2)	
			有机污染指数 D₉ (0.084 6)	
			营养水平指数 D₁₀ (0.084 6)	
			BOD₅ D₁₁ (0.084 6)	
			硫化物 D₁₂ (0.084 6)	
			石油烃 D₁₃ (0.412 7)	
			重金属 D₁₄ (0.214 6)	E₈～E₁₄ (0.142 9)
		沉积物指标 C₃ (0.333 3)	有机碳 D₁₅ (0.096 3)	
			石油烃 D₁₆ (0.557 9)	
			硫化物 D₁₇ (0.096 3)	
			重金属 D₁₈ (0.249 5)	E₁₅～E₂₁ (0.142 9)
	生态系统功能状况 B₂ (0.117 2)	初级生产力 C₄ (1.0)		
		浮游植物 C₅ (0.4)	浮游植物丰度 D₁₉ (0.166 7)	
			浮游植物生物多样性综合指数 D₂₀ (0.833 3)	
	生物群落结构状况 B₃ (0.268 4)	浮游动物 C₆ (0.2)	浮游动物生物量 D₂₁ (0.166 7)	
			浮游动物生物多样性综合指数 D₂₂ (0.833 3)	
		大型底栖动物 C₇ (0.2)	大型底栖动物生物量 D₂₃ (0.166 7)	
			大型底栖动物生物多样性综合指数 D₂₄ (0.833 3)	
		游泳生物 C₈ (0.2)	渔获物营养级 D₂₅ (0.166 7)	
			游泳生物生物多样性综合指数 D₂₆ (0.833 3)	

注：E₁～E₇ 分别代表重金属 Cu、Pb、Zn、Cd、Cr、Hg、As，E₈～E₁₄、E₁₅～E₂₁同。

（三）管理目标的确定

通过管理目标，将海湾生态系统健康评价与生态系统管理的实际紧密结合起来，使健康评价的结果更贴近生态系统管理的实际需要。根据整体性、科学性、简明性和可操作性原则，确定大亚湾石化排污海域生态系统健康评价指标体系中每一个单项指标因子的管理目标。管理目标的参照标准值用 S_{ij} 来表示，即为第 i 个指标在 j 点位的参照标准。其中，有机污染指数和营养水平指数标准的确定参考贾晓平等（2002，2003）的分级标准，水质指标标准的确定依据《海水水质标准》（GB 3097—1997）第一类标准，沉积物指标标准的确定依据《海洋沉积物质量》（GB 18668—2002）第一类标准，饵料生物和初级生产力指标标准的确定参考贾晓平等（2003，2005）和陈清潮等（1994）的分级标准。

（四）生态系统健康指数计算

通过将生态调查数据与参比值（或背景值）相比较，健康评价指标体系的指标层（D 层）中各单指标分值通过下述公式计算：

（1）**正向指标** 即指标的生态效应随着数值升高而升高，包括浮游植物生物量及其多样性综合指数、浮游动物生物量及其多样性综合指数、底栖生物生物量及其多样性综合指数、初级生产力。

$$EHI_{ij} = \begin{cases} 1, X_{ij} \geqslant S_{ij} \\ X_{ij}/S_{ij}, X_{ij} < S_{ij} \end{cases}$$

式中 EHI_{ij}——第 i 个指标在 j 点位的生态系统健康指数；

$\qquad X_{ij}$——第 i 个指标在 j 点位的实测值；

$\qquad S_{ij}$——第 i 个指标在 j 点位的参照标准。

（2）**逆向指标** 即指标的生态效应随着数值的升高而降低，包括有机污染指数、营养水平指数、生化需氧量、硫化物、石油烃、水体重金属、沉积物有机碳、沉积物硫化物、沉积物石油烃、沉积物重金属。

$$EHI_{ij} = \begin{cases} 1, X_{ij} \leqslant S_{ij} \\ S_{ij}/X_{ij}, X_{ij} > S_{ij} \end{cases}$$

（3）**其他指标** 即超过一定范围，指标的生态效应均降低，包括 pH 和浮游植物生物量。

对于 pH，$EHI_{ij} = \begin{cases} 1, X_{ij} \in [7.8, 8.5] \\ (8.5 - 8.15)/|X_{ij} - 8.15|, X_{ij} < 7.8 \text{ 或 } X_{ij} > 8.5 \end{cases}$

对于浮游植物生物量，$EHI_{ij} = \begin{cases} 1, X_{ij} \in [200, 5\,000] \\ X_{ij}/200, X_{ij} < 200 \\ 5\,000/X_{ij}, X_{ij} > 5\,000 \end{cases}$

(五) 评价指标权重的确定

通过专家对选取的指标进行判断，明确各层评价因子的相对重要性及其标度，然后利用层次分析法构造两两比较矩阵，再通过 Matlab 7.0 计算确定各个层次评价指标的权重值，并通过一致性检验（$CR<0.1$）。各因子相对于上层的权重见表9-39。将各指标因子相对于上一层的权重进行乘积计算即可得到各指标因子相对于 A 层的权重 w_i。

表9-39 大亚湾石化排污海域生态系统健康评价管理目标及其权重

指标因子	参照标准S_{ij}	w_i	指标因子	参照标准S_{ij}	w_i
有机污染指数	$\leqslant 1$	0.017 3	沉积物 As（$\mu g/kg$）	$\leqslant 20\,000$	0.007 3
营养水平指数	$\leqslant 0.5$	0.017 3	沉积物 Hg（$\mu g/kg$）	$\leqslant 200$	0.007 3
pH	$7.8\sim 8.5$	0.007 0	沉积物 Cd（mg/kg）	$\leqslant 0.5$	0.007 3
BOD_5（mg/L）	$\leqslant 1$	0.017 3	沉积物 Cu（mg/kg）	$\leqslant 35$	0.007 3
硫化物（mg/L）	$\leqslant 0.02$	0.017 3	沉积物 Pb（mg/kg）	$\leqslant 60$	0.007 3
石油烃（mg/L）	$\leqslant 0.05$	0.084 5	沉积物 Cr（mg/kg）	$\leqslant 80$	0.007 3
Zn（$\mu g/L$）	$\leqslant 20$	0.006 3	沉积物 Zn（mg/kg）	$\leqslant 150$	0.007 3
Pb（$\mu g/L$）	$\leqslant 1$	0.006 3	初级生产力 [$mg/(m^2 \cdot d)$]	$\geqslant 600$	0.117 2
Cu（$\mu g/L$）	$\leqslant 5$	0.006 3	浮游植物丰度（$\times 10^4$个/m^3）	$200\sim 5\,000$	0.017 9
Cd（$\mu g/L$）	$\leqslant 1$	0.006 3	浮游植物多样性综合指数 D_v	>3.5	0.089 5
Cr（$\mu g/L$）	$\leqslant 5$	0.006 3	浮游动物生物量（mg/m^3）	>100	0.008 9
Hg（$\mu g/L$）	$\leqslant 0.05$	0.006 3	浮游动物多样性综合指数 D_v	>3.5	0.044 7
As（$\mu g/L$）	$\leqslant 20$	0.006 3	大型底栖动物生物量（g/m^2）	>100	0.008 9
沉积物有机碳（％）	$\leqslant 2$	0.019 7	大型底栖动物多样性综合指数 D_v	>3.5	0.044 7
沉积物石油烃（$\times 10^{-6}$）	$\leqslant 500$	0.114 3	渔获物营养级	>2.9	0.008 9
沉积物硫化物（$\times 10^{-6}$）	$\leqslant 300$	0.019 7	游泳生物多样性综合指数 D_v	>3.5	0.044 7

注：由于采样点水深较浅，表、底层海水指标的权重取相同值。

(六) 生态系统健康评价综合指数的计算

$$EHCI_j = \sum_{i=1}^{n} w_i \times EHI_{ij}$$

$$EHCI = \frac{1}{j} \sum_{j=1}^{n} EHCI_j$$

式中 $EHCI_j$——j 点位的生态系统健康综合指数；

EHI_{ij}——第 i 个指标在 j 点位的生态系统健康分指数；

$EHCI$——大亚湾石化排污区海域生态系统健康综合指数；

w_i——第 i 个指标通过层次分析法获得的相对 A 层的权重。

计算得到的生态系统健康综合指数和分指数都位于 [0，1] 区间内。指数值为 1 说明已达到或优于管理目标；越接近 1，表示越接近管理目标；越接近 0，表示距离管理目标越远。根据生态系统健康综合指数的数值大小，参考李纯厚等（2013）构建的海湾生态系统健康水平分级评价标准，将石化排污海域生态系统的健康状态划分为 6 个等级（表9-40）。

表9-40　大亚湾石化排污海域生态系统健康水平分级评价标准

指数范围	[0，0.2)	[0.2，0.4)	[0.4，0.6)	[0.6，0.8)	(0.8，1.0)	1
健康状态	很差	较差	临界	一般	好	最好

二、生态系统健康状况

根据 2011 年 8 月（丰水期）和 2012 年 1 月（枯水期）在大亚湾石化排污海域进行的生态调查数据（表9-41），应用上述方法计算生态系统健康指数和生态系统健康综合指数（表9-42）。

表9-41　2011—2012 年大亚湾石化排污海域生态系统健康状况

序号	指标因子	丰水期	枯水期	序号	指标因子	丰水期	枯水期
1	有机污染指数	−14.994	0.050	14	有机污染指数	−10.969	0.323
2	营养水平指数	0.109	0.900	15	营养水平指数	0.146	0.789
3	pH	8.553	7.428	16	pH	8.511	7.637
4	BOD_5（mg/L）	1.075	0.839	17	BOD_5（mg/L）	0.885	1.074
5	硫化物（mg/L）	0.013	0.014	18	硫化物（mg/L）	0.012	0.014
6	石油烃（mg/L）	0.091	0.068	19	石油烃（mg/L）	0.086	0.062
7	Zn（μg/L）	44.211	20.538	20	Zn（μg/L）	57.645	21.235
8	Pb（μg/L）	1.348	0.814	21	Pb（μg/L）	2.058	0.865
9	Cu（μg/L）	1.711	1.194	22	Cu（μg/L）	2.034	1.291
10	Cd（μg/L）	0.073	0.277	23	Cd（μg/L）	0.069	0.493
11	Cr（μg/L）	0.774	0.010	24	Cr（μg/L）	0.585	0.010
12	Hg（μg/L）	0.003	0.002	25	Hg（μg/L）	0.005	0.001
13	As（μg/L）	1.886	2.383	26	As（μg/L）	2.276	2.447

（续）

序号	指标因子	丰水期	枯水期	序号	指标因子	丰水期	枯水期
27	沉积物有机碳（%）	1.010	1.205	37	初级生产力 $[mg/(m^2 \cdot d)]$	514.664	391.579
28	沉积物石油烃（$\times 10^{-6}$）	29.621	91.182	38	浮游植物丰度（$\times 10^4$ 个/m^3）	187.711	3 713.304
29	沉积物硫化物（$\times 10^{-6}$）	22.076	33.347	39	浮游植物多样性综合指数 D_v	2.626	1.247
30	沉积物 As（$\mu g/kg$）	463.677	4 993.381	40	浮游动物生物量（mg/m^3）	77.418	564.572
31	沉积物 Hg（$\mu g/kg$）	21.127	24.728	41	浮游动物多样性综合指数 D_v	2.477	1.633
32	沉积物 Cd（mg/kg）	0.025	0.025	42	大型底栖动物生物量（g/m^2）	170.511	171.513
33	沉积物 Cu（mg/kg）	4.658	4.396	43	大型底栖动物多样性综合指数 D_v	1.097	1.373
34	沉积物 Pb（mg/kg）	10.919	11.417	44	渔获物营养级	2.732	2.745
35	沉积物 Cr（mg/kg）	13.462	11.219	45	游泳生物多样性综合指数 D_v	2.502	2.164
36	沉积物 Zn（mg/kg）	28.665	36.375				

注：序号 1～13 为表层海水指标；14～26 为底层海水指标。

表 9-42　大亚湾石化排污海域生态系统各指标的健康分指数

序号	指标因子	丰水期	枯水期	序号	指标因子	丰水期	枯水期
1	有机污染指数	1	1	24	Cr（$\mu g/L$）	1	1
2	营养水平指数	0.983	0.655	25	Hg（$\mu g/L$）	1	1
3	pH	0.868	0.505	26	As（$\mu g/L$）	1	1
4	BOD_5（mg/L）	0.930	0.992	27	沉积物有机碳（%）	0.998	0.996
5	硫化物（mg/L）	0.995	0.998	28	沉积物石油烃（$\times 10^{-6}$）	1	1
6	石油烃（mg/L）	0.649	0.735	29	沉积物硫化物（$\times 10^{-6}$）	1	1
7	Zn（$\mu g/L$）	0.558	0.878	30	沉积物 As（$\mu g/kg$）	1	1
8	Pb（$\mu g/L$）	0.742	0.987	31	沉积物 Hg（$\mu g/kg$）	1	1
9	Cu（$\mu g/L$）	1	1	32	沉积物 Cd（mg/kg）	1	1
10	Cd（$\mu g/L$）	1	1	33	沉积物 Cu（mg/kg）	1	1
11	Cr（$\mu g/L$）	1	1	34	沉积物 Pb（mg/kg）	1	1
12	Hg（$\mu g/L$）	1	1	35	沉积物 Cr（mg/kg）	1	1
13	As（$\mu g/L$）	1	1	36	沉积物 Zn（mg/kg）	1	1
14	有机污染指数	1	1	37	初级生产力 $[mg/(m^2 \cdot d)]$	0.858	0.598
15	营养水平指数	0.952	0.634	38	浮游植物丰度（$\times 10^4$ 个/m^3）	0.938	0.996
16	pH	0.969	0.682	39	浮游植物多样性综合指数 D_v	0.750	0.356
17	BOD_5（mg/L）	0.946	0.931	40	浮游动物生物量（mg/m^3）	0.517	0.968
18	硫化物（mg/L）	0.994	0.998	41	浮游动物多样性综合指数 D_v	0.708	0.467
19	石油烃（mg/L）	0.681	0.806	42	大型底栖动物生物量（g/m^2）	0.886	0.947
20	Zn（$\mu g/L$）	0.447	0.942	43	大型底栖动物多样性综合指数 D_v	0.313	0.392
21	Pb（$\mu g/L$）	0.686	0.730	44	渔获物营养级	0.942	0.946
22	Cu（$\mu g/L$）	1	1	45	游泳生物多样性综合指数 D_v	0.715	0.618
23	Cd（$\mu g/L$）	1	1				

注：序号 1～13 为表层海水指标；14～26 为底层海水指标。

丰水期，大亚湾石化排污海域生态系统健康综合指数为 0.808，健康状态为"好"。调查的 12 个站位中，有 5 个站位的生态系统健康状态为"一般"，其他 7 个站位的生态系统健康状态为"好"。由该海域生态系统健康状态的空间分布（图 9-5）可知，近岸海域健康状态要好于远岸海域。若健康指数平均值低于 0.4，则它对应的健康等级将低于"临界"状态，会对生态系统的健康造成直接的负面影响，因此将健康指数平均值低于 0.4 的指标，确定为影响生态系统健康的主要负面因子。因此，丰水期影响大亚湾石化排污海域生态系统健康的主要负面因子是大型底栖动物多样性综合指数（D_{24}），其生态系统健康分指数为 0.313。此外，底层海水重金属 Zn（E_{10}）、浮游动物生物量（D_{21}）和表层海水重金属 Zn（E_3）也对该海域生态系统健康存在负面影响，其对应的生态系统健康分指数分别为 0.447、0.517 和 0.558，健康状态为"临界"。

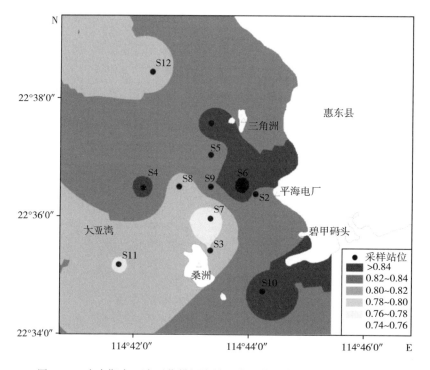

图 9-5　丰水期大亚湾石化排污海域生态系统健康综合指数空间分布

枯水期，大亚湾石化排污海域生态系统健康综合指数为 0.767，健康状态为"一般"。12 个调查站位中有 8 个的生态系统健康状态为"一般"，其他 4 个的生态系统健康状态为"好"。该海域生态系统健康状态的空间分布如图 9-6 所示，远岸海域生态系统的健康状态优于近岸海域，其中西部和西北部海域健康状态较好，东南部海域健康状态较差。枯水期影响大亚湾石化排污海域生态系统健康的主要负面因子是浮游植物多样性综合指数

（D_{20}）和大型底栖动物多样性综合指数（D_{24}），其生态系统健康分指数分别为 0.356 和 0.392，均属"较差"等级。而浮游动物多样性综合指数（D_{22}）、表层海水 pH（D_1）及初级生产力（C_4）属于"临界"状态，对应的生态系统健康分指数分别为 0.467、0.505 和 0.598。

　　石化排污管道的排污是影响调查海域海水水质的主要污染源。污水由扩散器喷出后，由湍流和剪流引起的被动扩散和海流输移是形成污染物时空分布的决定因素，而与初始排放条件无关。丰水期降水量大，有利于污染物的输移与扩散，因此，近岸海域健康状态好于远岸海域（图 9-6）。水环境的变化必然会导致生物群落的变化，丰水期强烈的降水对底栖动物的群落多样性影响较大。小鳞帘蛤（*Veremolpa micra*）和粗帝汶蛤（*Timoclea scabra*）是评价海域的优势种，丰水期间水温的升高促进了这两个物种的生长，使其数量大幅上升，优势地位迅速提升，从而导致评价海域的多样性水平大大降低。枯水期降水量少，加上大亚湾是半封闭的海湾，海水交换能力差，不利于污染物的输移与扩散，阻断了枯水期上下水层的交换运输通道，使得菱软几内亚藻（*Guinardia flaccida*）和柔弱拟菱形藻（*Pseudo-nitzschia delicatissma*）等的优势度进一步增加，降低了浮游植物的生物多样性，从而影响了生态系统的健康。同时，在冬季顺时针欧拉余流的作用下，排污口污水向东南输移，故东南部海域健康状态较差，而西部海域生态系统健康状态较好。

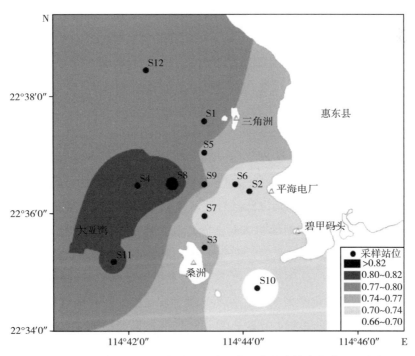

图 9-6　枯水期大亚湾石化排污海域生态系统健康综合指数空间分布

三、生态系统健康状况变化趋势

根据评价结果（图9-7），大亚湾石化排污管道运营初期（2006年12月），该海域生态系统健康综合指数（$EHCI$）为0.948，健康状态为"好"，至2012年1月健康状态为"一般"，大亚湾石化排污海域的生态系统综合健康指数总体上为下降趋势，表明其生态系统健康状态整体呈下降趋势，影响其生态系统健康的主要负面因子是大型底栖动物多样性综合指数和浮游植物多样性综合指数。

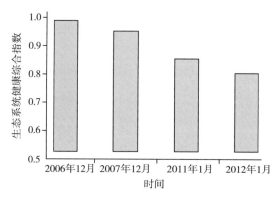

图9-7　大亚湾石化排污海域生态系统健康
综合指数变化趋势

生物多样性特征对于维持生态系统健康至关重要，它是生态系统抗干扰能力、恢复能力及适应环境变化能力的物质基础。由于大亚湾是一个半封闭的大型海湾，与外海的水交换能力较弱，石化排放的污染物更容易对生态系统造成强烈的冲击。从石化排放的主要特征污染物来看，石油烃、硫化物等均可通过影响光合作用效率、参与DMS的产生和循环的过程等对浮游植物生长、分布和群落结构产生直接效应，尤其是在石化排污集中区域会出现浮游植物多样性降低、群落趋向小型化的情况。此外，化学需氧量、石油类、重金属、硫化物等污染物对大型底栖动物的生物多样性也有明显的影响。Schlacher et al（2011）研究表明，原油泄漏对澳大利亚昆士兰东南部海域底栖动物群落结构产生了严重的负面影响。申宝忠和田家怡（2005）发现黄河三角洲地区的COD_{Cr}、NH_3-N、石油类和挥发酚等污染物造成底栖动物多样性降低和个体密度减少。从大亚湾石化污水输入大亚湾黄毛山—三角洲海域的年通量变化来看，2007年废水排放量为583.6万t，2011年输入调查海域的废水量已达1 007.4万t，占大亚湾区废水总量的58.44%，而石化废水中含有大量的石油类、化学需氧量、氨氮、重金属盐类，还有一些石化工业产生大量含酸废水，加上全球酸化的影响，导致2011—2012年的监测结果与2006—2007年排污管道运营初期相比，海水pH呈现明显降低趋势，无机氮、镉以及水体和沉积物中石油烃含量均呈升高趋势，因而对浮游植物和大型底栖动物多样性的胁迫也逐年增加，从而影响了该区域生态系统的健康状态。本研究健康评价也证实了与 2006—2007 年相比，大亚湾石化排污海域生态系统的健康状态正向"一般"退化。

四、结论

综合健康指数法评估结果客观反映了大亚湾石化排污海域生态系统健康状态及变化趋势。2011—2012 年大亚湾石化排污海域生态系统健康综合指数整体表现为丰水期（0.808）高于枯水期（0.767），大型底栖动物和浮游植物多样性综合指数是影响该海域生态系统健康的主要负面因子。

通过对比发现，石化排污管道从 2006 年运营至 2012 年，大亚湾石化排污海域的生态系统综合健康指数总体上为递减趋势，表明其生态系统健康状态整体呈下降趋势。

海洋生态系统健康是一个理论性与实践性相结合的复杂概念，目前国内外关于石化排污海域生态系统健康评价的研究尚不多见。因此，在今后的健康评价研究中，应该进一步完善生态系统健康评价指标体系，确保指标体系的全面性和评价标准的客观性，并开展长期定位监测。

第三节　网箱养殖对生态系统的影响

海水网箱养殖是一种集约化、高产出、高效益的养殖模式，在世界上许多沿海国家都有发展，但同时也带来了环境影响问题。中国的海水网箱养殖始于 20 世纪 70 年代末，最初在广东沿海出现，之后逐渐推广到福建、海南、浙江和山东等沿海省份。20 多年来，海水网箱养殖技术不断进步，养殖品种和规模也不断增加，已发展成为中国沿海地区最重要的海水养殖产业之一。随着海水网箱养殖的发展，中国同样面临其带来的环境影响问题。广东是中国的网箱养殖大省，其每年网箱养殖产量约 47 864 t，占全国网箱养殖产量的 40% 左右。大亚湾海域是广东省水产资源省级自然保护区，该区域 20 世纪 80 年代中期开始网箱养殖，近年来其环境影响已成为关注的重点。2001 年以来，笔者对大亚湾大鹏澳海水网箱养殖海域的环境影响开展了研究，本节是 2001—2002 年的研究结果。

一、研究方法

（一）研究海域

大鹏澳是位于广东省大亚湾内的一个半封闭式小内湾，1985 年开始海水鱼类网箱养殖

（图 9-8）。目前，该海域网箱养殖面积约
30 hm²，网箱约 4 200 个（3 m×3 m×
3 m），年产量约 450 t，主要养殖品种有
鲷科鱼类、鲈、鲳和石斑鱼等，养殖所
用饵料基本为鲜杂鱼或冰鲜杂鱼，每日
投饵量为鱼重量的 3%～10%。杂鱼饵料
粗蛋白含量为 9.3%～19.8%，粗脂肪含量
为 1.1%～7.8%。该海域平均水深约 5 m，
海水交换条件较差，平均余流速度约
1 cm/s，主要潮流方向为西南—东北方向。
大鹏澳网箱养殖海域的周年水温变化为
18.2～30.8 ℃，盐度变化为 21.3～32.5。

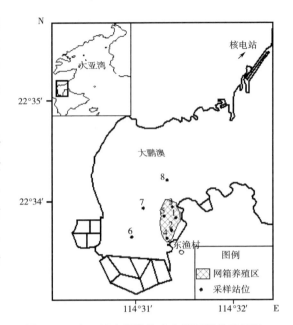

图 9-8　大亚湾大鹏澳海水鱼类网箱养殖区及
调查站位图

（二）调查站位

在网箱养殖区及附近海域设 8 个调
查站位，其中网箱养殖区有 5 个站位（养殖区），网箱养殖区外 500～800 m 设 3 个对照站
位（对照区）（图 9-8）。

（三）采样与分析

2001 年 6 月、9 月、12 月以及 2002 年 4 月和 6 月，对网箱养殖区生态环境进行了 5
个航次的调查。采样、分析等均按《海洋监测规范》和《海洋调查规范》的规定进行。

水质采样用 5 L 的有机玻璃采水器。水质因子包括水温、水色、透明度、悬浮物
（SS）、盐度、pH、溶解氧、化学需氧量、生化需氧量、亚硝氮、硝氮、氨氮、无机氮
（TIN）、活性磷酸盐、硫化物等。

表层沉积物采样用大洋 50 型采泥器采集，取表层 5 cm 以上的泥样。沉积物环境因子
包括有机质、硫化物、无机氮、磷酸盐、硅酸盐等。

生物环境因子包括叶绿素 a 和初级生产力、浮游植物、浮游动物、大型底栖动物、细菌等。

二、水环境质量

（一）透明度和悬浮物

养殖区与对照区透明度和悬浮物浓度的周年变化分别为 1.3～5.6 m 和 0.3～12.3 mg/L。
除养殖区透明度一般低于对照区外，两者悬浮物浓度在空间分布上差异不大（表 9-43）。

表 9-43 大鹏澳网箱养殖区和对照区海水透明度和悬浮物浓度的季节变化

季节		透明度 (m)		悬浮物 (mg/L)	
		养殖区	对照区	养殖区	对照区
夏季 (2001 年 6 月)	范围	1.3~1.9	2.0~2.1	1.4~3.2	2.8~3.8
	平均值	1.6	2.1	2.4	3.2
秋季 (2001 年 9 月)	范围	3.0~5.0	3.5~5.5	1.9~2.6	1.9~2.8
	平均值	3.9	4.6	2.3	2.4
冬季 (2001 年 12 月)	范围	2.1~2.5	1.5~2.4	5.3~8.0	9.2~12.3
	平均值	2.3	1.9	6.2	11.1
春季 (2002 年 4 月)	范围	2.0~3.0	3.1~4.0	2.6~4.0	2.0~4.2
	平均值	2.4	3.5	3.4	2.9
夏季 (2002 年 6 月)	范围	1.5~3.2	3.0~5.6	0.9~2.1	0.3~1.6
	平均值	2.4	4.4	1.6	1.1

养殖区和对照区透明度和悬浮物浓度的季节变化特征基本相似。透明度最高值出现在秋季，其次是夏季，冬、春季较低；悬浮物最高浓度出现在冬季，其次是春季，夏、秋季较低。

(二) 化学需氧量 (COD)

海水 COD 的含量范围为 0.33~1.37 mg/L（表 9-44），最大值出现在 4 月。养殖区与对照区含量差异不显著，季节变化表现相似趋势。与我国《海水水质标准》第一类标准比较（COD≤3 mg/L），网箱养殖区与对照区水质 COD 浓度均没有超标。说明网箱养殖对海水 COD 的影响不大。

表 9-44 大鹏澳网箱养殖区和对照区海水的 COD 浓度

单位：mg/L

调查时间	养殖区		对照区	
	浓度范围	均值	浓度范围	均值
2001 年 6 月	0.37~0.70	0.49	0.33~0.74	0.50
2001 年 9 月	0.61~1.26	0.80	0.49~0.63	0.70
2001 年 12 月	0.54~0.78	0.66	0.62~0.86	0.70
2002 年 4 月	0.64~1.37	0.91	0.98~1.24	1.07
2002 年 6 月	0.33~0.57	0.48	0.32~0.57	0.47

（三）生化需氧量（BOD₅）

海水 BOD₅含量周年变化范围为 $0.54 \sim 3.10$ mg/L（表 9 - 45），其空间分布均差异不大。养殖区和对照区季节变化特征基本相似，均以春季的浓度水平最高，其次是冬季和秋季，而夏季则一般较低。与我国《海水水质标准》第一类标准比较（BOD₅ $\leqslant 5$ mg/L），养殖区与对照区均未出现超标。

表 9 - 45 大鹏澳网箱养殖区和对照区海水 BOD₅的浓度

单位：mg/L

调查时间	养殖区		对照区	
	浓度范围	均值	浓度范围	均值
2001 年 6 月	0.87～1.67	1.13	0.84～1.95	1.25
2001 年 9 月	1.20～1.74	1.35	0.54～1.19	0.93
2001 年 12 月	0.89～1.10	0.99	1.23～1.83	1.44
2002 年 3 月	0.84～1.30	1.06	1.29～1.40	1.16
2002 年 4 月	1.55～2.04	1.70	1.63～3.10	2.42
2002 年 6 月	0.73～0.86	0.80	1.02～1.34	0.93

（四）硫化物

大鹏澳网箱养殖区海水硫化物浓度的周年变化范围为 $9.3 \sim 66.0$ μg/L，其空间分布差异不甚显著，但总体上显示自网箱区向外递减的趋势。养殖区和对照区均以春季的浓度水平最高，其次是冬季和秋季，而夏季则较低。其中春季硫化物超我国《海水水质标准》第二类标准的情况较严重（>50 μg/L），超标率达 62.5%。

（五）溶解氧（DO）

调查海域海水 DO 浓度的周年变化范围为 $4.01 \sim 8.35$ mg/L。养殖区 DO 浓度水平显著低于对照区（t-检验，$P < 0.05$），其中表层海水 DO 浓度比对照区平均低 14.5%，底层海水 DO 浓度比对照区低 15.8%（表 9 - 46）。

养殖区和对照区 DO 浓度的季节变化特征相似，冬、春季的浓度水平均相对较高，而夏、秋季则较低。其中 6—9 月养殖区海水普遍出现低氧现象，尤其底层海水甚至出现低于 4 mg/L 的情况。这表明海水鱼类网箱养殖对海水 DO 浓度水平的负面影响显著。养殖区 DO 低于我国《海水水质标准》第二类标准值（DO >5 mg/L）的比率占 32.3%，对照区占 11%。

表 9-46　大鹏澳网箱养殖区和对照区海水的 DO 浓度

单位：mg/L

区域	站号	表层水		底层水	
		含量范围	均值	含量范围	均值
养殖区	1	4.31～7.32	5.27	4.27～5.63	4.90
	2	4.48～7.41	5.64	3.86～5.94	4.99
	3	4.47～6.84	5.53	4.49～6.90	5.64
	4	5.00～8.01	6.06	4.14～6.50	5.24
	5	4.01～7.51	5.68	4.14～6.54	5.52
	1～5	4.01～8.01	5.64	3.86～6.90	5.26
对照区	6	5.78～8.35	7.01	4.58～7.09	6.25
	7	4.82～7.12	6.46	4.50～7.31	6.38
	8	4.83～7.62	6.34	4.91～6.72	6.12
	6～8	4.82～8.35	6.60	4.50～7.31	6.25

（六）无机氮

无机氮（DIN）有三种形态：NO_2-N、NO_3-N、NH_4-N，三者及 DIN 的浓度周年变化范围分别为 0.09～3.73 $\mu mol/L$、0.18～33.59 $\mu mol/L$、0.02～8.29 $\mu mol/L$ 和 0.55～21.58 $\mu mol/L$。NO_2-N、NO_3-N、NH_4-N 和 DIN 的季节变化特征基本相似，养殖区和对照区一般均以夏、秋季浓度水平均较高，冬、春季较低。其中，2001 年夏季养殖区和对照区均有个别站位的 DIN 浓度水平超第二类海水水质标准（>21.43 $\mu mol/L$）。从空间分布情况来看，养殖区和对照区 NO_2-N 和 DIN 浓度水平差异不大，而对照区 NO_3-N 浓度水平一般要高于养殖区，但对照区 NH_4-N 浓度水平则低于养殖区（表 9-47）。

从两种形态无机氮的百分组成情况看，养殖区 NO_2-N、NO_3-N 和 NH_4-N 所占 DIN 的平均百分比分别为 6.8%、56.6% 和 36.6%，而对照区的分别为 4.3%、72.2% 和 23.5%（表 9-48）。可见，养殖区和对照区海水中无机氮主要形态均为 NO_3-N，其次是 NH_4-N，NO_2-N 最少。但养殖区海水中 NH_4-N 所占 DIN 的百分比明显高于对照区，甚至有的季节超过了 50%，成为无机氮的主要存在形态。

海水中无机磷空间分布差异不大。与无机氮相似，养殖区和对照区的无机磷浓度的季节变化也是以秋季最高，其他季度相对较低，且养殖区与对照区无明显差异。

表 9-47　大鹏澳网箱养殖区和对照区海水 NO_2-N、NO_3-N、NH_4-N 和 DIN 浓度的季节变化

季节		NO_2-N		NO_3-N		NH_4-N		DIN	
		养殖区	对照区	养殖区	对照区	养殖区	对照区	养殖区	对照区
夏季（2001 年 6 月）	范围	0.85～3.73	0.22～0.77	2.01～22.59	7.02～33.59	0.02～0.44	0.28～0.74	5.41～23.86	7.98～34.57
	平均值	1.92	0.56	7.32	16.75	0.24	0.44	9.48	17.75

（续）

季节		NO$_2$-N		NO$_3$-N		NH$_4$-N		DIN	
		养殖区	对照区	养殖区	对照区	养殖区	对照区	养殖区	对照区
秋季 （2001年 9月）	范围	0.65～ 0.81	0.81～ 1.15	8.22～ 11.68	10.21～ 19.21	0.40～ 5.44	0.47～ 4.24	12.82～ 16.09	13.16～ 21.58
	平均值	0.75	0.94	10.20	13.77	3.59	1.97	14.54	16.68
冬季 （2001年 12月）	范围	0.22～ 0.36	0.14～ 0.46	0.77～ 3.53	0.18～ 2.53	1.39～ 4.20	0.23～ 3.63	3.21～ 6.89	0.55～ 6.62
	平均值	0.25	0.33	2.38	1.33	2.77	1.97	5.40	3.63
春季 （2002年 4月）	范围	0.10～ 0.25	0.09～ 0.26	1.07～ 4.62	1.64～ 6.20	1.60～ 4.24	1.02～ 2.70	4.65～ 7.69	2.78～ 8.45
	平均值	0.17	0.17	2.78	4.44	3.07	1.59	6.01	6.20
夏季 （2002年 6月）	范围	0.15～ 0.19	0.09～ 0.11	1.80～ 10.41	8.00～ 9.94	5.74～ 8.29	2.52～ 3.16	9.68～ 17.30	10.73～ 13.19
	平均值	0.17	0.10	6.11	8.92	7.20	2.77	13.48	11.79

表9-48 大鹏澳网箱养殖区与对照区各季节海水中三种形态无机氮的百分组成

季节	养殖区			对照区		
	NO$_2$-N	NO$_3$-N	NH$_4$-N	NO$_2$-N	NO$_3$-N	NH$_4$-N
夏季（2001年6月）	20.3	77.2	2.6	3.2	94.4	2.5
秋季（2001年9月）	5.2	70.2	24.7	5.6	82.5	11.8
冬季（2001年12月）	4.7	44.0	51.3	9.0	36.8	54.2
春季（2002年4月）	2.8	46.3	51.0	2.7	71.6	25.7
夏季（2002年6月）	1.3	45.3	53.4	0.8	75.7	23.5
周年	6.8	56.6	36.6	4.3	72.2	23.5

三、沉积物环境

（一）有机质

网箱区表层沉积物有机质含量为 1.65%～3.50%，平均为 2.66%；对照区硫化物含量为 1.66%～3.14%，平均为 2.42%（表9-49）。网箱区有机质含量高于对照区，但无统计学差异（$P>0.10$）。网箱区与对照区沉积物有机质的季节变化趋势相似，均表现春、夏季较高，秋季较低。以我国《海洋沉积物质量》第一类标准评价（有机质<2.0%），有 82.5%沉积物样品有机质含量超过该标准。这是否与该网箱养殖区有关，尚有待进一步研究。

表 9-49 大鹏澳网箱养殖海域表层沉积物的有机质含量

单位：%

站号	采样时间				
	2001 年 6 月	2001 年 9 月	2001 年 12 月	2002 年 4 月	2002 年 6 月
1	2.61	1.97	2.72	2.93	3.02
2	3.16	1.84	2.31	2.83	3.05
3	2.20	2.31	3.07	3.33	3.50
4	2.93	2.05	2.41	2.81	2.89
5	3.28	1.65	2.48	2.53	2.63
6	1.93	1.69	2.65	2.85	3.06
7	2.09	1.67	2.68	2.98	3.14
8	2.20	1.66	2.48	2.58	2.67

（二）沉积物硫化物

网箱区沉积物硫化物含量为 344～949 mg/kg，平均 624 mg/kg；对照区含量 142～278 mg/kg，平均 212 mg/kg。网箱区沉积物硫化物含量明显高于对照区，约为对照区的 3 倍。网箱区内沉积物的硫化物含量全部超过我国《海洋沉积物质量》标准（硫化物＜300 mg/kg）。网箱区内沉积物硫化物含量的季节变化表现为春、夏季高于秋、冬季，而对照区则为春＞冬＞夏＞秋（图 9-9）。空间分布呈自网箱养殖区向外递减的趋势。这与广东其他网箱养殖海域相关的研究结果一致，说明沉积物硫化物含量升高是网箱养殖海域的主要影响特征（表 9-50）。相关分析表明，沉积物硫化物含量与有机质含量呈显著正相关（$r=0.704$，$P<0.05$），其中以夏季相关最显著（$r=0.818$，$P<0.02$）。这显然与网箱养殖导致有机物富集，从而改变沉积物的氧化还原状态有关。

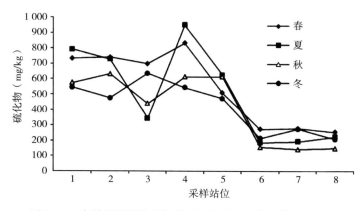

图 9-9 大鹏澳网箱养殖海域各调查站沉积物硫化物的含量

表9-50　广东沿海网箱养殖区底质硫化物含量的比较

网箱养殖海域	柘林湾	深湾	桂山湾	东澳湾	衙前湾	东升湾	大鹏澳
最小值（mg/kg，干重）	53.8	362	—	—	—	—	344
最大值（mg/kg，干重）	744	1 015	—	—	—	—	949
平均值（mg/kg，干重）	310	602	351	359	779	515	624
调查年份	1998	1991—1993	1993	1993	1990	1990	2001—2002
开始养殖年份	1983	1985	1981	1980	1981	1980	20 世纪80 年代末
数据来源	历史研究①	历史研究②	历史研究②	历史研究②	历史研究②	历史研究②	本研究

注：① 为 He et al（1997）；② 为林钦等（1998）。

（三）沉积物化学需氧量

网箱养殖区沉积物化学需氧量含量范围为 1.96～66.14 mg/g，平均为 15.24 mg/g；对照区沉积物化学需氧量含量为 ND（未检出）～11.94 mg/g，平均为 9.21 mg/g。网箱区沉积物化学需氧量含量明显高于对照区（$P < 0.05$），平均是对照区的 1.65 倍。网箱区沉积物化学需氧量含量有 4% 超过 30 mg/g。与水质化学需氧量比较，沉积物化学需氧量含量的季节变化较大，且网箱区与对照区的季节变化相似，最高值出现于 12 月，最低值出现于 9月。相关分析表明，沉积物化学需氧量与水质化学需氧量之间没有显著的相关性（$P > 0.4$）。

（四）沉积物无机氮

网箱养殖区沉积物无机氮的平均含量为 25.65～217.08 μmol/kg（干重），对照区的为 16.76～226.41 μmol/kg。成对双样本均值 t-检验分析表明（$P = 0.968 > 0.05$，$df = 4$），养殖区表层沉积物 TIN 含量与对照区并没有明显差异。对照区和养殖区表层沉积物 TIN 的周年变化特征相似，以冬季含量最高，其他季节差异不大。

从 NO_2-N、NO_3-N 和 NH_4-N 三种形态无机氮的比例看，养殖区表层沉积物中 NO_2-N、NO_3-N 和 NH_4-N 所占比例分别为 19.33%；41.34% 和 39.33%；而对照区的分别为 32.43%、29.50% 和 38.07%。养殖区表层沉积物中 NH_4-N 所占比例略高于对照区。

（五）沉积物活性磷酸盐

养殖区表层沉积物活性磷酸盐的平均值范围为 41.58～262.34 μmol/kg，对照区的为 45.23～211.44 μmol/kg。除 2002 年 4 月和 6 月养殖区表层沉积物活性磷酸盐略低于对照区外，其他月份都高于对照区。但成对双样本均值 t-检验分析表明（$P = 0.124 > 0.05$，$df = 4$），养殖区表层沉积物活性磷酸盐含量与对照区差异不明显。

四、生物环境

(一) 叶绿素 a

海水中叶绿素 a 浓度的范围为 $0.79 \sim 11.08\ \mu g/L$，养殖区显著低于对照区（$P < 0.05$），平均含量低于对照区约 $1.1\ mg/m^3$。季节变化为春季＞冬季＞夏季＞秋季。网箱区初级生产力水平为 $280\ mg/(m^2 \cdot d)$，低于对照区生产力水平 $[540\ mg/(m^2 \cdot d)]$。初级生产力的季节变化与叶绿素 a 相似（表 9-51）。

表 9-51　养殖区和对照区的叶绿素 a 和初级生产力

	区域	2001 年 6 月	2001 年 9 月	2001 年 12 月	2002 年 4 月	2002 年 6 月
养殖区	叶绿素 a（mg/m³）	2.12	1.34	3.38	6.51	2.3
	初级生产力 [mg/(m² · d)]	235	160	286	689	248
对照区	叶绿素 a（mg/m³）	3.8	0.92	5.42	8.3	3.44
	初级生产力 [mg/(m² · d)]	539	143	568	1 300	485

(二) 浮游植物

经初步鉴定，研究海域共出现浮游植物 147 种（包括变种和变型），其中硅藻 118 种，甲藻 21 种，蓝藻 5 种，金藻 3 种，以硅藻出现种类最多，占浮游植物总种数 80.3%，其次是甲藻，占 14.3%。不同季节网箱养殖区与对照区水域种类组成基本相同，仅夏季比对照区多 2 种，但种类组成相似性指数仍达 95.3%。

养殖区与对照区浮游植物优势种共出现 19 种（以优势度 $\geqslant 0.015$ 为标准），其中养殖区与对照区共有优势种 13 种，仅为养殖区的优势种有 5 种，即中肋角毛藻、旋链角毛藻、悬垂角毛藻、短纹楔形藻和成列菱形藻，而仅为对照区的优势种有 1 种，即秘鲁角毛藻。

养殖区浮游植物细胞丰度平均值为 141.8×10^4 个/m^3，比对照区丰度平均值 328.6×10^4 个/m^3 约低 1 倍，其中以冬季养殖区与对照区丰度差别最大，前者远低于后者，两者相差约 2.4 倍，其他季节基本接近，差异不明显。

浮游植物多样性指数范围为 $0.97 \sim 4.02$。养殖区多样性指数平均值为 3.12，略低于对照区的 3.15。最高多样性指数出现于秋季，其次是春季和夏季，冬季最低。

(三) 浮游动物

浮游动物出现种类数较少，共鉴定浮游动物 46 种。其中浮游幼体出现种类数最多，可达 22 种；其次是桡足类，出现 9 种；腔肠动物列第三位，出现 5 种；其他类群出现种类数较少。对照区出现浮游动物种类数（39 种），显著高于养殖区（27 种）。

浮游动物优势种组成较为简单，共出现 3 种优势种，分别为刺尾纺锤水蚤、鸟喙尖头溞和肥胖三角溞。养殖区和对照区优势种的组成有一定的变化，以对照区的优势种组成较为丰富。养殖区的优势种以刺尾纺锤水蚤为主。

养殖区浮游动物生物量变化不甚明显，变化范围为 0～40 mg/m^3，平均 12.33 mg/m^3。对照区总生物量（平均 62.26 mg/m^3）显著高于养殖区（$P<0.05$）。

养殖区浮游动物栖息密度变化范围为 9.15～42.93 个/m^3，平均 14.78 个/m^3；对照区浮游动物栖息密度变化范围为 11.38～206.37 个/m^3，平均 80.13 个/m^3，显著高于养殖区（$P<0.05$）。养殖区与对照区浮游动物栖息密度的季节变化趋势相同，均以冬季最高，春季次之，夏季最低。

养殖区浮游动物多样性指数为 0.86～2.75，平均 1.78，以夏季最高，春、冬季较低；对照区浮游动物平均多样性指数为 1.58～3.05，平均 2.30，明显高于网箱养殖区，而且其季节变化也与网箱区有所不同，以夏、冬季最高，秋季最低。

（四）底栖动物

共鉴定出底栖动物 64 种，其中以多毛类出现最多，达 33 种。养殖区底栖动物出现种数少于对照区，但多毛类出现比例要高于对照区。这可能是养殖区沉积环境的恶化导致耐污性较强的多毛类种类比例较高。

以优势度≥0.01 判定，底栖动物出现的优势种共有 19 种，其中多毛类共有 14 种。主要有梳鳃虫、背蚓虫、贝氏岩虫、白色吻沙蚕和长大刺蛇尾等。其中背蚓虫是有机污染指示种。

底栖动物生物量为 0～295.4 g/m^2，个体数量为 0～210 个/m^2。平均生物量最高值出现在秋季，最低值出现在春季，而平均个体数量最高值则出现在冬季。底栖动物生物量和个体数量的高值区主要出现在对照区，养殖区一般低于对照区。

从底栖动物多样性情况看，除 2001 年 12 月各站多样性指数均大于 1 外，其他航次均有多样性指数为 0 的站位出现，且大部分多样性为 0 的站位都在养殖区内。此外，从多样性指数的空间分布来看，养殖区的多样性指数明显低于对照区。这说明养殖区内的底栖环境比对照区差。

底栖动物多样性指数的季节变化表明，冬季所有站位的多样性指数分布较均匀，且均大于 1，说明在冬季整个调查区的生态环境有所改善，这也与网箱养殖活动的季节性有关。

五、结论及污染控制对策

网箱养殖是一种高效的养殖模式，依靠外源人工投入大量的饵料来实现高产量。但是在目前养殖模式下只有15%～30%的总投入氮和10%～15%总投入磷被鱼吸收同化，其余则以残饵、鱼类排泄物等不同方式进入环境中，对水体、沉积物以及底栖生物等造成负面影响。根据齐占会等（2016）研究结果，大亚湾传统木质小网箱养殖每年向环境输入的碳、氮、磷负荷分别为1156.92 t，188.32 t和38.47 t。深水网箱单位面积养殖产量为5.28 kg/（m³·a），高于传统网箱［3.33 kg/(m³·a)］，但深水网箱养殖的碳、氮、磷输入总量却低于传统网箱。在现有产量的前提下，若传统网箱全部被深水网箱替换，则碳净输入量将减少58%，氮净输入量减少57%，磷净输入量减少58%。

为了避免和减小海水网箱养殖生产带来的环境影响，并达到有效控制污染和网箱养殖可持续发展并举的目的，根据有关研究结果及实践经验，目前可采取以下措施及对策。

（1）加强对网箱养殖的科学管理和指导，控制网箱养殖容量，包括网箱养殖场地的选择、网箱的合理布局及放养密度确定等。一般而言，网箱养殖水面面积控制在港湾或海域面积的10%以下，网箱鱼排之间的距离应大于100 m，每组鱼排的网箱数量不能超过12个（网箱规格3 m×3 m×3 m）。

（2）推广使用人工合成饵料，降低饵料系数，减少残饵带来的环境影响。

（3）推广多品种混养，改善网箱区的生态环境和自净能力。如在网箱区吊养牡蛎等滤食性贝类和大型藻类，利用它们吸收网箱养殖产生的有机碎屑和溶解态的无机营养盐，进而减轻环境负荷。在目前来说，这是一条切实有效的途径。

（4）适当转移网箱到清洁水域，实行"轮作"制度，以防止网箱养殖区环境老化。

（5）开发深水网箱养殖技术，逐步取代传统的浅海网箱养殖。

（6）研究利用有益微生物技术对网箱养殖环境进行原位治理。

第十章
大亚湾生态系统
可持续发展对策

第一节　大亚湾生态功能区划

一、生态功能区划

生态功能区划是根据区域生态环境要素、生态环境敏感性与生态服务功能空间分异规律，将区域划分成不同生态功能区的过程。生态功能区划是实施区域生态环境分区管理的基础和前提，以正确认识区域生态环境特征、生态问题性质及产生的根源为基础，以保护和改善区域生态环境为目的，依据区域生态系统服务功能的不同，生态敏感性的差异和人类活动影响程度，分别采取不同的对策。生态功能区划是研究和编制区域环境保护规划的重要内容。

根据可持续发展、发生学与主导性、前瞻性、区域相关性、相对一致性和区域共轭性原则，将大亚湾划分为工业发展区、适度发展区和生态保护区 3 个区域（图 10 - 1）。

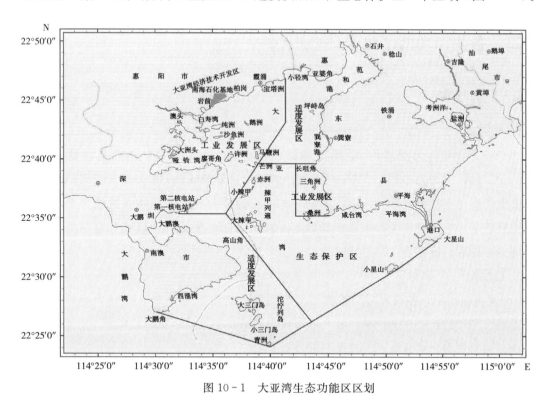

图 10 - 1　大亚湾生态功能区区划

工业发展区由大鹏澳口北侧—芒洲—霞涌连线以内的大亚湾西北部和巽寮以南—桑洲大亚湾东南部区域组成。该区域海域面积为 249.05 km²，占大亚湾总面积的 24.7%。

其中，哑铃湾工业开发区 212.82 km²，三角洲工业开发区 36.23 km²。大亚湾的工业开发利用基本均在此区域内，几次规模较大的爆破和围填海活动也均在此区域内，是大亚湾内开发利用活动强度最大的区域。西北部哑铃湾工业开发区内有澳头港区、荃湾港区、石化大亚湾石化基地、东联港区和大亚湾核电站和岭澳核电站，东南部三角洲工业开发区有平海电厂、石化排污口区和碧甲港区。

适度发展区也由两部分组成，分别位于大亚湾东北部和西南部。海域面积为 370.13 km²，占大亚湾总面积的 36.7%。其中，东北部范和港适度开发区 136.32 km²，西南部三门岛适度开发区 233.81 km²（扣除海岛面积）。上述两个区域与工业发展区相邻，区域内有一定程度的开发利用活动。大亚湾东北部包括范和港和巽寮在内的区域主要是以旅游为主，有一些增养殖区、盐田区分布；西南部主要有大鹏澳养殖区、杨梅坑旅游区、人工鱼礁区、三门岛旅游区和西涌旅游区。

生态保护区位于大亚湾中央列岛—湾口—大星山之间，海域面积为 389.79 km²，占大亚湾总面积的 38.6%。该区域内除了有少量的旅游业外，目前其他类型的人类活动尚少。从位置关系来看，其位于工业发展区和适度发展区之间，对制约这两个区域的发展以及维持大亚湾海洋生态系统的稳定和安全发展有重要作用。

二、各生态功能区生态环境现状

（一）沉积物

1. 有机碳

2007—2008 年，大亚湾内 31 个监测站（S1～S31）沉积物中有机碳含量范围为 0.5%～2.1%，平均为 1.3%，其中生态保护区平均含量最低，工业发展区最高。

依据《海洋沉积物质量》（GB 18668—2002）标准对各站沉积物有机质含量进行评价，结果显示，工业发展区和生态保护区各站均符合第一类标准，适度开发区的 S15 站超过第一类标准，符合第二、三类标准。

2. 石油类

4 个调查航次中，各站表层沉积物石油类的含量变化范围为 3.5～228.0 mg/kg（干重，下同），平均为 42.5 mg/kg，最大值与最小值相差 224.5 mg/kg。其中，工业发展区沉积物石油类平均含量最高，生态保护区最低。

依据《海洋沉积物质量》（GB 18668—2002）标准对各站进行评价，结果显示，工业发展区、适度开发和生态保护区各站均符合第一类标准。

3. 无机氮

表层沉积物无机氮的含量变化范围为 180.9～974.2 mg/kg（干重，下同），平均为

401.5 mg/kg，最大值与最小值相差 793.3 mg/kg。其中，适度发展区无机氮平均值最高，生态保护区最低。

4. 活性磷酸盐

表层沉积物活性磷酸盐的含量变化范围为 148～606 mg/kg（干重，下同），平均为 315 mg/kg，最大值与最小值相差 458 mg/kg。其中，工业发展区的活性磷酸盐含量最高，生态保护区最低。

5. 铜

表层沉积物铜的含量变化范围为 3.2～20.0 mg/kg（干重，下同），平均为 7.0 mg/kg，最大值与最小值相差 16.8 mg/kg。其中，适度发展区沉积物铜平均含量最高，生态保护区最低。

依据《海洋沉积物质量》（GB 18668—2002）标准，调查海域各分区表层沉积物铜含量均低于第一类标准值。

6. 铅

表层沉积物铅的含量变化范围为 9.9～23.2 mg/kg（干重，下同），平均为 17.3 mg/kg，最大值与最小值相差 13.3 mg/kg。其中，适度发展区铅平均含量最高，工业区发展最低。

依据《海洋沉积物质量》（GB 18668—2002）标准，调查海域表层沉积物铅含量均低于一类标准值。

7. 锌

表层沉积物锌的含量变化范围为 22～96 mg/kg（干重，下同），平均为 42 mg/kg，最大值与最小值相差 74 mg/kg。其中，适度发展区的锌平均含量最高，工业发展区最低。

依据《海洋沉积物质量》（GB 18668—2002）标准，调查海域表层沉积物锌含量均低于第一类标准值。

8. 镉

2007—2008 年，各功能区所设 31 个站位沉积物均未检出镉，均符合《海洋沉积物质量》（GB 18668—2002）标准的第一类标准。

9. 汞

表层沉积物汞的含量变化范围为 0.010～0.041 mg/kg（干重，下同），平均为 0.022 mg/kg，最大值与最小值相差 0.031 mg/kg。其中，平均含量最高的为适度发展区，最低的为生态保护区。

依据《海洋沉积物质量》（GB 18668—2002）标准，调查海域表层沉积物汞含量均低于第一类标准值。

10. 砷

表层沉积物砷的含量变化范围为 2.02～5.94 mg/kg（干重，下同），平均为 3.02 mg/kg，最大值与最小值相差 3.92 mg/kg。其中，平均含量最高的为工业发展区，最低的为生态

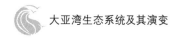

保护区。

依据《海洋沉积物质量》（GB 18668—2002）标准，调查海域表层沉积物砷含量均低于第一类标准值。

11. 铬

表层沉积物铬的含量变化范围为 9.6～19.5 mg/kg（干重，下同），平均为 12.1 mg/kg，最大值与最小值相差 9.9 mg/kg。其中，平均含量最高的为适度发展区，最低的为生态保护区。

依据《海洋沉积物质量》标准（GB 18668—2002），调查海域表层沉积物铬含量均低于第一类标准值。

12. 结论

大亚湾内除有机碳仅在局部小范围内超《海洋沉积物质量》（GB 18668—2002）标准第一类标准外，石油类、铜、铅、锌、汞、砷、镉和铬均符合《海洋沉积物质量》（GB 18668—2002）标准第一类标准，表明大亚湾沉积物质量较好。3 个功能区内所测各因子的含量有所差异，有机碳、石油类、砷和活性磷酸盐含量均为工业发展区＞适度发展区＞生态保护区，无机氮、铜、汞和铬含量则为适度发展区＞工业发展区＞生态保护区，铅和锌含量为适度发展区＞生态保护区＞工业发展区。

（二）海洋生物

1. 叶绿素 a 和初级生产力

大亚湾叶绿素 a 和初级生产力季节变化明显，2007—2008 年秋季＞冬季＞夏季＞春季。3 个功能区的季节变化幅度和各季节区域内的变化幅度均以工业发展区最大、适度发展区次之、生态保护区最小。叶绿素 a 和初级生产力含量也以工业发展区最高、适度发展区次之、生态保护区最低。

工业发展区年平均叶绿素 a 含量为 3.64 μg/L，春季最低（1.15 μg/L），夏季增加至 2.59 μg/L，秋季达到 7.34 μg/L，冬季降至 3.48 μg/L，年内变幅最大（$SD=2.6$）；年均初级生产力为 282.62 mg/（m² · d），春季最低 [130.33 mg/（m² · d）]，夏季增至 250.79 mg/（m² · d），秋季最高，达到 450.87 mg/（m² · d），冬季降至 298.47 mg/（m² · d）。

适度发展区年均叶绿素 a 含量低于工业发展区，为 2.83 μg/L，秋季最高（5.00 μg/L）、冬季次之（3.12 μg/L）、春季最低（0.98 μg/L）；年均初级生产力为 247.07 mg/（m² · d），仍以秋季最高 [362.66 mg/（m² · d）]、冬季次之 [265.00 mg/（m² · d）]、春季最低 [124.63 mg/（m² · d）]。

生态保护区年均叶绿素 a 含量在 3 个功能区中最低，为 1.73 μg/L，冬季最高（3.00 μg/L）、秋季次之（2.46 μg/L）、春季最低（0.70 μg/L）；年均初级生产力为 209.45，以秋季最高 [370.06 mg/（m² · d）]、冬季居第二位 [254.07 mg/（m² · d）]、夏季最低

[104.81 mg/（$m^2 \cdot d$）]。

从各区域叶绿素 a 和初级生产力的季节变化幅度来看，3 个功能区以工业发展区最大、生态保护区最小。从含量水平来看，3 个功能区仍以工业发展区含量最高、生态保护区最低。

2. 生物量

浮游动物和底栖生物生物量属于海洋次级生产力的范畴，是海洋食物链中极其重要的环节。其生物量能反映海洋生物资源潜力，对评估水生动物资源有重要的理论和实践意义。

从 3 个功能区浮游动物年均生物量来看，以工业发展区最高（2 580.34 mg/m^3），生态保护区次之（2 499.16 mg/m^3），适度发展区最低（1 682.88 mg/m^3）。生物量年内的季节变化幅度则以生态保护区最大、工业发展区次之，适度发展区最小。

从底栖生物生物量来看，3 个区域中以工业发展区最高（58.10 g/m^2）、适度发展区次之（30.16 g/m^2）、生态保护区最低（19.23 g/m^2）。3 个区域年内季节变化幅度以工业发展区最大、适度发展区次之、生态保护区最小。

3. 多样性水平

工业发展区浮游动物年均丰富度为 2.65，各季在 2.43～3.09；均匀度指数在 0.31～0.64，平均为 0.48；多样性指数在 1.56～2.45，年均为 2.25。适度发展区年均丰富度为 3.27，以冬季最低、秋季最高；均匀度指数也以冬季最低、秋季最高，年均值为 0.52；多样性指数年均值为 2.53，冬季最低、秋季最高。生态保护区年均丰富度为 3.72，夏季最低、春季最高；均匀度指数均值为 0.51，冬季最低，夏季最高；年均多样性指数为 2.67，冬季最低，秋季最高。

工业发展区底栖生物年均丰富度为 2.05，各季在 1.23～3.26；均匀度指数在 0.61～0.77，平均 0.67；多样性指数在 1.75～2.90，年均 2.28。适度发展区年均丰富度为 2.57，以秋季最低、春季最高；均匀度指数则以夏季最低，冬季最高，年均值为 0.79；多样性指数年均值为 2.89，夏季最低，春季最高。生态保护区年均丰富度为 2.76，夏季最低，春季最高；均匀度指数均值为 0.87，夏季最低，秋季最高；年均多样性指数为 3.33，夏季最低，秋季最高。

从多样性水平的角度来看，3 个功能区浮游动物和底栖生物的丰富度、均匀度指数和多样性指数均以生态保护区最高、适度发展区次之、工业发展区最低。

4. 海洋生物体质量

2008 年 6 月，在大亚湾核电站、桑洲、锅盖洲、金门塘、宝塔洲、澳头港、小桂、小三门、刀石洲和大辣甲等 11 个海岸采集棘刺牡蛎样品进行生物体重金属汞、砷、铜、铅、锌、镉和铬含量的检测。

3 个功能区中，汞、砷、锌和镉均以适度发展区含量最高，铜、铅和铬则以工业发展区含量最高，生态保护区各因子含量均最低。

大亚湾海洋生物体重金属含量较高，除汞、铬含量符合《海洋生物体质量》 （GB

18421—2001) 第一类标准外，其他因子均超标。其中，铜、锌含量大部分站位超第二类标准，符合第三类标准，但有少部分站位超第三类标准。铅、镉全部站位超第一类标准，符合第二类标准。砷绝大部分站位符合第一类标准，澳头港和小三门超第一类标准、符合第二类标准。

（三）基于 ASSETS 模型的大亚湾各功能区富营养状况评估

ASSETS（assessment of estuarine trophic status）由美国海洋与大气署海洋环境学专家 Bricker 博士和葡萄牙海洋研究所 Ferreira 教授开发（Bricker et al，2003），是用于评价近岸生态系统包括河口的富营养化状况和管理方案的模型。ASSETS 模型的运算原理主要基于美国国家河口富营养化评价模型（United States national estuarine eutrophication assessment，NEEA），采用量化和半量化指标实现模型的输入，其核心方法包括三部分：人类活动总体影响（IF）、基于表征症状的富营养化现状评估（EC）和基于管理情况的远景评估（FO）。目前，ASSETS 已经被广泛用于北美、欧洲和亚洲近岸系统的富营养化评估研究。

1. 大亚湾整体富营养状况

由评价结果可知大亚湾海区总体营养状况属中等，主要是因为湾区潮差小，水交换时间长，环境压力来自周边工业发展和网箱养殖带来的营养盐和夏季低溶解氧（彩图 15）。

2. 哑铃湾工业发展区富营养状况

哑铃湾工业发展区总体营养状况较差（中等偏下），主要成因在于网箱养殖对环境的负面影响，溶解氧不高，赤潮风险较高（彩图 16）。

3. 三角洲工业发展区富营养状况

海区总体营养状况中等，主要问题在于夏季溶解氧浓度低（彩图 17）。

4. 范和港适度发展区富营养状况

海区总体营养状况中等，主要问题在于陆源污水排放引起的营养盐累积、夏季溶解氧较低（彩图 18）。

5. 三门岛适度发展区富营养状况

海区总体营养状况好，主要因为区内工业和生活污水排放少，邻近湾口，水交换好，溶解氧和营养盐压力都很低（彩图 19）。

6. 大亚湾生态保护区富营养状况

海区总体营养状况优，主要压力来自保护区周边营养盐排放和季节性低溶氧的影响，但未来保护将使区内环境质量更佳（彩图 20）。

7. 结论

大亚湾海区总体营养状况中等。工业发展和网箱养殖带来的营养盐和夏季低溶解氧是大亚湾主要面临的环境压力。位于湾顶的哑铃湾工业发展区总体营养状况较差，且溶解氧水平低，有较高的赤潮风险，网箱养殖是主要的负面影响因素；湾中部的三角洲工业发展区总体营养状况中等，夏季溶解氧浓度低是主要的环境问题。

范和港适度发展区营养状况中等。夏季溶解氧较低，陆源污水排放引起的营养盐累积是主要的环境问题；三门岛适度发展区工业和生活污水排放少，邻近湾口，水交换好，海区总体营养状况好，溶解氧和营养盐压力都很低。

大亚湾生态保护区总体营养状况优。生态保护区周边营养盐排放和季节性低溶解氧是其面临的主要环境压力。

第二节　入海污染物控制

根据大亚湾海域环境质量和污染负荷源强分析结果，大亚湾海洋环境关键问题是富营养化问题，集中表现在氮、磷和化学需氧量的环境负荷过载。因此，统筹陆域和海域污染物防治工作，削减和控制污染物入海量是进行海洋环境污染治理的根本途径，建议从以下几个方面开展海域污染控制工作。

一、实施污染物入海总量控制制度

开展大亚湾海洋污染基线调查，全面掌握大亚湾海洋环境状况、主要污染物分布状况、污染物输移规律等。组织开展入海河流和陆源直排口调查，进一步摸清陆源污染物入海总量、来源和时空特征。会同有关涉海部门制定《大亚湾海域排污总量控制实施办法》，确定总量控制目标、减排指标和减排方案，并逐级细化分解至各镇街。探索开展入海排污权的权属界定、价值评估、有偿使用和产权交易研究与实践，完善入海排污许可证制度，鼓励开展区域内排污权交易。

二、统筹推进海洋污染减排工程

按照污水处理城乡全覆盖的目标，加大城镇生活污水收集系统和污水处理厂建设的投资力度，加快村镇截污支、次管网工程建设，将村镇的污水纳入城市污水收集管网，大幅度提高村镇生活污水的收集率和处理率；积极推进中水回用系统示范工程建设，大力推广中水回用。

深化规模化工业企业污染治理工作，由点到面逐步推进火力发电、化工、造纸、冶金、纺织、建材、食品等高耗水行业的节水改造；限制高用水、高污染工业项目建设，大力推进技术水平升级和产品的更新换代；着力推行工业内部循环用水，明显提高工业

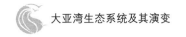

用水重复利用率。

加强农（渔）业面源污染综合治理与控制，控制发展海湾养殖，扩大和明晰禁养区、限养区；开展土地集约利用和农田标准化建设，推进农田水利基础设施节水改造，减施化肥和农药；开展畜禽排泄物资源化示范工程，提高大、中型规模化养殖场粪尿综合利用率；开展生态农业示范区、生态农业带、生态农业圈的建设，大力推进现代农（渔）业。

三、全面实施港口和海岸带环境综合整治与修复工程

针对重点污染入海河流，如澳淡分洪渠、王母河等，制定相关河流综合整治计划，统筹安排建设污水处理厂、截污管网、防洪排涝、水环境生态治理等工程，改善区域水环境，以达到水域功能区水质要求。

强化港口船舶防污监管，加强船舶污染物接收处理设施和港口污染处理设施建设，规范船舶污染物接收处理行为，增强港口码头污染防治能力；对澳头港等重点海区开展环境综合整治。

实施海岸景观和海岸带环境整治与生态修复工程，建成滨海休闲廊道和海岸景观带；开展海岸带和滩涂湿地生态保护与修复工程，重点推进红树林湿地公园建设，恢复与扩大红树林群落，将小块状和片状红树林划为保护小区或保护点，提高滨海湿地环境净化能力。

四、提升海洋环境监管能力

进一步完善大亚湾海洋生态环境监测业务体系和评价制度体系，改造和完善岸基与船载监测系统，建立海上浮标在线监测系统，优化监测布局，扩展监测和评价内容，构建立体化、全时序海洋环境监测网络体系，提高海洋生态环境监测、监督覆盖率，时效性和反应能力。

加强与高等学校、科研院所联系与合作，常态化培训海洋监测观测评价专业技术人员，持续提升监测人员业务能力，实现"一人多能"和持证上岗。

强化对河流入海口和重点排污口的监测和监控，加强对排污单位的动态检查和监督；加强重点用海项目的海洋环境影响评价和生态保护、污染防治措施跟踪监测与监管。

开展海洋环境监测预报信息管理与发布系统建设，实施监测信息公开制度，落实海洋环境质量通报制度，创新信息发布形式，督促沿海镇、街和排污企业落实海洋环境保护责任。

五、建立海洋环境保护协调联动机制

在区域间构建惠州和深圳跨市级的海洋环保联动机制，加强海洋与渔业、环保、水利、海事等涉海部门间合作，在海洋环境监管、海洋生态保护与修复、海洋灾害监测预报等方面开展区域合作，实现海洋环境信息通报、海洋污染事故风险防范与应急处置、监测资源共享，以及联合执法、交叉执法。

建立市、镇、街海洋行政管理部门上下联动机制，实现信息资源互通，强化多部门海洋环境保护统筹协调与联合行动。

六、强化宣传教育与公众参与

强化海洋生态保护宣传教育，利用海洋节庆日和海洋经济博览会、海洋高新科技展览会、海洋科普周等主题活动，大力宣传海洋生态文明建设的新理念、新经验、新成就、新技术，推动海洋生态文明意识的大众传播，促进海洋生态环境保护知识宣传普及。

增强海洋生态文明建设公众参与，畅通公众参与渠道，鼓励公民、社会团体、企业、非政府组织等对海洋生态文明建设建言献策。提高公众监督、环保意识，构建全民参与的社会行动体系，接受社会公众对海洋资源环境管理的监督。及时报道海洋生态文明建设重大活动，积极回应社会公众关心的问题。

第三节 可持续发展管理对策

一、海洋生态环境分类管理

实施海洋生态环境分类管理制度，对全海域的海洋生态环境实行综合管理与协调开发相结合的环境政策。生态保护区位于工业开发区与适度发展区之间，区域内人类活动较少，海域生态环境质量良好，海洋生物多样性水平高，对维护大亚湾生物资源多样性、维持大亚湾海洋生态系统的稳定和安全发展具有重要作用。海区总体营养状况优，但主要压力来自保护区周边营养盐排放和季节性低溶解氧的影响。对该区域需实行严格保护与生态涵养相结合的环境政策。

适度发展区与工业发展区相邻，区域内有一定程度的开发利用活动，海域沉积物有机碳含量已经超过一类标准，无机氮、铜、汞和铬含量均最高，夏季溶解氧较低，总体营养状况中等至好。该区域需实行限制开发与生态保护相结合的环境政策，严格限制海水网箱养殖业和贝类底播增殖业的发展，适度发展生态旅游业。

工业发展区目前是大亚湾内人类活动最为集中、各项工程建设较为密集的区域，该区域内海洋生态环境状况最差、石油类污染最为严重、生物多样性水平最低，但该区域是大亚湾海洋生物资源潜力最高的区域，必须采取限制开发的策略，实施生态建设与综合整治相结合的环境政策。严格禁止围填海活动、限制海水网箱养殖业和贝类底播增殖业的发展，限制对环境损害和危害较大的项目建设，对已建成的项目加强监管，切实落实各项环境保护措施，把可能的生态风险降至最低。

二、污染源控制与管理

（一）陆域污染控制与管理

1. 实施陆源污染物排海总量控制制度

沿海工业发展，人口增长以及生活和工农业污水的排放，是破坏大亚湾近岸海域尤其是港湾和河口地区生态系统的重要原因之一，因此要确立治海先治陆的思想理念，建立陆源污染排放总量控制制度。

对大亚湾所有排海的陆源排污口和污染物实施统一监督管理，同时实施海域环境目标控制、陆源排污入海总量控制、海域容量总量控制和海洋产业排污总量控制，协调海陆污染物排放总量控制，把实现海洋环境目标与区域经济建设结合起来，将海洋环境污染控制与陆源污染治理并重，从而控制污染物入海的有序和适度，科学有效地充分利用海洋自净能力这个天然环境资源，为大亚湾现阶段的社会经济发展，特别是沿海经济发展提供污水排海出路。

把大亚湾排污总量控制纳入程序化、法制化的轨道，按照河海统筹、陆海兼顾的原则，制订以海洋环境容量确定陆源入海污染物总量的管理技术路线。在调查研究的基础上测算大亚湾环境容量，依据其环境容量确定各污染物的允许排入量和陆源污染物排海削减量，制定大亚湾允许排污量的优化分配方案，控制和削减点源污染物排放总量，全面实施排污许可制度，使陆源污染物排海管理制度化、目标化、定量化，为实现大亚湾海洋环境保护的理性管理奠定基础。

2. 防止和控制沿海工业污染物污染海域环境

随着大亚湾沿海工业的快速发展和环境压力的加大，大亚湾的主管政府部门应采取一切措施逐步完善沿海工业污染防治措施。一是通过调整产业结构和产品结构，转变经济增长方式，发展循环经济；二是加强重点工业污染源的治理，推行全过程清洁生产，采用高新适用技术改造传统产业，改变生产工艺和流程，减少工业废物的产生量，增加工业废物资源再利用率；三是按照"谁污染，谁负担"的原则，进行专业处理和就地处理，禁止工业污染源中有毒有害物质的排放，彻底杜绝未经处理的工业废水直接排海；四是加强大亚湾沿岸的企业环境监督管理，严格执行环境影响评价制度；五是实行污染物排放总量控制和排污许可证制度，做到污染物排放总量有计划地稳定削减。

3. 防止和控制沿海城镇污染物污染海域

大亚湾沿海城镇的迅速发展使得沿岸海域环境压力随之加剧。对此，大亚湾沿岸地区相关部门应采取有力措施防止、减轻和控制沿海城镇污染沿岸海域环境，调整不合理的城镇规划，加强城镇绿化和城镇沿岸海防林建设，保护滨海湿地，加快沿海城镇污水收集管网和生活污水处理设施建设，增加城镇污水收集和处理能力，提高城镇污水处理设施脱氮和脱磷能力，加强沿海城镇的环境污染防治能力，将沿海地区的近岸海域环境功能区纳入考核指标，强化防止和控制沿海城镇的污染物污染海域环境的措施。

4. 防止和控制沿海农业污染物污染海域

积极发展生态农业，控制土壤侵蚀，综合应用减少化肥、农药的技术体系，减少农业面源污染负荷。严格控制环境敏感海域的陆地汇水区畜禽养殖密度、规模，建立养殖场集中控制区，规范畜禽养殖场管理，有效处理养殖场污染物，严格执行废物排放标准并限期达标。

（二）海域污染控制与管理

1. 控制船舶污染物污染海域

严格控制船舶和港口污染。通过加强船舶污染防治法制化建设，建立以"协作共商、预防预控、诚信管理"为内容的工作新机制，加强船舶污染事故应急反应能力建设，严格执法，规范管理，使船舶和港口的污染治理情况逐年提高。启动船舶油类物质污染物零排放，实施船舶排污设备铅封制度。建立大型港口废水、废油、垃圾回收处理系统，实现船舶污染物的集中回收，岸上处理，达标排放。各地加强船舶运输危险品审批和现场监督检查，开展船舶防污专项检查，积极推进海上船舶污染应急预案的制定和应急反应体系的建设，督促港口和船舶配备污染应急设备，提高污染事故的防御能力。

2. 防止和控制石油化工项目及石油码头污染

大亚湾是水产资源省级自然保护区，大亚湾石油化工项目必须严格控制污染物的排放浓度，保证湾内绝大部分水域的水质符合《渔业水质标准》。废水处理应进一步脱除无机氮，使其排放浓度从 60 mg/L 降至 10 mg/L 以下。远期应考虑加强对废水中油类的处理，排污口附近的扩散稀释带不得大于 0.5 km²。

在厂址前沿、码头和输油首站排放的所有废水，都必须符合渔业水质标准的要求。污水排放必须实行严格检测和监控，做到达标排放，必须避免大量污水集中排放，以确保排污口附近海域敏感种类或处于敏感阶段的水生生物的安全，尤其冬春季是多种名贵鱼类的产卵繁殖期，更需严格地控制污染物的排放浓度和排放量。

污水离岸排放工程排污口的设置应当符合海洋功能区划和海洋环境保护规划，不得损害相邻海域的功能。污水离岸排放不得超过国家或者地方规定的排放标准。在实行污染物排海总量控制的海域，不得超过污染物排海总量控制指标。

3. 减轻和控制水产养殖业污染海域

大亚湾养殖容量受地域、环境、生态、经济、社会等因素的制约，因环境条件的不同和管理水平的高低等而发生变化，还受到养殖生物间互补效应的影响。因此，要根据养殖容量确定网围、网箱面积和网箱密度。

单一品种养殖容易造成污染，也不能充分利用环境容量，一般采用多品种混养、间养、轮养等立体养殖和生态养殖，使饵料得到进一步利用和转化，从而减少对环境的污染。如对虾与滤食性贝类或鱼类混养，鱼、鳖混养，鱼、虾混养，还有稻田养鱼、基塘系统等。海水养殖中的对虾与滤食性贝类或鱼类混养显示出可减少向自然水体中排放悬浮颗粒物、溶解性营养盐和生物需氧量等作用。

总之，水产养殖对水环境会造成一定负面影响，特别是对缓流和静水体将产生严重的污染。因此，必须采取适当的方法和得力的措施来减轻或消除所引起的污染，以保障大亚湾水产养殖的可持续发展。

4. 航道和海底管线工程

航道和海底管线工程将明显改变沿线的底栖生态环境，挖掘作业和高浓度悬浮物对挖掘区及紧邻区域的底内动物、底上动物和部分游泳生物将产生直接或间接影响。尤其幼鱼虾对悬浮物的耐受限较低，容易受到伤害。因此，为了减少航道和海底管线工程对渔业资源补充资料的影响，施工期应尽量避开3—5月多种鱼贝类的繁殖期和7—9月虾类的捕捞盛期。

在施工过程中，应尽量降低悬浮沉积物的数量，将悬浮沉积物的影响控制在最小范围。因此，应采用无溢流装置的耙吸式挖泥船，并应采用一切措施防止挖泥仓泄漏。根据大亚湾流场特点，退潮有利于悬浮沉积物向湾外运移，挖掘作业应尽量在退潮期间进行。

5. 海洋倾废管理

根据《广东省海洋功能区划文本（2008年4月）》，设立东联港及马鞭洲码头泊位疏浚泥临时海洋倾倒区，该临时海洋倾倒区位于大亚湾水产资源省级自然保护区之外。但为了防止和控制海上倾废污染，应严格管理和控制向海洋倾倒废弃物，禁止向海上倾倒放射性废物和有害物质。

（三）经济结构调整及行业可持续发展对策

大亚湾沿岸地区的经济结构及行业发展对策是大亚湾海洋环境质量优劣的经济根源。

针对大亚湾海域的主要污染特征及污染源，以下将从经济结构调整及各行业发展对策两大层面提出大亚湾海域环境质量改善的相关管理建议。

1. 经济结构调整

（1）合理布局产业结构　　适时主动地对产业结构进行调整，合理布局产业结构，促进产业结构升级，将低效益、重污染、高消耗、高污染产业（如纺织、造纸等）的规模进行压缩或淘汰出局，以技术升级和技术创新为核心，替代以发展石油化工、汽车装备业、高新技术产业等低能耗高产值的重工产业，通过采用新技术、新工艺和新材料，提高原有产品质量和开发新产品，实现从生产型向效益型转变，最终使产业结构调整同环境保护紧密结合起来，为大亚湾海域的可持续利用和发展创造条件。同时，调整产业结构时还必须调整技术结构，提高自然资源的利用效率和降低单位产出的排污强度，推广清洁生产技术的应用。

（2）加快调整劳动力结构　　在产业结构调整、优化及升级过程中，应加快调整劳动力结构，使其与产业结构相协调。尽快调整人口管理政策、产业政策及其相应的配套措施，借助市场这个"看不见的手"引导劳动力从对海域环境质量污染严重的第一产业向以高新技术产业为代表的第二产业及旅游服务业为代表的第三产业转移，以缓解第一产业对海域环境质量造成的污染压力，同时也使得劳动力结构进一步优化发展。

（3）创新投资结构　　创新招商引资方式和手段，改变过去拼资源消耗、拼"优惠政策"的招商方式，努力实现从"粗放招商"向"集约招商"转变，从"政策招商"向"环境招商"转变，并以项目建设为切入点，以大项目、核心项目为龙头，积极引导外资投向高新技术产业、石油化工、重大装备制造业、电气机械等对海域环境污染影响较小的第二产业，同时形成规模效应，通过一些污染治理设施的建成投产使用，降低对环境的污染。

海产养殖业作为大亚湾海域海洋环境经济发展的主要产业之一，对大亚湾海域污染影响不容小视，所以对第一产业尤其是海产养殖业的投资应更慎重，应在考虑大亚湾海域实际水环境容量的前提下合理地发展海产养殖业，不应盲目投资，更应坚决杜绝一些违规的近海养殖，以保持近岸海域水环境优良。

（4）积极引导消费结构　　近年来随着城市化的快速发展和城市居民生活质量的不断提高，大亚湾沿岸居民家庭消费结构正由温饱型向享受型、发展型转型，食品支出额占人均消费性支出的比例越来越小。面对城市快速发展期出现的这种消费结构情况，政府应积极引导市民消费结构向对环境影响小的方向发展。大亚湾海域环境优美，旅游、海岛及生物资源丰富，可根据大亚湾海域的实际情况，大力发展海洋生态旅游等第三产业，引导市民消费结构向这些污染较小的行业倾斜。

2. 行业可持续发展对策

（1）工业发展　　经过近几年的快速发展，大亚湾经济技术开发区已形成以石化产业、港口物流业、电子产业、汽车及零部件业、旅游业以及生产服务业为主导产业的引擎格局。工业重型化、高级化趋势明显，这种工业发展模式对大亚湾海域环境质量的污染影响相对还是比较小的。应继续以此为契机，充分发挥石化产业的龙头带动作用，利用荃湾港、东马港的运输物流优势，承接深圳、东莞等地产业转移，加强电子、汽车及零部件业的发展，并顺应第二产业发展的需求，趁势发展生产服务业，从而引导工业向环境代价小的方向健康发展。

（2）农业发展　农业面源污染对大亚湾海域环境质量已经造成了较大的威胁，应采取以下对策在发展农业生产的同时控制其产生的污染：积极向生态农业方向发展现代农业，减少各种化学肥料尤其是含氮、磷等肥料的施用，尽量使用有机肥料、生物农药，减少农业面源污染。

（3）海产养殖业发展　海水养殖造成局部海域环境的污染已不容忽视。对于海水养殖应进行合理的规划：①要搞好海产养殖结构调整工作，扩大对海水具有净化作用的水产品如藻类的生产面积，减少贝类和鱼类养殖面积，提高环境的自净能力，同时实行多品种兼轮作和单一品种适度规模；要加强对养殖区的布局管理，对海产养殖品种进行总量与种类的宏观控制。②根据海洋功能区划和水产养殖容量规划，对海域水产养殖实施测量登记、发证，并对部分水产养殖设施进行规范化改造。③充分利用浅海和港湾的优良自然条件，探索生态养殖方式，进行环保型浮具材料的吊养试验，开展网箱无公害养殖技术示范，用人工配合饲料替代小杂鱼喂养，扶持发展大型抗风浪深水网箱和新型健康养殖网箱。④市、区两级海洋行政主管部门要加强海上监管，通过各种手段加大力度，遏制非法新增海域水产养殖。⑤合理布局养殖场，研究各养殖区自净能力和环境容量，控制合理的养殖规模，切忌盲目发展、一哄而上、分布过于集中。根据发达国家的养殖经验，海域正常养殖面积占可养面积的20%～30%为宜。

（4）渔业发展　由于海洋渔业的发展，机动渔船数量的增多，一些漏油排油事件使得大亚湾海域出现一定程度的石油类污染，面对这种状况，应要求各种机动渔船及其他来往船舶禁止在本海区直接排放含油污水和倾倒垃圾，油船必须安装油水分离器，并在商港、军港、渔港、客运港设置船舶污水收集处理场，港区及码头产生的污水必须经净化处理达标后再排放。渔业生产过程中要坚决禁止电、炸等毁灭性的作业方式。

（5）第三产业发展　第三产业（服务业）总体上具有能源资源消耗低、对环境和生态影响较轻的特点，加快服务业的发展，提高服务业对经济增长的贡献程度，能够减轻增长产生的环境与生态压力，由此对大亚湾海域环境质量的改善有促进作用。故结合大亚湾海域沿岸地区产业发展实际，应加快发展以旅游、物流、房地产等为重点的现代服务业，提高第三产业在国民经济中的比重。在大力发展各服务产业时，应进一步加强服务业区域协调发展，坚持生产服务业和生活服务业并举，把服务业培育成为经济增长的重要支柱。

三、海洋生物资源的养护与修复

以海洋自然保护区和海洋生态保护区为核心，加强海域生态系统建设，保护和恢复海洋生态系统与生物多样性，重点保护敏感生态区，逐步提高海洋生态系统功能，实现海域生物资源恢复和生态系统健康的良性循环。

（一）抢救性保护重要海洋生态系统

全面加强对大亚湾重要敏感海洋生态系统的保护，重点保护珊瑚及珊瑚礁生态系统、海岛及海湾生态系统和红树林湿地生态系统等较为典型的海洋生态系统，全面保护和恢复大亚湾海岛生态系统（主要在港口列岛、中央列岛、辣甲列岛、沱泞列岛周围）以及大亚湾和考洲洋等海湾生态系统的生态功能和生物多样性。逐步实施红树林栽种计划，恢复红树林生态系统的功能；进一步通过人工种植防护林，恢复沿海基干林带，确保海岸线的沿海防护基干林带全部合拢，形成海岸"绿色长城"；加强对大亚湾海岛周围珊瑚生态系统以及整个海湾生态系统的保护，逐步恢复受损、破碎生态系统的功能，恢复海洋生物资源，全面提高海洋生态环境质量。

（二）创新海岛保护和岸线资源开发利用新模式

大亚湾内、外湾海域面积约 1 220 km²，有大小海岛 100 多个。在加快港口、岛屿开发建设的同时，也应加强对海岸线、海岛资源的保护。岸线资源开发应服从海洋环境保护和经济可持续发展的总体要求，实行政府统筹管理，以统一规划、综合开发、有效使用为前提，临海建设工程必须减轻和防止对海岸带生态系统完整性的破坏和威胁；采取有效措施鼓励改进围填海工程平面设计，以保护自然岸线、延长人工岸线、提升景观效果为原则，大力推进围填海工程平面设计创新，探索使用人工岛式、多突堤式、区块组团式等科学用海方式。完善岸线资源开发利用的相关法规，全面推进围填海工程平面设计创新，提高和延长大亚湾岸线资源长度，杜绝对岸线资源的违规开发利用。

（三）重点保护珍稀、濒危物种

以保护大亚湾海域重要珍稀、濒危物种及其栖息地，达到保护海洋生物多样性目标。开展大亚湾海域海洋珍稀、濒危物种调查，构建海洋珍稀、濒危物种地理区划系统，建立珍稀、濒危和经济品种生物资源数据库，科学评价重要海洋珍稀、濒危物种濒危状况，重点保护国家一级和二级保护水生野生生物物种和广东省重点保护水生野生生物物种及其种质遗传资源。

（四）提升自然保护区监管能力

海洋自然保护区建设是生态保护体系建设的核心。要进一步加大大亚湾海域海洋自然保护区和特别保护区建设力度，保护海岸和海洋生态系统的多样性。今后应加强协调海岸带和海洋资源开发与生态环境保护，科学合理地确定各类海岸带和海洋自然保护区的结构、布局和面积，规划建设新的海岸带和海洋自然保护区。加强现有保护区的能力建设，提高管理水平，控制人为因素造成的海岸带和海洋生态环境破坏。要建立海岸带综合管理试验区，重点加强对已建的1个国家级、1个省级和1个市级海洋自然保护区的监督管理、科学研究、人类活动影响评估和广泛宣传教育，加强海岸带生态环境的保护。积极组织制订以修复和改善海岸带生态系统和生物多样性为目标，合理开发海岸带资源，保护海岸带生态环境的海岸带生态环境保护的指标体系，依此加强海岸带生态环境的评价和监督管理。在沿海重点地区建立海岸带生态环境保护与管理示范区，促进海岸带生态环境的改善。

（五）加大水产资源养护力度

大亚湾是广东省乃至全国最为重要的海洋水产种质资源天然宝库，因此要加大力度全面保护大亚湾重要水产种质资源。全面落实《广东省人工鱼礁建设规划》，积极推进大亚湾海洋牧场建设。进一步加大大亚湾海域人工鱼礁的建设力度，加强对投放人工鱼礁后的效果进行跟踪监测和评估，提高人工鱼礁管理水平，使海洋生物资源得到保护和恢复，海洋牧场产生明显的生态效益和经济效益。

加强水生资源养护与增殖放流。重点加强保护大亚湾水产资源省级自然保护区以及沿岸浅海海域生物资源的护养；加强对沿海水深 20 m 以浅海域幼鱼幼虾繁育场的保护；在沿海重点海域实施生物资源的增殖和放流，逐步实现大亚湾海洋渔业资源的全面增殖。

四、开展科学研究，强化科技的支撑和引领作用

"科学技术是第一生产力"，要立足于依靠科学技术突破制约大亚湾生态系统健康发展的瓶颈，以解决重大环境问题为出发点，集中力量优先开展海湾环境容量评估、入海污染物预警预报、入海河口水污染控制、污染源有效控制与污染物高效去除、沿海产业布局与生态环境保护协调发展、清洁生产、环境质量综合评价、典型生态功能退化过程机理与受损生态系统修复等领域的关键技术研究与开发，努力提升大亚湾海洋生态系统研究的水平，夯实海湾生态系统保护与恢复的科学基础。创新海洋科学运行与投入机制，整合渔业科研资源，组织跨部门、跨学科、跨地域的科技协作与攻关。组建相应的重点实验室和技术中心，建设海洋环境科技协作和资源信息共享平台，发挥多学科专业联合

的优势，加强国内外海洋科技力量的协作，逐步形成全社会科技资源为海洋环保事业服务的良好局面。充分发挥海洋系统、环保系统科研机构的学科优势，强化其为环境管理提供技术支持的职能；充分发挥大亚湾位于广东这个海洋科技大省的地域优势，加强与省及中央驻粤科研机构、高等院校的合作，充分发挥其在基础研究和人才资源方面的优势，强化战略协作与合作机制，推动海洋环境科学研究发展；进一步加强国内外海洋环境科技合作，积极参与区域和全球环境问题研究，吸引国内外科技资源为保护大亚湾海洋生态系统的健康服务。

参 考 文 献

蔡文贵，李纯厚，林钦，等，2004. 粤西海域饵料生物水平及多样性研究 [J]. 中国水产科学，11（5）：440-446.

陈俊，王文，李子扬，等，2007. Landsat-5 卫星数据产品 [J]. 遥感信息（3）：85-88.

陈菊芳，齐雨藻，徐宁，等，2006. 大亚湾澳头水域浮游植物群落结构及周年数量动态 [J]. 水生生物学报，30（3）：311-317.

陈菊芳，徐宁，王朝晖，等，2002. 大亚湾拟菱形藻（Pseudo-nitzschia spp.）种群的季节变化与环境因子的关系 [J]. 环境科学学报，22（6）：743-748.

陈丕茂，袁华荣，贾晓平，等，2013. 大亚湾杨梅坑人工鱼礁区渔业资源变动初步研究 [J]. 南方水产科学，9（5）：100-108.

陈清潮，黄良民，尹建强，等，1994. 南沙群岛海区浮游动物多样性研究 [C] //中国科学院南沙综合科学考察队. 南沙群岛及其邻近海区海洋生物多样性研究Ⅰ. 北京：海洋出版社：42-50.

陈天然，余克服，施祺，等，2009. 大亚湾石珊瑚群落近 25 年的变化及其对 2008 年极端低温事件的响应 [J]. 科学通报，54（6）：812-820.

陈应华，2009. 大亚湾大辣甲南人工鱼礁区的生态效应分析 [D]. 广州：暨南大学.

陈作志，邱永松，贾晓平，2006. 北部湾生态通道模型的构建 [J]. 应用生态学报，17（6）：1107-1111.

陈作志，邱永松，贾晓平，2007. 基于生态通道模型的北部湾渔业管理策略的评价 [J]. 生态学报，27（6）：2334-2341.

杜飞雁，2007. 大亚湾海域大型底栖生物群落演替研究 [D]. 上海：上海水产大学.

杜飞雁，2013. 人类活动对大亚湾渔业生态系统影响与预测及可持续发展对策研究 [R]. 厦门：厦门大学.

杜飞雁，李纯厚，廖秀丽，等，2006. 大亚湾海域浮游动物生物量变化特征 [J]. 海洋环境科学，25（S1）：37-39.

杜飞雁，林钦，贾晓平，等，2011a. 大亚湾西北部春季大型底栖动物群落特征分析 [J]. 生态学报，31（23）：7075-7085.

杜飞雁，王雪辉，贾晓平，等，2013. 大亚湾海域浮游动物种类组成和优势种的季节变化 [J]. 水产学报，37（8）：1213-1219.

杜飞雁，王雪辉，贾晓平，等，2011b. 大亚湾海域大型底栖生物种类组成及特征种 [J]. 中国水产科学，18（4）：877-892.

杜飞雁，王雪辉，李纯厚，等，2008a. 大亚湾大型底栖动物次级生产力变化特征初探 [J]. 应用生态学报，19（4）：873-880.

杜飞雁，王雪辉，李纯厚，等，2008b. 大亚湾大型底栖动物物种多样性现状 [J]. 南方水产，4（6）：33-39.

杜飞雁，王雪辉，李纯厚，等，2009. 大亚湾大型底栖动物群落结构 [J]. 生态学报，29（3）：1091-1098.

杜飞雁，张汉华，李纯厚，等，2008c. 大亚湾大型底栖动物种类组成及物种多样性研究［J］. 中国水产科学，15（2）：253-260.

方良，李纯厚，杜飞雁，等，2010. 大亚湾海域浮游动物生态特征［J］. 生态学报，30（11）：2981-2991.

古小莉，李纯厚，2009. 大亚湾海洋异养细菌的初步研究［J］. 南方水产，5（4）：64-68.

广东省海岸和海涂资源综合调查大队，广东省海岸带和海涂资源综合调查领导小组办公室，1987. 广东省海岸带和海涂资源综合调查报告［M］. 北京：海洋出版社：90-113.

国家海洋局第三海洋研究所，1989. 大亚湾海洋生态文集（Ⅰ）［M］. 北京：海洋出版社.

国家环境保护局，1997. 海水水质标准（GB 3097—1997）［S］. 北京：中国标准出版社.

国家质量监督检验检疫总局，中国国家标准化管理委员会，1998. 海洋监测规范（GB 17378—1998）［S］. 北京：中国标准出版社.

何国民，卢婉娴，刘豫广，等，1997. 海湾网箱渔场老化特征分析［J］. 中国水产科学（5）：76-80.

何建宗，韩国章，Hodgkiss I J. 1995. 南中国海及香港海域的赤潮形成机制研究［C］//珠江口及沿岸环境研究. 广州：广东高等教育出版社：77-84.

何悦强，郑庆华，温伟英，等，1996. 大亚湾海水网箱养殖与海洋环境相互影响研究［J］. 热带海洋学报（2）：22-27.

侯振建，王峰，刘婉乔，2001. 马尾藻海藻酸钠漂白的研究［J］. 海洋科学，25（5）：10-11.

黄长江，董巧香，2000. 1998年春季珠江口海域大规模赤潮原因生物的形态分类和生物学特征［J］. 海洋与湖沼，31（2）：197-204.

黄长江，董巧香，郑磊，1999. 1997年底中国东南沿海大规模赤潮原因生物的形态分类与生态学特征［J］. 海洋与湖沼，30（6）：581-590.

黄洪辉，王禹平，2001. 大亚湾网箱养殖区生物-化学特性与营养状况的周日变化［J］. 湛江海洋大学学报，21（2）：35-43.

黄鸿君，2012. 惠州市环境变化和经济发展关系研究［D］. 广州：华南理工大学.

黄逸君，江志兵，曾江宁，等，2010. 石油烃污染对海洋浮游植物群落的短期毒性效应［J］. 植物生态学报，34（9）：1095-1106.

惠州市统计局，2015. 2015年惠州统计年鉴［M］. 北京：中国统计出版社.

吉长余，张东果，2004. 大亚湾核电站1994—2003年环境辐射监测结果与分析［J］. 辐射防护，24（3-4）：73-190.

秦吉，张翼鹏，1999. 现代统计信息分析技术在安全工程方面的应用——层次分析法原理［J］. 工业安全与防尘，9（5）：44-48.

贾晓平，杜飞雁，林钦，等，2003. 海洋渔场生态环境质量状况综合评价方法探讨［J］. 中国水产科学，10（2）：160-164.

贾晓平，李纯厚，甘居利，等，2005. 南海北部海域渔业生态环境健康状况诊断与质量评价［J］. 中国水产科学，12（6）：757-765.

贾晓平，林钦，甘居利，等，2002. 红海湾水产养殖示范区水质综合评价［J］. 湛江海洋大学学报，22（4）：37-43.

蒋福康，李庆欣，林坚士，1996. 大亚湾的马尾藻资源研究［J］. 热带海洋，15（1）：85-90.

姜重臣，2005. 大亚湾海域有机污染物的来源及其分布特征研究 [D]. 青岛：中国海洋大学.

焦念志，2001. 海湾生态过程与持续发展 [M]. 北京：科学出版社.

柯东胜，高阳，李秀芹，等，2008. 大亚湾生态问题成因分析及应对措施 [J]. 海洋开发与管理，25
　　（4）：32 - 36.

孔红梅，赵景柱，姬兰柱，等，2002. 生态系统健康评价方法初探 [J]. 应用生态学报，13
　　（4）：486 - 490.

李纯厚，林琳，徐姗楠，等，2013. 海湾生态系统健康评价方法构建及在大亚湾的应用 [J]. 生态学报，
　　33（6）：1798 - 1810.

李纯厚，林钦，张汉华，等，2005. 大亚湾大鹏澳网箱养殖水域的浮游植物生态特征研究 [J]. 农业环
　　境科学学报，24（4）：784 - 789.

李纯厚，黄洪辉，林钦，等，2004. 海水对虾池塘养殖污染物环境负荷量的研究 [J]. 农业环境科学学
　　报，23（3）：545 - 550.

李明华，陈文，张子凡，2008. 惠州市降水变化特征分析 [J]. 惠州学院学报（自然科学版），28（6）：
　　58 - 62.

李荣冠，江锦祥，吴启泉，等，1995. 大亚湾核电站附近潮间带生物群落 [J]. 海洋与湖沼
　　（S1）：91 - 101.

李学灵，1993. 广东省中小城镇生活污染典型调查分析 [J]. 人民珠江（1）：44 - 46.

李祖滨，吴小琳，1999. 惠州 44 年气候变化特征分析 [J]. 广东气象（S1）：58 - 60.

廖秀丽，陈丕茂，马胜伟，等，2013. 大亚湾杨梅坑海域投礁前后浮游植物群落结构及其与环境因子的
　　关系 [J]. 南方水产科学，9（5）：109 - 119.

廖秀丽，李纯厚，杜飞雁，等，2006a. 2003—2005 年大亚湾水螅水母生态学研究 [J]. 海洋环境科学，
　　25（S1）：48 - 51.

廖秀丽，李纯厚，杜飞雁，等，2006b. 大亚湾桡足类的生态学研究 [J]. 南方水产，2（4）：46 - 53.

林国旺，2011. 大亚湾典型海区生态过程观测与模拟研究 [D]. 北京：中国环境科学研究院.

林岚，袁书琪，叶群，2013. 惠州大亚湾区海洋休闲渔业发展战略探讨 [J]. 惠州学院学报（社会科学
　　版），33（4）：28 - 34.

林琳，2007. 海湾生态系统健康评价 [D]. 上海：上海水产大学.

林琳，李纯厚，杜飞雁，等，2007. 基于 GIS 的大亚湾海域生态环境质量综合评价 [J]. 南方水产，3
　　（5）：19 - 25.

林钦，李纯厚，林燕棠，等，1998. 柘林湾网箱养殖对周围海域环境的影响 [J]. 华南师范大学学报（自
　　然科学版）（S）：36 - 46.

林钦，石凤琼，柯常亮，等，2014. 水产品中邻苯二甲酸酯残留与健康风险评价研究进展 [J]. 南方水产
　　科学，10（1）：92 - 99.

林涌钦，王小强，王海军，等，2013. 1990—2010 年大亚湾、岭澳核电站周围人口变化趋势 [J]. 职业与
　　健康，29（21）：2740 - 2742.

刘爱萍，刘晓文，陈中颖，等，2011. 珠江三角洲地区城镇生活污染源调查及其排污总量核算 [J]. 中国
　　环境科学（S1）：53 - 57.

刘秀珍，邹晓理，莫小燕，等，1994. 海水网箱养殖石斑鱼病原菌研究 [J]. 热带海洋，13 (1)：7-9.

罗丹，陈学廉，李轶芳，等，1990. 大亚湾藻类 TM 卫星遥感影像分布图的制作 [J]. 遥感信息 (4)：28-30.

马小峰，赵冬至，张丰收，等，2007. 海岸线卫星遥感提取方法研究进展 [J]. 遥感技术与应用，22 (4)：575-579.

宁修仁，胡锡钢，2002. 象山港养殖生态和网箱养鱼的养殖容量研究与评价 [M]. 北京：海洋出版社.

潘金培，蔡国雄，1996. 中国科学院大亚湾海洋生物综合实验站年报（一）[M]. 北京：科学出版社.

庞志华，黎京士，骆其金，等，2013. 广东省畜禽养殖业污染物总量减排对策与技术分析 [J]. 广东农业科学，40 (4)：153-156.

丘耀文，王肇鼎，朱良生，2005. 大亚湾海域营养盐与叶绿素含量的变化趋势及其对生态环境的影响 [J]. 台湾海峡，24 (2)：131-139.

邱耀文，2001. 大亚湾营养盐物质变异特征 [J]. 海洋学报，23 (1)：85-93.

日本水产学会，1977. 浅海养殖自家污染 [M]. 东京：恒星社厚生阁.

申保忠，田家怡，2005. 黄河三角洲水质污染对淡水底栖动物多样性的影响 [J]. 滨州学院学报，21 (6)：43-46.

沈南南，李纯厚，王晓伟，2006. 石油污染对海洋浮游生物的影响 [J]. 生物技术通报 (S)：95-99.

疏小舟，尹球，匡定波，2000. 内陆水体藻类叶绿素浓度与反射光谱特征的关系 [J]. 遥感学报，4 (1)：41-45.

斯广杰，陈丕茂，杜飞雁，等，2010. 深圳杨梅坑人工鱼礁区投礁前后大型底栖动物种类组成的变化 [J]. 大连海洋大学学报，25 (3)：243-247.

孙翠慈，王友绍，孙松，等，2006. 大亚湾浮游植物群落特征 [J]. 生态学报，26 (12)：3948-3958.

孙闰霞，林钦，柯常亮，等，2012. 海洋生物体多环芳烃污染残留及其健康风险评价研究 [J]. 南方水产科学，8 (3)：71-78.

孙伟富，马毅，张杰，等，2011. 不同类型海岸线遥感解译标志建立和提取方法研究 [J]. 测绘通报 (3)：41-44.

唐林丽，张杰，熊耀兵，2011. 大亚湾核电站风监测数据的分析 [J]. 科学技术与工程，11 (12)：2777-2779.

唐林铭，黎可茜，2003. 海水网箱养殖与赤潮关系的研究-香港牛尾海三星湾 1998 年赤潮原因探讨 [J]. 海洋学报，25 (S2)：202-207.

唐文乔，班莹，谢运棉，等，2002. ^{110m}Ag 在西大亚湾海域若干环境行为的初步探讨 [J]. 上海水产大学学报，11 (3)：230-236.

王琳，2005. 厦门岛及其邻域海岸线变化的遥感动态监测 [J]. 遥感技术与应用，20 (4)：404-410.

王士长，陈静，潘健存，等，2006. 马尾藻多糖的提取及其免疫活性 [J]. 食品科学，27 (9)：257-260.

王雪辉，杜飞雁，邱永松，等，2005. 大亚湾海域生态系统模型研究——能量流动模型初探 [J]. 南方水产，1 (3)：1-8.

王雪辉，杜飞雁，邱永松，等，2010. 1980—2007 年大亚湾鱼类物种多样性、区系特征和数量变化 [J]. 应用生态学报，21 (9)：2403-2410.

王雪辉，杜飞雁，邱永松，等，2015. 大亚湾鱼类群落格局分析 [J]. 生态科学，34 (6)：64-70.

王友绍，王肇鼎，黄良民，2004. 近20年来大亚湾生态环境的变化及其发展趋势［J］. 热带海洋学报，23（5）：85-95.

王雨，林茂，林更铭，等，2012. 大亚湾生态监控区的浮游植物年际变化［J］. 海洋科学，36（4）：86-94.

王增焕，林钦，李刘冬，等，2013. 不同海域鲍体镉分布特征与健康风险评价［J］. 南方水产科学，9（1）：22-27.

王肇鼎，练健生，胡建兴，等，2003a. 大亚湾生态环境的退化现状与特征［J］. 生态科学，22（4）：313-320.

王肇鼎，彭云辉，孙丽华，等，2003b. 大鹏澳网箱养鱼水体自身污染及富营养化研究［J］. 海洋科学，27（2）：77-81.

王朝晖，齐雨藻，尹伊伟，等，1992. 1998年春深圳湾环节环沟藻赤潮及其发生原因的探讨［J］. 海洋科学，25（5）：47-50.

王朝晖，齐雨藻，徐宁，等，2004a. 大亚湾日本星杆藻种群动态及其与环境因子的关系［J］. 中国环境科学，24（1）：32-36.

王朝晖，齐雨藻，陈菊芳，等，2006. 大亚湾角毛藻细胞数量波动及其与环境因子关系的多元分析［J］. 生态学报，26（4）：1096-1102.

王朝晖，李锦荣，齐雨藻，等，2004b. 大亚湾养殖区营养盐状况分析与评价［J］. 海洋环境科学，23（2）：25-28.

王朝晖，陈菊芳，徐宁，等，2005. 大亚湾澳头海域硅藻、甲藻的数量变动及其与环境因子的关系［J］. 海洋与湖沼，36（2）：186-191.

温伟英，何悦强，郑庆华，1992. 大亚湾的环境研究［J］. 热带海洋，11（2）：25-30.

吴传庆，杨志峰，王桥，等，2009. 叶绿素a浓度的动态峰反演方法［J］. 湖泊科学，21（2）：223-227.

吴玲玲，易斌，林端，等，2009. 大亚湾生态监控区生态环境问题及管理对策研究［J］. 海洋开发与管理，26（1）：14-20.

韦桂峰，王肇鼎，2003. 大亚湾大鹏澳水域春季浮游植物优势种的演替［J］. 生态学报，23（11）：2285-2292.

韦桂峰，王肇鼎，练健生，2004. 大鹏澳水域秋季浮游植物优势种演替及其春季的比较［J］. 热带海洋学报，23（5）：10-15.

谢欢，童小华，2006. 水质监测与评价中的遥感应用［J］. 遥感信息（2）：67-70.

徐宁，陈菊芳，王朝晖，等，2001. 广东大亚湾藻类水华的动力学分析Ⅱ. 藻类水华与营养元素的关系研究［J］. 环境科学学报，21（4）：400-404.

徐恭昭，等，1989. 大亚湾环境与资源［M］. 合肥：安徽科学技术出版社.

徐娇娇，徐姗楠，李纯厚，等，2013. 大亚湾石化排污区海域冬季生态环境质量评价［J］. 农业环境科学学报，32（7）：1456-1466.

徐姗楠，李纯厚，徐娇娇，等，2014. 大亚湾石化排污海域重金属污染及生态风险评价［J］. 环境科学，35（6）：2075-2084.

颜梅春，张友静，鲍艳松，2004. 基于灰度共生矩阵法的IKONOS影像中竹林信息提取［J］. 遥感信息（2）：30-34.

杨国标，2011. 大亚湾海区潮流运动特征［J］. 人民珠江（1）：30-32.

杨建强，崔文林，张洪亮，等，2003. 莱州湾西部海域海洋生态系统健康评价的结构功能指标法［J］. 海洋通报，22（5）：58 - 63.

杨清良，1989. 大亚湾浮游植物的种类组成和分布［C］//大亚湾海洋生态文集（Ⅱ）. 北京：海洋出版社.

姚立军，韩志坚，2007. 大亚湾海域马尾藻对放射性核素^{110m}Ag 迁移转化的数值模拟［J］. 暨南大学学报，28（3）：237 - 240.

叶延琼，章家恩，李逸勉，等，2013. 基于 GIS 的广东省农业面源污染的时空分异研究［J］. 农业环境科学学报，32（2）：369 - 377.

于杰，杜飞雁，陈国宝，等，2009. 基于遥感技术的大亚湾海岸线的变迁研究［J］. 国土资源遥感，24（4）：512 - 516.

喻文科，2013. 深圳市近海海洋环境质量与海洋功能区划一致性的研究［D］. 长沙：湖南农业大学.

袁兴中，刘红，陆健健，2001. 生态系统健康评价——概念构架与指标选择［J］. 应用生态学报，12（4）：627 - 629.

张丹丹，杨晓梅，苏奋振，等，2010. 大亚湾近岸土地利用的时空分异及其与地貌因子关系分析［J］. 资源科学，32（8）：1551 - 1557.

张海波，仲维仁，1995. 海水网箱养鱼的自污染及防治［J］. 齐鲁渔业，12（3）：25 - 26.

张景奇，介东梅，刘杰，2006. 海岸线不同解译标志对解译结果的影响研究——以辽东湾北部海岸为例［J］. 吉林师范大学学报（2）：54 - 56.

张琳琳，张莉，黄浩辉，2011. 惠州大甲岛风资源评估［J］. 气象研究与应用，32（S2）：125 - 126.

张雅芝，1995. 我国海水鱼类网箱养殖现状及其发展前景［J］. 海洋科学，19（5）：21 - 24.

张艳丽，刘东生，李想，等，2011. 广东低碳农业与面源污染减排［J］. 广东农业科学，38（4）：133 - 135.

赵水东，徐宁，吕颂辉，等，2006. 大亚湾亚历山大藻种群周年变动与环境因子的关系［J］. 生态学报，25（2）：109 - 112.

郑伟，曾志远，2015. 遥感图像大气校正的黑暗像元法［J］. 国土资源遥感（1）：8 - 11.

周贤沛，林永生，王肇鼎，等，1998. 大亚湾水域浮游植物群落特征的统计分析［J］. 热带海洋，17（3）：57 - 64.

Adams S M，2005. Assessing cause and effect of multiple stressors on marine systems［J］. Marine Pollution Bulletin，51（8）：649 - 657.

Allen K R，1971. Relation between production and biomass［J］. Journal of the Fisheries Research Board of Canada，28（10）：1573 - 1581.

Alongi，D M，Chong V C，Dixon P，et al，2003. The influence of fish cage aquaculture on pelagic carbon flow and water chemistry in tidally dominated mangrove estuaries of peninsular Malaysia［J］. Marine environmental research，55（4）：313 - 333.

Aubry A，Elliott M，2006. The use of environmental integrative indicators to assess seabed disturbance in estuaries and coasts：application to the Humber estuary UK［J］. Marine Pollution Bulletin，53（1）：175 - 185.

Aure J，Stigebrandt A，1990. Quantitative estimates of eutrophication effects of fish farming on fjords［J］. Aquaculture，90（2）：135 - 156.

Brey T，1990. Estimating productivity of macrobenthic invertebrates from biomass and mean individual weight [J]. Archive of Fishery and Marine Research, 32 (4): 329 – 343.

Bricker S B, Ferreira J G, Simas T, 2003. An integrated methodology for assessment of estuarine trophic status [J]. Ecological Modelling, 169 (1): 39 – 60.

Cadée G C, 1975. Primary production of the Guyana Coast [J]. Netherlands Journal of Sea Research, 9 (1): 128 – 143.

Cairns J, 1994. Ecosystem health through ecological restoration: barriers and opportunities [J]. Journal of Aquatic Ecosystem Health, 3 (1): 5 – 14.

Cancemi G, Falco G D, Pergent G, 2003. Effects of organic matter input from a fish farming facility on a Posidonia oceanica meadow [J]. Estuarine, Coastal and Shelf Science, 56 (5/6): 961 – 968.

Chavez JR P S, 1988. An improved dark – object subtraction technique for atmospheric scattering correction of multispectral data [J]. Remote Sensing Environment, 24 (5): 459 – 479.

Cheung W L, Sumaila U R, 2008. Trade – offs between conservation and socio – economic objectives in managing a tropical marine ecosystem [J]. Ecological Economics, 66 (1): 193 – 210.

Costanza R, Norton B G, Haskell B D, 1992. Ecosystem health: new goals for environmental management [M]. Washington DC: Island Press.

Christensen V, 1995. Ecosystem maturity – towards quantification [J]. Ecological Modelling, 77 (1): 3 – 32.

Christensen V, Pauly D, 1992a. A guide to the ECOPATH Ⅱ program [M]. Manila: International Center for Living Aquatic Resources Management.

Christensen V, Pauly D, 1992b. Ecopath Ⅱ – a software for balancing steady – state ecosystem models and calculating network characteristics [J]. Ecological Modelling, 61 (3 – 4): 169 – 185.

Christensen V, Pauly D, 1993. Flow characteristics of aquatic ecosystems [A] //Christensen V, Pauly D. Trophic Models of Aquatic Ecosystems. International Centre for Living Aquatic Resources Conference Proceedings: Vol 26. Manila: International Center for Living Aquatic Resources Management: 338 – 352.

Christensen V, Walters C J, Pauly D, 2005. Ecopath with Ecosim: a User's Guide [M]. Vancouver: Fisheries Centre, University of British Columbia.

Duan L J, Li S Y, Liu Y, et al, 2009. Modeling changes in the coastal ecosystem of the Pearl River Estuary from 1981 to 1998 [J]. Ecological Modelling, 220 (20): 2802 – 2818.

Findlay R H, Watling L, 1997. Prediction of benthic impact for salmon net – pens based on the balance of benthic oxygen supply and demand [J]. Marine Ecology Progress Series, 155: 147 – 157.

Finn J T, 1976. Measures of ecosystem structure and function derived from analysis of flows [J]. Journal of Theoretical Biology, 56 (2): 363 – 380.

Gayanilo F C, Sparre P, Pauly D, 1996. The FAO – ICLARM fish stock assessment tools (FiSAT) user guide [M]. Rome: Food and Agriculture Organization of the United Nations.

Gitelson A, 1992. The peak near 700 nm on radiance spectra of algae and water: relationships of its magnitude and position with chlorophyll concentration [J]. Remote Sensing, 13 (17): 3367 – 3373.

Gowen R J, Bradbury N B, 1987. The ecological impact of salmonid farming in coastal waters: a review

[J]. Oceanography and Marine Biology Annual Review, 25: 563 - 575.

Gulland J A, 1983. Fish stock assessment: a manual of basic methods [M]. New York: John Wiley and Sons.

Halpern B S, Walbridge S, Selkoe K A, et al, 2008. A global map of human impact on marine ecosystems [J]. Science, 319 (5865): 948 - 952.

Hansom J D, 2001. Coastal sensitivity to environmental change: a view from the beach [J]. Catena, 42 (2): 291 - 305.

Heymans J J, Shannon L J, Jarre - Teichmann A, 2004. Changes in the northern Benguela ecosystem over three decades: 1970s, 1980s and 1990s [J]. Ecological Modelling, 172 (2): 175 - 195.

Holmer M, Kristensen E, 1992. Impact of marine fish cage farming on metabolism and sulfate reduction of underlying sediments [J]. Marine Ecology Progress Series, 80: 191 - 201.

Huang L, Tan Y, Song X, et al, 2003. The status of the ecological environment and a proposed protection strategy in Sanya Bay, Hainan Island, China [J]. Marine Pollution Bulletin, 47 (1 - 6): 180 - 186.

Hunter M D, Price P W, 1992. Playing chutes and ladders: heterogeneity and the relative roles of bottom - up and top - down forces in natural communities [J]. Ecology, 73 (3): 724 - 732.

Jackson J B C, Kirby M X, Berger W H, et al, 2001. Historical overfishing and the recent collapse of coastal ecosystems [J]. Science, 293 (5530): 629 - 637.

Jeffrey S W, Humphrey G F, 1975. New spectrophotometric equations for determining chlorophyll a, b, c_1 and c_2 in higher plants, algae and natural phytoplankton [J]. Biochemie und Physiologie der Pflanzen, 167 (2): 191 - 194.

Jiang H, Cheng H Q, Xu H G, et al, 2008. Trophic controls of jellyfish blooms and links with fisheries in the East China Sea [J]. Ecological Modelling, 212 (3): 492 - 503.

Karakassis I, Tsapakis M, Hatziyanni E, et al, 2000. Impact of cage farming of fish on the seabed in three Mediterranean coastal areas [J]. ICES Journal of Marine Science, 57 (5): 1462 - 1471.

La R T, Mirto S, Favaloro E, et al, 2002. Impact on the water column biogeochemistry of a Mediterranean mussel and fish farm [J]. Water Research, 36 (3): 713 - 721.

Lafontaine J, Peters R H, 1986. Empirical relationships for marine primary production: the effect of environmental variables [J]. Oceanologica Acta, 9 (1): 65 - 72.

Lian X P, Tan Y H, Huang L M, et al, 2011. Space - time variations and impact factors of macro - meso zooplankton in Daya Bay [J]. Marine Environment Science, 30 (5): 640 - 645.

Librarato S, Christensen V, Pauly D, 2006. A method for identifying keystone species in food web models [J]. Ecological Modelling, 195 (3): 153 - 171.

Lin H J, Shao K T, Hwang J S, et al, 2004. A trophic model for Kuosheng Bay in northern Taiwan [J]. Journal of Marine Science and Technology, 12 (5): 424 - 432.

Lin H J, Shao K T, Kuo S R, et al, 1999. A trophic model of a sandy barrier lagoon at Chiku in Southwestern Taiwan [J]. Estuarine Coastal and Shelf Science, 48 (5): 575 - 588.

Lindeman R L, 1942. The trophic - dynamic aspect of ecology [J]. Ecology, 23 (4): 399 - 417.

Loreau M, Naeem S, Inchausti P, et al, 2001. Biodiversity and ecosystem functioning: current knowledge and future challenges [J]. Science, 294 (5543): 804 - 808.

McQueen D G, Post J R, Mills E L, 1986. Trophic relationships in freshwater pelagic ecosystems [J]. Canadian Journal of Fisheries and Aquatic Sciences, 43 (8): 1571 - 1581.

Moloney C L, Jarre A, Arancibia H, et al, 2005. Comparing the Benguela and Humboldt marine upwelling ecosystems with indicators derived from inter - calibrated models [J]. ICES Journal of Marine Science, 62 (3): 493 - 502.

Naeem S, Thompson L J, Lawler S P, et al, 1994. Declining biodiversity can alter the performance of ecosystems [J]. Nature, 368 (6473): 734 - 737.

Odum E P, 1969. The strategy of ecosystem development [J]. Science, 164 (3877): 262.

Odum E P, 1971. Fundamental of ecology [M]. Philadelphia: Saunders.

Opitz S, 1996. Trophic Interactions in Caribbean Coral Reef [M]. Manila: International Center for Living Aquatic Resources Management.

Palomares M L D, Pauly D, 1998. Predicting food consumption of fish populations as functions of mortality, food type, morphometrics, temperature and salinity [J]. Marine Freshwater Research, 49 (5): 447 - 453.

Pantus F J, Dennison W C, 2005. Quantifying and evaluating ecosystem health: a case study from Moreton Bay [J]. Australia Environmental Management, 36 (5): 757 - 771.

Paterson D M, Hanley N D, Black K, et al, 2011. Science and policy mismatch in coastal zone ecosystem management [J]. Marine ecological progress series, 434: 201 - 202.

Pauly D, 1980. On the interrelationships between natural mortality, growth parameters and mean environmental temperature in 175 fish stock [J]. ICES Journal of Marine Science, 39 (2): 175 - 192.

Pauly D, 1984. Fish population dynamics in tropical waters: a manual for use with programmable calculators [M]. Manila: International Center for Living Aquatic Resources Management.

Pauly D, Christensen V, Dalsgaard J, et al, 1998. Fishing down the marine food webs [J]. Science, 279 (5352): 860 - 863.

Pauly D, Palomares M L, 1987. Shrimp comsumption by fish in Kuwait waters: a methodology, preliminary results and their implications for management and research [J]. Kuwait Bulletin Marine Science, 9: 101 - 125.

Pauly D, Soriano - Bartz M L, Palomares M L D, 1993. Improved construction, parameterisation and interpretation of steady - state ecosystem models [C] //Christensen V, Pauly D. Trophic Models of Aquatic Ecosystems. International Centre for Living Aquatic Resources Conference Proceedings: Vol. 26. Manila: International Center for Living Aquatic Resources Management: 1 - 13.

Pedersena T, Nilsena M, Nilssena E M, et al, 2008. Trophic model of a lightly exploited cod - dominated ecosystem [J]. Ecological modelling, 214 (2): 95 - 111.

Pinkas E R, 1971. Ecology of theagamid lizard *Amphibolurus isolepis* in western Australia [J]. Copeia:

527 – 536.

Pitcher T, Buchary E, Trujillo P, 2002. Spatial simulation of Hong – Kong's marine ecosystem: ecological and economic forecasting of marine protected areas with human – made reefs [M]. Vancouver: Fisheries Centre, University of British Columbia.

Plagányi E E, 2007. Models for an Ecosystem Approach to Fisheries [M]. Rome: Food and Agriculture Organization of the United Nations.

Power M E, Tilman D, Estes J A, et al, 1996. Challenges in the quest for keystones [J]. Bioscience, 46 (8): 610 – 620.

Rapport D J, 1989. What constitutes ecosystem heath? [J]. Perspectives in Biology and Medicine, 33 (1): 120 – 132.

Reilly S B, Barlow J, 1986. Rates of increase in dolphin population size [J]. Fishery Bulletin, 84 (8): 527 – 533.

Schlacher T A, Holzheimer A, Stevens T, et al, 2011. Impacts of the Pacific Adventurer oil spill on the macrobenthos of subtropical sandy beaches [J]. Estuaries and Coasts, 34 (5): 937 – 949.

Smetacek V, 1991. Coastal eutrophication: causes and consequences [M] //Mantourd M. Ocean Margin Processes in Global Change. New York: John Wiley & Sons: 251 – 279.

Song X, Huang L, Zhang J, et al, 2004. Variation of phytoplankton biomass and primary production in Daya Bay during spring and summer. Marine Pollution Bulletin, 49 (11 – 12): 1036 – 1044.

Sun C C, Wang Y S, Wu M L, et al, 2011. Seasonal variation of water quality and phytoplankton response patterns in Daya Bay [J]. International Journal of Environmental Research and Public Health, 8 (7): 2951 – 2966.

Torres M A, Coll A, Heymans J J, et al, 2013. Food – web structure of and fishing impacts on the Gulf of Cadiz ecosystem (South – western Spain) [J]. Ecological Modelling, 265: 26 – 44.

Tsutsumi H, 1995. Impact of fish net pen culture on the benthic environment of a cove in South Japan [J]. Estuaries, 18 (1): 108 – 115.

Ulanowicz R E, Norden J S, 1990. Symmetrical overhead in flow and networks [J]. International Journal of Systems Science, 21 (2): 429 – 437.

Ulanowicz R E, Puccia C J, 1990. Mixed trophic impacts in ecosystems [J]. Coenoses, 5: 7 – 16.

Wang Y S, Lou Z P, Sun C C, et al, 2008. Ecological environment changes in Daya Bay, China, from 1982 to 2004 [J]. Marine Pollution Bulletin, 56 (11): 1871 – 1879

Wang Y S, Lou Z P, Sun C C, et al, 2006. Multivariate statistical analysis of water quality and phytoplankton characteristics in Daya Bay, China, from 1999 to 2002 [J]. Oceanologia, 48 (2): 193 – 211.

Wang Z, Zhao J, Zhang Y, et al, 2009. Phytoplankton community structure and environmental parameters in aquaculture areas of Daya Bay, South China Sea [J]. Journal of Environmental Sciences, 21 (9): 1268 – 1275.

Wang Z H, Mu D H, Li Y F, et al, 2011. Recent eutrophication and human disturbance in Daya Bay, the South China Sea: Dinoflagellate cyst and geochemical evidence [J]. Estuarine, Coastal and Shelf Science 92 (3): 403 - 414.

Wilhm J L, 1968. Use of biomass units in Shannon's formula [J]. Ecology, 49 (1): 153 - 156.

Wolff M, 1994. A trophic model for Tongoy Bay - a system exposed to suspended scallop culture (Northern Chile) [J]. Journal of Experimental Marine Biology and Ecology, 182 (2): 149 - 168.

Wu M L, Wang Y S, Sun C C, et al, 2009. Identification of anthropogenic effects and seasonality on water quality in Daya Bay, South China Sea [J]. Journal of Environmental Management, 90 (10): 3082 - 3090.

Wu M L, Wang Y S, Sun C C, et al, 2010. Identification of coastal water quality by statistical analysis methods in Daya Bay, South China Sea [J]. Marine Pollution Bulletin, 60 (6): 852 - 860.

Wu R S S, 1995. The environmental impact of marine fish culture: towards a sustainable future [J]. Marine Pollution Bulletin, 31 (4): 159 - 166.

Wu R S S, Lam K S, MacKay D W, et al, 1994. Impact of marine fish farming on water quality and bottom sediment: a case study in the sub - tropical environment [J]. Marine Environmental Research, 38 (2): 115 - 145.

Xu F L, Lam K C, Zhao Z Y, et al, 2004. Marine coastal ecosystem health assessment: a case study of the Tolo Harbour, Hong Kong, China [J]. Ecological Modelling, 173 (4): 355 - 370.

Xu F L, Tao S, Dawson R W, et al, 2001. Lake ecosystem health assessment: indicators and methods [J]. Water Research, 35 (13): 3157 - 3167.

Yokoyama H, 2003. Environmental quality criteria for fish farms in Japan [J]. Aquaculture, 226 (1): 45 - 56.

Yu J, Tang D L, Oh I S, et al, 2007. Response of harmful algal bloom to environmental changes in Daya Bay, China [J]. Terrestrial Atmospheric and Oceanic Sciences, 18 (5): 1011 - 1027.

Yung Y K, Wong C K, Yau K, et al, 2001. Long - term changes in water quality and phytoplankton characteristics in Port Shelter, Hong Kong, from 1988—1998 [J]. Marine Pollution Bulletin, 42 (10): 981 - 992.

Zhang D D, Zhou C H, Su F Z, et al, 2012. A physical impulse - based approach to evaluate the exploitative intensity of Bay - A case study of Daya Bay in China [J]. Ocean and Coastal Management, 69: 151 - 159.

Zhang J J, Gurkan Z, Jørgensen S E, 2010. Application of eco - exergy for assessment of ecosystem health and development of structurally dynamic models [J]. Ecological Modelling, 221 (4): 693 - 702.

作者简介

李纯厚　男，1963 年 10 月生。1986 年毕业于中山大学生物系，现任中国水产科学研究院南海水产研究所副所长，二级研究员。现兼任农业农村部南海渔业资源开发利用重点实验室主任，上海海洋大学、大连海洋大学、浙江海洋大学和天津农学院硕士研究生导师、中国水产学会渔业资源与环境分会主任委员、全国水产标准化技术委员会渔业资源分技术委员会主任委员、中国水产学会理事、广东海洋学会理事、广东海洋湖沼学会理事、广东水产学会理事、广东省自然保护区评审委员会委员、广东省濒危水生野生动植物种科学委员会委员。主要从事渔业生态保护研究，先后发表学术论文 150 余篇，主编和合作出版专著 14 部，出版专业图集 13 卷，获得各类科技成果奖励 24 项（次）。

杜飞雁　女，1974 年 1 月生。渔业生态学博士，博士后，研究员，上海海洋大学硕士研究生导师。现任中国水产科学研究院南海水产研究所渔业环境研究室副主任、广东省渔业生态环境重点实验室副主任。主要研究方向为海洋浮游动物和底栖生物生态学，渔业生态环境监测、评价与保护，基于生态系统的海洋综合管理。近年来在南海连续发现并公开报道海洋生物新物种 21 个、新记录 3 个。近五年来，主持各级各类课题 30 余项，在国内外核心学术期刊和专业学术会议正式发表学术论文 58 篇，参与出版专著 2 部，获各类科研成果奖励 12 项（次）。先后荣获南海与珠江流域水生生物资源养护工作先进个人、广东省直机关"三八红旗手"、广东省"三八红旗手"、广东省杰出女科技工作者等荣誉称号，入选中国水产科学研究院"百名科技英才培育计划"。

(a)陆地掩膜前的彩色合成图

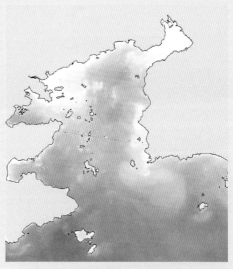

(b)真彩色合成图

(c)TM4、TM3、TM1假彩色合成图

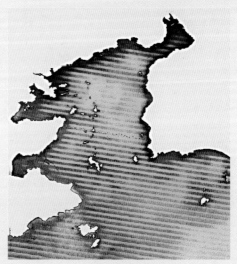

(d) HSV彩色空间变换图

彩图1　彩色增强处理图

彩图2　19981011的TM4、TM3、TM1假彩
色合成图

彩图3　19981011与19990305的TM4差值图

彩图4　TM4与TM3差值图

彩图5　TM4与TM3比值图

彩图6　*NDVI*结果

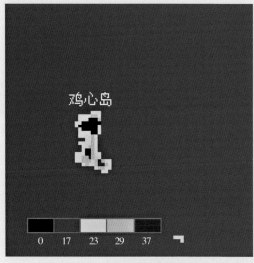

(a) TM4单波段提取结果

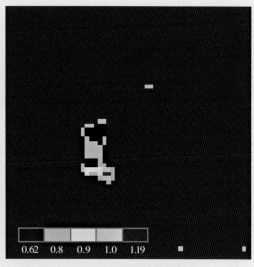

(b) TM4与TM3比值提取结果

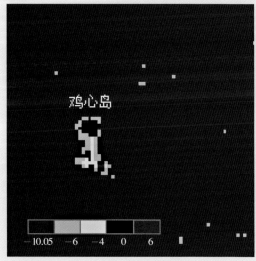

(c) TM4与TM3差值提取结果

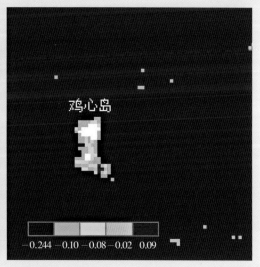

(d) 归一化植被指数

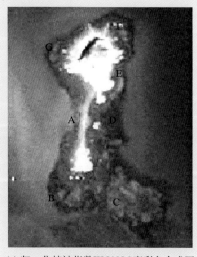

(e) 归一化植被指数IKONOS真彩色合成图

彩图7 马尾藻提取结果和IKONOS真彩色合成图

(a) NDVI变化图

坪屿

巽寮凤咀

纯洲

沙鱼洲

马鞭洲

长咀

虎头咀

赤洲

三角洲

桑洲

大辣甲

高崖咀

小星山

大三门

(b) 研究站点

彩图8　NDVI结果与15个研究站点位置

(a)高崖咀

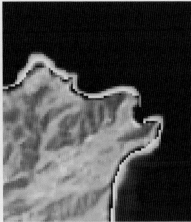

(b)虎头咀

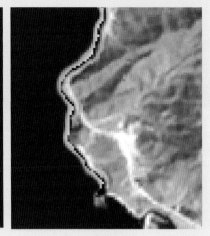

(c)巽寮凤咀

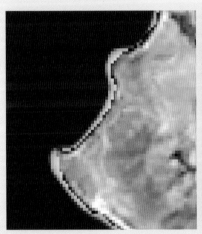

(d)长咀

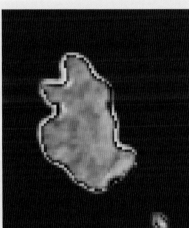

(e)桑洲

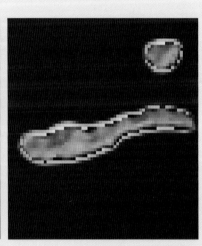

(f) 沙鱼洲

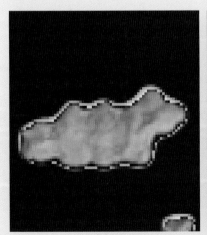

(g) 纯洲

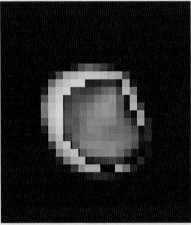

(h)锅盖洲

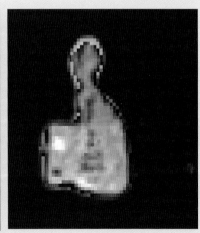

(i)马鞭洲

(j)赤洲

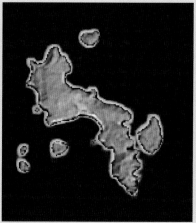

(k)大辣甲

(l)大三门岛

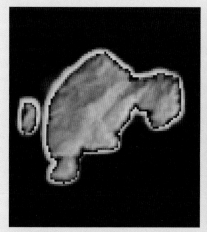

(m)小星山

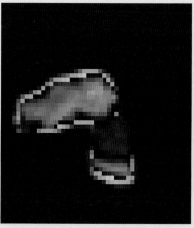

(n)坪屿

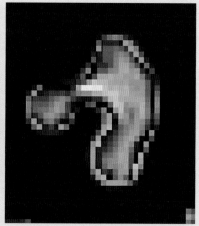

(o)三角洲

彩图9　15个站点的*NDVI*放大图

彩图10　大鹏半岛放大图

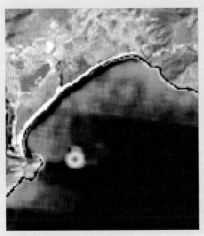  

(a)沙质湾1　　　　　　　　　　(b) 沙质湾2　　　　　　　　　　(c) 沙质湾3

彩图11　大鹏半岛的几个沙质小湾的*NDVI*放大图

(a)哑铃湾　　　　　　　　　　　　　　(b)大鹏澳

彩图12　哑铃湾和大鹏澳*NDVI*放大图

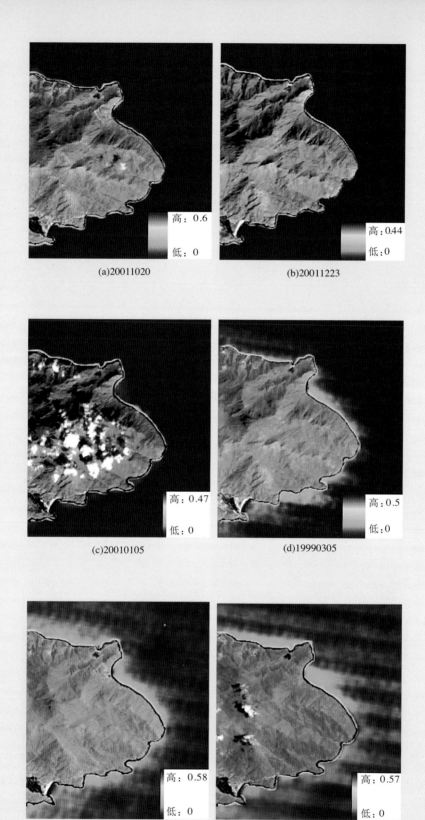

彩图13　马尾藻的季节变化图

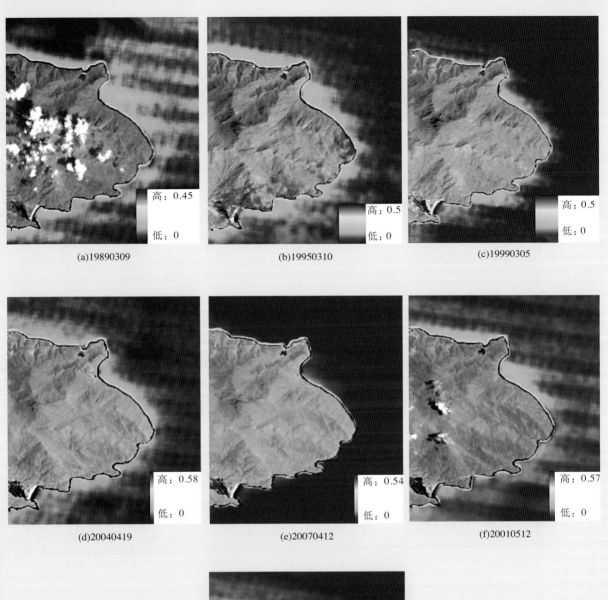

(a)19890309 (b)19950310 (c)19990305

(d)20040419 (e)20070412 (f)20010512

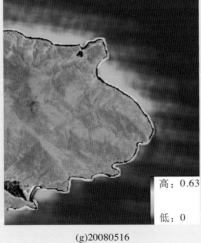

(g)20080516

彩图14　马尾藻年际变化图

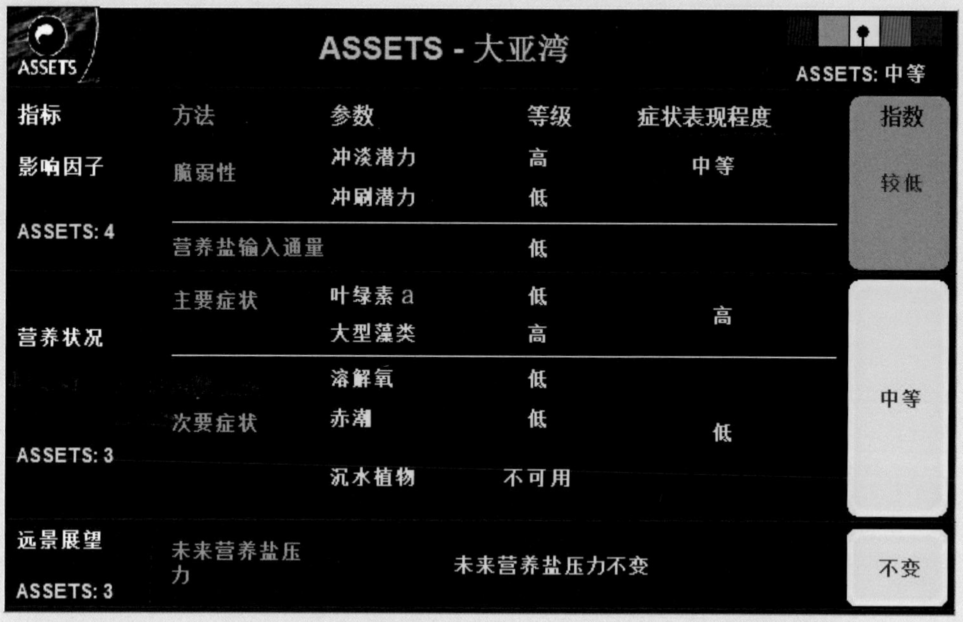

ASSETS - 大亚湾

ASSETS: 中等

指标	方法	参数	等级	症状表现程度	指数
影响因子	脆弱性	冲淡潜力	高	中等	较低
		冲刷潜力	低		
ASSETS: 4	营养盐输入通量		低		
营养状况	主要症状	叶绿素 a	低	高	中等
		大型藻类	高		
	次要症状	溶解氧	低	低	
		赤潮	低		
ASSETS: 3		沉水植物	不可用		
远景展望	未来营养盐压力		未来营养盐压力不变		不变
ASSETS: 3					

彩图15　大亚湾富营养状况ASSETS评价结果

ASSETS - 哑铃湾

ASSETS: 较差

指标	方法	参数	等级	症状表现程度	指数
影响因子	脆弱性	冲淡潜力	中等	高	中等
		冲刷潜力	低		
ASSETS: 3	营养盐输入通量		低		
营养状况	主要症状	叶绿素 a	低	高	较高
		大型藻类	高		
	次要症状	溶解氧		中等	
		赤潮	中等低		
ASSETS: 2		沉水植物	未知		
远景展望	未来营养盐压力		未来营养盐压力不变		不变
ASSETS: 3					

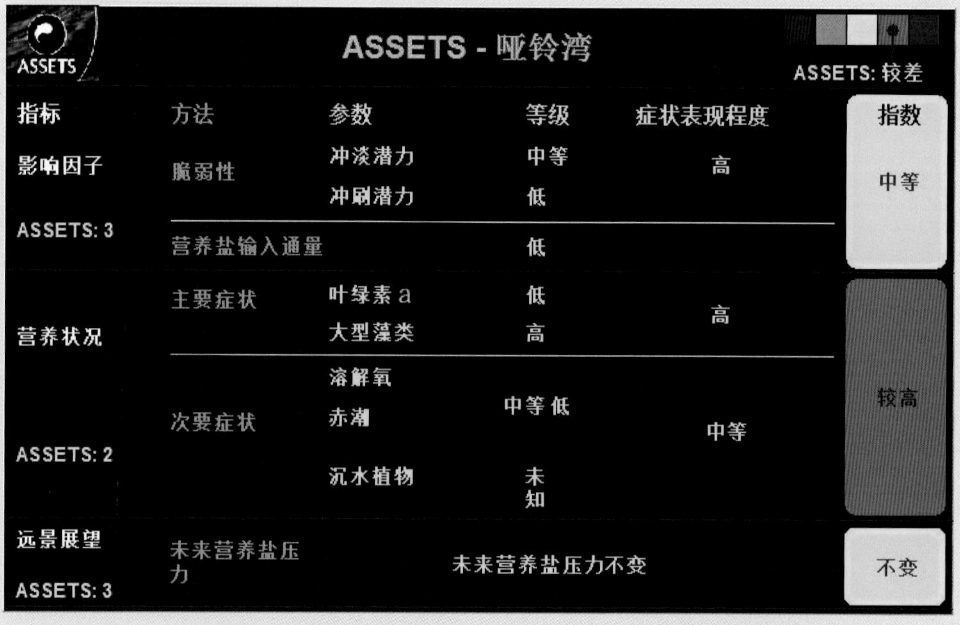

彩图16　哑铃湾工业发展区富营养状况ASSETS评价结果

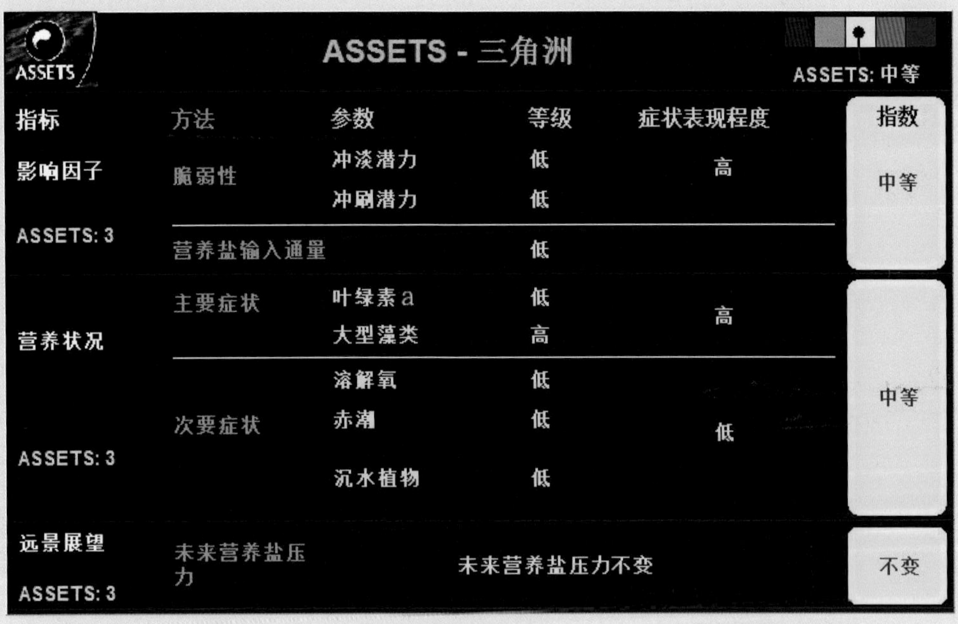

ASSETS - 三角洲

ASSETS: 中等

指标	方法	参数	等级	症状表现程度	指数
影响因子	脆弱性	冲淡潜力	低	高	中等
		冲刷潜力	低		
ASSETS: 3	营养盐输入通量		低		
营养状况	主要症状	叶绿素a	低	高	中等
		大型藻类	高		
	次要症状	溶解氧	低	低	
		赤潮	低		
ASSETS: 3		沉水植物	低		
远景展望 ASSETS: 3	未来营养盐压力		未来营养盐压力不变		不变

彩图17　三角洲工业发展区富营养状况ASSETS评价结果

ASSETS - 范和港

ASSETS: 中等

指标	方法	参数	等级	症状表现程度	指数
影响因子	脆弱性	冲淡潜力	中等	高	中等
		冲刷潜力	低		
ASSETS: 3	营养盐输入通量		低		
营养状况	主要症状	叶绿素a	中等	高	中等
		大型藻类	高		
	次要症状	溶解氧	低	低	
		赤潮	低		
ASSETS: 3		沉水植物	不可用		
远景展望 ASSETS: 3	未来营养盐压力		未来营养盐压力不变		不变

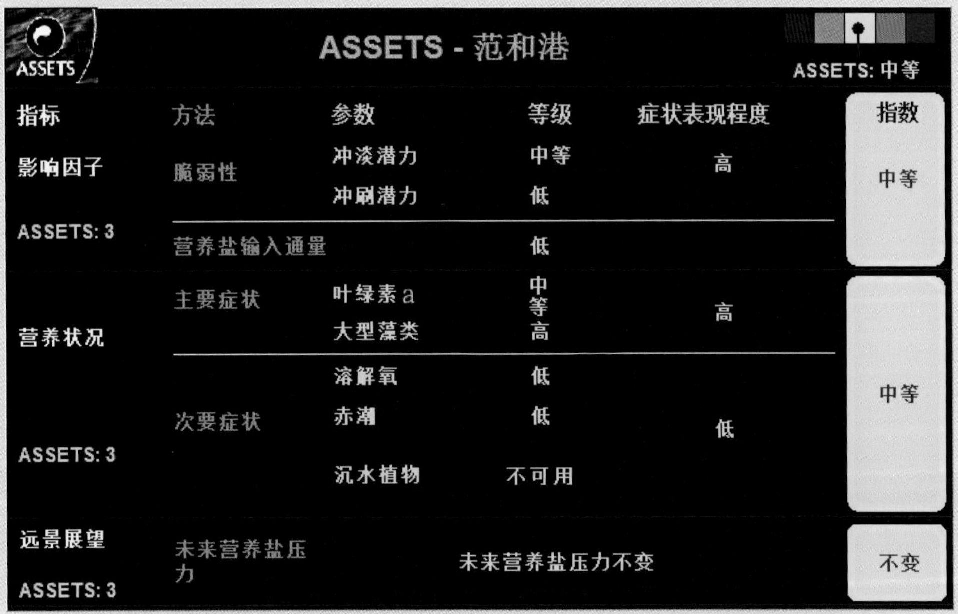

彩图18　范和港适度发展区富营养状况ASSETS评价结果

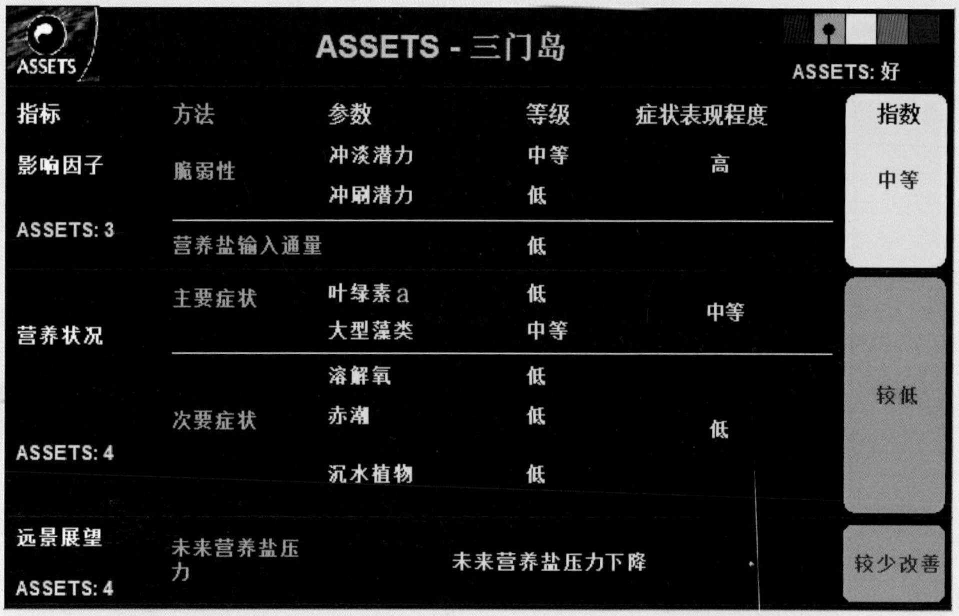

彩图19　三门岛适度发展区富营养状况ASSETS评价结果

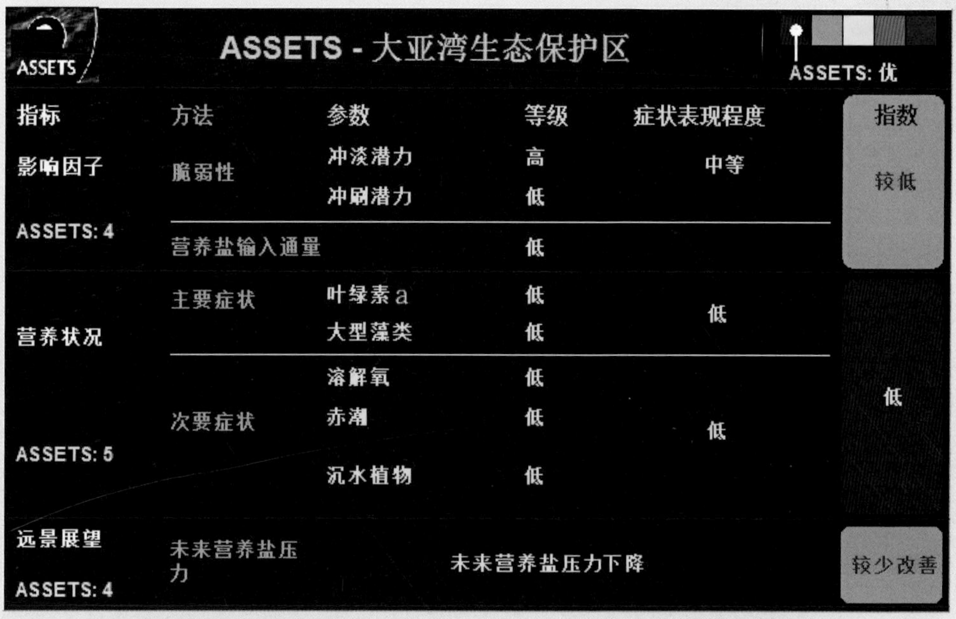

彩图20　大亚湾生态保护区富营养状况ASSETS评价结果